The Sensing Application of Noble Metals and Carbon Nanomaterials

贵金属及碳纳米材料的传感应用

王 伟　等编著

化学工业出版社

·北京·

《贵金属及碳纳米材料的传感应用》从编著者多年从事的相关研究工作及取得的研究成果入手，详细深入阐述贵金属及碳纳米材料在生物传感方面的应用。全书分为绪论、金纳米材料、银纳米材料、碳纳米材料四章，着重阐明纳米金、纳米银、碳纳米管和石墨烯等几种纳米材料生物传感领域的原理和应用。以纳米材料的制备为基础，分析这些纳米材料制备的重点和要点。根据纳米材料的性能，结合其光电构建生物传感器，进而介绍生物传感器的应用。

本书可作为应用化学、材料化学专业本科或研究生教材或教学参考书使用，同时也适合化学、化工、纺织、印染、制药、医学检测、环境检测等相关专业的学生作为教材，也可以供相关专业工程技术、科研人员参考、使用。

图书在版编目（CIP）数据

贵金属及碳纳米材料的传感应用/王伟等编著. —北京：化学工业出版社，2017.5
ISBN 978-7-122-29327-5

Ⅰ.①贵… Ⅱ.①王… Ⅲ.①贵金属-应用-生物传感器②碳-纳米材料-应用-生物传感器 Ⅳ.①TP212.3

中国版本图书馆CIP数据核字（2017）第057570号

责任编辑：李　琰
责任校对：边　涛　　　　装帧设计：关　飞

出版发行：化学工业出版社（北京市东城区青年湖南街13号　邮政编码100011）
印　　刷：北京永鑫印刷有限责任公司
装　　订：三河市宇新装订厂
787mm×1092mm　1/16　印张11½　彩插4　字数280千字　2017年7月北京第1版第1次印刷

购书咨询：010-64518888（传真：010-64519686）　售后服务：010-64518899
网　　址：http://www.cip.com.cn
凡购买本书，如有缺损质量问题，本社销售中心负责调换。

定　　价：58.00元

前言

纳米技术是20世纪90年代初发展起来的一门多学科交叉的新兴学科，其基本涵义是在纳米尺寸（$10^{-9}\sim10^{-7}$m）范围内认识和改造自然，通过直接操作和安排原子、分子创制新的物质。纳米材料被公认为21世纪最具有前途的科研领域。纳米材料的发现说明人类对自然物质的研究改造能力已进入纳米尺度领域，标志着人类进入了“纳米技术”时代。纳米材料具有量子尺寸效应、小尺寸效应、表面效应和宏观量子隧道效应等独特的效应，并由此派生出一些传统材料不具有的特殊的光学、电学、磁学、力学、光催化等性能。纳米材料由于其独特的物理化学性质，在当今与未来的科学技术发展中将发挥越来越重要的作用。纳米技术的发展带动了以它为基础的应用科学不断进步，渗透到了物理、化学、材料、生物、医药和光电等诸多学科。

在纳米材料研究的大背景下，贵金属及碳纳米材料因其独特的光、电以及催化等特性在新能源材料、光电信息存储、催化剂等领域具有广阔的应用。其中，金、银、铂等贵金属纳米材料呈现出较为丰富的光学和电学特性，具有良好的稳定性、低生物毒性和更为广阔的应用范围，引起化学、材料、光学、物理、生物等诸多领域科研工作者的广泛关注。光学性质是贵金属纳米材料独特的光、电、催化特性中最受科研工作者关注的特性之一。金属纳米颗粒由于其独有的表面等离子体共振性质表现出独特的光学应用，贵金属纳米材料不仅具有超强的光学性能，而且还具有良好的电化学性质，这些性质使其被广泛用于在分析传感、电化学催化、能源和光电等领域得到了广泛的应用。此外，碳纳米材料以其独特的光电性能，在生物传感领域也得到迅猛发展。

基于贵金属及碳纳米材料的光电生物传感器，因灵敏度高、稳定性好、能进行快速实时监测等特点，已在临床诊断、环境监测、食品检测等领域得到广泛的应用。成为纳米分析化学的重要组成部分。纳米分析化学中常用的纳米材料，如纳米金/银、碳纳米材料等，在构建生物传感器方面取得了长足的发展。

本书结合纳米材料发展的趋势以及多年从事纳米生物传感方面的研究，以纳米材料的制备、性能及应用为主线，详细介绍金纳米材料、银纳米材料及碳纳米材料在生物传感领域的应用，对贵金属纳米材料及碳纳米材料在生物传感领域的应用进行归纳和总结，以期对从事相关研究的科研人员提供一定的帮助。

本专著的编写统筹工作由王伟完成，具体章节的完成情况如下：姜翠凤、王伟（第1章、第3章）、王忠霞（第2章）、孔粉英、王伟（第4章）。本书的出版得到了盐城工学院的资助。

由于时间仓促，编者水平有限，本书中难免有不足之处，希望广大读者不吝赐教。

编著者

2017年1月

目录

1 绪 论 / 1

1.1 纳米材料的综述 …… 1

1.1.1 纳米材料的概念 …… 2

1.1.2 纳米材料的基本特点 …… 3

1.2 贵金属纳米材料的性质 …… 5

1.2.1 光学性质 …… 6

1.2.2 电化学性质 …… 14

1.2.3 其他性质 …… 15

1.3 碳纳米材料的性质 …… 16

1.3.1 光学性质 …… 17

1.3.2 电化学性质 …… 19

1.3.3 其他性质 …… 21

1.4 纳米材料的应用前景 …… 22

1.4.1 在传感器方面的应用 …… 22

1.4.2 在催化及环保方面的应用 …… 23

1.4.3 在生物医学中的应用 …… 24

参考文献 …… 26

2 金纳米材料 / 29

2.1 背景概述 …… 29

2.2 金纳米材料的制备方法 …… 31

2.2.1 金球概述 …… 31

2.2.2 金球的制备方法 …… 33

2.2.3 金纳米棒概述 …… 38

2.2.4 金纳米棒的制备方法 …… 38

2.2.5 金纳米笼概述…… 42
2.2.6 金纳米笼状颗粒的制备方法…… 43
2.2.7 金纳米簇概述…… 44
2.2.8 金纳米簇的制备方法…… 46
2.3 金纳米材料的应用 …… 53
2.3.1 在光分析化学中的应用…… 53
2.3.2 在电分析化学中的应用…… 65
2.3.3 在其他传感中的应用…… 68
2.4 前景应用 …… 72
2.4.1 应用于细胞成像研究…… 72
2.4.2 纳米金探针在单细胞分析中的应用…… 75
2.4.3 纳米金探针在靶向药物中的应用…… 75
2.4.4 金纳米粒子作为“分子标尺”应用于生物体系…… 76
2.4.5 金纳米粒子作为载体应用于生物医学领域…… 76
参考文献 …… 77

3 银纳米材料 / 82

3.1 银纳米材料的制备方法 …… 82
3.1.1 银纳米颗粒的制备…… 83
3.1.2 银纳米团簇的制备…… 88
3.2 银纳米材料的应用 …… 92
3.2.1 银纳米材料在光分析化学中的应用…… 92
3.2.2 银纳米材料在电分析化学中的应用…… 99
3.3 银纳米材料的应用前景…… 102
参考文献 …… 103

4 碳纳米材料 / 106

4.1 碳材料发展简介 …… 106
4.2 各种形态碳纳米材料…… 107
4.2.1 碳纳米管…… 107
4.2.2 石墨烯…… 112
4.2.3 碳点…… 115
4.2.4 纳米金刚石…… 121
4.2.5 富勒烯…… 125
4.2.6 碳纳米纤维…… 127

4.3 碳纳米材料的应用 …… 130
4.3.1 碳纳米材料在光分析化学中的应用 …… 130
4.3.2 碳纳米材料在电分析化学中的应用 …… 141
4.4 碳纳米材料的应用前景 …… 164
4.4.1 碳纳米管 …… 164
4.4.2 石墨烯 …… 164
4.4.3 碳点 …… 164
4.4.4 纳米金刚石 …… 165
4.4.5 富勒烯 …… 165
4.4.6 碳纳米纤维 …… 165
参考文献 …… 165

1 绪论

1.1 纳米材料的综述

纳米技术是20世纪90年代初发展起来的一门多学科交叉的新兴学科，其基本涵义是在纳米尺寸（$10^{-9}\sim10^{-7}$m）范围内认识和改造自然，通过直接操作和安排原子、分子创制新的物质，它的发展开辟了人类认识世界的新视野。诺贝尔奖获得者费曼对纳米科技的预言："Why cannot we write the entire 24 volumes of the Encyclopaedia Brittanica on the head of a pin" 变成了现实。纳米科技和生物科技、信息科技并称为本世纪科学技术发展的重点领域。毋庸置疑，纳米科技的前景是诱人的，其发展速度令人吃惊，有关这方面的科研论文也急剧增长。

纳米材料由于其独特的物理化学性质，在科学技术发展中将发挥越来越重要的作用。纳米技术的发展带动了以它为基础的应用科学不断进步，渗透到物理、化学、材料、生物、医药和光电等学科。简单地说，纳米材料是由纳米粒子组成的超微材料，超微粒子的尺寸至少有一个维度处于纳米量级。纳米材料具有量子尺寸效应、小尺寸效应、表面效应和宏观量子隧道效应等独特的效应，并由此派生出一些传统材料所不具有的特殊的光学、电学、磁学、力学、光催化等性能。

总体来说，纳米材料的研究领域包括以下四个方面：一是系统地研究纳米材料的结构、性能和光谱学特征，通过与常规材料对比，找出纳米材料的特殊规律，建立描述和表征纳米材料的新概念和新理论，建立和完善纳米材料科学体系；二是发展新型的纳米材料，力求做到"按需设计"，同时找出它们在各个领域的潜在应用；三是针对纳米材料的表征和操纵，不断开发新的实验手段，以提高测量和控制纳米结构的能力；四是纳米器件和系统的研发，要鼓励采用新技术对纳米材料结构的特性进行实用而创新性地应用。目前，纳米材料应用的关键技术问题是如何在大规模制备纳米材料过程中控制产物的均匀化、分散化、稳定化。近年来，世界各国先后对纳米材料的研究给予了极大的关注，对纳米材料的结构和性能、制备技术以及应用前景进行了广泛而深入的研究，并纷纷将其列入国家高科技开发项目。

纳米材料诞生以来所取得的成就及其对各个领域的影响和渗透一直引人注目。纳米材料制备和应用研究中所产生的纳米技术逐渐成为当今的主导技术。纳米材料研究的内涵逐渐扩大，领域逐渐拓宽。在突飞猛进的发展中，一个显著的特点是基础研究和应用研究的衔接十分紧密，实验室成果的转化速度之快令人目不暇接，在此基础上，基础研究和应用研究都得到了长足发展。毫无疑问，纳米材料已经成为当今新材料研究领域中最富有活力的研究对象之一，它对未来经济和社会发展都有着十分重要的影响。

1.1.1 纳米材料的概念

纳米是一个尺度单位，$1nm=10^{-9}m$，举个例子来说，假设一根头发的直径是0.05mm，把它轴向平均分成5万根，每根的厚度大概就是1nm。纳米材料是指在三维空间中至少有一维处于纳米尺寸（0.1～100nm）或由它们作为基本单元构成的材料，这大约相当于10～100个原子紧密排列在一起的尺度。纳米材料的尺寸大于原子簇，小于通常的微粒，处在原子、分子为代表的微观世界和肉眼能见到的宏观世界的过渡区域。由于三维尺寸都很细小，出现了许多奇特的性能。早在1959年，著名的理论物理学家、诺贝尔奖获得者费曼曾预言："I can't see exactly what would happen, but I can hardly doubt that when we have some control of the arrangement of things on a small scale, we will get an enormously greater range of possible properties that substances can have, and of different things that we can do（毫无疑问，当我们得以对事物的细微尺度加以操纵的话，将大大扩充我们可能获得物性的范围）"，这是关于纳米科技最早的梦想。1990年，在美国巴尔的摩召开了首届纳米科学技术大会，标志着纳米科技的正式诞生。1991年，美国科学家成功合成了碳纳米管，并发现与同体积的钢相比，碳纳米管的质量仅为钢的1/6，但其强度却是钢的10倍[1]。碳纳米管的发现，标志着人类对材料性能的开发达到了新的高度。从此，纳米科技迅速发展为多学科交叉的高科技前沿领域。

在发展初期，纳米材料是指纳米颗粒和由它们构成的纳米薄膜和固体。现在，广义的纳米材料是指在三维空间中至少有一个维度处于纳米尺度范围或由它们作为基本结构单元构成的材料[1]。如果按维数，纳米材料的基本单元可以分为以下三类：①零维材料，指材料的三维尺度均在纳米尺度范围内，如纳米颗粒、原子团簇等；②一维材料，指在三维空间有两个维度处于纳米尺度，如纳米丝、纳米棒、纳米管等；③二维材料，指在三维空间中有一个维度在纳米尺度，如超薄膜，超晶格等。因为这些单元往往具有量子性质，所以对零维材料、一维材料和二维材料的基本单元分别又有量子点、量子线和量子阱之称。

纳米材料被公认为21世纪最具有前途的科研领域。纳米材料的发现说明人类对自然物质的研究改造能力已进入纳米尺度领域，标志着人类进入了“纳米技术”时代。

在过去几十年，由于纳米技术的使用在全球范围内引起了一场前所未有的工业革命。这项技术可能解决人类饥饿问题，在医学难题的攻克上也发挥着举足轻重的作用。一方面，纳米尺度下的物质及其特性，是人类较为陌生的领域，也是一片新的研究疆土，在这片疆土的开拓过程中，我们需要对新理论和新发现重新学习和理解；另一方面，纳米材料使产品走向微型化、高性能化以及环境友好化，极大地节约了资源和能源，并促进了生态环境的改善，从而在新的层次上为可持续发展的理论变为现实提供物质和技术保证。

1.1.2 纳米材料的基本特点

(1) 纳米材料的特殊效应

纳米颗粒的尺寸为1～100nm，具有巨大的比表面积和高的化学反应活性，因为尺寸的减小，纳米材料表现出不同于块体材料的特性，最主要的是量子尺寸效应、小尺寸效应、表面界面效应以及宏观量子隧道效应。

① 量子尺寸效应　当粒子尺寸下降到某一数值时，费米能级附近的电子能级由准连续变为离散能级或者出现能隙变宽的现象称为量子尺寸效应。当能级的变化程度大于热能、光能、电磁能的变化时，纳米微粒磁、光、声、热、电及超导特性与常规材料有显著的不同。量子尺寸效应对纳米材料的性质有很大影响[1]。比如，量子尺寸效应引起材料导电性的突变，导电的金属在纳米颗粒时可以变成绝缘体，导电性最好的Ag在1K条件下，当其尺寸小于20nm时就变成了绝缘体。又比如，量子尺寸效应使不发光的物质转变为发光物质，粗晶状态的硅、锗是间接带隙半导体，不发光；纳米量级的硅、锗，具有明显的可见光发光现象，而且粒径越小，发光越强，发光光谱逐渐蓝移。美国贝尔实验室发现当半导体硒化镉颗粒随尺寸的减小能带间隙加宽，发光颜色由红色向蓝色转移。又比如，固体金不发射荧光，而纳米金微粒发射微弱的荧光，纳米金团簇发射较强的荧光。这些现象都是量子尺寸效应对纳米材料性质的影响造成的。除了上述的特殊性质之外，量子尺寸效应还使纳米材料具有高度光学非线性、光催化特性、强氧化性和强还原性等，利用这些特性，纳米材料可以作为光催化剂、强氧化剂、强还原剂，并可用于制备无机抗菌材料。

② 小尺寸效应　当纳米颗粒的尺寸与光波波长（<100nm）、德布罗意波波长、激子波尔半径（1～10nm）以及超导态的相干长度（几纳米以下）等物理特征尺寸相当或更小时，晶体周期性的边界条件将被破坏，非晶态纳米粒子的颗粒表面层附近的原子密度减少，导致光、电、声、磁、力、热学等特性呈现新的物理性质的变化称为小尺寸效应[2]。当黄金被细分到小于光波波长的尺寸时，即失去了原有的金黄色而变为黑色。事实上，所有的金属在超微颗粒状态都呈现黑色。尺寸越小，颜色越黑。由此可见，金属超微颗粒对光的反射率极低，通常可低于1%。利用这个特性，可以设计出高效率的光热、光电等转换材料，将太阳能高效率地转变为热能和电能。此外，由于纳米复合材料对光的反射度极低，但对电磁波的吸收性能较强，因而可用于隐身技术。例如，纳米ZnO对雷达电磁波具有很强的吸收能力，可以作为隐形飞机的重要涂料。小尺寸效应除了使材料的光学性质发生改变之外，还对其磁学、力学性能产生了重要影响。纳米尺寸的强磁性颗粒（氧化铁、Fe-Co合金等）随着颗粒尺寸减小，磁性呈现一定的规律。当颗粒尺寸为单磁畴临界尺寸时，具有很高的矫顽力，若进一步减小其尺寸，大约小于6nm时，其矫顽力反而降低为0，呈现出超顺磁性。

③ 表面（界面）效应　是指纳米晶体粒子由于其表面原子数与总原子数之比随粒径变小而急剧增大所引起的性质上的变化。纳米微粒尺寸小，表面能高，位于表面的原子占相当大的比例[3,4]。有数据表明，粒径为10nm时，比表面积为$90m^2/g$，粒径为5nm时，比表面积为$180m^2/g$，粒径下降到2nm，比表面积剧增到$450m^2/g$，高的比表面使处于表面的原子数越来越多，同时，表面能迅速增加。由于表面原子数增多、原子配位不足及较高的表面能，这些表面原子具有较高的活性，极不稳定，很容易与其他原子结合。例如金属的纳米粒子在空气中会燃烧，无机的纳米粒子暴露在空气中会吸附气体，并与气体发生反应。表面效应还使纳米微粒出现了熔点显著降低、烧结温度较常规粉体显著降低、晶化温度降低等现

象。纳米材料的表面和界面效应还使其具有特殊的力学性质[2]。因为纳米材料具有大的界面，界面的原子排列是相当混乱的，原子在外力的条件下很容易迁移，因此表现出很好的韧性与一定的延展性，使陶瓷材料具有了新奇的力学性质。又比如由金属纳米颗粒粉体制成的块状金属材料会变得十分结实，强度比一般金属高十几倍，同时又可以像橡胶一样富于弹性。

④ 宏观量子隧道效应　微观粒子具有贯穿势垒的能力称为隧道效应。近年来，人们发现一些宏观量，例如微粒的磁化强度、量子相干器件中的磁通量等也具有隧道效应，称为宏观的量子隧道效应[5]。宏观量子隧道效应的研究对基础研究及应用都有重要意义，它限定了磁带、磁盘进行信息贮存的时间极限。隧道效应和量子尺寸效应一起，将会是未来微电子器件的基础，隧道效应确立了现存微电子器件进一步微型化的极限。当微电子器件进一步细微化时，必须要考虑上述效应。

量子尺寸效应、小尺寸效应、表面（界面）效应以及量子隧道效应是纳米材料的基本特性。这些新特性使纳米材料在光学、催化、化学反应、电化学、热学、力学等性质上有着不同于大尺寸材料的突出表现，从而使之在化学和生物传感、生物医学、光电子器件、磁性材料和催化材料等诸多领域被广泛地应用。

（2）纳米材料的性能

① 物理特性　纳米材料具有大的比表面积，表面能、原子数和表面张力发生巨大变化。量子尺寸效应、小尺寸效应、表面效应以及宏观量子隧道效应等导致纳米材料的光、磁、热、力、电学等方面的性质不同于常规材料，使得纳米材料具有广阔的应用前景。

a. 光学性能　量子尺寸效应和表面效应对纳米材料的光学特性有很大的影响，甚至使纳米材料出现了宏观物体不具备的新的光学特性[2]。主要表现为以下几个方面。（a）宽频带强吸收，大块金属具有不同颜色的光泽，这表明它们对可见光范围各种颜色的反射和吸收能力不同。然而，当尺寸减小到纳米量级时，几乎所有金属纳米材料都呈黑色，这是由它们对可见光的反射极低造成的。（b）蓝移和红移现象，与大块材料相比，纳米材料的吸收带普遍存在“蓝移”现象，即吸收带向短波方向移动，这是由于纳米微粒尺寸下降，导致能隙变宽，从而使光吸收带移向短波长方向；另一个原因是表面效应，由于纳米微粒颗粒小，大的表面张力使晶格发生畸变，晶格常数变小，结果使吸收带移向了高波长方向。在一些情况下，粒径减小至纳米级时，会观察到光吸收带相对粗晶材料呈现“红移”现象，即吸收带移向长波长。这是因为光吸收带的位置是由影响峰位的蓝移因素和红移因素共同作用的结果。如果前者的影响大于后者，吸收带蓝移；反之，吸收带红移。随着粒径的减小，量子尺寸效应会导致吸收带的蓝移，但是粒径减小的同时，颗粒内部的内应力会增加，这种内应力的增加会导致能带结构的变化，电子波函数重叠加大，带隙、能级间距变窄，这就导致电子由低能级向高能级及半导体电子由价带到导带跃迁引起的光吸收带和吸收边发生红移。近些年来，紫外-可见吸收光谱被广泛应用于贵金属纳米材料光学和电学性能的研究。观察纳米颗粒的吸收光谱会发现，粒径尺寸不同，其吸收谱峰位不同，且吸收峰位置随颗粒尺寸的减小而向短波方向移动。研究表明，这主要是由纳米微粒的量子尺寸效应造成的。同时影响吸收峰位置的因素还包括温度、溶剂的折射率、溶剂的介电常数、金属表面的吸附以及金属粒子之间的距离等。

b. 磁学性能　纳米材料的小尺寸效应、表面效应及量子尺寸效应等使得它具有常规粗晶材料所不具备的磁特性。尤其是用铁磁性金属制备的纳米颗粒，颗粒大小对磁性的影响十分显著。(a) 纳米微粒尺寸小到一定临界值时进入超顺磁状态[6]，例如 Fe_3O_4，粒径为 16nm 时变成顺磁体。在小尺寸下，当各向异性减小到与热运动相当时，磁化方向就不再固定为一个易磁化方向，易磁化方向作无规律的变化，结果导致超顺磁性的出现。值得一提的是，不同种类的纳米磁性微粒显现超顺磁的临界尺寸是不同的。(b) 纳米材料特殊磁学性能的另一个表现是，当纳米微粒尺寸高于超顺磁临界尺寸时通常呈现高的矫顽力。例如，用惰性气体蒸发冷凝的方法制备的纳米铁微粒，随着颗粒变小饱和磁化强度下降，但矫顽力却显著地增加。

c. 热学性能　众所周知，固态物质在其形态为大尺寸时，其熔点是固定的。纳米材料的熔点、开始烧结温度和晶化温度都比常规块体材料的低很多。由于纳米颗粒比表面积大，表面能高，以至于活性大、体积远小于块体材料的纳米颗粒熔化时所需的内能较小，熔点急剧下降。例如，通常条件下金的熔点为 1337K，而 2nm 的金颗粒熔点为 600K，纳米银粉的熔点可以从 1173K 降低到 373K[7]。

d. 力学性能　与一般常规材料相比，纳米材料的力学性能发生了明显改变[8]。常规多晶试样的屈服应力（或硬度）H 与晶粒尺寸 d 符合 Hall-Petch 关系，即 H 与 d 的 $-1/2$ 次方成正比。而纳米晶体材料的超细及多晶界面特征使它具有高的强度与硬度，表现为反常的 Hall-Petch 关系，即强度和硬度与颗粒尺寸不呈线性关系。纳米材料具有大的界面，界面的原子排列是相当混乱的，原子在外力变形的条件下很容易迁移，因此表现出高的韧性与一定的延展性。

e. 电学性能　纳米材料随着晶粒尺寸减小，晶格的膨胀或压缩加剧，对材料的电阻率产生明显影响[9]。金属纳米材料的电阻率随着晶格膨胀率的增加而呈非线性升高，其主要原因是晶界部分对电阻率的贡献很大，并且界面过剩体积引起的负压使晶格常数发生突变，各反射波的位相差发生改变，从而使电阻率发生变化。

② 化学特性　纳米材料由于尺寸小，表面所占的体积百分数大，表面的键态和电子态与颗粒内部不同，表面原子配位不完全导致表面的活性位置增加，从而使它具备了作为催化剂的基本条件，所制得的催化剂稳定性好。若再将其与磁性纳米材料结合，则回收便利，对于资源的节省大有益处。

纳米材料的化学催化　纳米材料由于其粒径小，表面原子所占比例很大，吸附能力强，因而化学反应活性高[10]。与常规块体材料相比，其小尺寸主要起到三个方面的作用：(a) 提高反应速度，增加反应速率；(b) 决定反应途径，有优良的选择性；(c) 降低反应的温度。例如，以氧化物为载体，把粒径为 1～10nm 金属粒子分散其表面，它们对高分子氢化和聚合反应有良好的催化作用[11]。

半导体纳米材料的光催化作用　半导体的光催化在环保、失效农药降解、水质处理等方面有重要的应用。常用的光催化半导体纳米颗粒有 TiO_2（锐铁矿）、ZnS、CdS 等。这类粉体材料可以添加到陶瓷釉料中，使其具有保洁杀菌功能，也可以加入人造纤维中制成杀菌纤维。

1.2　贵金属纳米材料的性质

在纳米材料研究的大背景下，金属纳米材料因其独特的光、电以及催化等特性在新能源材料、光电信息存储、催化剂等领域展示出广阔的应用空间。金（Au）、银（Ag）和铂系元素［钌（Ru）、铂（Pt）、钯（Pd）、铑（Rh）、锇（Os）、铱（Ir）］共8种元素一起被称为贵金属。通常这类金属有亮丽的金属色泽，在一般情况下不易发生化学反应，且在自然界的含量极为稀少，由于数量稀少且具有化学惰性所以被称为贵金属。贵金属良好的化学稳定性以及独特的性质十分可贵，具有重要的应用价值，其价格也比较昂贵。贵金属纳米材料是指利用纳米技术开发和生产的尺寸在100nm以下（或含有该尺寸的基本结构单元）的贵金属制品。贵金属纳米材料将贵金属特殊的理化性质与纳米材料的特殊性能相结合，表现出更加优异的性能，是纳米材料的重要组成部分，在分析传感、电化学催化、能源和光电等领域得到了广泛的应用。

贵金属纳米材料具有重要的科研价值和巨大的应用潜力，拓展了纳米材料的范围，主要表现在以下几个方面[12]：①贵金属是一种非常高效的催化材料；②贵金属因高导电性能可用作生物传感材料；③纳米铂因其大的比表面积成为理想的储氢材料；④结合多种金属的性能，发展出双金属或三金属纳米复合材料；⑤生物活性比较高，利用效率高，对某些疾病有很好的缓释效果。如在纳米材料中添加贵金属药物，不需要常规的注射，经过皮肤后可以直接吸收，减少了传统试剂的繁琐步骤，如在人体皮肤上抹上贵金属粉末可以杀菌消毒等。

实际上，人类与贵金属纳米材料的渊源已久，贵金属纳米粒子的应用甚至可以追溯到两千年前，人们将贵金属纳米粒子作为玻璃、陶瓷、衣物等的着色剂。然而，那时候的人们可能并不知道他们的染色剂材料中含有贵金属纳米粒子，更不知道这些鲜艳夺目的色彩来源于贵金属纳米粒子在可见光区强烈的光散射。有关贵金属纳米粒子真正意义上的研究始于1857年，法拉第（Michael Faraday）对金纳米粒子的宝石红色彩进行了研究，并且在水中用磷还原氯金酸制备了著名的“金胶体”，这成为迄今为止人类历史上最早的有关溶液相法合成贵金属纳米颗粒的文献报道[13,14]。值得一提的是，他合成的金纳米溶液保持着不可思议的稳定性，保存在伦敦大英博物馆内，即使是160年后的今天，仍显示明亮的红色。这种明显的颜色源于纳米粒子强烈的散射和吸收，而非电子跃迁。随后，在1951年，Turkevich等报道了现在普遍采用的制备金纳米粒子的反应（Turkevich反应）：以柠檬酸盐为还原剂和稳定剂，还原$HAuCl_4$水溶液制备金纳米粒子，该方法制备的金纳米粒子直径约为20nm。1973年，G. Frens报道了在Turkevich反应的基础上，通过控制加入的金盐和柠檬酸盐的比例来得到粒径可控的金纳米粒子的方法[15]，该方法为目前制备金纳米粒子使用最为广泛的方法。

之后，对贵金属纳米粒子的研究如雨后春笋般蓬勃兴起，成为科研工作者们关注的焦点。研究者中既有合成新型材料的材料化学家，也有探索新型传感体系的分析化学家，还有为了寻找新型生物医疗体系的生物医学研究者。溶液相合成法作为一个强有力的制备高质量、大数量、具有高度重复性的贵金属纳米晶体的方法，成为研究纳米晶体形貌与性质间关系的有意义的工具。

1.2.1 光学性质

近年来，纳米材料的发展突飞猛进。其中，金、银、铂等贵金属纳米材料更是因呈现出较为丰富的光学和电学特性，具有良好的稳定性、低生物毒性和更为广阔的应用范围引起化学、材料、光学、物理、生物等诸多领域科研工作者的广泛关注。

光学性质是贵金属纳米材料独特的光、电、催化特性中最受科研工作者关注的特性之一。金属纳米颗粒由于其独有的局域表面等离子体共振性质有了独特的光学应用。金属表面局域等离子体共振现象（Localized Surface Plasmon Resonance，LSPR）是指金属结构表面自由移动的电子在外加电磁场的激发下产生极化，由极化产生的回复力使得自由电子发生振荡，当振荡的频率与外加电磁场频率相同而产生共振时，产生强烈的光散射，表现为很强的表面等离子体共振吸收，从而导致金属表面局域电磁场增强[16]。这种局域电磁场的增强引起金属表面附近的探针分子的散射，使其光谱信号（例如拉曼、荧光）较自由状态下的光谱得到很大的增强[17]。不同金属纳米材料的等离子体共振吸收有着对应的特征峰值与强度，并且随着金属纳米材料的尺寸、形貌、周围电介质（如 Ag@SiO_2 纳米粒子的共振吸收峰随着 SiO_2 壳层厚度增加而红移）及单分散性的改变呈现相应变化[18]。基于此，通过对金属纳米结构的设计，实现调控其表面等离子体共振吸收，从而调控金属纳米材料的光学性质，是当前金属纳米材料光学性质应用研究的着眼点之一。当贵金属纳米粒子尺寸较小时，吸收带较宽，峰的强度也较低；当颗粒尺寸变大时，随着共振强度的增大和吸收带宽的减小，吸收光谱逐渐变窄。而且，吸收峰的位置和数量也给出所得粒子形貌的一些信息。例如，不同形貌的纳米粒子，其共振吸收峰的数量有明显不同，如球状纳米晶粒表现为单一的表面等离子共振带，而各向异性纳米粒子有两到三个共振带。纳米粒子的光谱特性不仅依赖于粒子的形貌和尺寸，而且与粒子的数量和环境介质也有一定的关系[14]。例如，银纳米粒子的尺寸小于 3nm 时，银粒子的最大共振峰和吸收带宽将强烈依赖于银粒子所处的环境介质。当银晶粒与反应基质发生强烈作用时，最大吸收峰会发生蓝移且吸收峰变宽；相反，当晶粒和反应基质的相互作用较弱时，共振吸收峰就会发生红移，吸收带也会变窄。

金属纳米粒子的紫外-可见光吸收为表面等离子共振吸收，它与金属表面的自由电子的运动有关系。由金属电子理论可知，金属中的自由电子，可以用自由电子气模型来表示：即价电子是完全共有的，构成金属中的自由电子，忽略离子实与价电子的相互作用，而且自由电子被视为无相互作用的理想气体[19]。为了保持金属的电中性，可以设想将离子实的正电荷散布于整个体积之中，和自由电子的负电荷正好中和。正是由于这种自由电子气模型与常规等离子相似，所以叫做金属中的等离子体。等离子体在热平衡时是准电中性的，若等离子体内部受到某种扰动而使某些区域电荷密度不为零，就会产生强的静电恢复力，使等离子体内的电子发生振荡，这就是等离子体振荡。这种振荡主要是电场和等离子体的流体运动相互制约而形成的。所以当电磁波作用于等离子体时，就会产生共振。这种共振，在宏观上表现为金属纳米颗粒对光的吸收[20]。

金属纳米颗粒等离子共振吸收峰的位置、半高宽和峰强度与温度、颗粒大小、尺寸分布以及颗粒浓度有很大关系。吸收峰的位置基本上可以确定颗粒大小[21]。通常情况下，颗粒变小时，吸收峰的位置向短波方向移动，即发生蓝移。以金纳米材料为例，当金纳米微粒直径为 50nm 时，等离子共振吸收峰约为 532nm，而当直径为 10nm 时，吸收峰位置约在 520nm。金纳米棒的长径比与共振吸收峰之间的关系则表现为：随着长径比的增大，横向吸收峰发生蓝移，而纵向吸收峰发生红移。吸收峰的半高宽越宽，颗粒尺寸分布就越不均匀。若吸收峰的位置和半高宽均不改变而吸收峰的峰值增强，说明金属纳米颗粒浓度增大，即单位体积内金属颗粒数增多。因此，在纳米颗粒的制备过程中，可以利用紫外-可见光谱来反映生成产物的颗粒大小、尺寸分布范围及颗粒浓度。

关于纳米粒子表面等离子体共振吸收参数的计算也有一些理论研究[21]。Mie 率先使用

Maxwell 方程对 Au、Ag 等胶体的颜色进行了解释[22]，但是该方程仅适用于对球状、球体、球壳以及圆柱体形状胶体的理论推导。后来，在此基础上，发展起来一种可以计算各种形貌金属纳米粒子吸收、散射及消光性质的理论——离散偶极近似理论（Discrete Dipole Approximation，DDA）[23]，该理论推导的结果与实验测得数据吻合度较高，已成为目前认识纳米粒子光学性质的重要手段。

金属纳米粒子的 LSPR 峰位随尺寸、形貌、环境变化的特性被科学家越来越多的应用于化学和生物分子检测新方法的研究。当贵金属纳米颗粒之间的距离小于粒子半径时，纳米颗粒之间会发生等离子体耦合，直观的表现是纳米颗粒溶液的紫外-可见吸收峰发生变化[24]。贵金属纳米粒子由分散态变为聚集态（或由聚集态变为分散态）时溶液颜色会发生变化[25]，基于此原理，产生了一种利用贵金属纳米颗粒作为探针的简便、快捷的比色检测法。比色法是利用贵金属纳米粒子的 LSPR 效应的一种光学检测技术，在检测过程中，贵金属纳米粒子能够通过待测样品显色，样品的含量与溶液颜色有关。例如，当金纳米粒子发生聚集时，由于颗粒间的等离子体耦合，金纳米粒子的表面等离子共振峰会由 520nm 红移到 650nm，并且溶液颜色由红色变为蓝色。用比色法分析待测试物时，在纳米粒子溶液中加入分析物，会影响纳米粒子的存在状态，从而使溶液颜色发生变化，通过测定溶液的紫外-可见吸收光谱曲线可对分析物进行定量测定。这种方法原理易懂、设备简便，实验周期短，且检测结果可通过肉眼直接观察，在环境监测和生物传感等领域都有很广阔的应用前景，被用于检测对人体有害的重金属离子（Pb^{2+}、Cd^{2+}、As^{3+}、Hg^{2+}）、蛋白质、阴离子（I^-、PF^{6-}、CN^-）、有机小分子（TNT）以及生物小分子（如 ATP、可卡因）等[26]。

在光场激发下，贵金属纳米粒子产生 LSPR 的同时，伴随着光热效应的产生。LSPR 激发出很多热电子，由于 plasmon 振荡引起电子和电子碰撞，在几百飞秒内形成热电子。热电子声子相互作用，将能量传给晶格。最终，在几个皮秒内，晶格通过声子-声子相互作用，将热能传递到周围环境。由于纳米粒子体积小，吸收系数大（比传统的染料分子高出至少 5 个数量级），同时由于其弛豫动力学性质，贵金属纳米粒子已成为性能极其优越的光热转换材料。基于这个性质，贵金属纳米粒子也可作为新型医学材料被广泛应用于光热治疗（PTT）如治疗癌症的研究[27]。在癌症治疗中，传统的手术疗法、化学疗法和放射疗法会伤害到体内正常组织或者带来一些其他的副作用，因此，研究开发新的癌症治疗手段迫在眉睫。光热切除疗法是一种新兴的癌症治疗手段，其基本原理是在激光照射条件下，利用光热转换产生的高热量来破坏消除癌细胞。其中，确定在癌细胞位点上施加强的光照吸收以及保证高的光热转换效率是光热切除疗法成功实施的关键。对于光热切除疗法的应用，理想的纳米金属材料应该具有强且可调的表面等离子共振吸收、容易传输、毒性低以及易与目标癌细胞结合等特征。贵金属纳米材料中的金纳米颗粒和银纳米颗粒对光具有很强的表面等离子共振吸收效应，因而可以在光热切除疗法应用中有效地增强光热转换效率[28]。

除了表面等离子体共振现象，贵金属纳米材料在金属增强荧光、表面增强拉曼光谱、双光子激发荧光等光谱学领域也展现出不同于常规材料的特殊性质。

（1）金属增强荧光

20 世纪 70 年代 Drexhage 课题组发现，一个金属平面的存在可以改变 Eu^{3+} 复合物的荧光强度。随后陆续出现的实验结果和理论解释表明，靠近金属表面的荧光分子，其荧光强度可以被金属表面增强，从而导致表面增强荧光效应，也称金属增强荧光效应（Metal-Enhanced Fluorescence，MEF）。后来，Maryland 大学的 Lakowicz 教授课题组对金属增强荧光现象进行了较为深入系统研究[29,30]。经过实验，他们发现当荧光物种与金属表面有一个适当的距离时，其荧光强度能够被增大到 5 倍以上。随后结合理论和实验研究，调整荧光物种与金属间距，进一步完善体系，得到 80 倍以上的荧光增强效果。该实验组一系列的实验结果，使得金属增强荧光效应逐渐引起更多科研工作者的关注与重视。

文献报道，金属表面一定距离范围内的荧光基团荧光增强机理主要有以下两种：①表面局域电磁场的增强，在不改变荧光寿命的情况下提高激发效率；②由表面等离子体耦合引起的荧光基团固有辐射衰减速率增大，从而改变了荧光量子产率以及荧光寿命[31]。

金属增强荧光效应的机理主要是由于金属表面等离子体的激发而使金属表面局域电磁场得到增强，从而使得靠近金属表面的荧光分子的激发光场得到增强，间接提高了激发效率[32]；另一方面，荧光分子与金属表面之间的相互作用也能改变荧光分子的辐射衰减速率，从而导致荧光发射增强[33]。因为能够增强生物分子自身的荧光，金属增强荧光效应的发现为设计更为灵敏的生物传感体系提供了一条新途径，对生物医学和生物分析的发展起到了重要的推动作用。有文献报道，荧光增强效果很大程度上取决于贵金属粒子的等离子体共振吸收峰与荧光基团的紫外吸收峰位的交叠程度[34]。

金属增强荧光效应多用 Au、Ag，该效应的研究最初主要集中于平面金属膜体系上，近几年，出现了以金属纳米粒子为载体的相关应用的研究报道。北京科技大学的李立东教授实验组一直致力于这方面的研究，发表了一系列科研成果[35~37]。不同于其他的表面增强现象，金属表面对荧光的增强与荧光分子和金属间的相互作用距离有着很大关系。一方面，当荧光物质过于靠近金属表面时，会发生分子与金属间的非辐射能量转移，导致荧光淬灭；另一方面，当荧光物质与金属表面之间距离过大，则无相互作用。因此，寻找分子与金属间的最佳作用距离对实现金属增强荧光效应的应用至关重要。李教授课题组制备了多种基于金属银纳米结构的复合纳米材料，例如具有不同壳层厚度的 $Ag@SiO_2$ 复合纳米粒子，具有对环境温度响应性的 Ag@PNIAPM 纳米粒子以及同时具有温度、pH 响应性的掺杂了 Ag 纳米粒子的凝胶微球等。通过对金属纳米结构的表面修饰，在荧光物种与金属表面间建立一个隔离层，通过调节隔离层厚度找到一个合适的距离，得到最佳的金属增强荧光效果，提高了荧光检测灵敏度。同时，选择具有对外界环境 pH 值和温度等变化响应性的材料与金属复合，赋予了金属材料一种环境响应性的增强荧光效果，为表面增强荧光的应用及推动生物检测技术的进一步发展提出了一条新思路。

(2) 表面增强拉曼光谱

表面增强拉曼光谱（Surface Enhanced Raman Spectroscopy，SERS）是目前常用的一种简单快速的分析方法，具有高灵敏度、高选择性、受水和荧光信号干扰小的优点。拉曼光谱作为一种光谱分析检测手段一直严重受限于其极小的拉曼散射截面（通常在 10^{-30}～$10^{-25}cm^2$），近几十年来，基于金属粒子的表面增强拉曼光谱的迅速发展极大地放大了拉曼信号，增强数量级通常在 10^6 以上，甚至可以达到检测单分子拉曼光谱的水平（增强因子在 10^{10} 以上）[38,39]。

表面增强拉曼散射的机理通常用表面等离子体共振解释，即金属表面的粗糙度提供了光与金属表面等离子体耦合的必要条件。当粗糙的金属基体表面受到光照射时，金属表面的电子被激发到高的能级，与光波的电场耦合并产生共振，从而使金属表面的电场增强，产生增强的拉曼散射。当贵金属纳米粒子相互靠近，等离子场之间发生强烈耦合，产生所谓“热点（hot spot）”区域，可以极大地放大电场，甚至实现单分子的拉曼信号检测。尤其是贵金属纳米粒子的自组装结构，纳米粒子互相靠近，可以形成许多周期性的、均匀分布的“hot spot”区域，利用这种自组装结构作为 SERS 基底，实现了对化学、生物分子、蛋白质等很多物质的拉曼检测[21,40]。

利用 SERS 对目标分析物进行检测，首先需要制备具有高的增强效果的基底，只有当被分析物分子吸附到基底表面时，才能产生高的表面增强拉曼光谱信号，因此，构建具有高的增强效果的拉曼基底对表面增强拉曼光谱检测非常重要。其中，Au 和 Ag 纳米粒子是常用的表面增强拉曼光谱活性基底[38,41]。早期的 SERS 基底为粗糙的银电极或是银岛膜，分布的微纳结构不均匀，信号重复性不好。因此，展开了制备周期性贵金属纳米基底的研究，例如，利用纳米球印刷技术制备出的周期性的纳米银三角形结构[42]。再者，各种形状、尺寸、结构的贵金属纳米粒子在最近十几年被迅速制备出来，同样促进了 SERS 的发展，例如制备具有尖端曲率的银八面体纳米结构，具有多尖端结构的星形银纳米颗粒等作为 SERS 基底。与纳米金相对，纳米银具有更强的表面等离子体共振，但由于纳米银的化学稳定性较弱，在一些领域其应用受到限制。最近几年发展起来的壳层隔绝的增强拉曼光谱技术为这一难题的解决提供了可行的思路。以贵金属纳米粒子为核，超薄的无机纳米氧化物包覆在核表面阻止核聚集，避免干扰。使用这种复合型纳米材料做基底，不但稳定性问题得以解决，而且内核和外壳均可人为设计和可控制备，从而使其光学性质可调节，大大体现了多功能特性[43]。可以说，核壳型纳米粒子的发展大大扩展了 SERS 基底材料的适用范围，成为 SERS 技术新的里程碑。

另外，检测分子也不再限于那些只能吸附在贵金属纳米粒子表面上的分子。此外，构建各种包含“hot spots”的纳米结构，如二聚物、自组装结构等，也是 SERS 基底制备的研究重点。

(3) 双光子激发荧光

1961 年，Franken 等利用一束波长为 694.2nm 的光束通过石英晶体，观察到波长为 347.1nm 的倍频光，这标志着非线性光学的正式开始。双光子激发荧光即非线性光学的一种。

早在 1931 年，Göppert-Mayer 就在其博士论文中提出，理论上，同时吸收两个低能量的光子也能够激发原子或者分子从低能态跃迁到高能态，其跃迁几率与入射光强的平方成正比[44]，如图 1-1 所示，这是双光子吸收概念的首次提出。然而，双光子概念的提出并没有引起学术界的注意，直到 1961 年，激光产生一年之后，Kaiser 和 Garrett 等用脉冲激光作

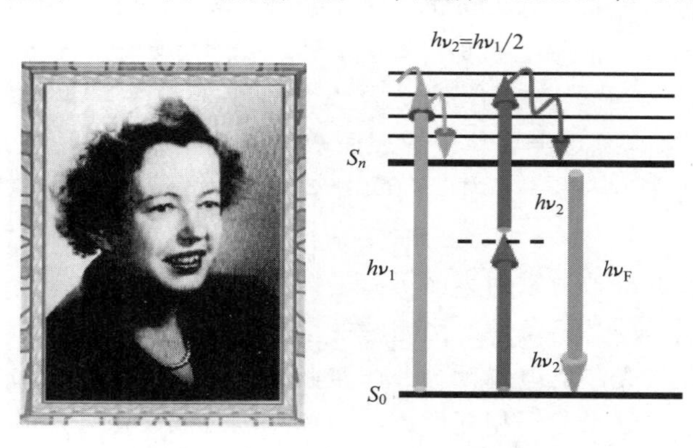

图 1-1　Maria Göppert-Mayer 和双光子激发能级示意图

为激发光源，首次通过实验证实了双光子激发的可能性，双光子激发才真正进入人们的视野。在随后的几十年里，随着锁模脉冲激光器的应用及高峰值功率调 Q 技术的发展，引发了双光子激发特性等相关实验研究的热潮，受到光学，材料，物理、化学等各领域的关注[45]。目前，国内外研究者已相继开展基于双光子激发荧光方面的研究，并取得一定的成果[46~48]：a. 结合激光共聚焦显微镜和双光子激发技术发明了双光子荧光显微镜，双光子荧光显微镜的发明为细胞活体成像、生物组织的动态立体三维成像提供了研究平台；b. 双光子荧光探针应用于药物跟踪和定位标记；c. 利用双光子激发荧光技术拓展光信息存储，克服了传统存储模式的缺点和不足。

与单光子激发荧光过程相比，双光子技术存在以下优势[47]。

① 在材料中具有高穿透性　双光子激发使用近红外光源（NIR，800～1500nm），所吸收两个光子的能量之和等于能级之差，所以双光子激发过程是长波激发短波发射的过程，长波激发光对材料的穿透率高，且材料自身对激发光的线性吸收和瑞利散射较小，相对于短波光源而言，长波光源对材料的光损伤小得多。另外，波长越长，在生物体内的穿透性越好（在 800～1300nm 的近红外区域内，组织的光学透过性是最好的，被称为“水窗口”），光在生物体内的散射、反射、吸收会大大降低。所以与单光子激发相比，双光子激发能更有效地应用于更深层的生物组织的研究，对生物体具有更低的光损伤性。

② 高度的空间分辨率　双光子激发产生的概率与入射光光强的平方成正比，只有当入射光的峰值功率密度足够大时，才能观察到明显的双光子激发现象。例如：在激光束聚焦情况下，双光子激发仅仅局限在材料内部焦点处，属于点激发，因而双光子激发具有高度的空间分辨率，且光漂白区域很小。

上述优势使双光子激发在共焦显微镜、三维微加工、高密度三维信息存储及光动力诊疗等领域被广泛应用。

双光子激发荧光（Two-Photon Excited Photoluminescence，TPPL），即介质吸收双光子之后受到激发产生的荧光，简称双光子荧光。与单光子激发荧光相比，双光子荧光具有长波激发、短波发射以及焦点激发等特点，从而具有了空间分辨能力高、对生物样品损伤小、高穿透性的优点。基于此，双光子荧光作为一种强有力的分析检测技术，被广泛用于生物分子检测、显微成像、光动力治疗癌症等与人体健康息息相关的领域，受到各国科学家的广泛关注，中国更是成为仅次于美国的双光子技术第二大国，图 1-2 为双光子激发荧光仪器简要示意图。但是，双光子荧光发射是一个非线性光学过程，与单光子荧光相比，其荧光发射效率较低，这在很大程度上限制了双光子技术的应用。因此，如何实现高效率的双光子荧光发射是一个亟待解决的问题。

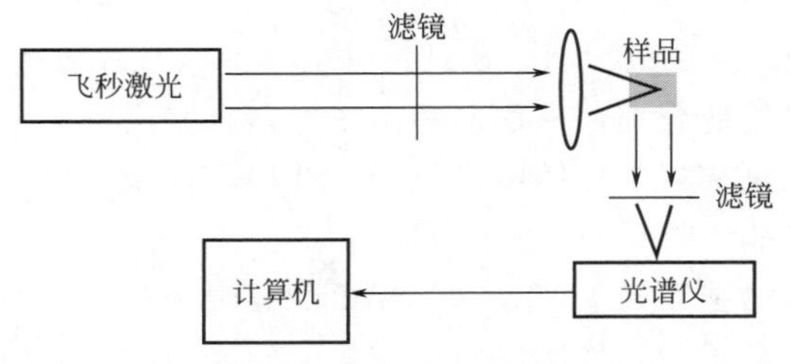

图 1-2　双光子激发荧光仪器简要示意图

贵金属纳米材料与双光子荧光之间的联系主要包括以下两个方面。a. 贵金属纳米材料本身的双光子荧光性能[49,50]，例如，金纳米棒具有较强的双光子荧光发射性能，是非常合适的双光子成像造影剂，而且贵金属纳米粒子具有独特的聚集增强双光子荧光效应[51]。b. 贵金属纳米材料的表面增强双光子荧光效应，理论及实验研究表明，在适当光源激发下，贵金属纳米颗粒所具有的表面等离激元共振区，可以形成强局域电场分布，用于增强探针分子的双光子激发荧光辐射行为。美国 Maryland 大学的 Lakowicz 课题组通过研究银岛膜对罗丹明衍生物双光子激发荧光强度的影响，认为贵金属纳米结构 LSPR 吸收峰与荧光发射峰共振，增强了贵金属纳米结构附近的近场散射效应，从而实现了远场双光子激发荧光强度的增大[21]。基于此，通过调控实验条件，将纳米衬底的表面等离激元共振峰调至激发波长附近，实现激发光表面等离激元共振增强效应成为表面光谱学的一个重要的研究分枝。

近年来发现的贵金属纳米粒子聚集增强双光子荧光效应（Aggregation Enhanced Two-Photon Photoluminescence）为提高贵金属纳米粒子的双光子荧光发射效率提供了可行思路[51]。贵金属纳米粒子彼此靠近（0～12nm）时，等离子体耦合产生的局部电场因提高纳米粒子的双光子激发效率而使其双光子荧光发射强度增强[52,53]。等离子体耦合强度是决定双光子荧光增强的关键因素，其强度依赖于纳米粒子的成分、尺寸、形貌、粒子间距、周围电介质以及聚集形态。这一双光子荧光增强现象的研究不仅对光谱学领域的发展具有重要意义，而且作为一种提高双光子荧光检测灵敏度的新途径，在化学、生物医学检测方面显示出强大的应用优势。

基于贵金属纳米粒子聚集增强双光子荧光受到等离子体耦合强度影响的机理，已有研究对影响双光子荧光增强的因素进行了探索。研究表明，贵金属纳米粒子的成分和粒子间距都极大影响了双光子荧光的增强效果[14～17]。例如，Au@Ag 纳米复合粒子中银壳的厚度在 0～5.5nm 范围内，随着银壳厚度的逐渐增大，聚集之后双光子荧光增强倍数先增大后减小，最佳增强厚度约为 3.5nm；又如，贵金属纳米粒子的聚集间距对其增强双光子荧光也有显著影响，双光子荧光的增强倍数随着粒子间距的缩小急剧增大，即粒子间距越小，增强效果越好。

现有研究表明，半胱氨酸引起的金纳米立方体聚集后其双光子荧光显著增强[18,19]，以 DNA 作为桥梁聚集的金纳米球双光子荧光也得到了增强[15]，金纳米笼、三角形金纳米片聚集之后双光子荧光显示出不同程度的增强[20,21,54]。对球形金、银纳米粒子不同尺寸的研究表明，尺寸能够影响聚集增强双光子荧光的增强倍数[55]。然而，不同形貌的纳米粒子，很难控制相同尺寸。这些数据初步说明金纳米粒子形貌和尺寸对聚集增强双光子荧光会产生影响，而影响规律尚需进一步研究阐明。该规律的获得需尽可能排除粒子成分、聚集间距、周围电介质的影响，分别控制不同形貌、尺寸的纳米粒子在相同聚集诱导条件下进行系统的对比研究。另一方面，纳米粒子聚集形态对等离子体耦合有一定影响[22,24]。现有理论方面，离散偶极近似理论（Discrete Dipole Approximation，DDA）计算表明，聚集体系中纳米粒子的空间排布影响局部电场的叠加，从而对等离子体耦合强度产生十分显著的影响[23,24,56]。现有实验方面，电子束光刻法将金、银纳米粒子组装成不同聚集形态也证明，聚集形态对等离子体耦合强度有重要影响。

贵金属纳米粒子聚集增强双光子荧光这一现象的发现和深入研究，对于发展超亮双光子荧光探针、进一步提高双光子荧光检测灵敏度、扩大双光子技术的应用范围提供了更多的可能。基于此原理的双光子传感器已成为一种检测 DNA、重金属离子等的新手段，尤其是金纳米粒子，已经被应用到生物小分子的分析检测中[57～59]，成为目前研究的热点之一。金纳米粒子，可通过 Au-S 与巯基修饰的核酸适配体结合，从而与生物分子建立联系。核酸适配体作为具有高度识别功能的分子，可以与其对应的靶物质以高亲和力和特异性结合。研究表明，适配体与靶物质结合引起构型发生变化而导致所修饰纳米粒子的聚集形态改变。基于此，可设计高灵敏度、高特异性的生物分子双光子检测器。

(4) 纳米团簇发荧光

众所周知，有机染料和量子点是目前最为常用的光学探针，但是它们都存在着一定的不足。如，有机染料易发生聚集，光漂白性严重，斯托克斯位移小，而量子点则存在生物毒性大、难于修饰等缺点。因此，贵金属纳米团簇作为最有前景的光学传感和成像探针引起了科研工作者的广泛兴趣。

金属纳米团簇通常是指小于 2nm 的纳米颗粒，是介于金属原子和纳米颗粒之间的一种中间体。金属团簇的电学和光学性质很大程度上取决于其尺寸。当金属团簇的尺寸减小至 1nm，甚至几个原子大小时，金属团簇的带隙就会变得不连续，成为独立的能级，和分子能级类似[60]。当贵金属颗粒的尺寸与一个电子的费米波长（金和银大约为 0.5nm）相当时，贵金属团簇就会展现出强的荧光。具有荧光的贵金属纳米团簇也被称为贵金属量子点。荧光性的贵金属纳米团簇具有优异的特性，具体表现在：①和传统的量子点相比，贵金属纳米团簇的尺寸更小，更有利于生物标记；②荧光峰可在蓝光到红外之间调节；③光稳定性很好；④对环境毒害小；⑤合成方法简单易行。利用各种生物相容性的支架合成能溶于水的金属纳米团簇，并能够对其荧光颜色进行调制，从而可以应用于生物标记及化学传感等方面。

与大尺寸的金属纳米粒子相比，金属团簇的显著特点是由于其具有低的电子态密度从而具有强的荧光性，并且具有分子的特性。基于贵金属纳米团簇优异的荧光性能建立起来的分析传感方法已成功应用于重金属离子、疾病相关小分子、生物大分子，以及环境污染物等的分析测定[61]。通过测定由被测物质引起的贵金属纳米团簇荧光强度变化而实现定量分析测定，建立基于贵金属团簇的分析传感平台是目前贵金属纳米团簇分析的主流研究方向。目前，基于贵金属纳米团簇构建的光学传感器的响应机制大致可以分为两大类：基于金属内核作为识别部分和基于配体识别的响应模式。由于贵金属纳米团簇优异的性能使得其可以避开生物自体和复杂生物样品的干扰，显著改变生物标记效果。因此，贵金属纳米团簇在生物体系的应用优势也逐渐显示出来。

基于贵金属纳米团簇荧光性能建立的传感器，最吸引人的特点是贵金属纳米团簇具有强烈的量子尺寸依赖性，即通过调节贵金属纳米团簇的尺寸，可以使其在紫外、可见光以及近红外区域都发射荧光[62]。然而，也正是由于贵金属纳米团簇的超小粒径，给其制备过程带来了极大的考验。由于贵金属纳米团簇的超小尺寸使得其展现出有别于独立的金属原子和大纳米晶的优良特性，弥补了金属原子和纳米晶体的性质的空缺。贵金属纳米团簇具有独特的电子结构、高超的发光效率、良好的生物相容性、优良的光稳定性、大的斯托克斯位移和特别小的尺寸，这些使得它的发光性质格外受关注。目前，已经利用其高发光效率建立了一系列的荧光传感新方法，包括传感重金属离子等。概括而言，影响贵金属团簇构建的光学传感器灵敏度的原因主要包括以下三个方面[63,64]：a. 强发光效率、高量子产率的贵金属纳米团簇是实现荧光传感器高灵敏度的关键所在，高量子产率的荧光探针相对于较低量子产率的探针可以在低浓度下实现相同的发光强度，从而导致更高的灵敏度；b. 其次，贵金属纳米团簇的超小尺寸对于实现高灵敏度也有举足轻重的作用，尺寸与待测物相似，尤其当待测物是小分子和离子时，便于与贵金属纳米团簇更好的发生相互作用，此外，小尺寸也使得贵金属纳米团簇探针在传感时具有更快的响应速度，这正是尺寸较大的纳米晶体建立的传感方法难以达到的；c. 信号产生机制也可以直接影响贵金属纳米团簇传感器的灵敏度，信号生成的效率很大程度上取决于结合过程中识别部分和被分析物之间的结合力，所以，增加二者之间的结合力通常可以提高信号的产生效率，从而实现更高的灵敏度。因此，设计基于贵金属纳米团簇构建的高灵敏度、高选择性的传感器依赖于有效的方法来合成优异的贵金属纳米团簇探针，而理想的探针应该具有较强的发光性能、超小的尺寸和可修饰的配体模板。

1.2.2 电化学性质

贵金属纳米材料不仅具有超强的光学性能，而且具有良好的电化学性质，广泛用于电化学传感、直接甲醇燃料电池、集成电路等领域。

根据待测物质的电化学性质将其转变为电化学信号（电流或电位）进行传感的电化学传感器，因灵敏度高、稳定性好、能进行快速实时监测等特点，已在临床诊断、环境监测、食品检测等领域得到广泛的应用[65,66]。电极材料的电催化活性是影响传感器参数指标的重要因素，贵金属催化剂以其较高的催化活性和化学稳定性，成为当前电催化研究领域的热点课题。

贵金属纳米粒子（AuNPs，AgNPs）具有良好的稳定性，且易于进行生物功能化，常被用作电化学生物传感器的标记物，AuNPs 作为标记物可以有三种检测方法[67]：(a) 在一个较高电位（接近+1.2V）直接检测；(b) 经 HBr/Br_2 溶解后经电化学还原富集到电极后通过阳极溶出伏安法检测；(c) 在 AuNPs 上再沉积 Ag，然后通过阳极溶出伏安法检测溶解在硝酸溶液中的 Ag^+。AgNPs 氧化电位较低，可以直接用微分脉冲伏安或溶出伏安法检测。近年来，Ying 课题组发展了一种 Ag/AgCl 的固态伏安法，其检测限达 10fmol/L。另外，以共价修饰法将纳米金（AuNPs）负载于羧基化多壁碳纳米管上（MWCNTs），制备 AuNPs-MWCNTs 纳米复合材料，用于电化学传感，是金纳米材料的电化学应用之一。银纳米材料也是电化学传感电极材料的重要组成部分[68]，例如，以硝酸银为银源，通过控制硝酸银溶液的浓度，利用电化学沉积法在 GC 电极表面合成类球形和树枝状的纳米银，并以树枝状纳米银修饰 GC 电极为传感界面，利用树枝状纳米银对过氧化氢有很好的电催化还原活性，实现对过氧化氢的检测，具有较好的灵敏度。又如，采用电沉积法将银纳米粒子负载到金电极上，所得到的银纳米层有效地促进了电子传递，并且活性位点增多。另外，在用金或银纳米材料修饰电极时，它们的引入可使响应电流显著增加，大大提高传感器的灵敏度。

值得一提的是，纳米晶体的形状和不同晶面的原子个数对纳米材料催化位点的活性具有重要影响。因此，纳米材料形貌的控制可以有效地诱导纳米材料对化学反应催化的选择性[69]。近年来，研究者们发现，与其他形貌的纳米材料相比，纳米方块由于具有丰富的 (100) 面从而展示出较高的催化活性。例如，科研工作者构筑的基于表面电沉积有铜纳米方块的碳纳米管的葡萄糖无酶传感器以及一种用铂纳米方块来促进催化过氧化氢氧化还原而放大信号的葡萄糖生物传感器。

贵金属纳米材料用得最多的是金和银，近些年，随着材料科学的发展，铂等贵金属纳米材料也逐渐引起科研工作者的关注。比如，铂纳米材料可用于直接甲醇燃料电池的催化剂[66]。直接甲醇燃料电池（Direct Methanol Fuel Cell，DMFC）直接将甲醇作为燃料在燃料电池内进行电催化发电[70]。与其他燃料电池相比，DMFC 具有质量轻、体积小、结构简单、污染小，方便及时补充燃料等优点，因此适用于移动式或便携式电源。催化剂的活性偏低是制约 DMFC 商用化的技术难题之一。因此，如何改善提高催化剂的电催化活性成为 DMFC 研究的一个关键问题。因为铂（Pt）的电催化活性较好且在酸性介质中抗腐蚀性强[70,71]，铂是直接甲醇燃料电池最常用的催化剂，然而由于甲醇在氧化过程中氧化并不完全，往往会有类 CO 的中间产物生成并吸附在电极表面，从而导致 Pt 的中毒失活。因此，以 Pt 基为基础发展的二元或多元催化剂研究地越来越多。例如，PtRu 催化剂中的 Ru 能够将吸附在 Pt 表面的中间物种氧化去除，露出新的 Pt 活性位，提高 PtRu 催化剂的抗毒化能力。而用微乳液法合成得到的 Pt-Au@Ru 催化剂，表现出了更强的甲醇催化活性和更好的稳定性，主要是由于 Au 的加入会提高甲醇氧化峰的峰电流密度且降低氧化峰的峰电位。除了 Ru 以外，Au 和 Pd 等贵金属也可用来增强催化氧化甲醇的性能。

集成电路的诞生，使电子元件向着微小型化、低功耗、智能化和高可靠性方面迈进了一大步。由于目前的集成电路越来越小，人们对具有良好连接和导电作用的金属纳米材料的需求越来越大。在众多金属当中，银的导电性能是最好的，一维的银纳米材料在电路中具有广阔的应用前景。虽然金属的电阻值随着直径的降低而增大，但是研究发现直径为 20nm 银纳米线的电阻仅仅是块状银的两倍，这使银纳米材料有更为广阔的实用价值。

综上所述，纳米金/银材料发展迅速，有物理特性、电子特性及生物活性等优势，电致发光和电化学传感器中有广泛应用。可以预见，未来贵金属纳米材料在电化学领域的应用会更广泛。

1.2.3 其他性质

贵金属纳米材料特殊的性能很多：尺寸小、活性高和表面性能高。总体来讲，贵金属材料在化学和物理方面都展示出特殊的性能。化学方面，具有很大的比表面。物理方面：①熔点相对低，银纳米表面性能也高，熔化内能小；②热膨胀值大。在某一温度范围内固体银纳米一般热膨胀值大；③光发射值小；④比热值大；⑤电阻值高，尺寸的大小影响电阻值；⑥贵金属纳米粒子生物特性比较高。

(1) 催化性能 纳米粒子作为催化剂，有许多优点。首先，纳米粒子粒径小，比表面积大，催化效率高[72,73]；其次，纳米粒子生成的电子、空穴在到达表面之前，大部分不会重新结合，因此，电子、空穴能够到达表面的数量多，化学反应活性高。贵金属纳米材料本身就具有优良的催化活性，若将其制成纳米颗粒，比表面积大大增加，是活性更高的催化剂。具有较高的化学稳定性和催化活性的贵金属纳米材料是纳米材料催化剂中的一个重要分支，主要包括贵金属纳米颗粒催化剂和负载型贵金属纳米催化剂。

催化剂主要有三个作用：①提高反应速度，缩短反应时间；②催化剂具有一定的选择性，选择特定的反应进行；③降低反应所需要的温度，使反应更容易进行。催化反应中，主要是催化剂的表面原子在反应中起催化作用，而贵金属纳米粒子中处于表面的原子占很大的比例。此外，贵金属的 d 电子轨道均未填满，表面易吸附反应物，易形成中间活性物质，具有较高的催化活性。因此，与其他块体材料相比，贵金属纳米材料表现出更优异的催化性能。Pt 是贵金属纳米材料中应用最多的催化剂，在石油化工中被广泛用于脱氢加氢、氧化还原、合成以及裂化等反应[74,75]。在催化方面，由于银纳米材料颗粒小、比表面积大、其表面的化学键及电子态与颗粒内部不同，故纳米颗粒具有较强的催化作用。纳米银可以作为以下多种反应的催化剂：催化过氧化氢还原、氧化偶联反应、催化乙烯转化为环氧乙烷等。例如，纳米银可用于降解有机染料（如亚甲基蓝）。其中，氧化铝负载纳米银是目前工业上乙烯氧化制备环氧乙烷的唯一催化剂，且纳米银的尺寸与环氧乙烷的选择性具有密切关系。

(2) 抗菌性能 银离子在所有金属中杀菌活性居第二（仅次于汞，但汞有毒禁用）。驰名中外的中医针灸，最早使用的就是小小的银针；现代医学中，医生常用1%的硝酸银溶液滴入新生儿的眼睛以防止新生儿眼病；古埃及人用银片覆盖伤口受到良好疗效。由于表面效应，银纳米材料的抗菌能力是微米级材料的200倍以上。因此，纳米银抗菌剂是目前的主要研发和应用方向[76]。目前已成功的研制出纳米载银材料。这种材料中，银颗粒直径约为90nm，银含量为3.4%，在1223K高温下，对革兰氏阳性和阴性类细菌有明显抑制作用。将这类材料均匀分散于塑料、木材、纸张、纤维中，拥有极好的杀菌消毒作用，有广阔的应用前景。银纳米材料抗菌能力强、抑菌杀菌功率高，且具有用量少、耐洗性强、热稳定性和化学稳定性好等优点。如今将银纳米材料应用于抗菌纤维或敷料用品上，使其使用性能更加优良。

(3) 开发新能源 贵金属纳米颗粒在开发新能源方面也起到关键作用，用贵金属纳米颗粒做储氢材料是贵金属纳米材料发展的一个新方向。氢能源作为一种储量丰富，无公害能源替代品而备受重视。如果以海水制氢作为燃料，从原理上讲，燃烧后只能生成水，对环境保护是极为有利的。在以氢作为能源媒体的氢能体系中，氢的储存与运输是实际应用中的关键。贮氢材料就是作为氢的贮存与运输媒体而成为当前材料研究的一个热点。铂、钯具有很强的以金属氢化物形式储氢的能力。纳米铂族金属管有很高的比表面积，是很理想的储氢材料。金属Pt和Pd对于氢的选择性和溶解度高，将其纳米粒子负载到碳纳米材料上是制备氢敏感材料常用的方法，从而用于构建氢气传感器。另外，由于所有的贵金属纳米颗粒均呈现黑色，对光的反射率极低（如纳米铂对光的反射率仅为1%，纳米金对光的反射率也小于10%）而被用于太阳能转换。贵金属纳米结构通过调制介质表面的光学性能使太阳能的吸收转换效率提高，而被广泛应用于太阳能电池的研究。

综上所述，贵金属纳米材料的性质强烈依赖于其尺寸、形貌、结构等特征。在科研工作者们不懈的努力下，贵金属纳米材料的体系越来越庞大，核壳结构、复合结构、空心结构等不同形貌如雨后春笋般涌现出来。其中，具有空心结构的贵金属纳米材料综合了空心结构和贵金属纳米粒子的优点，具有大的比表面积及丰富的孔洞结构，能够容纳大量的客体分子或尺寸较大的分子，具有较多的催化活性位点，电催化活性大幅度提高，在电催化化学、生物化学、材料科学等领域具有特殊的应用前景，大大扩展了贵金属纳米材料的应用范围，为其发展铺筑了新的台阶。

1.3 碳纳米材料的性质

碳材料是纳米材料领域的重要组成部分，被誉为21世纪最重要的纳米材料之一，由于在光学、电磁学、力学和热学等方面的优越性能，在化学、材料、生物、医学等诸多领域表现出诱人的应用前景，引起了科学界巨大的反响，逐渐成为科研工作者关注的热点。碳纳米材料家族主要包括碳纳米管、富勒烯、石墨烯、多孔碳、纳米钻石及这些物质的衍生物等。

众所周知，碳元素是自然界中分布最为广泛的基础元素之一，是形成有机物质的必要组分。碳元素除了以化合物的形式存在，还存在大量的单质碳。碳原子之间除了以 sp^3 杂化轨道形成单键外，还能以 sp^2 及 sp 杂化轨道形成稳定的双键和叁键，从而形成许多结构和性质完全不同的物质。单质碳成键方式的不同不仅决定了碳分子的空间结构，还决定了碳单质的性质。过去人们一直认为，碳有两种单质：金刚石和石墨。时间推进到 1969 年，通过石墨的升华得到了碳以 sp^2 杂化形成的晶体，碳原子以两个σ键形成的一维的链状结构，由其形成的分子晶体称为卡宾。1985 年，美国的 Curl 和 Smalley 以及英国的 Kyoto 发现了 C_{60} 家族，即富勒烯（Fullerene，C60），Curl 等也因为富勒烯的发现而获得 1996 年的诺贝尔化学奖。1991 年，日本的 Iijima 发现了碳纳米管（Carbon Nanotubes，CNTs），这一系列新的碳材料的发现掀起了碳纳米材料的研究热潮[77]。富勒烯、碳纳米管的发现，使碳材料有了除石墨、金刚石、无定形碳之外的新形式，为碳纳米材料注入新的血液。1999 年有序介孔碳纳米结构材料的发现和 2004 年石墨烯的发现，又引起了碳纳米材料研究的新一轮热潮。

石墨烯（Graphene）是继碳纳米管被发现之后的又一种碳的同素异形体，它是由单层碳原子组成的六方蜂窝状二维结构，是一种典型的二维碳纳米材料。它既可以卷曲形成零维的富勒烯和碳纳米管，又可以堆砌成三维的石墨。石墨烯长期以来都被认为不稳定、不能以游离态存在的，只是在理论上具有学术研究价值。直到 2004 年，英国曼彻斯特大学的 Geim 课题组采用微机械撕裂方法制备出了二维的单层石墨烯材料，使石墨烯真正踏入了材料舞台。之后，随着石墨烯一系列独特的光、电、磁、热性质的陆续发现，将碳材料的研究又推向一个全新的领域，并引起了一场新的材料革命。

氧化石墨烯（Graphene Oxide，GO）是石墨烯的一种衍生物，石墨与强氧化剂反应后，氧原子进入石墨层间，使石墨层平面内的 p 键断裂，并以羟基、羧基、羰基、环氧基等含氧活性基团的形式与紧密的碳网面中的碳原子相结合，形成一种共价键型的石墨层间化合物即氧化石墨烯。因氧化石墨烯表面含有大量含氧活性基团，这些基团赋予氧化石墨烯一些新性质，如亲水性、兼容性与分散性，使其能够分散于常见溶剂中形成稳定的溶液，可以更方便地应用于生物体系中。

碳材料具有较好的导电性、宽大的电位窗以及对许多氧化还原反应较高的电催化活性等特性，而纳米材料一般具有大的比表面积、小的尺寸效应以及良好的催化活性，碳纳米材料同时结合了碳材料和纳米材料的特点，被广泛用于化学传感、生物医学、环境保护等领域。随着碳纳米材料的产业化，各种形式的碳纳米材料以不同途径进入人们的生活。

1.3.1 光学性质

碳纳米材料在光、电、磁等方面具有一系列的优异性能，在人工光合成、新型光电子器件及超分子化学中得到重要应用。本节对碳纳米材料的光学性质进行归纳分类。

碳基发光纳米材料包括碳纳米管、碳纳米点、氧化石墨烯和纳米金刚石。这类材料因其稳定的发射性质、低的细胞毒性、低环境污染等优点而备受生物分析化学研究者的青睐。这些碳基纳米材料的发光大都认为是由于离域的多芳环结构或者是表面缺陷的钝化。然而，制备这些发光纳米材料通常都要忍受合成产率低、制备条件苛刻等缺点。例如，用高能中子束辐照尺寸为100nm左右的金刚石粉末，然后在真空中800℃的高温下退火2h，从而得到发光的纳米金刚石。在水蒸气和氩气共存的条件下，用激光在900℃的高温下烧蚀碳粉得到纳米尺寸的碳颗粒，随后在浓硝酸中回流氧化并用聚乙二醇胺来修饰，得到发光的碳纳米点，量子产率在5%左右。

半导体碳纳米管在范特霍夫第二跃迁吸收带激发（Second van Hove Absorption Transition，通常在500～900nm），可检测到800～1600nm范围内的特征荧光。Strano等利用碳纳米管独特的近红外荧光特性作为信号单元，实现了对不同物质的高灵敏高选择性传感分析与检测[77,78]。由于碳纳米管与核苷酸碱基具有独特的p-p相互作用，基于碳纳米管构建的传感器在对DNA的检测和免疫分析中也显示了较强的优势。碳纳米管的荧光发射受到表面吸附核酸的影响，当功能化核酸分子与特异性目标物质相结合，会引起碳纳米管荧光发射强度的改变，实现检测的目的[79]。值得一提的是，不同于有机分子的荧光信号，碳纳米管的荧光发射几乎不受环境中其他因素影响，因此，该方法还可用于组织、血液甚至活体细胞等复杂环境中DNA结构的检测[80]。

另一方面，碳纳米管具有大p键，与平面结构的染料分子间有较强的作用力，并且可通过能量转移或电子转移等过程引起染料的荧光猝灭，因此，碳纳米管可以作为免标记的猝灭物质。此方法避免了双标记核酸探针的使用，大大降低了检测成本。例如，利用碳纳米管和单链DNA上碱基的p-p相互作用，有效的猝灭了标记在DNA上的有机染料的荧光，而当目标物存在时，由于DNA与目标物的亲和性更强而解除了与碳纳米管的相互作用，从而使荧光恢复而能够检测目标物。依据此原理，可以对互补DNA、凝血酶和Hg^{2+}进行高灵敏度、高选择性的检测。因核酸适配体和蛋白质或小分子特异性结合后，与碳纳米管的作用会减弱。因此，基于碳纳米管的传感体系也可以用于检测小分子、蛋白质、单线态氧等。

碳纳米点也是重要的发光碳纳米材料。自2006年Sun等首次在《美国化学会杂志》(JACS)上报道了仅有5nm左右的发光碳纳米颗粒后，纳米碳（碳点）就和碳纳米材料家族其他成员一样，吸引了科学家们的广泛关注。碳纳米颗粒（Carbon Nanoparticles，CNPs）包括两类，一类是有荧光的碳量子点，另一类是没有荧光的碳纳米颗粒。碳量子点与传统的半导体量子点相比较，具有尺寸和荧光发射波长可调、抗光漂白，易于生物连接且无生物毒性，不需要严格、繁琐和昂贵的制备方法的优点。另外，碳纳米颗粒性质稳定，具有化学惰性、无毒性和很好的生物相容性等，因此，在传感分析、药物输送和生物成像等领域具有巨大的潜在应用价值。

2007年，Mao等在德国《应用化学》杂志上报道了用回流酸煮蜡烛灰制备发光碳纳米晶的新方法[81]。通过该方法获得的碳纳米颗粒尺寸不到2nm，可以发出多色可见光，但是发光量子效率很低，仅有0.8%～1.9%。通过酸处理的碳纳米颗粒再经过表面修饰后，就可以发射出多种不同颜色的光，而且荧光量子产率提高到4%～10%，荧光量子产率增强的原因可能是因为修饰后碳量子点的表面缺陷被弥补。碳量子点的发光机制初步认为是碳纳米颗粒的表面能量势阱引起的，且颗粒的大小会影响其发光的强度。

随后，研究者利用碳量子点进行了活体成像及多光子成像。然而，由于碳量子点荧光量子产率低，且不易制备尺寸均匀的纳米颗粒，使得利用荧光性质的应用受到一定限制。由于碳纳米颗粒同时具有碳材料性质和纳米尺寸效应，与具有平面结构的染料分子作用较强，并且可通过能量转移或电子转移等过程引起荧光猝灭，因此，碳纳米材料作为一种荧光猝灭剂，为构建生物分子识别平台提供了新思路。基于此，科研工作者构建了基于碳纳米颗粒的荧光传感器。该传感器的原理与利用石墨烯作为荧光传感器的原理相似，由于碳纳米颗粒与单双链 DNA 的作用不同，当荧光素标记的单链 DNA 吸附在碳纳米颗粒表面时，荧光淬灭；当单链 DNA 与互补 DNA 杂交形成双螺旋结构时，荧光素标记的 DNA 从碳纳米颗粒表面脱离，荧光得以恢复。依据此原理，碳纳米材料被成功的用于凝血酶、microRNA 以及核酸酶活性的检测。后来，Pang 等用上转换纳米颗粒代替有机染料分子，通过上转换纳米颗粒与碳量子点之间的能量转移，实现了对人血浆中凝血酶的实时监控。上转换纳米颗粒（Up-conversion Nanoparticles）作为一种新兴的热门荧光标记物，具有低能激发高能发射等优势，将其与碳量子点结合，为生物分析检测注入了新的血液。

碳纳米家族中，氧化石墨烯也表现出卓越的光学性能[82,83]。未修饰的氧化石墨烯表现出很弱的荧光，在紫外灯下用肉眼基本上观察不到荧光。这是由于氧化石墨烯纳米片表面有很多含氧基团，例如纳米片表面上的环氧键和羟基，纳米片侧面的羧基，这些基团通常能诱导电子-空穴对的非辐射复合，从而导致氧化石墨烯的荧光很弱[84]。因此，探索修饰氧化石墨烯提高其荧光性能是发光材料领域一个重要的研究方向。例如，经过正丁胺等烷基胺修饰后的氧化石墨烯，因为纳米片表面的环氧键和羧基都被反应完，极大地降低了其非辐射复合能力，表现出很强的荧光，量子产率最高可达到 13%，相比原始的氧化石墨烯来说，提高了将近 640 倍，为后续基于氧化石墨烯的生物化学传感器的设计提供了很好的材料基础。另外，这种制备发光氧化石墨烯的方法具有普适性，可以使用不同的烷基胺进行发光氧化石墨烯的制备，一方面为其后功能化提供了便利；另一方面可以通过烷基胺的选择很好地调控发光氧化石墨烯的性质，从而满足其在不同领域应用的要求。

氧化石墨烯具有光致发光特性。小的 sp^2 杂化平面内的电子空穴对的复合嵌入碳氧 sp^3 杂化中，氧化石墨烯展现出从近紫外到蓝色的荧光。根据 GO 这种特性，可以设计免疫生物传感系统：将氧化石墨烯复制到氨基修饰的玻璃表面，目标病毒的抗体通过碳化二亚胺辅助的酰化反应固定在石墨烯片层上。同时，在溶液中合成一种抗体-DNA-Au 纳米复合物，可以与氧化石墨烯表面的病毒特异性结合。一旦这种结合发生，Au NP 与 GO 间发生荧光共振能量转移，就可以通过 GO 荧光的减少实现检测病毒的目的。这种基于氧化石墨烯的高灵敏度和选择性的荧光检测方法还可以应用于其他多种病毒的检测。

石墨烯独特的结构使其具有许多应用，其中，它在表面增强拉曼光谱中的应用也是一个非常重要的方向。石墨烯表面疏水，有很强的化学惰性，具有原子级的表面平整度，等离子激元共振峰在太赫兹范围，使得石墨烯成为研究表面增强拉曼光谱化学增强机制的理想平台。例如，Ling 等发现石墨烯拉曼增强因子与其层数有关，层数越多增强越少，单层石墨烯的增强因子可达到 17，这种增强是化学增强机理，主要是由分子与石墨烯之间存在电荷转移引起。除了用于表面增强拉曼光谱的化学增强机制外，基于石墨烯与金属纳米材料复合结构的表面增强拉曼光谱也是一个十分引人关注的研究方向。通过设计和制备金属/石墨烯纳米复合结构新型表面增强拉曼衬底，可以解决表面增强拉曼效应研究中精确构筑“热点”和放置分子等问题。

1.3.2 电化学性质

碳纳米材料的电化学性质应用主要体现在修饰电极、化学电源、太阳能电池三方面。碳纳米管和石墨烯都因展现出了独特的电化学性质而被广泛应用于电化学领域。

碳纳米管（Carbon Nanotubes，CNTs）是 Lijima 于 1991 年发现的一种新型纳米材料，是一种由碳原子 sp^2 杂化形成的石墨烯片层卷成的无缝、中空的管体。CNTs 优良的导电、导热能力可改善复合材料的功能性，将 CNTs 与具有良好电化学特性的导电聚合物结合形成的复合材料引起了大家的广泛关注[85]。目前报道的 CNTs/聚合物复合材料可分为两类：一是以 CNTs 为主体，把聚合物修饰在 CNTs 壁上，以增加 CNTs 的溶解度；另一类是以聚合物为主体，CNTs 作为填充材料，主要针对导电聚合物材料，目的是改善导电聚合物的导电性和稳定性，常用的导电聚合物有聚苯胺（PANI）和聚吡咯烷酮（PPy）。碳纳米管具有大的比表面积、优良的导电性能和化学稳定性，能很好地促进电活性分子的电子传递，提高响应速率，是一种理想的电极修饰材料。利用碳纳米管对电极表面进行修饰时，除了可将材料本身的物理化学特性引入电极界面外，也会由于纳米材料的大的比表面积、粒子表面带有较多的功能基团而对某些物质的电化学行为产生特有的催化效应。

石墨烯单层厚度仅有 0.335nm，由于其稳定的结构使之具有良好的导电性，因此可作为电极材料和设计电化学生物传感器[86]。作为碳纳米材料领域的一颗闪亮明星，石墨烯一经发现便引起世界各国科研工作者的关注。在生物传感器领域，石墨烯因便于修饰、具有高的电子转移速率和电导率、高的比表面积、对生物分子的选择性吸附、良好的生物相容性且对常见荧光物质具有高效的淬灭作用而在生物分子检测、药物运输和活细胞成像等方面发挥了极大作用。石墨烯具有丰富的表面官能团，除了可以接枝具有催化功能的基团外，还可以方便地进行化学修饰，得到具有不同亲/疏水性质的碳材料而分散在不同极性的溶剂中；另外，由于氧化石墨制备的石墨烯尺度范围在微米级，可以看作是一种特殊的高分子材料，分散在溶液中得到均匀溶液。石墨烯具有良好的导电性能，因而对一些特定电对及底物具有较高的电催化性能，并且因其具有大的比表面积和良好的生物相容性，可用于蛋白质或酶等生物大分子的固定及特定生物电化学传感器的制作。

由于石墨烯具有独特的电子学特性，使得它在能量转移中是优良的能量受体，能量可以由染料分子转移给石墨烯，从而导致染料的荧光淬灭。这是因为一方面氧化石墨烯表面含有大量的含氧基团使其具有很强的亲水性，增加了氧化石墨烯与生物分子之间相互作用的可能性；另一方面氧化石墨烯纳米片拥有较大的比表面和大的共轭 π 结构，染料分子容易吸附到纳米片的表面并且发生荧光共振能量转移（FRET），荧光淬灭的效率能达到 90%以上[87,88]。近年来，基于氧化石墨烯的生物传感器已被广泛用于 DNA、蛋白质等生物分子的检测中。例如，研究者构建了基于石墨烯的荧光淬灭平台，实现了对生物分子的检测。该方法引入荧光染料标记的单链 DNA 作为分子探针，当 DNA 分子探针单独存在时，呈现自由卷曲状态，具有很强的荧光信号。加入氧化石墨烯后，由于 DNA 分子探针与氧化石墨烯之间存在很强的非共价结合力，使其迅速吸附到氧化石墨烯的表面。这种构象的改变，使 DNA 分子探针上的荧光染料与氧化石墨烯之间发生高效的电子/能量转移，导致荧光被迅速淬灭。当目标 DNA 存在时，能够与 DNA 分子探针碱基配对形成稳定的双链结构，并使其脱离氧化石墨烯的表面，同时荧光强度恢复到原来的 75%以上；而当目标 DNA 不存在时，无法使 DNA 分子探针脱离氧化石墨烯的表面，荧光仍然处于淬灭状态。根据荧光信号的变化，能够实现对目标 DNA 的定性和定量的检测。根据这个模型，改变荧光的供体，例如使用半导体量子点或者上转换纳米颗粒作为荧光供体，或者改变 DNA 的序列可以实现对多肽、DNA、蛋白质等生物分子的检测[86]。又比如，对量子点和氧化石墨烯之间的荧光共振能量转移的研究，先用分子信标修饰量子点，以量子点作为探针来识别靶标分析物。分子信标与氧化石墨烯之间的强烈作用可使量子点荧光淬灭。当加入目标 DNA 序列后荧光能迅速恢复。结果表明，该方法具有较高的灵敏度和较好的选择性，可测定核酸以及单个核苷酸的多态性。另外，也有报道利用石墨烯的荧光共振能量转移设计适配体传感器，对凝血酶进行检测。该传感器对血清样品中凝血酶的测定具有较高的灵敏度和专一性，在识别癌细胞以及生物分子检测方面具有良好的应用前景。

石墨烯的电子传导率可达到 $16000m^2/(v \cdot s)$，可认为是目前为止导电性最好的材料。另外，石墨烯还表现出奇特的整数量子霍尔行为和宏观隧道效应，这一特性让石墨烯成为电极与固定化酶之间的有效电子介体，在提高传感灵敏度和响应电流的同时，可缩短响应时间[89]。石墨烯具有如此高的电子转移率，对场效应和大型横向延伸反应敏锐，有望超越碳纳米管在场效应转换器方面显示出其优越性。

碳材料是研究最早也是目前研究和应用最广泛的超级电容器电极材料之一。用于超级电容器的碳材料主要有活性炭、活性碳纤维、炭气凝胶、碳纳米管和模板碳等[89]。这些 sp^2 杂化的碳材料的结构基元是石墨烯。除了显示出作为超级电容器、锂离子电池和燃料电池电极材料的巨大潜力外，石墨烯在太阳能电池应用方面也展现出独特的优势，可用作太阳能电池透光电极、工作电极及电池中电子受体材料等。

1.3.3 其他性质

除了优异的光学性质和电化学性能外，碳纳米材料还有很多其他特殊的性质，比如，耐腐蚀性、生物相容性以及非常好的力学性能。

碳纳米管具有最简单的化学组成和原子结合形态，却展现了丰富多彩的结构以及与之相关的物理、化学性能。此外，碳纳米管可以看作片状石墨卷成的圆筒，因此保持了石墨优良的本征特性，如耐热、耐腐蚀、耐热冲击、良好的导电性能、优异的传热性能以及生物相容性等一系列综合性能。由于碳纳米管具有较大的比表面积，许多物质可以通过共价键或非共价键和碳纳米管作用，进而对其进行表面修饰[90,91]。经过功能化修饰的碳纳米管，不仅可以保持其原有的一些优异的特性，而且还可以获得一些其自身所不具有的性质。例如，功能化的碳纳米管在介质中的分散程度和溶解性得到很大提高、可以阻止蛋白分子的非特异性吸附，也可以识别和结合特定的生物分子等。利用碳纳米管和石墨烯加速电子传递的能力、独特的催化性能以及良好的生物兼容性等特点，研究其在电分析中的应用，对于提出新的检测原理和检测技术，发展新型、灵敏的电化学传感器和生物传感器具有重要的现实意义。

尽管碳纳米管具有优异的光学、电学、力学等性能，但其在溶剂中分散性较差，极大地限制了它的应用，因此对 CNTs 进行化学改性已成为当今的研究热点。通过对 CNTs 的化学改性，改善它的分散性能，提高其与基体材料之间的相容性并增强它们之间的相互作用，从而提高 CCNTs 复合材料的性能，以实现其在有机、无机和生物体系中的应用。因此，通过化学改性制备具有特定功能的 CNTs 及其复合材料是碳纳米材料的一个重要研究方向。

石墨烯中的碳原子以 sp^2 杂化轨道排列，δ 键赋予了石墨烯材料极强的力学性能，通过理论计算发现石墨烯的强度为最强钢强度的 100 倍，其断裂强度为 42N/m，杨氏模量为 1.0TPa，被喻为世界上最薄而且也是最坚硬的纳米材料。举个形象的例子来说明石墨烯的高强度：在一个由石墨烯构成的 $1m^2$ 几乎看不见厚度的吊床内放置一只约 4 公斤的猫，这只吊床的质量不足 1mg，相当于猫的一根胡须的重量，在此负荷下吊床也不会破裂，由此可见，石墨烯的力学性能是非常好的。

碳纳米管、石墨烯等碳纳米材料因其独特的魅力在各个领域被广泛应用，基于低维碳纳米材料的复合材料也是纳米复合材料迈向实际应用的一个重要方向。由于石墨烯具有优异的性能和低廉的成本，并且功能化以后的石墨烯可以采用溶液加工等常规方法进行处理，非常适用于开发高性能复合材料，与无机物的复合是其中一个热点。

随着纳米科技的飞速发展，近些年涌现出一批新型碳纳米材料，比如碳包覆金属纳米颗粒、介孔碳及碳纳米纤维等。其中，碳包覆金属纳米颗粒（Carbon-Encapsulated Metal Nanoparticles，CEMNPs）是一种新型的零维纳米碳-金属复合材料[92]。在这种结构中，有序排列的石墨片层紧密环绕中心金属纳米颗粒，形成类似洋葱的结构。由于碳壳的限域和保护作用，可以将金属粒子禁锢在很小的空间内，并使包覆其中的金属纳米粒子免受外界环境的影响而稳定存在。这种新型的碳-金属纳米材料具有奇特的光电磁性质，在磁记录材料、医疗、电磁屏蔽材料、锂电池电极材料以及催化材料等领域具有巨大的应用潜力。

近年来，随着介孔碳及碳纳米笼一系列新型的具有纳米级孔（洞）结构的碳材料相继诞生，将碳材料的研究推向了一个新领域。这些新型碳材料由于具有密度小、强度大、导电和导热性高、比表面积大、表面官能团丰富、耐高温、抗化学腐蚀等一系列优异的特性，在储氢材料、超级电容器材料、吸波材料以及催化剂载体等方面显示出巨大的应用潜力[93]。介孔碳是一类新型的非硅质的介孔材料。孔径约为 2～50nm，比表面积可高达 $2500m^2/g$，孔体积也很大。与其他介孔材料相比，介孔碳具有独特的性质，如大的比表面积、高孔隙率、介孔形状多样、孔径大小可调以及高热稳定性等[94]。近年来，介孔碳材料在催化剂载体、储氢材料、燃料电池、电极材料、吸附等领域展示出巨大的应用潜力。

碳纳米纤维是由多层片状石墨卷曲起来形成的线状碳纳米材料。广义上来说，它是一种满足纳米结构的高性能纤维，介于碳纳米管和普通纤维之间，它结构致密，比表面积大，具有较好的导电性、热力学稳定性和优良的力学性能[95]。它将碳纳米材料的特征与纤维的柔软可塑性融于一体，已被应用于生产生活的各个领域。

虽然碳纳米材料在催化、电化学传感、光电等领域展现出广阔的应用前景，但也存在很多未解决的科学问题。例如，碳纳米材料的掺杂、纯化和结构控制，表面性能的修饰和调控等等。碳纳米材料的规模制备仍然是限制其市场化应用的最大障碍之一。近年来，随着各国科研人员对新型碳纳米材料的制备、结构和性能研究的不断深入和力度的加大，取得了一系列可喜的研究成果。因此，我们有理由相信，新型碳纳米材料一定会得到更加广泛的应用。

1.4 纳米材料的应用前景

纳米材料与本体材料和单个分子相比，具有独特的物理、化学以及生物学性质，比如表面效应、小尺寸效应、量子尺寸效应和宏观量子隧道效应等。因此，纳米材料在传感检测、生物医药、环境保护等诸多方面有着重要的应用价值。

1.4.1 在传感器方面的应用

近年来，基于纳米粒子的化学和生物传感器的研究成为大家关注的焦点，利用金属纳米材料、碳纳米材料、纳米氧化物以及量子点都能达到检测的目的。检测的目标物质从重金属离子、有毒阴离子到生物小分子和大分子、染料分子等，涵盖了各种类型。基于纳米材料的传感器有酶传感器、免疫传感器、基因传感器以及一些生物小分子传感器。

纳米生物检测是目前纳米科学、生物化学及诊断技术相结合的新的重要研究方向。石墨烯由于具有优良的电子、光学、热学、化学和机械性质，使其具有构筑探针分子、信号传递和信号放大的三重作用，成为应用于超灵敏生物传感器的理想材料。快速的电子传递和可多重修饰的化学性质使其能够实现准确而高选择性的生物分子检测。石墨烯及其复合材料越来越多地被应用到生物传感器的制备中[96,97]。作为传感器的基础材料，石墨烯具有多功能性：一方面，石墨烯具有高导电性，结合一些生物电活性分子的氧化还原特性，可以通过其在电极表面发生氧化还原反应而产生相应的电流信号来检测目标分子；另一方面，石墨烯具有双极性，即无论是电子接收基团还是电子给予基团被吸附到石墨烯上都能导致其产生化学门控效应（Chemical Gating），因而在电阻型传感器中很容易被监测到。结合石墨烯的超高比表面积和特殊的电子特征，意味着任何分子打破石墨烯的完整结构都会造成导电性的变化，从而很容易被检测到[98,99]。因而石墨烯被预期可以进行高灵敏度监测，甚至可以监测到单个分子吸附或离开石墨烯的表面。此外，由于石墨烯是由 sp^2 杂化的 C 组成的大 π 共轭体系，使其成为理想的电子对受体，当遇到电子对给体时会发生电子转移，即能量转移。理论和实验研究都显示，相比有机淬灭剂，石墨烯对多种有机染料和量子点具有超高的淬灭效率，并具有低背景和高信噪比，因而可用来制备荧光共振能量转移（Fluorescence Resonance Energy Transfer，FRET）生物传感器。石墨烯基的生物传感器包括电流型传感器、电阻型传感器、场效应晶体管传感器（Field-Effect Transistors，FETs）、FRET 传感器等。

1.4.2 在催化及环保方面的应用

(1) 在催化方面的应用 催化剂是纳米材料的重要应用领域之一。纳米颗粒具有很高的比表面积，且表面原子数占总原子数的比例较高，表面的键态和电子态与颗粒内部不同等特点，导致表面的活性位点增加，使纳米颗粒具备了作为催化剂的先决条件。经过纳米粒子表面形态的研究发现，随着纳米颗粒粒径的减小，微粒表面的光滑程度变差，凹凸不平的原子台阶逐步形成并越来越多，能够大大增加反应物与其表面的接触机会。利用上述特性，可将纳米粒子进一步加工成具有化学催化、光催化和热催化性能的纳米催化剂[100]。纳米材料作为催化剂主要利用化学催化和半导体纳米粒子的光催化作用。起化学催化作用的纳米粒子催化剂主要有以下 4 种类型[101,102]：①直接用金属纳米粒子做催化剂，该类催化剂以贵金属（Au、Ag、Pt、Pd）的纳米粉末为主；②将金属纳米粒子负载到多孔性介质上做催化剂。若将多种金属纳米粒子同时负载到同一载体上，能够进一步增加催化剂的选择性。目前，此类催化剂是应用最多的纳米催化剂；③用特定化合物的纳米粒子做催化剂，如将 ZnS、CdS、FeS 等纳米粒子加入煤、油等燃料中，对这些燃料的燃烧有很好的催化助燃作用，同时不会增加尾气中的硫含量；④碳纳米材料作催化剂。由于富勒烯具有缺电子烯烃的性质，具有一定的亲电性，可以稳定自由基，使之吸附在富勒烯的表面，因此能够促进强化学键的断裂与生成，所以富勒烯常被用作催化剂。富勒烯及其衍生物在催化领域的研究主要包括三个方面：a. 富勒烯直接作为催化剂；b. 富勒烯及其衍生物作为均相催化剂使用；c. 富勒烯及其衍生物在多相催化剂中的应用。在催化剂中添加电子助剂如钾等有利于提高富勒烯对低碳烯烃的选择性[103]。富勒烯除了可以直接作为催化剂使用外，还可以通过组装和共价接枝的方法负载在各种载体上，得到具有特殊结构和性能的催化材料。将半导体纳米粒子用于光催化是一种新型的环保技术，该技术利用光能即可有效地氧化分解有毒有机物、杀灭细菌、还原重金属离子等，且光催化剂本身毒性小，不产生二次污染。半导体材料中，最有实用意义的是 TiO_2，其因具有化学性质稳定、无毒无害、抗光腐蚀性强等优势而受到光催化研究者的青睐。

(2) 在环保方面的应用 环境污染是人类面对的巨大困难之一，新型纳米材料开发对环境保护及治理起到了巨大的推动作用。研究表明，纳米 TiO_2 能处理多种有机废水的污染物，它可以将水中的烃类、卤代烃、表面活性剂、酸、含氮有机物、有机磷杀虫剂以及杂环芳烃等很快地氧化成 CO_2、H_2O 等[104,105]。纳米 TiO_2 光催化剂能很好地降解甲醛、甲苯等污染物，效率几乎达到 100%，用于石油和化工等行业的工业废气处理，能改善厂区周围的空气质量。目前工业上利用纳米 TiO_2-Ti_2O_3 作为光催化剂，用于废水处理，并取得很好效果。另外，含超细 TiO_2 和超细 ZnO 等微粉的抗菌除臭纤维不仅用于医疗，还可制成抑菌防臭的高级纺织品和衣服等。利用纳米光催化技术与其他技术相结合而研制出的新型空气净化器，对氮氧化物、CO 和甲醛等有害气体有明显降解作用，该设备现已进入实用化生产阶段。

1.4.3 在生物医学中的应用

纳米粒子比红血球（6～9μm）小得多，可以在血液中自由运动，这为纳米粒子在生物医学中的应用提供了有利条件。

肿瘤是目前威胁人类健康的最大杀手之一，对其有效的诊断和治疗是生物医学领域所面临的重大挑战。目前临床上对肿瘤的治疗方法主要有手术治疗、放射治疗及化学治疗。但是，这些方法风险高、缺少特异性、会破坏免疫系统，从而给身体健康带来危害。光热治疗技术作为一种新的治疗方法，在肿瘤治疗方面引起了极大关注[106]。基于纳米材料的光热治疗采用具有较强组织穿透能力的近红外光作为光源，通过辐照具有光热转换能力的纳米材料产热从而发挥肿瘤治疗作用[107]。这种方法利用具有近红外光热转换的纳米材料，通过 EPR 效应或者主动靶向作用使其高选择性地累积到病灶区域，然后仅对此局部进行近红外光照，由于纳米材料优良的近红外光吸收能力，可以高效地将光能转化为热能，使病灶区的肿瘤局部产生高热，从而杀死肿瘤细胞。这种特定的靶向作用使得肿瘤周围正常组织中探针纳米材料的分布很少，从而最大限度地减少光热治疗带来的副作用[108]。因此，这种近红外吸收纳米材料介导的肿瘤靶向光热治疗，既可以避免治疗过程中对正常组织的损伤，又能显著增强热疗的有效性和安全性。常用的传统有机化合物作为光热治疗探针，存在光热转换率低和严重的光漂白现象等缺点。目前研究较多的光热纳米材料主要包括无机纳米材料和有机纳米材料。无机纳米材料是较早用于光热治疗的材料，主要包括金纳米材料和碳纳米材料等。

金纳米材料的优点是性质稳定、生物相容性好、易修饰、局部表面等离子体共振（LSPR）效应较强、能增强拉曼散射信号，缺点是生物代谢差、成本高、光热稳定性较差。碳纳米材料的优点是比表面积超大、光学稳定性较好、具有近红外荧光发射性质、吸收峰较宽、热稳定性好，缺点是分散性差、会诱发氧化应激反应和免疫反应。

金纳米材料是一种研究较多的光热治疗剂[109～111]。由于具有 LSPR 效应，能在激光照射下迅速升温，再加上其具有易合成、易表征、易修饰、性质稳定、生物相容性好等优点，使其成为肿瘤光热治疗的研究热点之一。通过调控金纳米材料的尺寸和形态可以改变其光学性质。常见的金纳米材料有金纳米棒、金纳米笼、金纳米壳、金纳米星等，其中研究较多的为金纳米棒，它在近红外光照射下发挥多种抗肿瘤作用。例如，将金纳米棒用于体外乳腺癌细胞的热疗，取得了较好的治疗效果，且表面包被的介孔硅在防止金纳米棒聚集的同时能够装载药物和成像剂。金纳米棒的缺点是表面的十六烷基三甲基溴化铵具有细胞毒性，然而，使用聚多巴胺（Polydopamine）对金纳米棒表面进行功能化，就可以消除CTAB的细胞毒性，通过在其表面连接抗表皮生长因子受体抗体实现了对乳腺癌细胞的特异性靶向作用。除此之外，金纳米材料还具有靶向肿瘤干细胞和基因载体作用。近年来研究表明，肿瘤干细胞在多种恶性肿瘤复发和转移过程中发挥了重要作用，而肿瘤干细胞对于常规的放疗、化疗不敏感。因此如何在杀伤肿瘤细胞的同时杀灭残存的肿瘤干细胞是彻底治疗肿瘤的关键。研究报道肿瘤干细胞摄入的金纳米棒较非肿瘤干细胞更多，提示金纳米棒具有肿瘤干细胞靶向作用。装载肿瘤干细胞抑制剂的金纳米棒在近红外激光照射下可触发药物释放，发挥热疗和化疗的协同抗肿瘤作用。金纳米棒还可作为基因载体用于肿瘤治疗。

碳纳米材料，如碳纳米管、碳纳米球、石墨烯等在近红外区具有较好的光学吸收，因此也可以用于光热治疗[112,113]。研究表明，同金纳米棒一样，碳纳米材料在光热治疗中也可以发挥多种抗肿瘤作用。CD22/CD25抗体靶向单壁碳纳米管能特异性地靶向恶性淋巴瘤细胞（Daudi细胞），并在激光照射下能有效杀伤肿瘤细胞。为增强光热治疗效果，还可将两种光热纳米材料联合起来。Tchounwou等合成了连接有金纳米粒子的单壁碳纳米管，在具有窗口效应和更强组织穿透能力的第二近红外光（950～1350nm）照射下，该复合材料具有更强的双光子成像能力和热疗效率。碳纳米管热疗不但能杀伤肿瘤细胞，还可通过活化免疫系统抑制肿瘤转移。碳纳米管不但本身可作为免疫佐剂被树突状细胞（DCs）识别并诱导其活化成熟，继而诱导下游免疫反应，而且经激光照射后其热疗杀伤的肿瘤细胞可为抗原呈递细胞（APCs）提供抗原库，引起下游免疫反应，从而抑制肿瘤转移。

除了碳纳米管外，石墨烯也是一种常用于肿瘤光热治疗研究的碳纳米材料。研究者采用壳聚糖包被的氧化石墨烯进行细胞和动物水平上的光热治疗，并取得了良好效果。为提高治疗效果减轻不良反应，将氧化石墨烯还原，得到的还原型石墨烯在近红外区具有更强的吸收，从而能实现超低功率下的光热治疗。碳纳米材料作为光热转换探针还存在一定的局限性，主要表现在光吸收比较低，而且制备过程和功能化较为繁琐，因此，开发新型的高效光热治疗探针很有意义。

除了金纳米材料和碳纳米材料外，其他的无机纳米材料如钯、铜为基础的新型金属纳米颗粒在近红外区具有较好的光学吸收，也可用于光热治疗，但存在粒子外排、降解困难及毒性较大等缺点。

以纳米技术为基础的光热疗法在肿瘤治疗中展现了许多优点，如多种抗肿瘤特性、吸收范围可控性、诊疗一体化等，这使其在肿瘤治疗上显示了良好的应用前景。多种纳米材料的设计和合成也为肿瘤光热治疗的快速发展提供了保障。但是目前光热治疗纳米材料的生物应用还处在研究的起始阶段，距离进入临床应用还为时尚早。应加强研究其与生物大分子间的相互作用，发展表面改性方法，研究提高其体内代谢率、提高靶向性和生物相容性的方法。

总之，虽然纳米材料在各个领域都显示出不同的优势，但是仍有很大的潜在应用。纳米材料的稳定性、粒度的均匀性、检测的灵敏度、探针与目标物之间反应平衡时间等因素都会影响传感器设计的可行性与灵敏度。为解决这些局限性，还需要化学、生物学、材料学以及医学等领域通力协作，共同克服，纳米技术的发展越来越成为世界各国科技界的关注焦点。

参 考 文 献

[1] 张立德，牟季美. 纳米材料和纳米结构. 北京：科学出版社，2001，**2**：1.

[2] 蔡树芝，牟季美，张立德等. 物理学报，1992，**41**：1620.

[3] H. Tabagi，H. Ogawa. Appl. *Phys. Lett*，1990，**56**：2379-2380.

[4] L. BruS. *Nature*，1991，**351**：301.

[5] 张立德，牟季美，物理，1992，**21**：167.

[6] Y. W. Du. J. *Appl. Phys*，1988，**63**：4100-4102.

[7] T. S. Yeh，M. D. Sacks. *J Am. Cerum. Soc*，1988，**71**：841-844.

[8] J. S. C. Jang，C. C. Koch. *Scripta Metall. et Mater*，1990，**20**：1599.

[9] H. Gleiter. *Progress in Mater. Sci*，1989，**33**：223.

[10] J. K. Leland，A. J. Bard. *J. Phys. Chem*，1987，**91**：5076.

[11] D. W. Behneman. *J. Phys. Chem*，1994，**98**：1025.

[12] P. K. Jain，X. H. Huang，I. H. El-Sayed，M. A. El-Sayed. *Acc Chem Res*，2008，**41**：1578-1586.

[13] T. K. Sau，A. L. Rogach. *Adv Mater*，2010，**22**：1781-1804.

[14] T. K. Sau，A. L. Rogach，F. Jackel，T. A. Klar，J. Feldmann. *Adv Mater*，2010，**22**：1805-1825.

[15] G. Frens. *Nature Phys Sci*，1973，**241**：20-22.

[16] S. A. M. Z. J. Z. *The Journal of Physical Chemistry C*，2008，**112**.

[17] P. K. Jain，M. A. El-Sayed. *Chem Phys Lett*，2010，**487**：153-164.

[18] P. K. Jain，S. Eustis，M. A. El-Sayed. J. *Phys. Chem. B.*，2006，**110**：18243-18253.

[19] K. Saha，S. S. Agasti，C. Kim，X. Li，V. M. Rotello. *Chem Rev*，2012，**112**：2739-2779.

[20] R. Sardar，A. M. Funston，P. Mulvaney，R. W. Murray. *Langmuir*，2009，**25**：13840-13851.

[21] S. K. Ghosh，T. Pal. *Chem. Rev.*，2007，**107**：4797-4862.

[22] M. G.，*New York-Ann Phys*，1908，377-445.

[23] B. T. Draine，P. J. Flatau. *J Opt Soc Am A*，1994，**11**：1491-1499.

[24] N. J. Halas，S. Lal，W. S. Chang，S. Link，P. Nordlander. *Chem Rev*，2011，**111**：3913-3961.

[25] R. Wilson. *Chem Soc Rev*，2008，**37**：2028-2045.

[26] H. N. Kim，W. X. Ren，J. S. Kim，J. Yoon. *Chem. Soc. Rev.*，2012，**41**：3210-3244.

[27] E. Boisselier，D. Astruc. *Chem Soc Rev*，2009，**38**：1759-1782.

[28] W. S. Kuo，C. N. Chang，Y. T. Chang，M. H. Yang，Y. H. Chien，S. J. Chen，C. S. Yeh. *Angew Chem Int Ed Engl*，2010，**49**：2711-2715.

[29] M. M. Miller，A. A. Lazarides. *J Phys Chem B*，2005，**109**：21556-21565.

[30] K. Ray，R. Badugu，J. R. Lakowicz. *Chem Mater*，2007，**19**：5902-5909.

[31] K. Aslan，M. L. Wu，J. R.，*J Am Chem Soc*，2007，**129**：1524-1525.

[32] C. D. Geddes，J. R. *Lakowicz*，*J Fluoresc*，2002，**12**：121-129.

[33] K. L. Kelly，E. Coronado，L. L. Zhao. *J Phys Chem B*，2003，**107**：668-677.

[34] E. Hutter，J. H. Fendler. *Adv Mater*，2004，**16**：1685-1706.

[35] F. Tang，F. He，H. Cheng，L. Li. *Langmuir*，2010，**26**：11774-11778.

[36] N. Ma，F. Tang，X. Wang，F. He，L. Li. *Macromol Rapid Comm*，2011，**32**：587-592.

[37] F. Tang，N. Ma，L. Tong，F. He，L. Li. *Langmuir*，2012，**28**：883-888.

[38] S. S. R. Dasary，A. K. Singh，D. Senapati，H. T. Yu，P. C. Ray. *J. Am. Chem. Soc.*，2009，**131**：13806-13812.

[39] S. M. Morton，L. Jensen. *J. Am. Chem. Soc.*，2009，**131**：4090-4098.

[40] R. A. Alvarez-Puebla，L. M. Liz-Marzán. 2012，**41**：43-51.

[41] W. Y. Li，P. H. C. Camargo，X. M. Lu，Y. N. Xia. *Nano Lett.*，2009，**9**：485-490.

[42] S. Schlucker. *Angew Chem Int Ed Engl*，2014，**53**：4756-4795.

[43] J. F. Li, Y. F. Huang, Y. Ding, Z. L. Yang, S. B. Li, X. S. Zhou,... Z. Q. Tian. *Nature*, 2010, **464**: 392-395.
[44] M. Göppert-Mayer. *Ann. Phys*, 1931, 273.
[45] G. S. He, L. S. Tan, Q. Zheng, P. N. Prasad. *Chem Rev*, 2008, **108**: 1245-1330.
[46] S. W. Perry, R. M. Burke, E. B. Brown. *Ann Biomed Eng*, 2012, **40**: 277-291.
[47] S. Yao, K. D. Belfield. *Eur J Org Chem*, 2012, **2012**: 3199-3217.
[48] A. R. Sarkar, D. E. Kang, H. M. Kim, B. R. Cho. *Inorg Chem*, 2014, **53**: 1794-1803.
[49] E. J. Sánchez, L. Novotny, X. S. Xie. *Phys Rev Lett*, 1999, **82**: 4014-4017.
[50] J. T. Seo, Q. G. Yang, W. J. Kim, J. Heo, S. M. Ma, J. Austin,... D. . *Temple*, *Opt Lett*, 2009, **34**: 307-309.
[51] Z. Guan, L. Polavarapu, Q. H. Xu. *Langmuir*, 2010, **26**: 18020-18023.
[52] Z. Guan, N. Gao, X. F. Jiang, P. Yuan, F. Han, Q. H. Xu. *J. Am. Chem. Soc.*, 2013, **135**: 7272-7277.
[53] X. F. Jiang, Y. Pan, C. Jiang, T. Zhao, P. Yuan, T. Venkatesan, Q. H. Xu. *J Phys Chem Lett*, 2013, **4**: 1634-1638.
[54] N. Y. Gao, Y. Chen, L. Li, Z. P. Guan, T. T. Zhao, N. Zhou,... Q. H. Xu. *J Phys Chem C*, 2014, **118**: 13904-13911.
[55] F. Han, Z. Guan, T. S. Tan, Q. H. Xu. *ACS Appl Mater Inter*, 2012, **4**: 4746-4751.
[56] P. K. Jain, S. Eustis, M. A. El-Sayed. *J. Phys. Chem. B.*, 2006, **110**: 18243-18253.
[57] Z. Guan, S. Li, P. B. Cheng, N. Zhou, N. Gao, Q. H. Xu. *ACS Appl Mater Inter*, 2012, **4**: 5711-5716.
[58] P. Yuan, R. Ma, Z. Guan, N. Gao, Q. H. Xu. *ACS Appl Mater Inter*, 2014, **6**: 13149-13156.
[59] X. Ding, P. Yuan, N. Gao, H. Zhu, Y. Y. Yang, Q. H. Xu. *Nanomedicine*, 2016, **13**: 297-305.
[60] L. B. Zhang, E. K. Wang. *Nano Today*, 2014, **9**: 132-157.
[61] J. J. Li, J. J. Zhu, K. Xu. *Trac-Trend Anal Chem*, 2014, **58**: 90-98.
[62] H. Zhu, T. Yu, H. Xu, K. Zhang, H. Jiang, Z. Zhang,... S. Wang. *ACS Appl Mater Inter*, 2014, **6**: 21461-21467.
[63] C. An, J. Lin, T. Y. Yang, C. H. Lee, S. H. Huang, R. A. Sperling,... W. H. Chang. *ACS Nano*, 2009, **3**: 395-401.
[64] C. Ding, Y. Tian. *Biosens Bioelectron*, 2015, **65**: 183-190.
[65] M. Giovanni, H. L. Poh, A. Ambrosi, G. J. Zhao, Z. Sofer, F. Šaněk,... M. Pumera. *Nanoscale*, 2012, **4**: 5002-5008.
[66] J. Suntivich, Z. Xu, C. E. Carlton, J. Kim, B. Han, S. W. Lee,... Y. Shao-Horn. J Am Chem Soc, 2013, **135**: 7985-7991.
[67] C. Zhu, D. Du, A. Eychmuller, Y. Lin. *Chem Rev*, 2015, **115**: 8896-8943.
[68] Z. N. Liu, L. H. Huang, L. L. Zhang, H. Y. Ma, Y. Ding. *Electrochim Acta*, 2009, **54**: 7286-7293.
[69] C. H. Cui, J. W. Yu, H. H. Li, M. R. Gao, H. W. Liang, S. H. Yu. *ACS Nano*, 2011, **5**: 4211-4218.
[70] X. Zhao, M. Yin, L. Ma, L. Liang, C. P. Liu, J. H. Liao,... W. Xing. *Energy Environ. Sci.*, 2011, **4**: 2736-2753.
[71] J. D. Qiu, G. C. Wang, R. P. Liang, X. H. Xia, H. W. Yu. *J Phys Chem C*, 2011, **115**: 15639-15645.
[72] C. Wang, H. F. Yin, S. Dai, S. H. Sun. *Chem Mater*, 2010, **22**: 3277-3282.
[73] Y. S. Jeong, J. B. Park, H. G. Jung, J. Kim, X. Luo, J. Lu,... Y. J. Lee. *Nano Lett*, 2015, **15**: 4261-4268.
[74] S. Mostafa, F. Behafarid, R. C. Jason, L. K. Ono, L. Li, J. C. Yang,... B. R. . Cuenya, *J. Am. Chem. Soc.*, 2010, **132**: 15714-15719.
[75] Y. Shiraishi, Y. Sugano, S. Tanaka, T. Hirai. *Angew Chem Int Ed Engl*, 2010, **49**: 1656-1660.
[76] M. L. Pang, J. Y. Hu, H. C. Zeng. *J. Am. Chem. Soc.*, 2010, **132**: 10771-10785.
[77] D. A. Heller, H. Jin, B. M. Martinez, D. Patel, B. M. Miller, T. K. Yeung,... M. S. Strano. *Nat Nanotechnol*, 2009, **4**: 114-120.
[78] M. J. O'Connell, S. M. Bachilo, C. B. Huffman, V. C. Moore, M. S. Strano, E. H. Haroz,... R. E. S. Smalley. *Science*, 2002, **297**: 593-596.
[79] E. S. Jeng, A. E. Moll, A. C. Roy, J. B. Gastala, M. S. Strano. *Nano Lett.*, 2006, **6**: 371-375.
[80] D. A. Heller, Esther S. Jeng, T. K. Yeung, B. M. Martinez, A. E. Moll, J. B. Gastala, M. S. Strano. *Science*, 2006, **311**: 508-511.
[81] H. Liu, T. Ye, C. Mao. *Angew Chem Int Ed Engl*, 2007, **46**: 6473-6475.
[82] D. R. Dreyer, S. Park, C. Bielawski, R. S. Ruoff. *Chem. Soc. Rev.*, 2010, **39**: 228-240.
[83] D. C. Marcano, D. V. Kosynkin, J. M. Berlin, A. Sinitskii, Z. Z. Sun, A. Slesarev,... J. M. Tou. *ACS Nano*, 2010, **4**: 4806-4814.

[84] Y. W. Zhu, S. Murali, W. W. Cai, X. S. Li, J. W. Suk, J. R. Potts, R. S. Ruoff. *Adv Mater*, 2010, **22**: 3906-3924.
[85] M. F. De Volder, S. H. Tawfick, R. H. Baughman, A. J. Hart. *Science*, 2013, **339**, 535-539.
[86] A. K. Geim, *Science*, 2009, **324**: 1530-1534.
[87] W. T. Huang, J. R. Zhang, W. Y. Xie, Y. Shi, H. Q. Luo, N. B. Li. *Biosens Bioelectron*, 2014, **57**: 117-124.
[88] C. Li, Y. Zhu, S. Wang, X. Zhang, X. Yang, C. Li. *J Fluoresc*, 2014, **24**: 137-141.
[89] A. H. Castro Neto, F. Guinea, N. M. R. Peres, K. S. Novoselov, A. K. Geim. *Rev Mod Phys*, 2009, **81**: 109-162.
[90] K. P. Gong, F. Du, Z. H. Xia, M. Durstock, L. M. *Dai Science*, 2009, **323**: 760-764.
[91] D. V. Kosynkin, A. L. Higginbotham, A. Sinitskii, J. R. Lomeda, A. Dimiev, B. K. Price, J. M. Tour. *Nature*, 2009, **458**: 872-876.
[92] C. R. Wang, T. Kai, T. Tomiyama. *Nature*, 2000, **48**: 426-427.
[93] J. Lee, J. Kim, T. Hyeon. *Adv Mater*, 2006, **18**: 2073-2094.
[94] H. Tamai, T. Kakii, Y. Hirota. *Chem Mater*, 1996, **8**: 454-462.
[95] M. H. Al-Saleh, U. Sundararaj. *Carbon*, 2009, **47**: 2-22.
[96] S. J. Guo, D. W. Dong, Y. M. Zhai, S. J. Dong, E. K. Wang. *ACS Nano*, 2010, **4**: 3959-3968.
[97] H. Pei, J. Li, M. Lv, J. Wang, J. Gao, J. Lu,... C. Fan. *J Am Chem Soc*, 2012, **134**: 13843-13849.
[98] C. H. Lu, H. H. Yang, C. L. Zhu, X. Chen, G. N. Chen. *Angew Chem Int Ed Engl*, 2009, **48**: 4785-4787.
[99] M. Zhou, Y. M. Zhai, S. J. Dong. *Anal. Chem.*, 2009, **81**: 5603-5613.
[100] J. Zeng, Q. Zhang, J. Chen, Y. Xia. *Nano Lett*, 2010, **10**: 30-35.
[101] M. Stratakis, H. Garcia. *Chem Rev*, 2012, **112**: 4469-4506.
[102] Y. Lin, J. Ren, X. Qu. *Acc Chem Res*, 2014, **47**: 1097-1105.
[103] 马丁，王春雷，包信和，化学进展，2009，**21**：1706-1721.
[104] J. Wang, D. N. Tafen, J. P. Lewis, Z. L. Hong, A. Manivannan, M. J. Zhi,... N. Q. Wu. *J. Am. Chem. Soc.*, 2009, **131**: 12290-12297.
[105] S. W. Liu, J. G. Yu, M. Jaroniec. *J. Am. Chem. Soc.*, 2010, **132**: 11914 - 11916.
[106] N. L. Rosi, C. A. Mirkin. *Chem. Rev.*, 2005, **105**: 1547-1562.
[107] A. J. Haes, W. P. Hall, L. Chang. *Nano Lett*, 2004, **4**: 1029～1034.
[108] D. W. Felsher. *Nat Rev Cancer*, 2003, **3**: 375-380.
[109] L. R. Hirsch, R. J. Stafford, J. A. Bankson. *PNAS*, 2003, **100**: 13549-13553.
[110] S. Wang, K. J. Chen, T. H. Wu. *Angew Chem-Int Ed*, 2010, **49**: 3777.
[111] J. Yu, C. H. Hsu, C. C. Huang, P. Y. Chang. *ACS Appl Mater Inter*, 2015, **7**: 432-441.
[112] D. Boldor, N. M. Gerbo, W. T. Monroe. *Chem Mate*, 2008, **20**: 4011-4015.
[113] B. Kang, D. Yu, Y. Dai. *Small*, 2009, **5**: 1292-1294.

2 金纳米材料

2.1 背景概述

材料是人类进步、社会发展和现代科技文明的重要物质基础之一。随着现代科学技术的高速发展，人们对各种材料性质的要求愈来愈高，纳米材料就是在这种高要求的背景下出现的，是新型材料的研究方向和发展方向。纳米材料具有大的比表面积、高的表面活性，且具有特殊的量子尺寸效应、表面效应、宏观量子隧道效应、光电效应、介电限域效应、催化效应、体积效应等特性，已成为当今研究领域的热点之一。纳米粒子（Nanoparticle）也称超微颗粒（Ultra-Fine Particle），是指粒子粒径在 $10^{-9}\sim10^{-7}$m 之间的微颗粒，一般处于原子簇和宏观物体交界的过渡区域，使其易与基体发生物理或化学结合，从而使纳米粒子复合物体系表现出优异的结合性能。其中，在众多的纳米材料中，金纳米材料以其卓越而独特的物理化学性能、良好的生物相容性以及易于填充的特性从而成为人们研究和关注的焦点，其应用已涉及免疫测定、材料催化、生物遗传学和 DNA 检测等领域[1~5]。尽管目前基于 Au NPs 的研究和应用已处于热点阶段，但是由于它们结构与合成方面的多项优势，除了在传统的物理、化学领域的应用之外，在开拓的生物领域中也显示了诱人的应用前景。

纳米材料，也称为纳米结构材料，一般来说，人们从以下两个方面对纳米材料进行定义：一方面，通常是指材料在其三维空间结构上至少有一维处于纳米尺寸范围内（0.1～100nm）或是由纳米结构材料作为基本组成单元而组装的纳米复合材料，它们既不同于构成物质的基本组成单元——原子或分子，也不同于许多传统上的宏观材料，它们具有自身独特的物理化学性质，例如表面活性效应，光电化学效应、小尺寸效应、量子尺寸效应、宏观量子隧道效应、介电限域效应、催化效应、体积效应等，这些独特的物理化学特性可以使纳米结构材料表现出优异的光学、电子学、光电化学等物化性质以及非常好的生物相容性；另一方面，宏观物体由于尺寸的变化使其物理化学性质相对于宏观材料发生了非常显著的变化，从尺寸的概念上分析，纳米结构材料就是原子团簇、纳米粒子以及纳米固体材料的总称，外观表现为粒子、晶体或晶界等显微构造且达到纳米尺寸水平的微观材料。纳米结构材料的基本单元按照维数可以将其分为三类：①零维纳米材料（0D），主要是指其在空间三维尺度上均处在纳米尺度范围内，如纳米粒子、原子团簇、纳米点、人造超原子以及纳米尺寸的孔洞等；②一维纳米材料（1D），主要是指其在空间上有二维度处于纳米尺度范围内，如纳米丝、纳米棒、纳米管等；③二维纳米材料（2D），主要是指其在三维空间中有一维在纳米尺度范围内，如超薄膜、多层膜、超晶膜等。

近年来，随着纳米科学和纳米技术的飞速发展，各种具有不同结构性能的纳米材料被广泛地应用于光电子学、生物成像、传感装置以及表面增强拉曼光谱分析等领域。纳米分析化学中与传感应用密切相关的纳米结构材料主要包括二氧化硅纳米材料、半导体量子点、磁性纳米粒子、高分子荧光聚合物、碳基纳米材料以及纳米金银材料等。在众多的纳米材料中，金纳米材料（Gold Nanomaterials）是最早出现的纳米结构材料之一，也是纳米分析科学领域研究的热点之一。同时，随着纳米技术和纳米科学的高速发展，球形、棒状、花形、片状以及笼状等各种形貌的金纳米材料层出不穷，为金纳米材料世界的发展增添了许多色彩。与其他的纳米结构材料相比，金纳米材料具有如下优点：制备方法简单、物化性能稳定、生物相容性好、表面易修饰、同时也可以通过改变粒径、形貌调控其物化性质，并且易于实现、又具有特殊的光、电和催化性能，使其构建的纳米传感器件在生物传感和环境分析检测等分析领域具有巨大的潜在应用前景，对 21 世纪人类的社会生产、生活产生较为深远的影响。

由于贵金属纳米材料的许多物理化学性质具有特殊的尺寸依赖性，从而使它们在电子学、光学和生物医学等领域具有潜在的应用前景。其中，金（Au）纳米材料由于在一些特定的界面上存在表面电子态，使其费米能级恰好位于能带结构沿该晶格向的电子禁带之中，形成只能平行于表面方向运动的二维电子云，促使金纳米材料表现出特殊的表面效应、量子效应和宏观量子隧道效应等许多微观性质[6]。Au 作为典型的贵金属元素之一，由于可以通过控制粒径尺寸、形貌、结构以及组成而使其具有外形的“多变性”而引起越来越多科研工作者们的关注。近几年来，在 Au 纳米材料的形貌控制方面研究者们已取得了很大的进展，人们已制备出多种形貌的金纳米材料，例如金球、金棒、金纳米簇以及金纳米线等。研究发现 Au 纳米结构材料的物化性质与其颗粒的尺寸、形貌、结构密切相关，不同形貌的纳米结构材料会调节和优化材料的光电化学性质。例如图 2-1 是不同尺寸的圆球形 Au 纳米粒子与棒状 Au 纳米粒子的溶液颜色照片和相应的透射电镜图。由于它们具有不同的粒径尺寸或形貌，金胶将会呈现不同的颜色变化。这些肉眼可以看见的 Au 纳米粒子的颜色反映了其传导带电子等离子体在合适波长的光照射下产生的相干振荡，而由等离子体共振引起的对不同波段光的强烈吸收和弹性散射，构成了 Au 纳米粒子在分析传感和生物成像研究中的基础[7]。控制 Au 纳米材料的尺寸为 1～100nm，可以有效地促使 Au 纳米材料作为探针与其他多种物质进行特异性结合，进而在分子水平上揭示反应动力学过程；而它独特的颜色和荧光变化也是其应用于分析化学的重要基础。

基于此，本章拟以 Au 纳米材料为研究基础，在充分了解 Au 纳米材料在国内外研究现状的前提下，利用 Au 纳米粒子具有的特殊表面等离子体共振吸收，Au 纳米簇发射光波长随团簇尺寸可调，以环境中重金属离子以及重要生物活性组分为研究对象，展开基于 Au 纳米功能材料的光学分析方法研究，对进一步深入认识这类纳米材料的功能性质，并拓展其在纳米分析化学领域中的应用具有重要的意义。

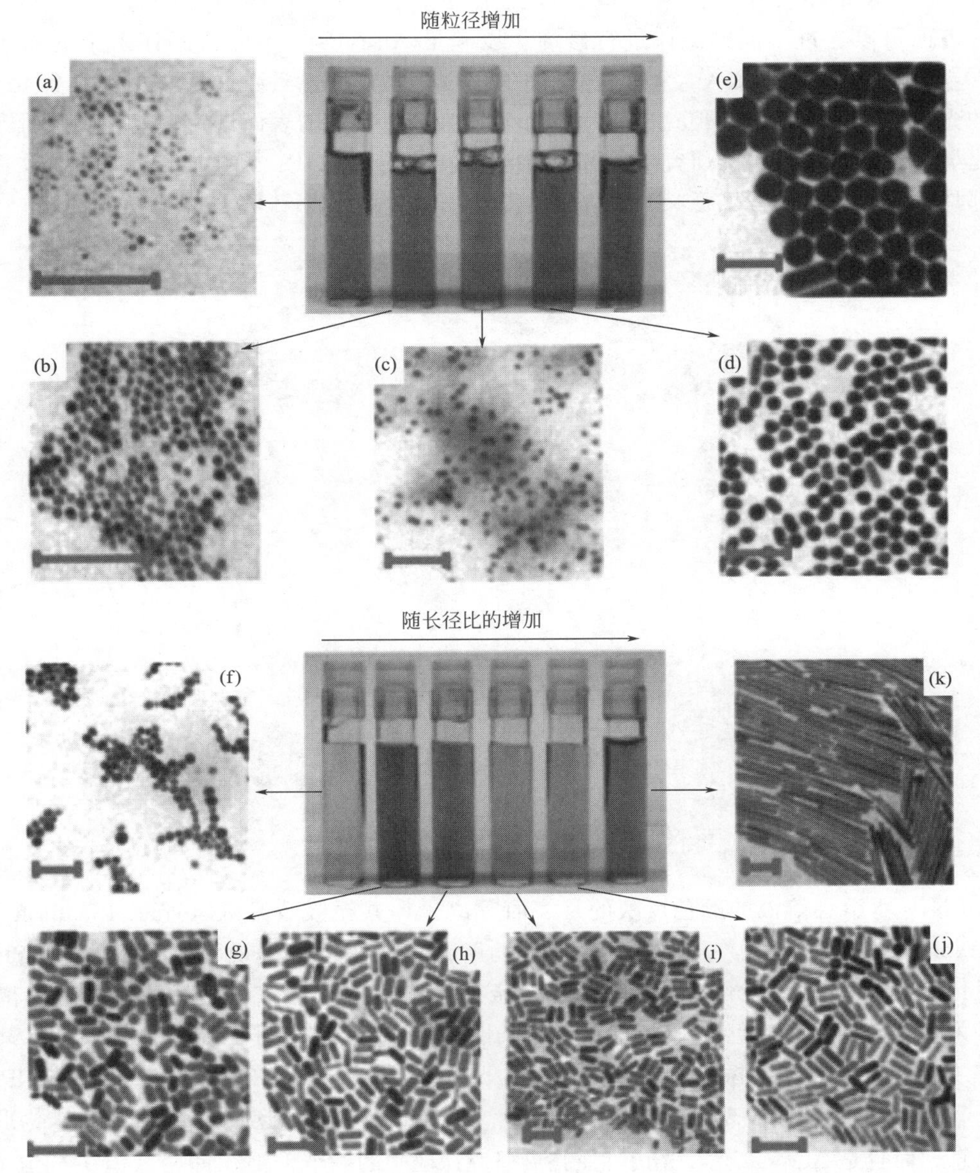

图 2-1　不同形态的金球和金棒的溶液照片和透射电镜图像[7]

2.2　金纳米材料的制备方法

2.2.1　金球概述

金球，即为通常所说的金纳米粒子（Au NPs），是由一个内层基础金核（原子金 Au）以及环绕在外层的双离子层构成，靠近金核内表面的是内层金负离子（$AuCl_2^-$），外层电子层（H^+）则分布在胶体与溶液之间，以此来维持 Au NPs 在溶液中的稳定状态[8]。Au NPs 的表面可以通过不同的配体进行修饰，以满足 Au NPs 在不同传感体系中的需求（见图 2-2）。尽管有些配体对 Au NPs 稳定性的作用不明显，甚至经过某些配体功能化后 Au NPs 的光学稳定性会下降，但这些表面修饰配体为 Au NPs 的表面进行功能化以及研究金属表面化学反应提供了丰富的研究手段和大量信息，对于 Au NPs 子的固定和组装以及其应用方面都具有非常重要的现实意义。

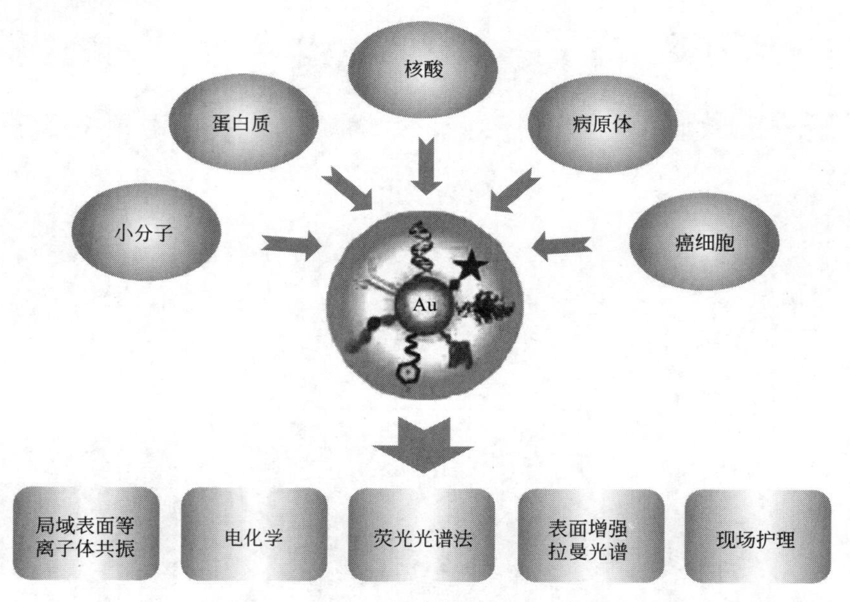

图 2-2　Au NPs 表面修饰不同的配体[9]

Au NPs 水溶性溶液的颜色反映的是表面等离子体共振吸收峰（Surface Plasmon Resonance Absorption，SPRA）的位置，水溶液的颜色如果是酒红的说明 Au NPs 的 SPRA 位于可见区 520nm 左右。Au NPs 的 SPRA 是金属轨道中电子云在电磁场的作用下偏离电荷中心，发生相应位移而产生波振荡。在光照条件下，金属中的电子云被电磁场驱使在某一共振频率下产生等离子体共振。在这个共振频率下，入射光被金属纳米粒子（如：Au NPs）吸收[10]（见图 2-3），从而表现出不同的溶液颜色。SPRA 图谱不仅能够提供 Au NPs 结构形貌的大量信息，而且是 Au NPs 光学光谱性质拓展研究课题中的一个重要方面[11]。有关 SPRA 光谱研究是金属纳米材料研究的基础，在金属纳米材料的应用研究一直都受到广泛的重视。

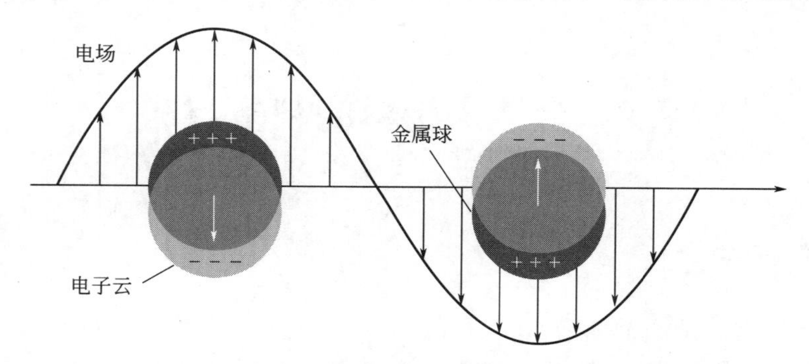

图 2-3　金属纳米颗粒表面等离子体共振示意图[3]

早在 1908 年，Mie 就发表了关于 SPRA 光谱研究的重要理论[12]，根据 Mie 理论，金属粒子总体的消光截面（包括金属表面等离子体吸收和散射）可以用其整体电场扰动和磁场扰动的总和来表示。首先，金属粒子配体壳层的存在会改变其折射率，影响 Au NPs λ_{max} 发生红移或蓝移。引起 Au NPs λ_{max} 强改变的是含巯基的配体化合物，它们与 Au NPs 之间通过 Au-S 键的相互作用产生很强的配位场，最终与 Au NPs 自身的表面电子云发生作用导致 λ_{max} 发生变化。事实上，几乎所有的 Au NPs 表面都是通过配体或聚合物来将其稳定的，所以 Au NPs 的 SPRA 光谱会随着修饰分子的不同而产生变化。再者，Au NPs 之间的距离也会显著影响 SPRA 光谱的位置。SPRA 光谱会随着两个 Au NPs 间距的减小而移向高波长区域。当 Au NPs 间距小于粒子粒径时，Au NPs 的 SPRA 光谱随之会发生红移（见图 2-4）[13]，并且可能产生不同的消光光谱，这主要是由于 Au NPs 之间不同的聚集方式所导致的。下面我们着重介绍一下金球的制备方法以及它的传感应用。

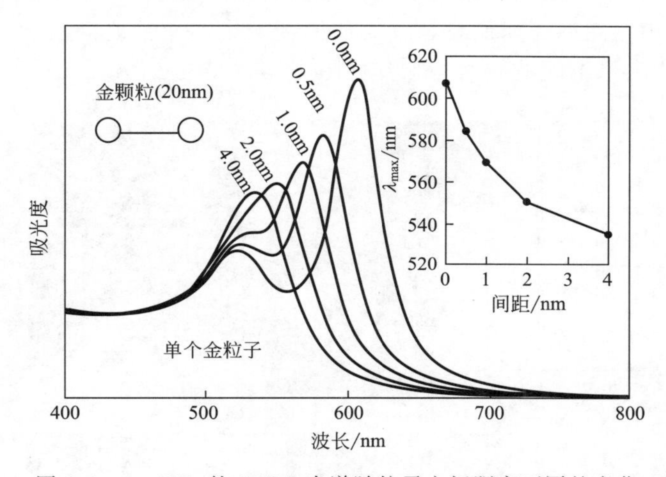

图 2-4　Au NPs 的 SPRA 光谱随粒子之间距离不同的变化

在 Au NPs 众多的性质中，研究最多的是 Au NPs 的表面化学，它主要是基于 Au NPs 的表面修饰以及双官能团或多官能团配体的化学反应。用携带巯基、氨基等官能团的配体分子可以很容易地修饰 Au NPs，即可以借助配体的官能团使 Au NPs 参与多种化学反应以及传感器的构建，这样就可以进行 Au NPs 的表面功能化修饰、表面固定以及进行表面反应等。例如，通过聚合反应在 Au NPs 表面形成 SiO_2 聚合物的壳层后，可以使其在实际应用方面具有更广的适用性和通用性。通过对 Au NPs 的表面进行功能化修饰是 Au NPs 应用的基础，为此 Au NPs 的表面功能化修饰成为 Au NPs 表面化学研究的主要内容。经过表面功能化修饰的 Au NPs，可以满足不同环境下对 Au NPs 的要求。

2.2.2　金球的制备方法

Au NPs 的制备在纳米科学和纳米科技开始发展的 20 世纪 80 年代末至 90 年代初就已有不少科学工作者们在探索。到目前为止，已经发展了许多制备 Au NPs 的方法，总体上可划分为物理制备技术和化学制备技术。利用某种技术将宏观块状金材料分解为纳米级颗粒的方法即为物理制备法，包括蒸镀法、器械研磨法、激光融化法、气相法等。应用物理法制备的金纳米材料具有比较大的尺寸，不利于传感应用研究；此外，物理合成方法对生产设备要求苛刻，也不利于降低成本。利用还原反应将金离子或者金的化合物还原为金纳米材料的技术是化学制备法。从经济以及应用的角度而言，溶液中通过化学反应制备 Au NPs 是最为方便、最多样化、最经济的方法。这种“溶液路线”合成 Au NPs 有两种截然不同的路线，一种路线是选取合适的还原试剂还原均相溶液中的金离子或金的化合物，从而直接合成 Au NPs；另外一种路线是预先制备单分散的金属化合物颗粒，然后在金属溶液中或是在气相中将金属化合物颗粒还原为金属颗粒。无论采取何种策略，选择合适的还原剂、保护剂、溶剂以及反应条件是制备尺寸和形貌均一的金属胶体粒子的关键所在。目前，应用较普遍的 Au NPs 化学制备方法是柠檬酸钠还原法、Brust 法、反胶束及微乳液法、晶种法、模板法和微波法等。

2.2.2.1 氧化还原法

通常向含金离子或者金的化合物溶液中加入不同类型的还原剂（如硼氢化钠、柠檬酸三钠、抗坏血酸等）将其中的金离子或者金的化合物还原为纳米尺寸颗粒的方法叫做化学还原法[14]。可以通过选用不同的还原剂或者改变还原剂与金前驱液之间的比例制备粒径尺寸不同的金纳米颗粒，以满足不同的应用需求（见图 2-5）。

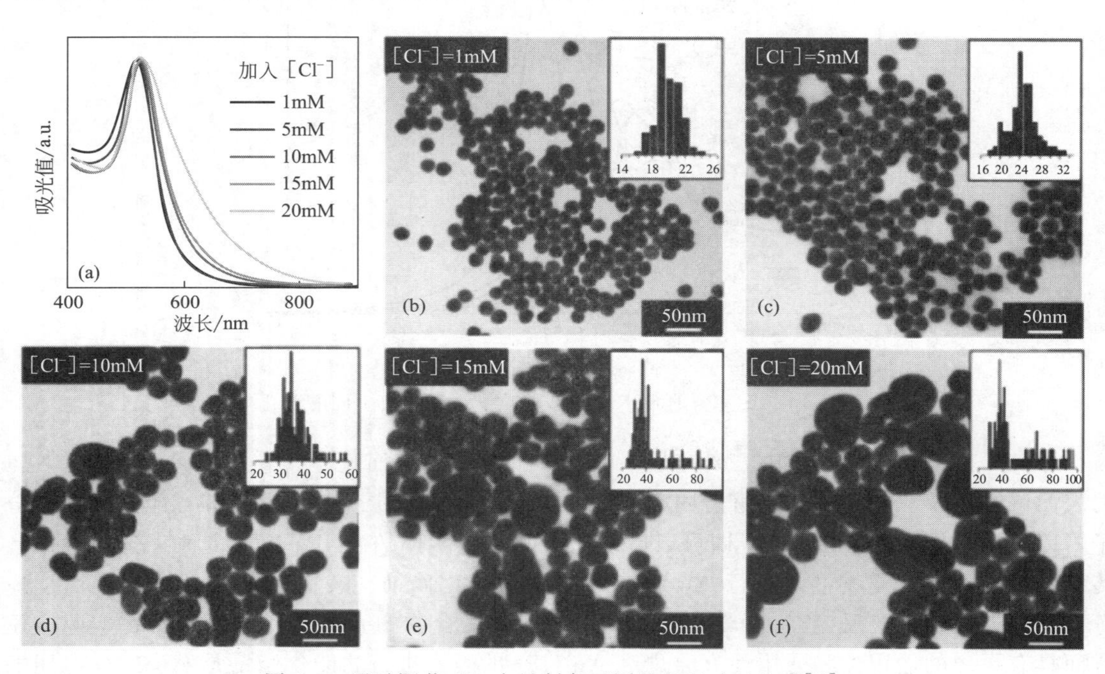

图 2-5　通过调节 Cl^- 含量制备不同粒径尺寸的金球[15]

在制备金球的诸多还原剂中，柠檬酸钠还原法是发现最早、应用最为广泛的方法。由于柠檬酸钠同时兼有还原剂和稳定剂的双重功能，早在 1951 年，Turkevitch 课题组就首次报道了使用柠檬酸三钠从金的三价化合物中还原制备出金纳米粒子[16]。文章中指出柠檬酸三钠中相邻的两个羧酸根配位吸附在金纳米粒子表面，使其另外一个带负电荷的羧酸根伸向外侧，通过静电排斥作用使金纳米粒子在水溶液中稳定分散。虽然这种还原方法控制金球产物粒径的方式比较简单，但是利用这种方法很难将金球粒子的粒径达到 10nm 以下。同时，利用这种方法制得的金球因表面吸附柠檬酸根离子而使其表面带有大量的负电荷，一般需要通过复杂的表面分子交换或者静电组装改变其表面负电荷，从而限制了金球在分析领域的进一步应用。目前，最常用的解决方法之一是采用硫醇类化合物，如 5-苯硫基咔唑、半胱氨酸、氟化烷醇类等作稳定剂，通过还原方法制得金纳米颗粒；或者在制备金纳米颗粒时加入适当的保护剂，例如阴、阳离子聚电解质等也可获得较稳定的金胶颗粒；另外，也可以选用合适的 $Na_2C_2O_4$、茴香胺、聚已二醇、丝素蛋白质、聚苯胺等大分子聚合物来作还原剂制备粒径较为均一的金纳米颗粒。

2.2.2.2 相转移法

为了有效解决应用氧化还原法制备的金球具有大粒径的局限性（$>$10nm），20 世纪 90 年代初，Brust 与 Schiffrin 等首次利用自组装技术和纳米技术相结合，在制备金纳米颗粒的过程中引入硫醇（RSH）自组装膜还原氯金酸，最终将制得的直径在 5nm 以下的单分散金纳米颗粒从水相转移至有机相，非常稳定，这就是经典的 Brust-Schiffrin 相转移法[17]。由于硫醇类物质对金纳米晶的钝化作用很强烈，从而使得 Brust 方法制备的金纳米晶尺寸非常小。

根据制备过程中使用溶液体系的差异性，Brust 法又分为单、双相合成法两种。单相法一般采用有机醇和水作为反应试剂，含有羧基或羟基的化合物等作为稳定剂配体。这种单相方法制备的金纳米颗粒在水溶液中具有高稳定性，易于进一步修饰[18]。使用双相法可得到油溶性金纳米颗粒，首先，将氯金酸水溶液与甲苯形成混合两均相体系，随后，通过剧烈搅拌促使氯金酸转移到有机相溶液中，最后，向反应体系中加入烷基巯醇稳定剂和强还原剂 $NaBH_4$，使其还原得到金纳米颗粒。在反应体系中可以通过改变金离子、稳定剂和还原剂三者之间的配比，制备出不同粒径尺寸的极小金纳米颗粒（见图 2-6）。相转移法的优点是生成的金纳米颗粒稳定性好、不会发生聚集和分解，可以保存较长的时间，但缺点是产物颗粒的粒径分布范围较宽。

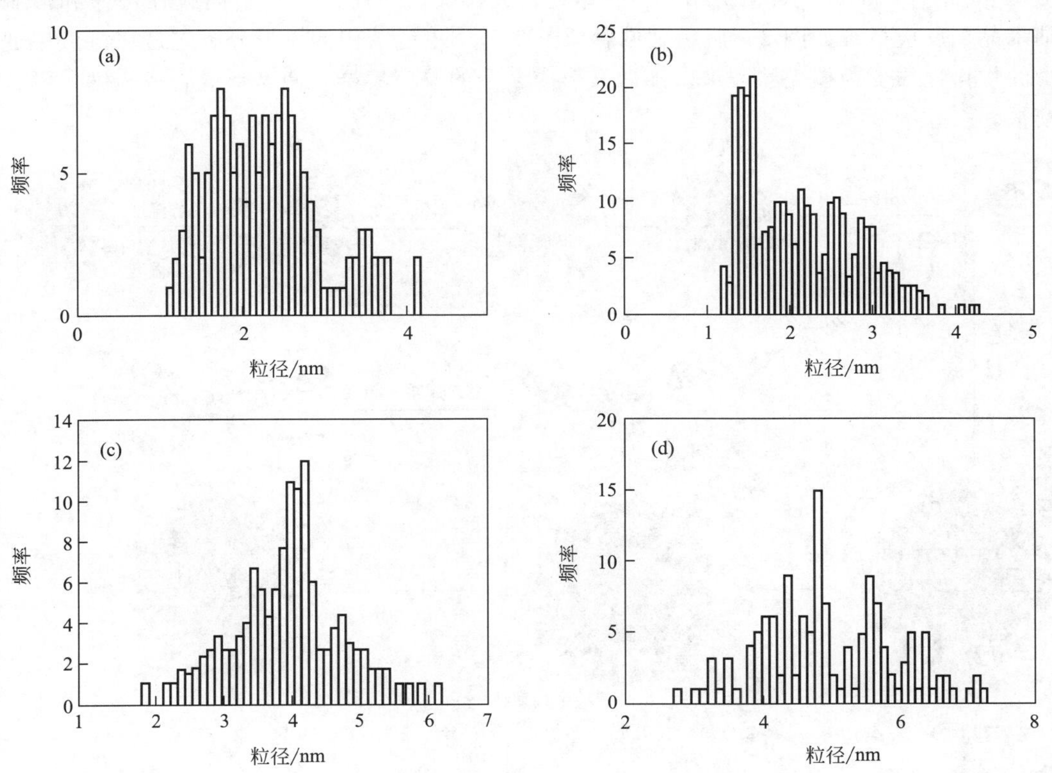

图 2-6 调节 RSH 与 $HAuCl_4$ 之间的配比制备不同粒径的金纳米颗粒[19]

2.2.2.3 反胶束或微乳液法

在反应体系中当表面活性剂浓度较大时，表面活性剂分子或离子将会自动缔合成胶体大小的多个质点，并与溶液离子处于平衡状态，这种在溶液中形成的聚集体称之为胶束。而当溶液中表面活性剂浓度超过临界胶束浓度时，在非极性有机溶剂内形成的胶束称为反胶束。用于制备纳米颗粒的反胶束一般由四部分组成：表面活性剂（常见的是 AOT，SDS，DBS，CTAB）、助表面活性剂（脂肪醇）、有机溶剂（非极性溶剂）和水溶液。其中，表面活性剂与水溶液之间的比例决定了其中的液滴尺寸大小（在 1nm 到 50nm 之间），金纳米颗粒将会被约束在这些液滴中间，最终可以通过控制液滴的大小得到不同形貌的金纳米颗粒[20]。这种非均相的液相合成法，通过应用表面活性剂使金纳米颗粒得到良好地分散，不发生团聚和沉淀。反胶束或微乳液法最大的优点是操作方便、反应装置简单、所合成产物粒度分布较窄并且容易控制。这种方法的不足之处在于表面活性剂用量较大、成本较高、产物的纯度和产量较低。

2.2.2.4 模板法

模板法通常是指以具有微孔或介孔的基质作为模板，在微孔中进行化学还原反应，生成金纳米颗粒、金纳米棒、金纳米丝或金纳米管等的方法[21]。该方法常常使用的模板是具有不同粒径尺寸和结构的二氧化硅微孔纳米材料或者是高分子聚合物介孔材料，使其能够可控的合成粒径分布较窄的金纳米颗粒。Zheng 等通过调节反应溶液的温度和 pH 值，选取对温度和 pH 都较为敏感的三嵌段共聚物 P4VP［Poly（ethylene glycol)-b-poly（4-vinylpyridine)-b-poly-(*N*-isopropylacrylamide)］作为合成模板，最终得到了不同粒径尺寸和形貌的金纳米晶。反应机理如图 2-7 所示（见彩插图 2-7），单链结构的模板分子先是在溶液中通过自身的物化性质变为核壳状胶束，随后又形成多个的胶束集群，使其形成合成金纳米颗粒的软模板。

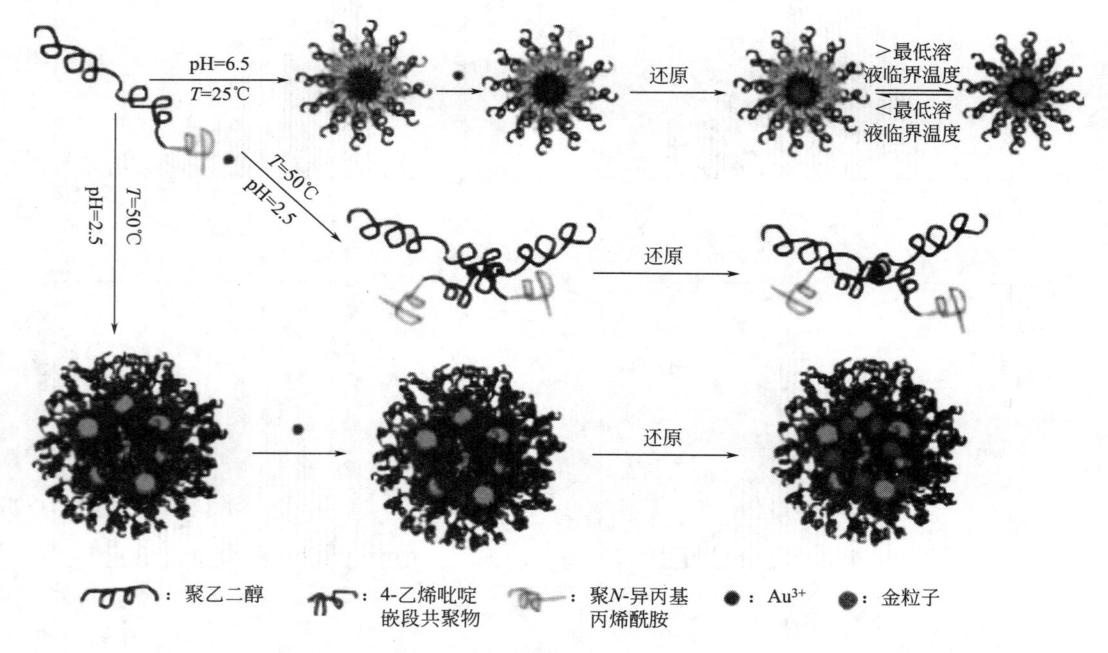

图 2-7 模板法合成金纳米颗粒@聚合物核壳结构及金纳米颗粒团簇的机理图[22]

2.2.2.5 物理辅助方法（光化学法）[23]

光化学方法是在光照的外来刺激条件下，基于化合物分子对特定波长的光吸收而引起化合物分子的电离，进而引发化学反应最终生成纳米粒子。光化学法的光源通常为紫外光，所以必须要求反应体系中含有在紫外区域能吸收并能释放出电子的物质，该方法常常用于制备核-壳结构的金属复合纳米颗粒。近年来发展的辐射化学方法主要是基于金属离子的还原反应，即金属盐溶液在X射线或γ射线辐射下，通过水合电子对金属离子的强还原作用而生成金属、合金或金属氧化物纳米粒子。

2.2.2.6 微波合成法

金离子和还原剂的反应混合液在一定功率微波辐射下，使其发生化学反应最终得到金纳米颗粒的方法称为微波合成法。在微波合成法中，前驱液分子在微波场中剧烈运动使得反应速度加快，同时，反应体系内加热的方式使得加热均匀，反应的产物粒径尺寸分布均匀、纯度很高、粒径较小，从而适于催化或分析领域的应用要求。Tsuji课题组在微波辐照的条件下，通过使用不同分子量的PVP作为表面活性剂制备了不同尺寸和形貌的金纳米颗粒[24]。微波合成法的反应装置原理图和所制备的金纳米颗粒的透射电镜图如图2-8所示，本研究使用分子量为10k的短链PVP作为表面活性剂合成直径为8nm左右的球形金纳米粒子；随后使用分子量为40k和360k的长链PVP分别合成了长度为65nm和80nm的三角形和六角形金纳米薄片。

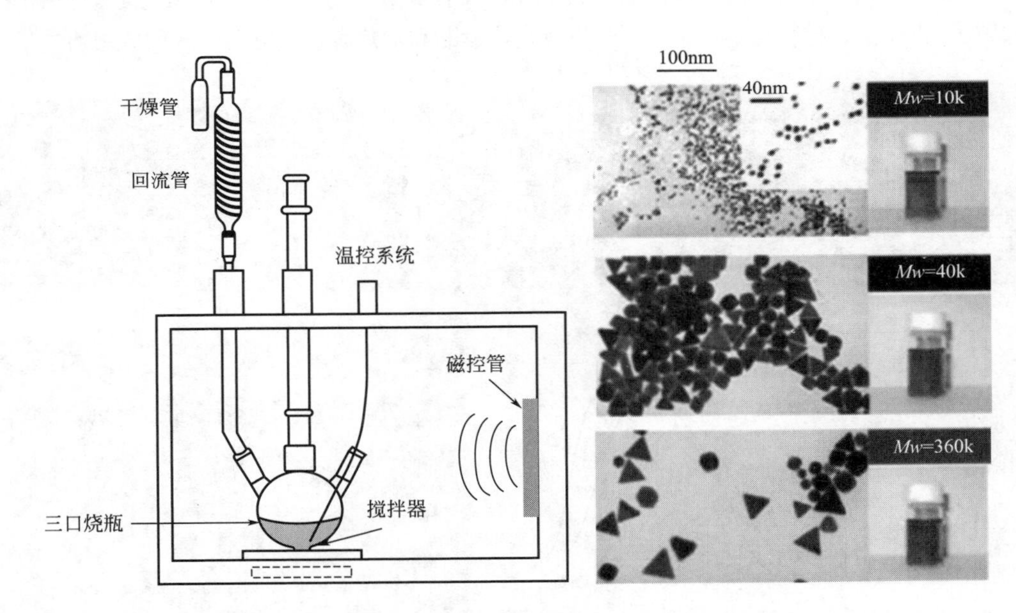

图2-8 微波法合成装置示意图以及使用不同分子量的PVP为表面活性剂微波合成金纳米颗粒的透射电镜图[24]

由于金纳米粒子的物理化学性质通常与颗粒尺寸和形貌密切相关，所以在实际制备金纳米颗粒时，根据不同的要求、不同的体系或不同的粒子尺寸范围来选择各种适合的合成方法，有时为了一些特殊的要求，上述方法也会交叉并用，而不限于单一的手段。合成金纳米颗粒的方法除了上面介绍的几种合成方法之外，还有真空蒸镀法、激光消融法、喷雾热解法、晶种法、相转移法等。

2.2.3 金纳米棒概述

金纳米棒（Gold Nanorods，Au NRs）作为金纳米粒子的一种特殊形态，它是一种胶囊状的金纳米粒子，比金球具有更为神奇的光电化学性质，Au NRs 不仅具有一个横向等离子体共振吸收峰（Transverse Surface Plasmon Resonance，TSPR），而且还具有一个纵向等离子体共振吸收峰（Longitudinal Surface Plasmon Resonance，LSPR），它们分别对应其横轴和纵轴两个特征粒径尺寸，纵轴长度和横轴直径之比为即为 Au NRs 的长径比。其中横向等离子体共振吸收峰与球形纳米颗粒的吸收峰一致，位于 520nm 左右，而纵向等离子体共振吸收峰会发生红移，其频率取决于纳米棒的长径比[25]。由于 Au NRs 的各向异性，用偏振光激发时，右眼可观察到长轴方向辐射的散射光为红色，而短轴方向的散射光为绿色[26]。此外，Au NRs 表面等离子体共振吸收特性，还可以使其能够在表面及其附近形成一个局域近场的电磁增强场，利用这个电磁增强场可以同时获得加强的光化学信号。

通过改变合成条件可以制备长度、长径比可控的 Au NRs。改变 Au NRs 的径向比，其 LSPR 可从可见光区向近红外光（NIR）区红移（见图 2-9），由于在近红外波长范围内穿透人体组织的光学透射是最理想的，所以 Au NRs 为自由进入近红外光区提供了一条有效途径。此外，Au NRs 的 LSPR 对周围环境的介电常数也十分敏感，使 Au NRs 应用于非标记传感器构建方面有很大的优势。其独特可调的表面等离子体共振吸收特性以及合成方法简单、化学性质稳定、产率高等优点使其在分析化学、材料化学、生物医学以及疾病诊断和治疗等领域有着广阔的应用前景。

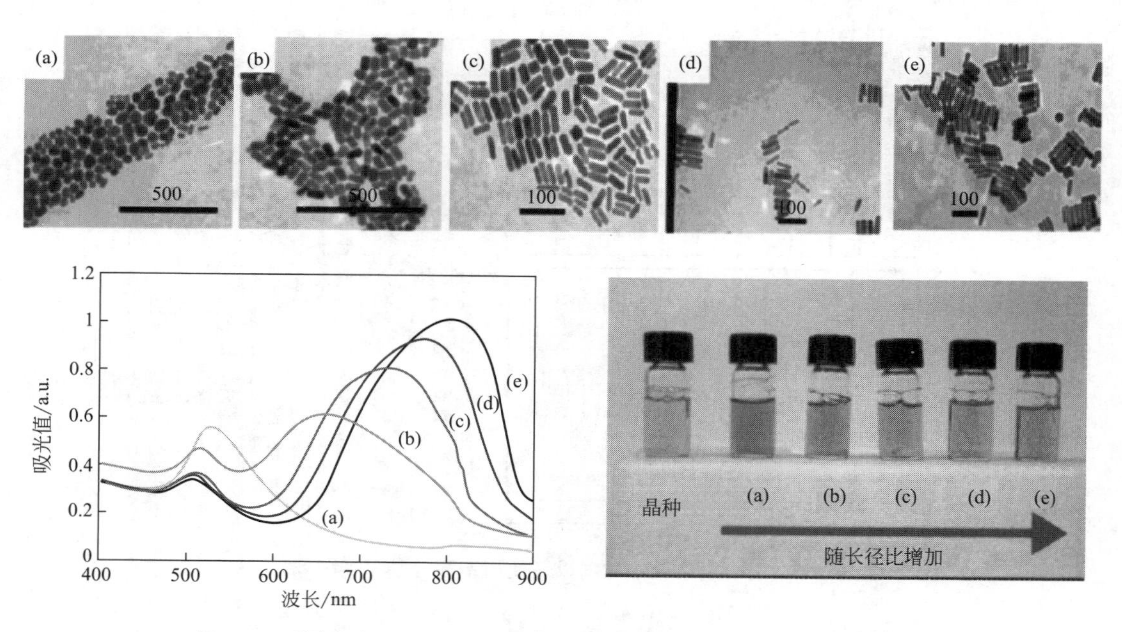

图 2-9 不同径向比的 Au NRs 溶液及对应的消光光谱和透射电镜照片

2.2.4 金纳米棒的制备方法

近年来，对于 Au NRs 的制备已经研究出许多有效的合成方法，主要分为晶种生长法、模板法、电化学法和光化学法等不同方法制备出分散性好且颗粒均匀的 Au NRs。

2.2.4.1 晶种生长法

晶种生长法是目前研究 Au NRs 合成方法中使用最广、最为成熟的一种合成方法。晶种成长法合成 Au NRs 最早可追溯到 1989 年，Wiesner 和 Wokaun 报道了在合成前驱液中存在小金核的条件下，还原 $HAuCl_4$ 能制备得到不等轴的 Au NRs[27]。Au NRs 的概念则是由 Jana 课题组提出的，他们用柠檬酸三钠作为软模板直接制备得到 Au NRs[28]，这种方法的缺点在于得到的 Au NRs 产率不高，其中存在大量的球形纳米颗粒并需要反复离心才能去除，而且不易控制 Au NRs 的径向比。此后，在此基础上，科研工作者们做了大量的研究对该方法进行了改进和拓展。

晶种生长法合成 Au NRs 一般可以分为三个步骤：晶种的制备、生长液的配置以及 Au NRs 的生成。其基本原理是在生长液中加入一定浓度的金纳米粒子晶种，在表面活性剂分子的作用下，晶种颗粒将定向生长成一定径向比的 Au NRs。迄今为止，科研工作者们已成功研制出径向比在一定范围内的 Au NRs，径向比值可以通过调节生长液中反应物的浓度、溶液的 pH 值或通过加入晶种的浓度来控制。在随后的发展过程中，El-Sayed 等[29] 对 Jana 课题组的合成方法进行了改进，用强保护剂十六烷基三甲基溴化铵（CTAB）代替柠檬酸三钠制备金种前驱液，生长液中加入微量硝酸银促进金棒的形成并调节纳米棒的径向比，成功制备合成出了径向比为 1.5～4.5 的 Au NRs 溶液，产率高达 99%，避免重复离心去除球形纳米颗粒的繁杂步骤。此外，他们在随后的研究中利用晶种诱导的三步合成法制备高比率的 Au NRs，如图 2-10 所示，产率达 97%。图 2-11（见彩插图 2-11）是合成不同径向比 Au NRs 的溶液照片和对应的透射电镜图以及相应的紫外光谱图的对比[30]。

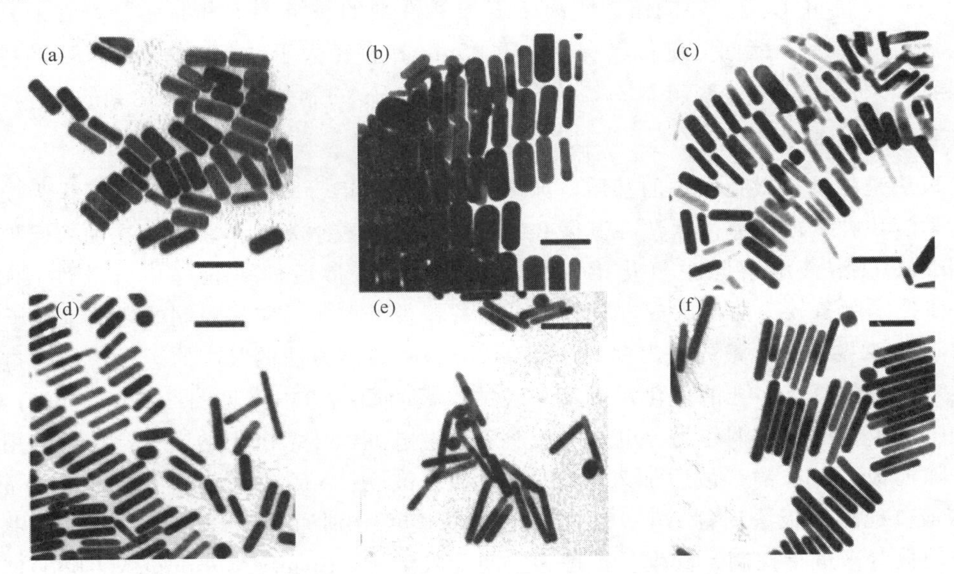

图 2-10 径向比不等的 Au NRs 透射电镜图

在随后的研究中，科学家发现通过调节溶液的 pH 值可以改善 Au NRs 的合成产率，也可以通过控制 CTAB 浓度获得高纵横比的 Au NRs。另外加入不同的添加剂也被用于一步硝酸银介导晶种成长法以改善该法的重复性和可控性。一般情况下，加入添加剂的目的是改变或修饰表面活性剂的结构。Murray 课题组[31] 报道了加入芳香性水杨酸添加剂和盐酸可以

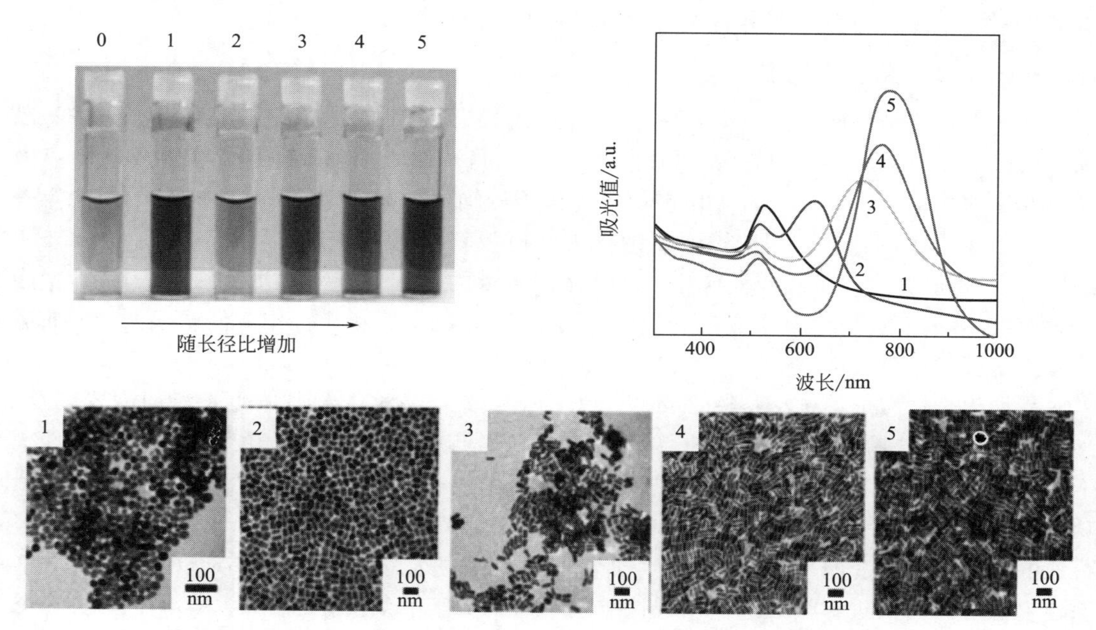

图 2-11 不同径向比的 Au NRs 溶液照片、紫外-可见吸收光谱以及对应的透射电镜图

改变 Au NRs 的径向比，这主要是由于它们能在棒状纳米粒子生长过程中极大地影响 CTAB 胶束的结构，使用这种方法能产生高径向比的 Au NRs 且得到的 Au NRs 产率很高。随后的研究中他们还发现在前驱溶液中添加油酸钠（Sodium Oleate，NaOL）也能改善 Au NRs 的制备产率[32]。NaOL 是一类能作为阴离子表面活性剂的长链不饱和脂肪酸，在 CTAB-NaOL 反应体系中[33]，能同时制备出直径小于 25nm 和直径大于 30nm 的 Au NRs，甚至也能制备出直径大于 130nm 的 Au NRs，这是通常 Au NRs 的制备方法很难达到的。

2.2.4.2 模板法

模板法是将具有微孔结构的基质，如多孔阳极氧化铝、多孔硅和聚合物等作为模板，通过电化学沉积技术或压差注入法在其微孔结构中制备合成纳米粒子，然后在加入保护剂的情况下用 NaOH 溶液溶解除去氧化铝模板，经过超声分散后即可获得单分散性较好的 Au NRs。该技术制备较为简便、成本较低，可制备粒径可控、反应易控制的金纳米粒子。

Martin 课题组[34] 最先提出模板法制备 Au NRs，该方法的基本原理是将金通过电化学沉积技术沉积到具有多孔的氧化铝或聚碳酸钴模板的微孔道中（见图 2-12）。首先，在基质上预先喷上少量的银或铜作为导电基底，然后通过电沉积技术沉积纳米金，随后采用一定的方法去除模板、银或铜，最后加入 PVP 保护和分散 Au NRs，最终将得到稳定分散的 Au NRs 溶液。应用模板法制备 Au NRs 的直径和长度可分别通过模板的孔径和膜孔中沉积的纳米金的数量来进行控制，其生长机理为空间受限生长（Space Confining Method），同时该方法也可以推广用于制备金纳米线、金纳米管及其他的管状纳米复合材料。模板法的主要局限是制备产率较低，但作为最初的开创性研究，它为科学研究提供了 Au NRs 的许多基本的光学效应。

2.2.4.3 电化学合成法

在晶种生长法诞生之前，Wang 课题组[35] 首先提出了电化学法制备 Au NRs，在一个

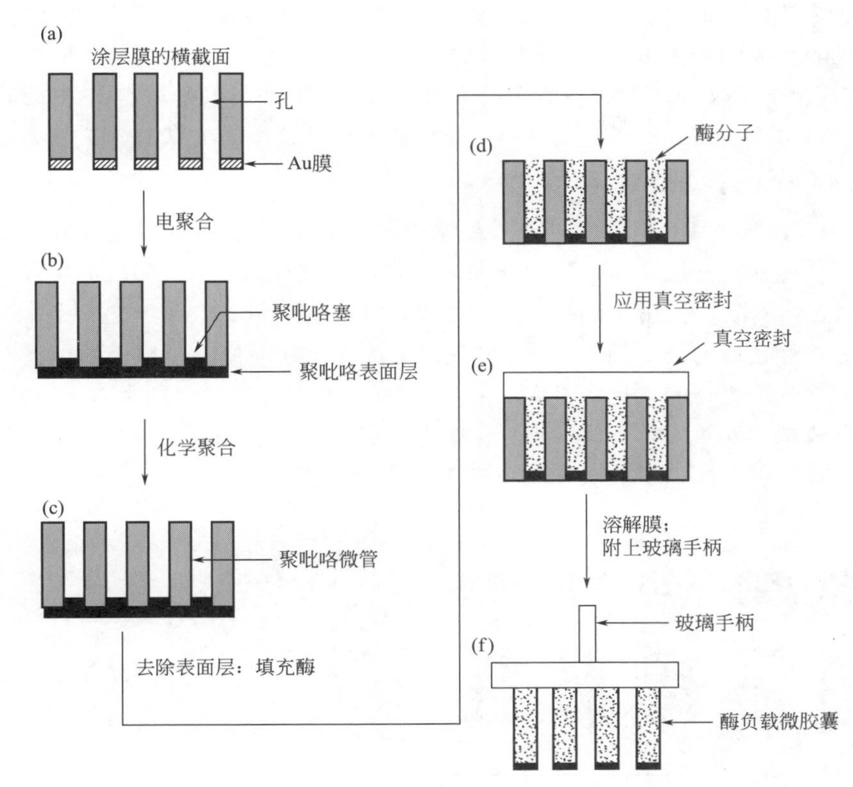

图 2-12 模板法制备 Au NRs 的原理示意图[34]

双电极体系的电化学反应池中，选用 Au 片作为阳极用以提供金原子，链长不同的阳离子表面活性剂用以提供 Au NRs 生长所需的软模板，且使整个反应体系处于超声状态。此法制备合成的 Au NRs 径向比（AR）可通过调节电流密度进行调控，在电极表面上产生的 Au NRs 是通过超声外力作用下进入溶液的。如果在电化学合成法中，选用双表面活性剂 CTAB 和四十二烷基溴化铵（TDTAB）共同参与反应，且在反应溶液中同时加入银（Ag）片以便向反应溶液中提供 Ag 离子，最终将有利于提高纳米棒的产量和长度（见图 2-13）[36]；此外，向溶液中加入丙酮能使胶束框架松散；加入环己烷则可协助棒状胶束稳定。

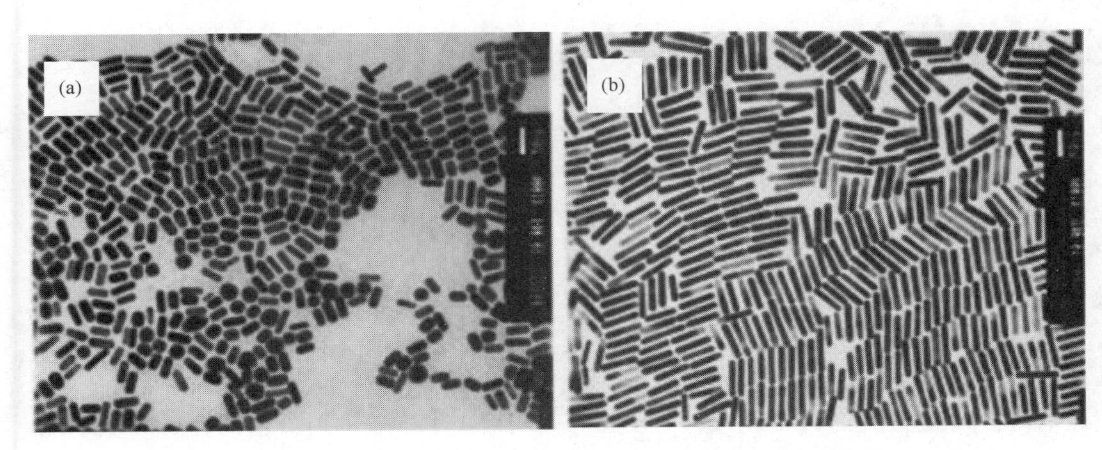

图 2-13 电化学方法合成 Au NRs 在存在和不存在 Ag 片的条件下的透射电镜图[36]

应用电化学合成法合成的 Au NRs 的 AR 值为 1～7，且长轴 LSPR 吸收峰可以达到 1050nm 左右，金棒的直径大约为 10nm。电化学合成法制备的 Au NRs 颗粒均匀，形貌可控，尽管 Ag 离子在控制 Au NRs 合成中的确切作用机理并不十分明确，但是却实实在在地改进了 Au NRs 的合成方法，并为 Ag 离子辅助晶种生长法的诞生奠定了研究基础。

2.2.4.4 光化学合成法

杨培东课题组[37] 采用 CTAB-四十二烷基胺-氯金酸水溶液体系合成金纳米棒，反应过程中加入一定量的能松开胶束结构的丙酮和环己胺，这将有利于 Au NRs 的生成，随之加入不同量的 $AgNO_3$ 溶液，在用 $420\mu W/cm^2$ 的紫外灯下照射（254nm）30h 后就能够得到径向比均一、分散性良好的 Au NRs。研究发现，该法在合成过程中，Ag^+ 的存在对棒状金纳米粒子的形成起到关键性的作用，没有 Ag^+ 存在时只能形成球状金纳米粒子，随着 Ag^+ 浓度的增加，形成的 Au NRs 的直径会逐渐减小，但径向比会逐渐增加，即可以通过控制 Ag^+ 的浓度来改变 Au NRs 的长径比（见图 2-14，彩插图 2-14）。

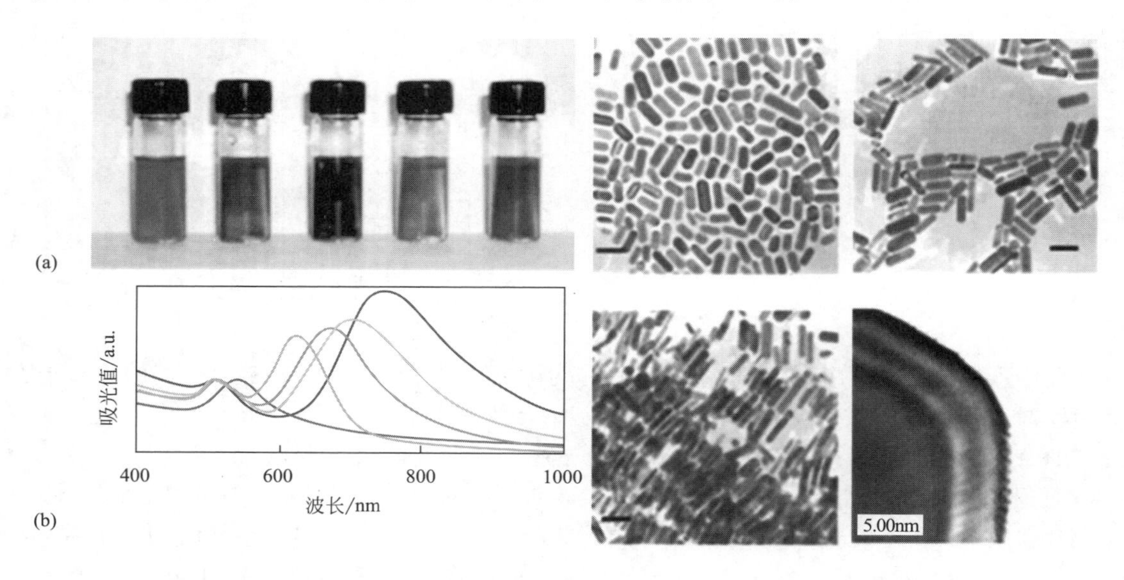

图 2-14 采用光化学合成法制备不同径向比的 Au NRs 及透射电镜图[37]

2.2.5 金纳米笼概述

纳米笼通常是指拥有纳米中空的内部与具有多孔结构的外壳，使其可以有效地用于分子的内部封装与靶向物质传递的一种纳米材料。其中，贵金属纳米笼由于在近红外区域具有很强的光散射和表面共振吸收能力（表面等离子体激元，SPR），所以使其在科学研究领域中引起了广大科研工作者们的注意。金纳米笼是一种新型的具有中空、表面介孔结构及等离子激元特性的金纳米粒子：一方面，这种金纳米笼在近红外光区域具有良好的光散射、光吸收能力和其独特的 LSPR 峰使其被广泛应用于光相干性断层扫描、光声波成像以及光热治巧的广泛研究中；另一方面，具有光响应特性的胶体金纳米粒子（智能纳米凝胶）可对温度、光照、电场、pH 值等外界环境刺激产生敏感响应从而产生形貌上的凝聚或松散状态的转换，可以有效地被用来对药物分子进行包封、输送以及在特定条件下对药物进行释放等，基于金纳米笼以上的光电优势，目前已被广泛应用于药物的控制释放体系、生物传感器以及酶固定等医药生物工程中。至目前为止，将贵金属纳米粒子与智能金属纳米凝胶相结合，制备出集这两种纳米材料优点于一身的金属-凝胶复合纳米粒子正掀起广泛的研究热潮。

2.2.6 金纳米笼状颗粒的制备方法

金纳米笼是一种内部形貌为中空、外壁上含有多孔的立方体形貌纳米材料。金纳米笼颗粒的光吸收表面积远远大于传统染料分子吸收的表面积，两者相比，前者比后者的吸收表面积足足高出了五个数量级。同时，金纳米笼颗粒的生物毒性相对较低，具有良好的生物兼容性，外表面可以被多种生物分子或有机大分子修饰。目前，金纳米笼颗粒的制备方法以银纳米立方体为模版，通过置换反应制备出金纳米笼状颗粒[38]：

$$Ag(s)+AuCl_4^-(aq)\longrightarrow Au(s)+3AgCl(s)+Cl^-(aq)$$

$$Ag(s)+AuCl_2^-(aq)\longrightarrow Au(s)+AgCl(s)+Cl^-(aq)$$

制备性能以及形貌良好的金纳米笼的前提是必须制备结构性能非常好的银纳米立方体颗粒，然后以此为模板，利用上面的公式对其进行置换反应，以腐蚀银纳米立方体为代价最终制备出结构性能良好的金纳米笼。这种制备金纳米笼的方法操作简单可控，仅仅需要向沸腾的银纳米立方体悬浮液中加入固定量的氯金酸，随着氯金酸的加入，可以观察溶液颜色的变化，其变化的过程对应着连续的金纳米笼 SPR 峰的红移，即可以根据 SPR 峰的红移位置来判断我们所需的金纳米笼结构性能（空心尺寸、多孔尺寸及数量等），从而选择停止实验操作分离金纳米笼，最后得到所需金纳米笼。

图 2-15 展示了在制备金纳米笼置换反应中，随着氯金酸量的连续加入，内部空心多孔的金纳米笼颗粒和模板银纳米立方体的连续变化过程，下面一行是对应的立体结构材料的剖

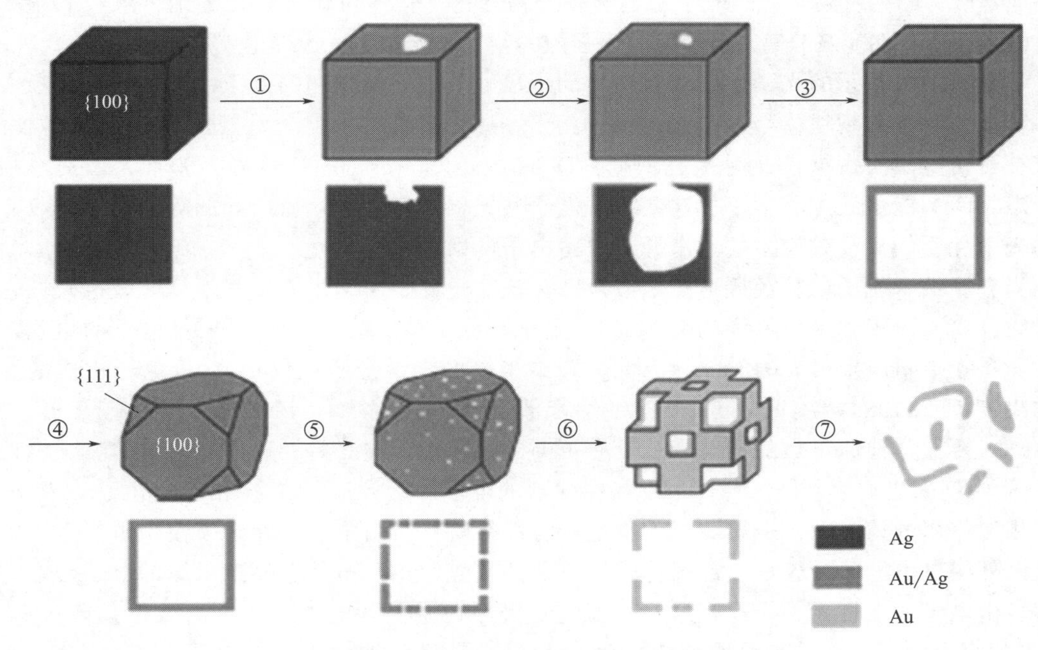

图 2-15　基于银纳米立方体为模板随着氯金酸溶液的逐渐加入金纳米笼的变化过程示意图[39]

面图。制备金纳米笼的主要过程包括以下步骤：①首先金离子与银纳米立方体表面能量较高的侧面发生反应；随着时间以及氯金酸的持续加入；②Ag 和 $HAuCl_4$ 在溶液中的置换反应将会持续进行，银纳米立方体表面将会出现孔状结构；随后金离子将会弥补由于银腐蚀所带来孔状结构；③形成由金/银合金组成的壁厚均匀、平滑的纳米立方体盒子；④随后随着时间的推移，金/银合合金元素开始从纳米立方体盒外部腐蚀脱落并进行顶点处重建；⑤、⑥从纳米立方体盒外部脱落金银合金元素过程继续进行，最后形成立方体壁上有多孔的金纳米笼；⑦如果在这过程中不将反应停止，随着时间的推移，金纳米笼状结构将会得到很大的破坏，最终形成合金碎片。

采用置换反应的方法制备金纳米笼过程中，如果作为模板的银纳米结构不同，最终合成的金纳米笼结构也会随着不同，如采用银纳米长方体、银纳米球或银纳米棒分别作为模板最终将分别可以获得金纳米长方体笼、金纳米空心球形核壳或金纳米空心棒等。基于这种制备金纳米笼的方法，这种滴定置换反应法也可以用于制备其他贵金属的多孔笼状纳米材料。

2.2.7 金纳米簇概述

纳米尺度上的金属粒子可以根据其构成的原子数目粗略地划分为大纳米颗粒、小纳米粒子和纳米团簇[40]。其中，对于大纳米颗粒来说，它的粒径与光波长接近，对外加电磁场的光学响应仅简单地与其粒径、自由电子密度和介质的相关介电函数相关。它的光学性质如介电函数与宏观块体金属相似，本身并没有小尺寸效应，因而可以用 Mie 氏理论进行定量描述[41,42]。当金属纳米粒子尺度接近电子平均自由程时（对金和银纳米颗粒大约是 50nm），纳米粒子的介电函数将开始呈现小尺寸效应，导致小纳米粒子的光学性质如等离子体共振吸收随粒子的粒径开始变化。当微粒尺寸小于电子的费米波长时（对 Au NPs 来说大约 0.5nm），也就是通常所称的纳米簇，它的光学、电学以及物理化学特性与较大粒径的纳米颗粒有很大不同，纳米簇中存在能级分离，并能发射出强烈的荧光，此时 Mie 氏理论就不再适用。

尽管小纳米粒子的光学性质会有明显的小尺寸效应，但它们的电子带结构与其粒径大小关系甚微。对于宏观块体金属以及粒径大于 2nm 的金属纳米粒子，其能级分布是连续的，导带被自由电子所占据。此时基态密度（Density of States，DOS）将会非常大，使得相邻量子态之间的能量间隙非常小。这些离域电子共振，就产生了众所周知的等离子体吸收。它们的光学性质的尺寸效应主要是来源于自由电子的数目改变。

当金属纳米粒子的粒径接近费米波长时，该粒子即金属纳米簇，其连续能级被破坏，产生能级分离。对于纳米簇尺度的金，其 5d 电子与原子核的结合力要比与 6s 电子的更强，从而在 s 和 d 带间产生很大的能隙。因此，金纳米簇的光学性质仅仅由 6s 价电子构成的导带结构决定[40]。1984 年，Knight 根据钠纳米簇的质谱发现[43]，Na_N（$N=2$，8，18，20，40，58）要比其他原子数的钠纳米簇具有更高的稳定性。这一特性可以用简单的量子机理模型-胶体模型来进行解释[43~45]。由于存在强烈的电子屏蔽效应，在忽略电子-电子以及电子-离子相互作用的情况下，金属原子的价电子可以被看作自由电子。在这个模型里，金属纳米簇是以外层自由电子为壳，内部球体带正电荷的核壳结构。虽然金属纳米簇的电子密度与其所带自由电子的数目无关，但是这些自由电子仍然在原子外电子层产生离域化并遵从 Pauling 不相容原则。金属纳米簇由于电子结构与原子相似而被称作“多电子人工原子”，其内部能隙与费米能量、纳米簇尺寸及 Wigner-Seitz 半径（R_s）符合以下关系[43,44]：

$$\hbar\omega_0 = E_f(N)^{1/s} = E_f R_s / R$$

这个公式不仅给出了碱金属纳米簇的电子结构随自由电子数目变化的定量关系，也可以用来确定纳米簇基态和激发态能量。

早在1969年，Mooradian[46] 等就发现了Au、Cu等贵金属的小块体、单晶片和其薄膜等会呈现微弱的荧光现象，这一现象在当时并没有引起科研工作者们的广泛关注，但是这一发现为后来的研究奠定了坚实的研究基础。基于这一现象的发现，近几十年来，研究者们对具有荧光性质的贵金属纳米簇的合成方法以及应用进行了不懈的研究和探索。2003年，Dickson课题组[47] 分别使用聚酰胺-胺［Poly（amidoamine），PAMAM］聚合物作为保护剂和稳定剂，通过化学还原法制备了稳定的、高荧光量子产率（QY）的水溶性金纳米簇（Au NCs），从此开启了Au NCs在荧光成像、光化学、环境保护和生化分析等领域的广泛应用，随后也成为近年来国内外的科研工作者们所争相研究的热点。

近年来，随着荧光技术在分析化学研究中的进一步发展，材料世界又给广大科研工作者们带来了新的荧光纳米材料——Au NCs。金纳米簇作为金纳米材料家族中的一颗新星，与球形、棒状、线状等金纳米材料相比，因其具有更小的粒径尺寸，小至与费米波长相当，导致能级分离并可在一定波长光激发下产生荧光，且具有较强的抗光漂白、发射光波长随团簇尺寸可调等优点。因此，金纳米簇的合成、性质和应用研究也已引起研究者们的广泛关注。Au NCs以其迷人的发光特性和表面易修饰等特点引起了国内外研究者们浓厚的兴趣。Au NCs费米级的“小尺寸效应”使其具有单个分子或原子单元的分离能级结构，即通过HU-MO-LUMO轨道发生电子跃迁从而使其发射出强烈的荧光（见图2-16）。同时，通过Jel-

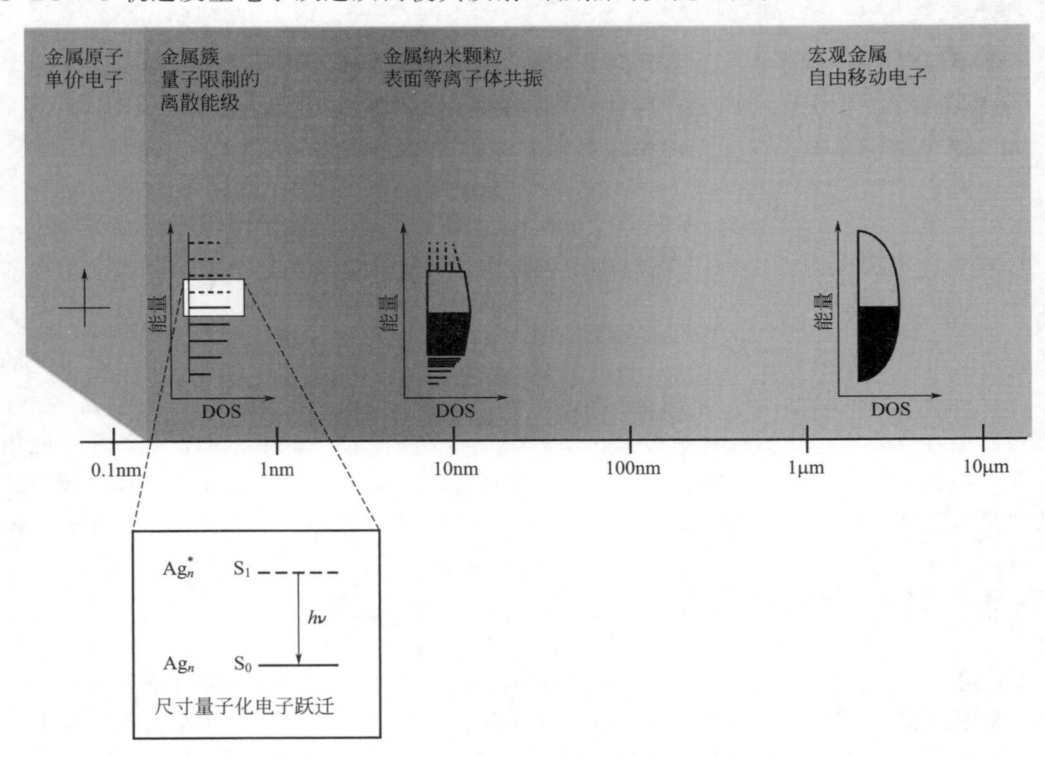

图2-16　粒径尺寸对贵金属纳米材料性能的影响

宏观金属晶体和金属纳米粒子具有连续的能级；NMNCs具有不连续的分离能级，从而使其作为连接金属原子和纳米颗粒的桥梁[48]

lium模型推测，Au NCs的尺寸与其发射波长的相关性符合一个简单的$E_{Fermi}/N^{1/3}$关系[49]。简单来说，这种尺寸的Jellium模型是一个简单的量子力学系统，在这个尺寸模型中，Au NCs被看做是一个简单的均匀正电荷球体，其周围的自由电子能在这一绕核领域自由移动。Au NCs作为单个金属原子与纳米晶体（>2.0nm）之间的“缺失能带”，是由几个到大约一百个金原子组成的[50]，其粒径尺寸几乎接近金电子的费米波长，从而使其连续的能级结构转变成了与分子性能相似的不连续的电子能级结构，从而使Au NCs具有了独特的电子能级结构、优越的光稳定性、高荧光效率、费米波长尺寸、良好的生物相容性、大的Stokes位移以及溶剂显色效应等一系列独特的物理化学特性，使其具有与有机荧光分子一样的荧光发射性质[51]，如图2-17所示（见彩插图2-17）。这些卓越的性能使得Au NCs作为传感和成像的荧光探针在很大程度上提高了现有荧光分析检测方法的选择性和灵敏度，也改善了现有生物标记荧光探针的成像性能。

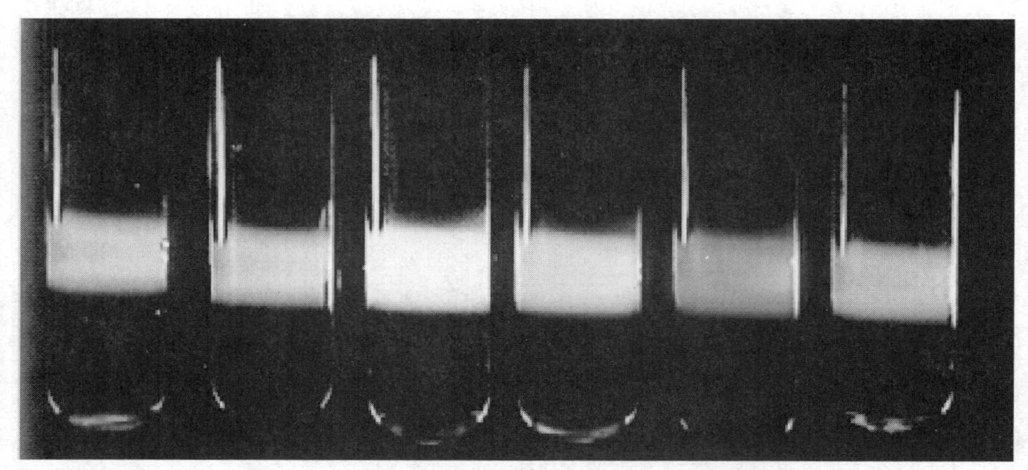

图2-17　不同组分、不同尺寸球形NMNCs的荧光图谱

从左至右分别是40nm银胶；40nm、78nm、118nm、140nm金胶以及荧光素[52]

因此，Au NCs作为纳米材料领域中的新成员，由于具有与其他纳米材料相比更加独特的物化性质，如高荧光QY、无毒性、水溶性好以及光学性质稳定等，可以使其在能量受体搭建、荧光分析检测、生物标记、拉曼分析、荧光成像和光热治疗等很多领域都有广泛的应用[48]。在现代分析领域对材料的高要求背景下发展新的、简单的方法和技术制备Au NCs，研究它们不同微纳米尺寸结构对其物化、光学性质的影响，然后探索它们在新领域中应用的可行性，将具有明显潜在的实际应用价值，从而使得Au NCs在生物、环境以及医药等各个领域中都可能具有广泛的应用前景。

2.2.8　金纳米簇的制备方法

Au NCs一般是由极少数量的金原子按照某种堆积方式而合成的费米级金纳米团簇。从传统意义上来讲，制备Au NCs的方法有物理法和化学法。其中，物理法是将大块的金颗粒用物理的方法将其分散成纳米级金属小颗粒，可以分为光诱导还原法、惰性气体蒸发冷凝法、辐射诱导合成法三种方法。但是由于使用物理方法合成的Au NCs存在纳米团簇粒径分布范围较广、光稳定性差、制备能量消耗高、荧光QY较低等缺点，使其受到很大的限制。

而对于使用化学法合成 Au NCs 的众多化学合成方法中，由于模板合成方法可以非常好地控制 Au NCs 的形貌和尺寸而深受研究者的欢迎。选用树枝状的大分子、巯基化合物、聚合物、蛋白质和多肽等作为模板分子，用于还原或稳定金属离子可以防止 Au NCs 产生不可逆的团聚现象[53]。

此外，要制备荧光性质优异的 Au NCs，还必须要考虑一个至关重要的因素：模板分子和还原剂的选择。图 2-18 是基于不同保护基团合成 Au NCs 的发展趋势图。到目前为止，大多数科研工作者都致力于研究和筛选模板分子和探索 Au NCs 新的物理化学性质。

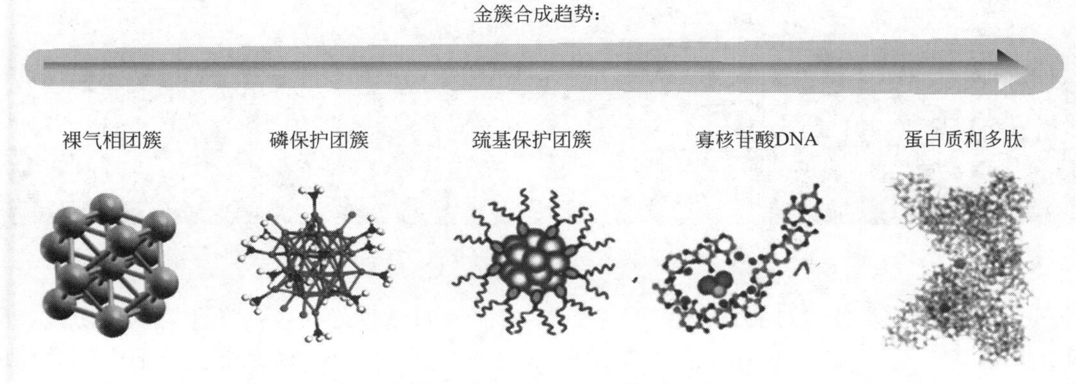

图 2-18　基于不同保护基团合成 Au NCs 的发展趋势图[54~59]

2.2.8.1　蛋白质和多肽为模板

大多数蛋白质和多肽都含有能与金属离子螯合和还原的活性位点，如—NH_2、—COOH 和—SH 等，Au NCs 将可能在这些活性位点中形成及稳定存在。多肽/蛋白质-Au NCs 的光学性质研究在纳米领域是一个快速发展的新领域，这主要是基于蛋白质或多肽本身具有优良的生物兼容性、大量的活性位点以及生物模拟酶性质，加之以仿生纳米材料的合成与自然界中生物矿化概念的推广。早在 2009 年，Ying 课题组利用牛血清白蛋白（BSA）为模板分子成功地合成了在近红外区发射强烈红色荧光的 Au NCs[60]。其中，BSA 在碱性条件下既可以作为稳定剂又可以作为还原剂，且通过质谱法确定 Au NCs 是由 25 个 Au 原子组成（见图 2-19）。该项研究工作不仅为制备 Au NCs 提供了一种绿色、简便的、新的合成思路，而且还为使用其他蛋白质作为生物模板分子合成其他贵金属纳米簇提供了新的思路和借鉴。在此合成 Au NCs 的基础上，研究人员开始不断尝试使用各种类似 BSA 分子的生物大分子作为模板分子来合成 Au NCs，如 Marc Schneider 课题组[61] 和 Thalappil Pradeep 课题组[62] 分别用人转铁蛋白和类似转铁蛋白性质的乳铁蛋白作为模板分子，在相似的合成条件下成功制备了 Au NCs。Zhang 等[63] 使用辣根过氧化物酶（HRP）作为模板分子，在与人体生理环境相似的反应条件下，利用 HRP 自身的还原性，将溶液中 Au^{3+} 最终还原为 Au^0 成功制备了荧光 Au NCs。除此之外，利用许多其它蛋白质，如人血清白蛋白（Human Serum Albumin，HSA）[64]、卵白蛋白（Ovalbumin）[65]、核糖核酸酶-A（Ribonuclease-A）[66]、溶菌酶（Lysozyme）[67]、胰蛋白酶（Trypsin）[68] 以及胃蛋白酶（Pepsin）[69] 等也被报道用来作为制备荧光 Au NCs 的模板分子。这些制备合成方法提供了物理化学性质优越的 Au NCs，并为其在各个分析领域中的进一步研究奠定了坚实的理论基础。

基于活性位点的相似性，研究者发现多肽大分子与蛋白质性质相似，它们同样可以作为

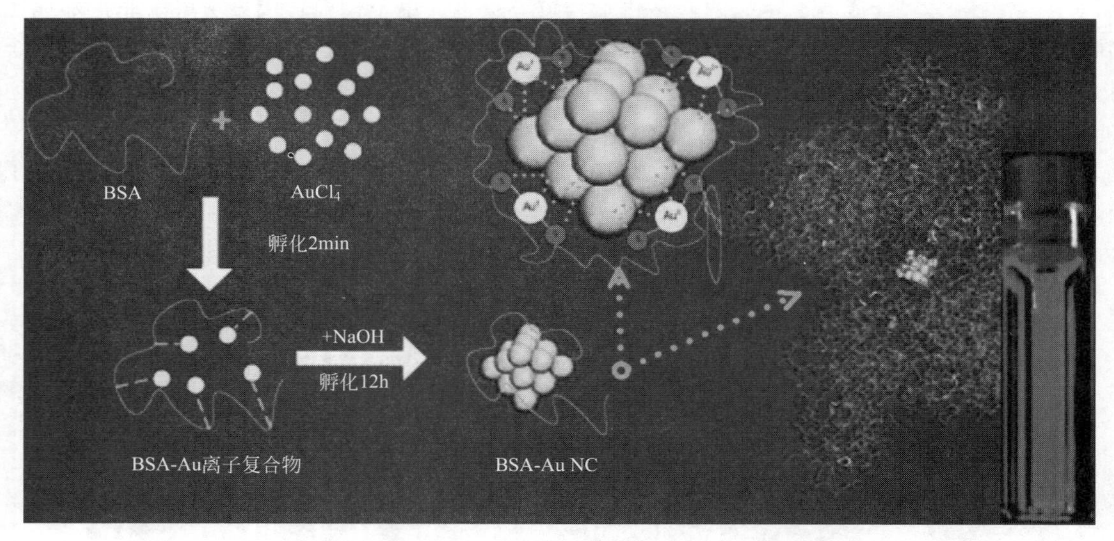

图 2-19　基于 BSA 为模板分子合成 Au NCs 的原理示意图[60]

模板分子合成许多荧光性能良好的 Au NCs。2012 年，Gao 课题组[70] 设计了以双功能基团修饰的缩氨酸 H_2N—CCYRGRKKRRQRRR—COOH（CCYTAT）为模板分子成功的合成了 Au NCs，如图 2-20 所示（见彩插图 2-20），该多肽链中含巯基的半胱氨酸残基能与 Au^{3+} 作用形成一种中间过渡产物，在 NaOH 作用下，酪氨酸中的酚基团将会转变成具有还原性能的酚盐离子，它能将 Au^{3+} 还原成 Au^0，然后在巯基的作用下使 Au^0 团聚而生成发射强红色荧光的 Au NCs。最近，Zhang 及其小组成员[71] 发表了以酪氨酸（Dityrosine）为蚀刻剂，成功蚀刻了 BSA 包覆的 Au NCs，最后成功制备合成了荧光 Au NCs。其次，Yang

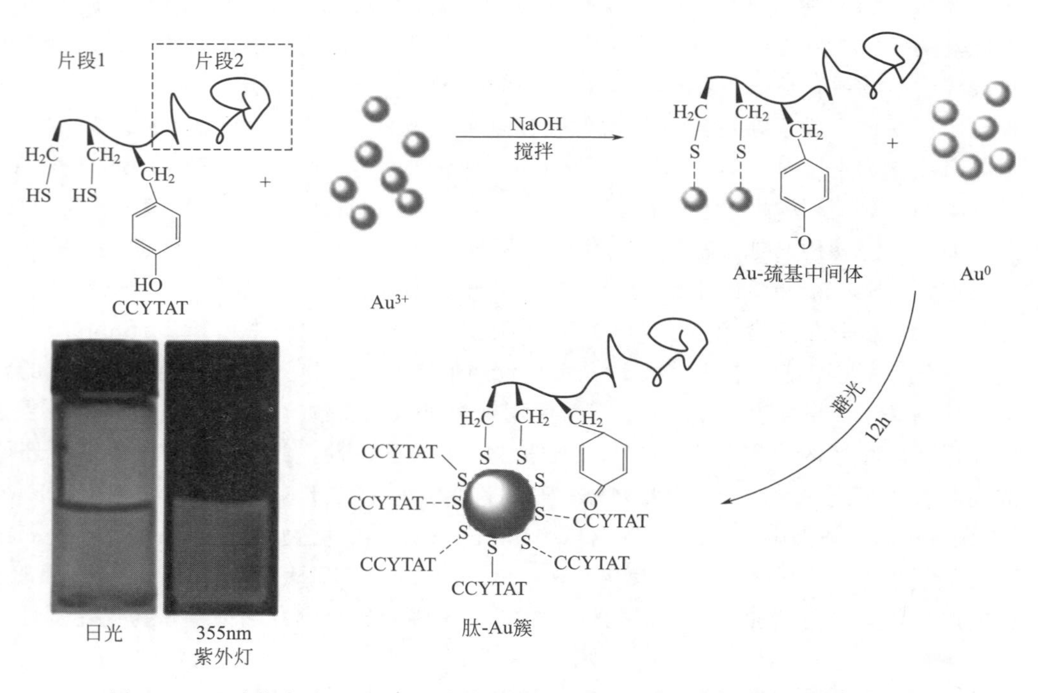

图 2-20　双功能多肽 CCYTAT 为模板分子制备合成 Au NCs 的原理示意图[70]

及其小组成员[72] 发明了以赖氨酸（Lysine）为模板分子，并以水合肼 $N_2H_4 \cdot H_2O$ 为还原剂还原 $HAuCl_4$ 最后成功制备合成了荧光 Au NCs。研究表明该 Au NCs 能够发射强烈的蓝色荧光，并且利用该 Au NCs 成功构建了检测 Cu^{2+} 荧光传感器。

综上所述，利用蛋白质或多肽作为稳定剂合成 Au NCs 的探索研究仍然处于上升阶段，同时它们的诸多应用价值也值得被进一步探索研究，如高灵敏度和高选择性的荧光分析检测和生物标记等，这些研究都有可能成为今后几十年的研究热点。总之，这些以多肽和蛋白质作为模板分子稳定合成的 Au NCs 具有非常好的光学性质以及生化性质，现已经被广泛应用于生化分析和检测中。

2.2.8.2 寡核苷酸 DNA 为模板

众所周知，脱氧核糖核酸（Deoxyribonucleic Acid，DNA）中的特定碱基杂环与贵金属离子之间具有较强的金属-碱基键合作用，从而使得具有特定序列的 DNA 对某些贵金属离子有较高的亲和力。因此，特定序列的 DNA 也经常被用作合成 Au NCs 的模板分子。早在 2009 年，Chen 课题组[73] 就提出了在水溶液中用超声降解的方法在生物分子（例如氨基酸、蛋白质、DNA）的辅助下通过刻蚀金纳米晶体（球形或棒状）最终获得原子级别单分散的 Au NCs，通过这种技术最终制得了由 8 个金原子组成的 Au NCs。Liu 等[74] 利用柠檬酸盐为还原剂，以发卡结构 DNA、单链 DNA 和双链 DNA 多种寡核苷酸作为模板分子制备合成了 Au NCs，同时该研究表明 Au NCs 的光学性质强烈地依赖于环状序列 DNA 的碱基种类，且当 DNA 序列为 C 碱基时合成 Au NCs 的荧光 QY 最高，但是，应用无错配双链 DNA 合成的 Au NCs 荧光效率比发卡结构 DNA 和单链 DNA 都要低得多（见图 2-21，彩插图 2-21）。在近来的研究中，Shao 等[75] 使用发卡结构 DNA（hp-DNA）、单链 DNA（ss-DNA）和双链 DNA（ds-DNA）等多种类型的寡核苷酸作为模板分子合成了荧光 Au NCs，实验结果表明 Au NCs 对 hp-DNA 的环状碱基序列有很强的依赖性，当环状 DNA 碱基序列为 C 碱基时制备 Au NCs 的合成荧光 QY 最高，并且 Au NCs 的荧光性质也受到环状碱基序列中 C 碱基数目的影响。另外，与应用 DNA 为模板分子合成 Ag NCs 相似，无错配的 ds-DNA 作为模板分子合成 Au NCs 的荧光 QY 比 hp-DNA 和 ss-DNA 为模板分子的低。

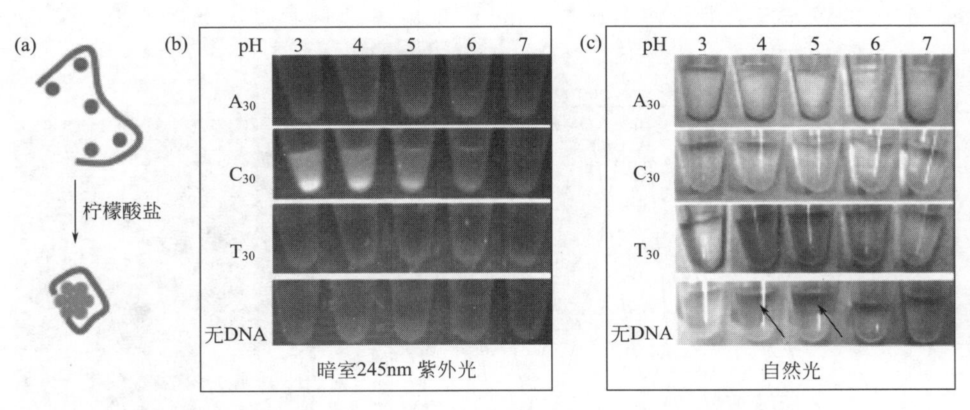

图 2-21 不同结构的 DNA 为模板合成的 Au NCs

综上所述，寡核苷酸 DNA 作为模板分子合成 Au NCs 有以下几个优点：①DNA 具有无毒性；②DNA 作为模板分子具有良好的生物兼容性；③DNA 具有能够识别特异性分子（如分子适配体等）的能力；④用 DNA 作为模板分子制备 Au NCs 方法简单且可以通过修改碱基序列来合成不同的 Au NCs，因此，用 DNA 作为模板分子合成 Au NCs 有利于纳米技术和纳米科学的基础研究和实际应用。

2.2.8.3 聚合物为模板

除了蛋白质和多肽等生物大分子之外，拥有大量—COOH 或—NH_2 基团的大分子聚合物也能用作模板分子来合成高荧光 QY、水溶性良好的 Au NCs。同时，聚电解质也是一类合成或者天然的具有亲水性较好的高分子电解质，其内部含有较为丰富的—NH_2 基团，其三维网状结构对 Au NCs 能够起到很好的保护作用，故树枝状的离子聚合物也可以作为合成 Au NCs 的模板分子。最近几年，利用聚合物作为模板分子来制备 Au NCs 的研究也取得了较大的进展。早在 2003 年，Dickson 课题组[69] 首次提出了以—OH 或—NH_2 封端的 PAMAM 树枝状的大分子聚合物为模板分子，通过光致还原手段合成了水溶性良好的 Au NCs。其中，PAMAM 聚合物是一种分子内部疏松而外围较为紧密的球形结构，从而使 PAMAM 分子内部具有广阔的笼状空腔，同时聚合物外表面具有很高的活性官能团密度，最终致使 PAMAM 聚合物具有较好的包容能力。贵金属离子通过静电吸附或与聚合物上的活性官能团进行螯合作用，使贵金属离子聚集在树枝状聚合物的内部空腔内。由于聚合物对聚集贵金属离子存在"笼状"效应，使其在金属离子的还原过程中对生成的纳米簇粒径进行了有效的控制，最终形成稳定的 Au NCs。在随后的研究中，Dickson 课题组[47] 又以 G2—OH 和 G4—OH 封端的 PAMAM 为模板分子，在室温条件下通过强还原剂 $NaBH_4$ 还原 Au^{3+} 合成了荧光 QY 高达 41%±5%的水溶性 Au NCs，如图 2-22 所示。

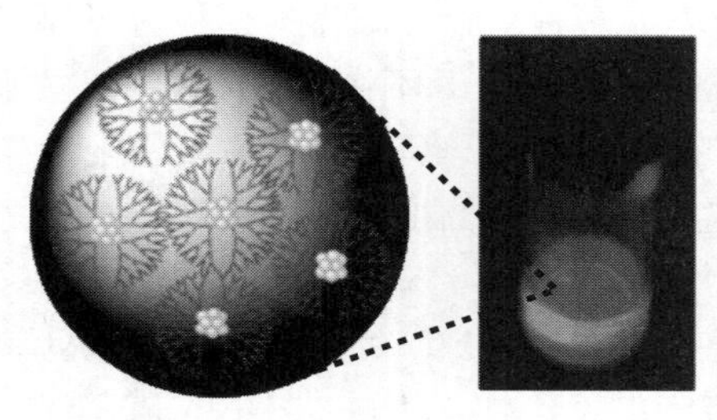

图 2-22 以 PAMAM 为模板分子合成的发射蓝色荧光的 Au NCs[47]

然而，由 PAMAM 作为模板分子合成 Au NCs 的机理引起了不少争议，因为 PAMAM 高分子聚合物在水溶液中会在 450nm 处发射强烈的蓝色荧光。但是，后期的研究工作表明通过调节 PAMAM 模板分子与 Au 原子之间的摩尔比（1∶1）～（15∶1）[76]，最终可以得到具有不同 Au 原子个数的 Au NCs，它们的荧光发射波长将会在 380nm 到 868nm 之间移动（如图 2-23，彩插图 2-23

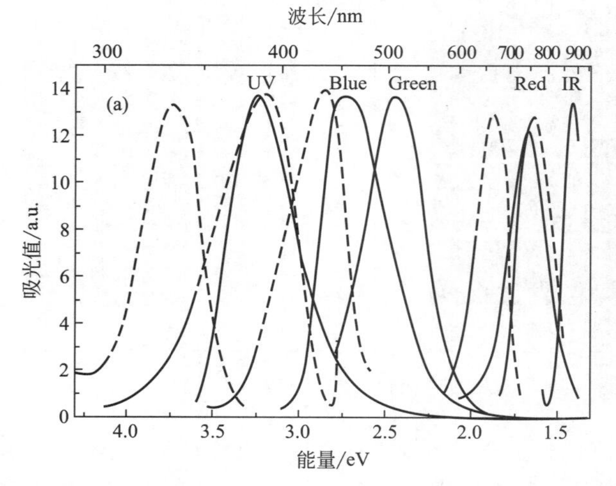

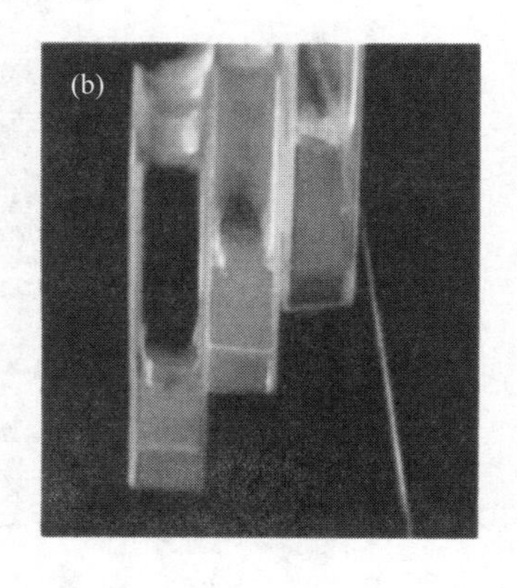

图 2-23 不同粒径尺寸 Au NCs 的激发波长［(a) 图中虚线］和发射波长［(b) 图中实线］荧光图谱；Au_5 NCs、Au_8 NCs、Au_{13} NCs 的荧光照片图［(b) 图，365nm 激发］[76]

所示)，而且所发射的荧光波长是随着 Au NCs 粒径的增加而逐渐发生红移，这一现象是 PAMAM 聚合物分子本身所不具备的光学性质，这也证实采用 PAMAM 聚合物为模板分子可以成功地制备一系列不同 Au 原子个数的 Au NCs。

为了研发更为绿色和有效的制备 Au NCs 的方法，避免具有毒性的还原剂 $NaBH_4$ 的加入和在还原过程中大颗粒 Au NPs 的生成。Dyer 课题组[77] 采用 G4—OH 封端的 PAMAM 为模板分子，用弱的还原剂抗坏血酸制得不同粒径的 Au NCs，且在不同激发波长下，可以很容易地观察到同一溶液具有不同颜色的荧光发射照片图（见图 2-24，彩插图 2-24）。这一研究发现推进了 Au NCs 用于多色荧光细胞成像的研究。

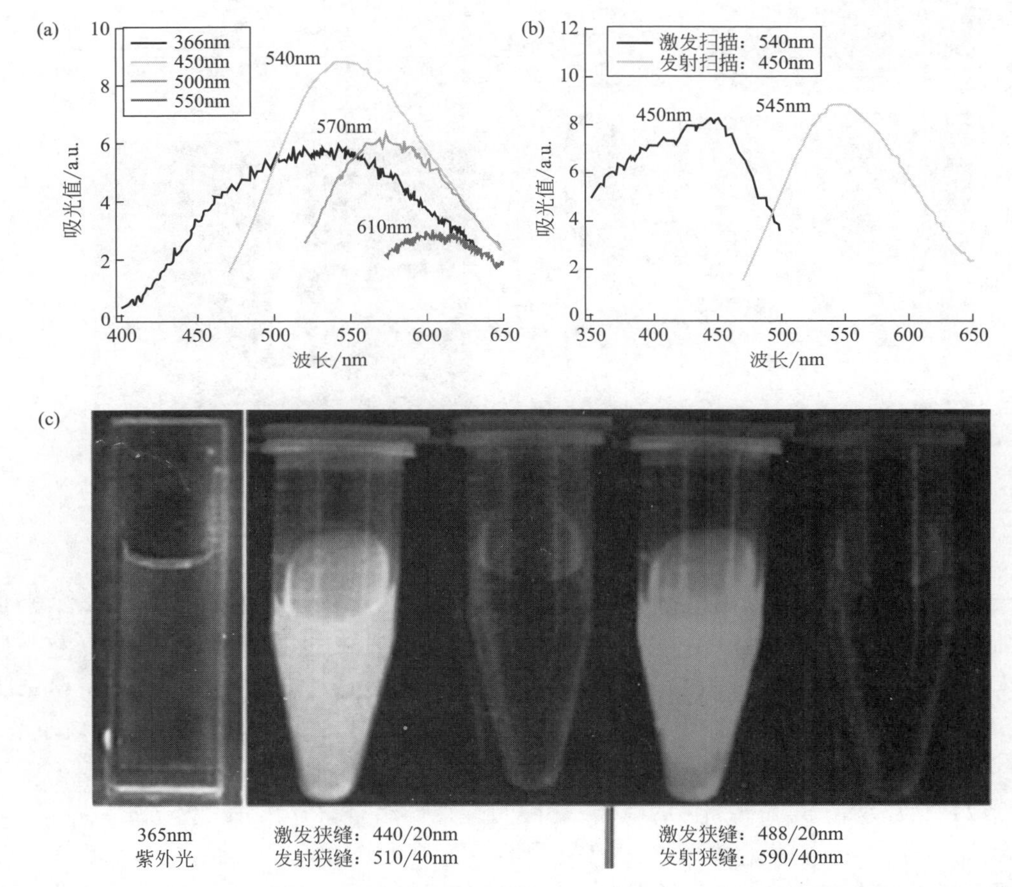

图 2-24　以 PAMAM 为模板以抗坏血酸为还原剂还原 Au^{3+} 合成不同粒径的多颜色的 Au NCs[77]

除了应用树枝状的 PAMAM 聚合物为模板分子以外，应用聚乙烯亚胺（Polyethylenimine，PEI）为模板分子来制备 Au NCs 也有报道。2007 年，Nie 等[78] 利用超支化构象的 PEI 刻蚀十二烷胺（Dodecylamine）修饰的 Au NPs，最终合成了发射蓝绿色荧光且含有 8 个 Au 原子的 Au NCs（见图 2-25），量子产率高达 10%～20%。

2.2.8.4　巯基化合物为模板

早在 20 世纪 80 年代，人们就发现了自组装的单层巯基配体能够通过 Au-S 共价键作用被吸附在 Au NPs 的表面上。基于上面研究工作的发现，科研工作者开始使用含有巯基官能团的硫醇小分子化合物作为合成 Au NCs 的稳定剂和保护剂。尽管早期的研究工作没有得到

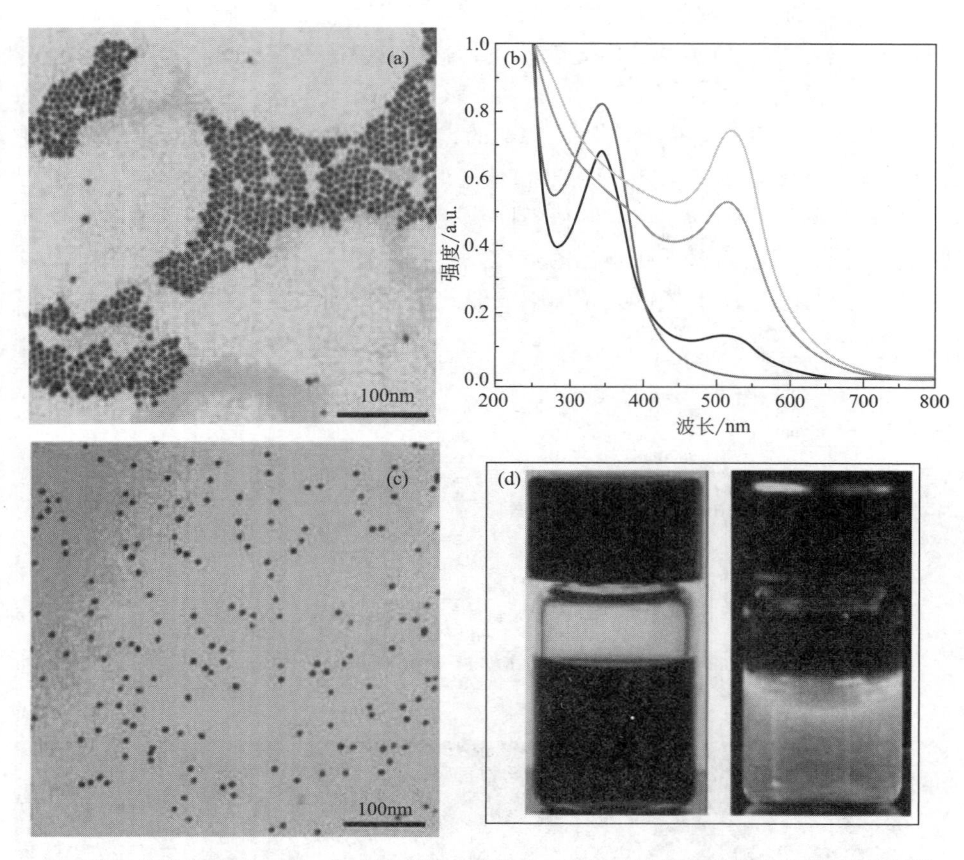

图 2-25 PEI 刻蚀 Au NPs 合成的高蓝色荧光 Au NCs 的透射电镜图以及紫外图谱[78]

纳米簇的精确原子数，且制备得到的 Au NCs 经常会出现团聚现象[79]。但是随着纳米粒子尺寸的逐渐减小，金纳米粒子的表面等离子共振效应（SPR）也随之逐渐消失，且超小尺寸的纳米粒子出现了量子尺寸效应，表明了此时的纳米粒子处于分子状态。Whetten 课题组[80] 使用长碳链巯基化合物（n-$C_nH_{2n+1}SH$，$n=4$，6，12，18）制备了粒径较小的 Au NCs，尽管得到的 Au NCs 不是原子级别的单分散 Au NCs，但是这项研究却证明了原子级别单分散贵金属纳米簇是量子化的。2009 年，Jin 课题组首次提出了“Sizing Focus”的方法来合成一系列不同原子数的 Au NCs，如：Au_{25}[81]、Au_{38}[82]、Au_{144}[83]、Au_{333}[84]等。研究者发现在制备 Au NCs 的过程中，会同时出现几种不同粒径纳米簇的状况，科研工作者经常会使用溶剂分离技术或者使用空间排阻色谱（SEC）来分离不同粒径的纳米簇，如图 2-26 所示。

目前，除了应用“尺寸调控”的方法来制备 Au NCs，应用巯基化合物合成 Au NCs 最为普遍的是水热法来合成巯基保护的 Au NCs。2009 年，Guo 等[85] 利用一锅法水热合成了谷胱甘肽（GSH）保护的 Au NCs，2011 年，Xie 课题组[86] 通过相转移水热法和刻蚀法相结合分别制备了 GSH 保护的 Pt、Au、Ag 和 Cu 四种金属纳米簇。

综上所述，要合成具有高荧光 QY、高稳定性、较大的 Stokes 位移和生物兼容性较好的贵金属纳米簇，对模板分子的选择非常重要。模板分子的选择将直接影响合成的贵金属纳米簇的光学性质及其颗粒的粒径分布、存放条件以及稳定性。模板分子与贵金属离子相互作用

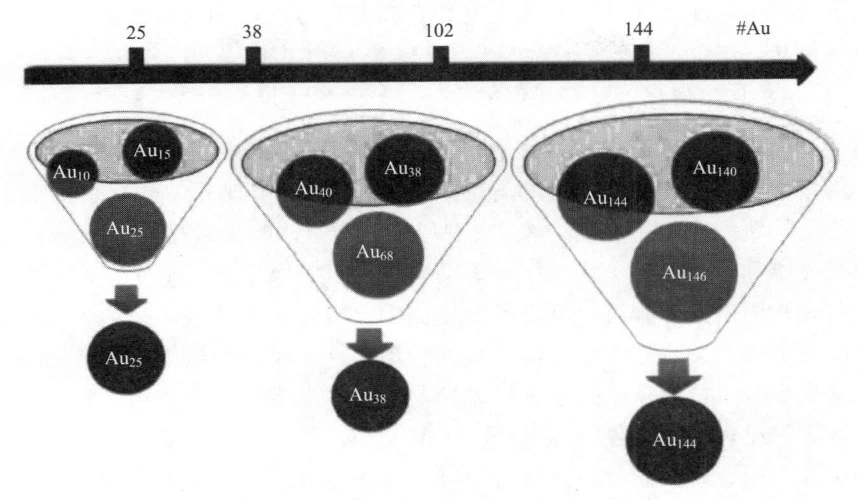

图 2-26 “尺寸调控”过程中相对稳定 Au NCs 的形成过程

Au_{25}、Au_{38}、Au_{144} 是最稳定的纳米簇[81~84]

的大小，在决定贵金属纳米簇的物理化学性质上起着关键性的作用。此外，模板分子的选择也直接影响纳米团簇的几何外形，且选择适宜模板分子活性的条件可以避免贵金属纳米簇因聚集导致形成较大颗粒的金属纳米粒子。

2.3 金纳米材料的应用

定量化学分析是分析化学研究中必不可少的研究领域，在众多的分析方法中，材料标记分析法是生化检测中经常使用的重要检测手段，特别是具有良好生物兼容性的纳米材料标记物对于研究活性生物体内的目标产物的含量和相互作用更为重要。因此，金纳米粒子作为一种新型的、光学性能好、生物兼容性好和亚纳米尺寸的标记纳米材料展现出区别于独立的金属原子和微纳米晶体的优良性能，弥补了金属原子和微纳米晶体性质的空缺。金纳米粒子已经广泛应用于传感和成像、生物标记、单分子光谱、催化、数据存储和化学传感等很多领域。

2.3.1 在光分析化学中的应用

在本节中，我们主要探讨金纳米粒子的荧光和 SPR 光吸收性质及其在环境生物化学分析领域中的应用。金纳米粒子优越的荧光特性和独特的 SPR 光吸收性质已促使金纳米粒子成为光学分析技术中最常用的光学探针。目前，对金纳米粒子光学信号的测定主要分为两种情况：一是利用荧光分光光度计测定纳米金粒子胶体溶液的荧光信号；二是利用紫外可见分光光度计对金纳米颗粒的 SPR 信号进行测定。那么，基于这两种光学信号测定的方法，目前金纳米粒子在光学分析的应用主要存在两个方面：一是通过测定待测物引起的纳米胶体溶液荧光或 SPR 光信号强度的变化实现定量分析检测，我们称之为多纳米颗粒光学定量分析；

二是通过表征金纳米粒子荧光或颜色强度变化达到定性分析检测的目的，我们称之为多纳米颗粒光学定性分析。

2.3.1.1　荧光分析

概括而言，影响金纳米簇构建的光学传感器灵敏度的主要原因包括以下三个方面：①首先，强光学稳定性、高荧光量子产率的金纳米粒子是用以实现光学传感器的高灵敏度的关键，被检测物的检测限决定了分析方法的信噪比（S/N），其灵敏度在很大程度上依赖于光学探针的荧光光谱和量子产率。高量子产率的荧光探针相对于较低量子产率的荧光探针可以在低浓度下实现相同的发光强度，从而导致更高的灵敏度；②其次，金纳米簇的超小尺寸效应对于实现高灵敏度检测也是有着举足轻重的作用，这主要因为纳米簇与待测物有相似的体积大小，尤其是小分子或离子，便于金纳米簇与其更好地发生相互作用，相比于大的金纳米粒子，金纳米簇的小尺寸效应使其与分析物之间的结合更为敏感。此外，小尺寸效应也使得纳米簇荧光探针在传感时具有超快的反应速度，这正是许多基于尺寸较大的纳米晶体构建的传感方法难以达到的；③信号产生机制也可以直接影响金纳米簇光学传感器的灵敏度，光学信号产生的效率很大程度上取决于反应过程中活性识别部分和被分析物之间的反应亲和力，所以，增加二者之间的反应亲和力往往可以提高光信号的产生效率，从而实现更高的灵敏度，因此设计基于金纳米簇构建的高灵敏、高选择性的光学传感器依赖于有效的方法来合成优异的金纳米簇探针，理想的光学探针应该具有较强的发光性能，超小的尺寸和可修饰的配体模板。

如图 2-27 所示，目前基于贵金属纳米簇构建的光学传感器的响应机制大致可以分为两大类：基于金属内核作为识别部分的响应模式（见图 2-27 八卦图中的白色区域）和基于配体识别的响应模式（见图 2-27 八卦图中的灰色部分）。以下我们将从这两个方面来简单阐述这两种检测机制。

第一种响应机制是基于金纳米簇的金属内核作为输出信号，分析检测方法主要包括蚀金属性导致的金纳米簇荧光淬灭响应，如环境中重金属离子的分析检测，众所周知，在自然界中，汞离子（Hg^{2+}）是一种高毒性且污染区域范围较广的重金属离子，即使在 Hg^{2+} 浓度很低的情况下它也会对人的大脑、神经系统和肾脏造成不可修复的损伤，近些年的研究报道显示，Hg^{2+} 能对许多种类型的金纳米簇有荧光淬灭响应，很多研究利用这种荧光淬灭效应对 Hg^{2+} 实现了高灵敏度高选择性的荧光分析检测。Xie 课题组[88] 报道合成了基于生物大分子牛血清白蛋白（BSA）为软模板的金纳米簇作为荧光探针对 Hg^{2+} 进行分析检测，实验主要基于特定类似轨道的重金属离子之间具有非常高的亲和力和选择性［例如：Hg^{2+}（$4f^{14}5d^{10}$）、Pb^{2+}（$4f^{14}6d^{10}$）和 Au^{+}（$4f^{14}5d^{10}$）］机理对其 Hg^{2+} 进行荧光分析，实验数据显示，金纳米簇作为荧光探针能对 Hg^{2+} 具有高灵敏度、高选择性的光学响应，分析检测 Hg^{2+} 的最低检测限远远低于美国环境保护局允许的饮用水中最高含量标准（10nmol/L）。由于金纳米簇具有无污染、生物相容性、容易制备等优点，使其在荧光分析重金属检测方面具有很好的应用前景。

为了提高金纳米簇的荧光多功能性以及量子产率，Wang 等[89] 基于 BSA 作为生物模板在氯金酸和氯化镍存在的碱性条件下通过一步简单的水热法成功制备一种新型的双金属镍-金合金纳米簇（Au-Ni NCs）荧光探针。然后，基于 Hg^{2+} 和 Au-Ni NCs 表面上大量的 Au^{+}/Au 原子或离子之间强的蚀金键特异性结合能力，应用这种荧光 Au-Ni NCs 作为新

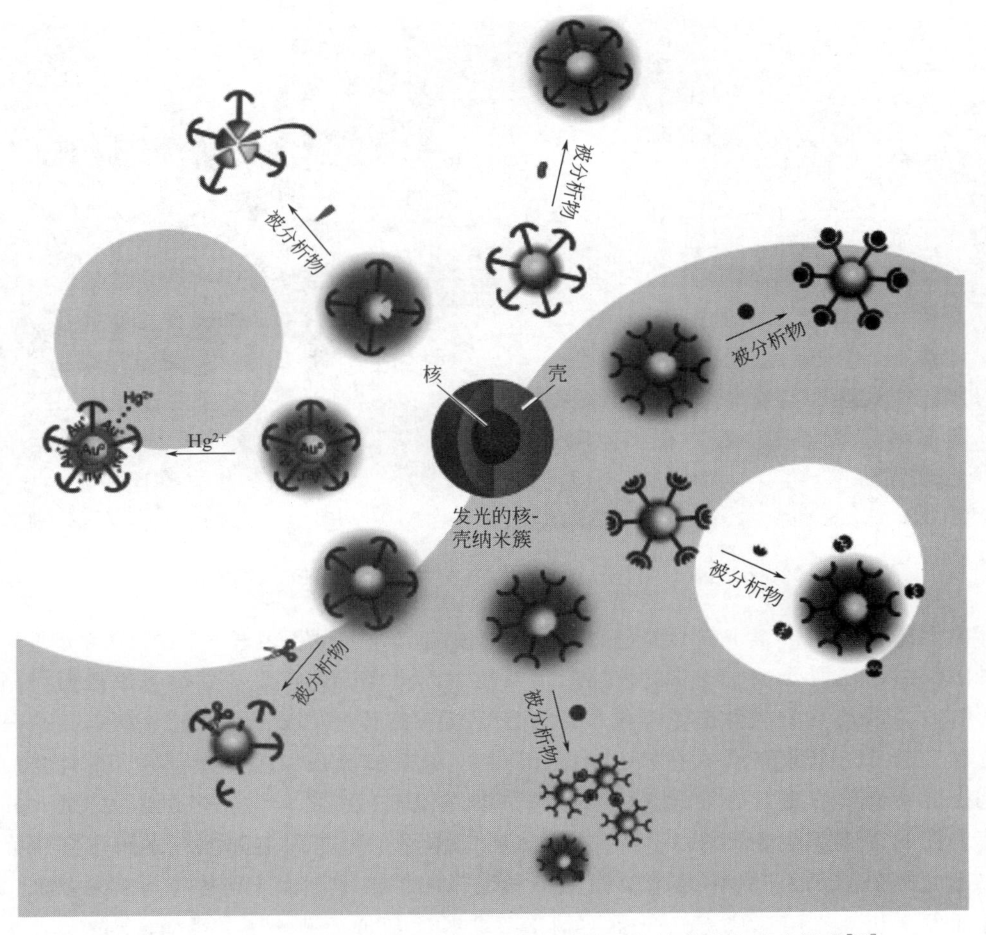

图 2-27 目前已有的基于贵金属纳米簇构建的光学传感器的响应模式[87]

型荧光探针成功构建了高选择和高灵敏直接检测水体中低浓度 Hg^{2+} 的离子传感器（见图 2-28）。在优化条件下，应用 Au-Ni NCs 作为荧光探针对 Hg^{2+} 进行检测，获得了较宽的线性范围（5.0nmol/L～20.0μmol/L）和较低的检测限（约 1.8nmol/L）。

除了 Hg^{2+} 以外，Cu^{2+} 也是一种对环境有重大污染的金属离子之一，同时又是生物体系中不可缺少的微量元素。近年来很多研究也报道了利用荧光金纳米簇对汞进行荧光分析检测。例如：Chen 等[90] 成功合成了谷胱甘肽包裹的 Au NCs，他们利用 Cu^{2+} 可以引起 Au NCs 团聚而引起其荧光淬灭的原理，对 Cu^{2+} 进行了定量荧光分析检测，实验结果显示出基于谷胱甘肽包裹的 Au NCs 对 Cu^{2+} 具有很好的选择性和较低检测限，Cu^{2+} 的检测限能达到 3.6nmol/L。

金纳米团簇表面稳定剂中原子作用导致的荧光增强：可用来进行环境中重金属离子的分析检测。在自然界中，环境中的重金属离子污染物由于其高毒性越来越受到人们的重视。其中镉离子（Cd^{2+}）由于其可以在生物体内积累富集因而具有致命的毒性作用。如果人们长期食用含有高浓度 Cd^{2+} 的生物体或处于含有 Cd^{2+} 及其化合物的环境中，将可能导致人类的一些重要疾病，包括某些生殖系统、神经系统、心血管慢性疾病和一些发育障碍，还可能会引起一些严重的儿童成长问题[91,92]。传统的检测技术，如原子吸收光谱法（AAS）、电感

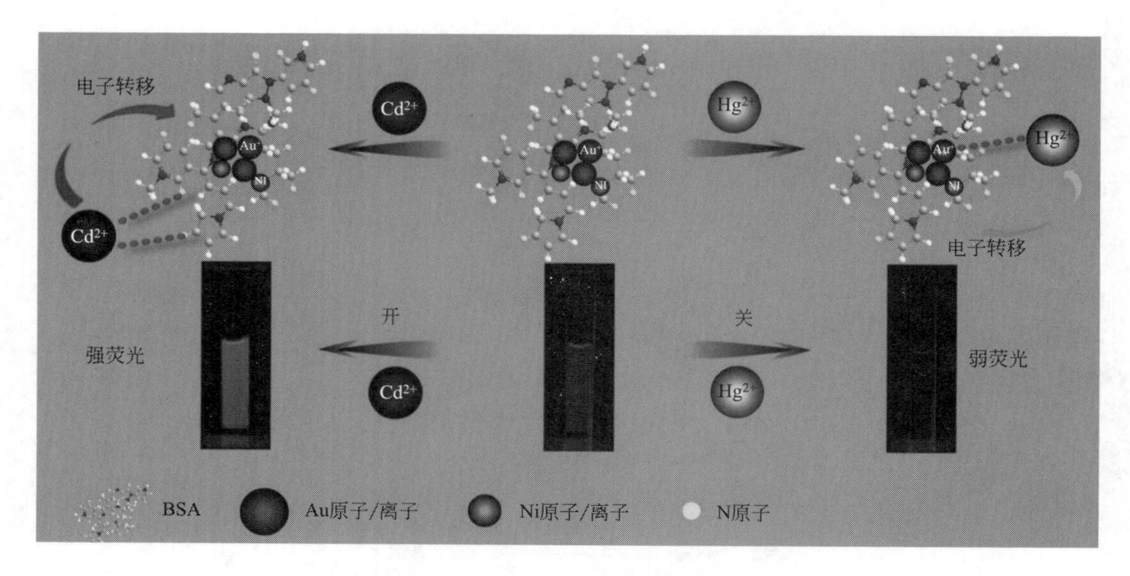

图 2-28 荧光双金属合金 Au-Ni NCs 检测 Cd^{2+} 和 Hg^{2+} 原理示意图

耦合等离子体-质谱法（ICP-MS）等大多需要繁琐的前处理过程及长时间的样品分析，笨重且昂贵的仪器，还需要长期的专业仪器维护及技术人员。因此，为了满足人们快速、高选择性、实时检测以及满足材料与环境高兼容性等这些高要求，发展一种新颖、简单、高灵敏以及高选择性的方法来监测环境中 Cd^{2+} 含量显得尤为重要。

基于金纳米簇检测 Cd^{2+} 的研究相对 Hg^{2+} 来说是比较少的，这主要是因为 Cd^{2+} 并不能和金簇表面的金原子或金离子发生特异的金属键作用。但是研究过程中发现 Cd^{2+} 可以与 BSA 表面上的 N/O 原子之间发生较强的特异性作用[93]，即 Cd^{2+} 可以与 BSA 表面的 N/O 原子之间发生相互作用形成 Cd^{2+}-BSA 纳米复合物，研究发现此复合物的荧光发射波长与 Au NCs 的激发波长部分重叠，在这种情况下就可以通过电子和能量转移使其 Au NCs 的荧光发生强烈的增加。基于此，Ding 课题组以 BSA 作为生物模板成功制备了 Au-Ni NCs 荧光探针，并用于 Cd^{2+} 的高选择性、高灵敏分析检测（见图 2-29）。在最佳的优化条件下，应用 Au-Ni NCs 作为荧光探针对 Cd^{2+} 进行定量分析检测，获得了较宽的线性范围（5.0nmol/L～100.0μmol/L）和较低的检测限（约 1.8nmol/L）。

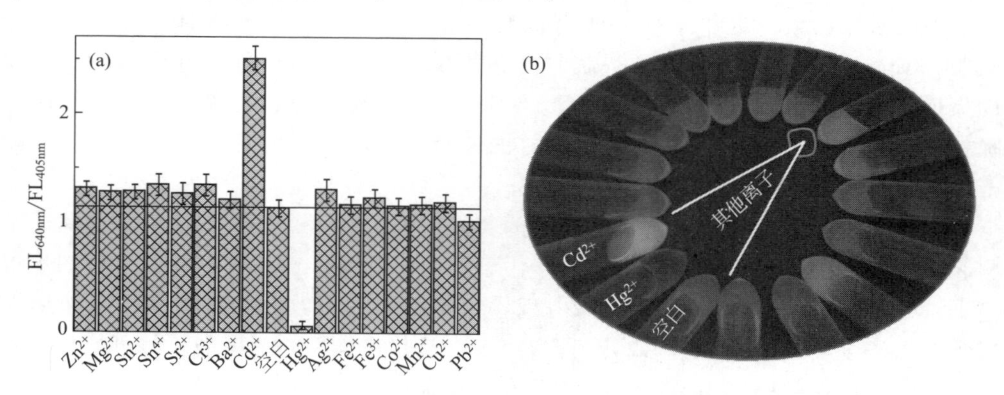

图 2-29 基于 Au-Ni NCs 荧光探针对 Cd^{2+} 和 Hg^{2+} 分析检测的选择性考察

基于金纳米簇表面沉积化合物或金属内核被消融而导致的荧光淬灭，即无机阴离子检测。工业污水排放中含有大量的硫离子（S^{2-}），它不仅对人体有害，同时还可以与空气中的某些酸性成分发生化学反应生成硫化氢（H_2S）气体和形成酸雨的主要气体二氧化硫（SO_2），极大地影响生态环境，因此在污水排放前对其中 S^{2-} 含量进行分析测定，使其含量符合国家排放标准。同时，在自然界中，如果长期处于含有 S^{2-} 及其化合物的环境中，也将会产生一系列生理学和生物化学的问题，包括金属表面腐蚀，S^{2-} 氧化生成硫酸盐的过程中产生有毒化合物侵入生物有机体致突变、畸形等[94]。除此之外，最新研究表明 S^{2-} 在心脑血管系统、神经系统以及各种生物逻辑功能等系统中作为一种新的中间媒介产物[95]。因此，发展一种高灵敏的、简单的、可视的且能够实现实际样品追踪的 S^{2-} 传感器仍是一个亟待解决的问题。Wang 等[96] 基于 BSA 作为生物软模板，通过两步简单有效的水热合成方法成功制备了核-壳 Au@Ag NCs，研究发现该纳米簇表面含有大量银原子或银离子。故基于表面银原子或银离子易与 S^{2-} 发生化合反应而提出了一种新型的 S^{2-} 荧光传感平台，用于对 S^{2-} 的高灵敏和高选择性的分析检测。与此同时，该检测分析方法可以借助 365nm 波长激发的紫外灯，直接通过荧光强度的变化来定性分析测定水体中 S^{2-} 的含量。基于核-壳 Au@Ag NCs 分析检测 S^{2-} 的检测原理如图 2-30 所示。

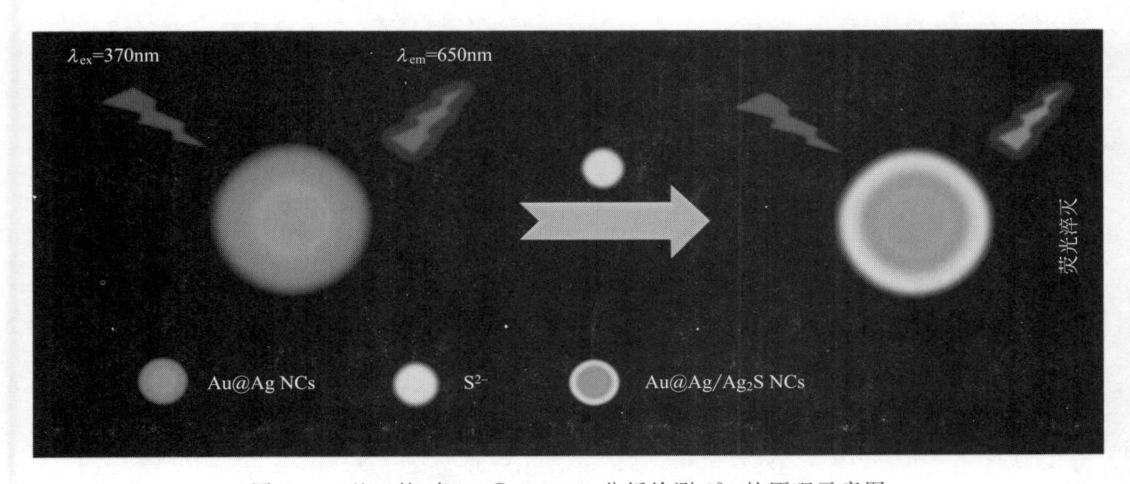

图 2-30　基于核-壳 Au@Ag NCs 分析检测 S^{2-} 的原理示意图

除了通过沉积造成荧光发生淬灭，还有一种现象是因为金属内核的消融而发生荧光淬灭构建 S^{2-} 传感器。Chen 等[97] 基于特定序列 DNA 为模板分子合成 Au/Ag NCs，该材料比 DNA-Ag NCs 在高离子强度的溶液中更加稳定，基于 S^{2-} 同 Au、Ag 离子或者原子相互作用，最终导致 DNA 模板的构象发生改变，从包裹的发卡结构变成无规则的卷曲结构，最终致使 Au/Ag NCs 金属内核消融使其荧光淬灭现象构建了一种高灵敏的、可视的 S^{2-} 检测方法。

基于金纳米簇的金属内核发生化学反应而导致其荧光发生变化，这就是生物小分子检测，近年来，在荧光探针种类快速发展的背景下，生物硫醇（Biothoils）包括半胱氨酸（Cys）、谷胱甘肽（GSH）、高半胱氨酸（Hcy）等的荧光检测也成为许多科研工作者研究的内容。尤其在可逆的氧化还原反应、消毒以及新陈代谢过程中这些巯基化合物都扮演着非常重要的角色。故检测人体血液中生物硫醇的含量对许多疾病的早期诊断都有着十分重要的意义[98]。众所周知，人们体内如果缺乏半胱氨酸将会导致身体水肿、头发脱落以及其他的身体机能紊乱疾病[99]，如果缺乏谷胱甘肽则将会导致糖尿病或 HIV 疾病[100]。此外，这些巯基化合物还作为环境沉积物、土壤和污水中的有机物质厌氧分解产生的中间产物而广泛分布在周围的环境中[101]，由此可能引发一系列的生物化学及生理问题。因此，制备一种高灵敏、简单、免标记、快速、可视的生物硫醇传感器至关重要。Park 课题组[102] 首先报道了一种新颖的检测生物硫醇的荧光检测方法（如图 2-31 所示，见彩插图 2-31）。首先，他们合成了 BSA 包覆的 Au NCs，该纳米簇在 Hg^{2+} 存在条件下可以发生荧光淬灭现象，然而基于 Hg^{2+} 与 Cys 中的巯基基团有更强的结合能力而通过 Hg-S 键直接把 Hg^{2+} 从 Au NCs 表面给拉下来，使 Au NCs 的荧光得到一定程度的恢复，从而利用恢复的荧光程度达到对生物硫醇的定量检测。这种荧光恢复分析检测新方法具有更高的选择性和灵敏度，且对 Cys、Hcy、GSH 三者的检测限分别达到了 8.3nmol/L、14.9nmol/L、9.4nmol/L。

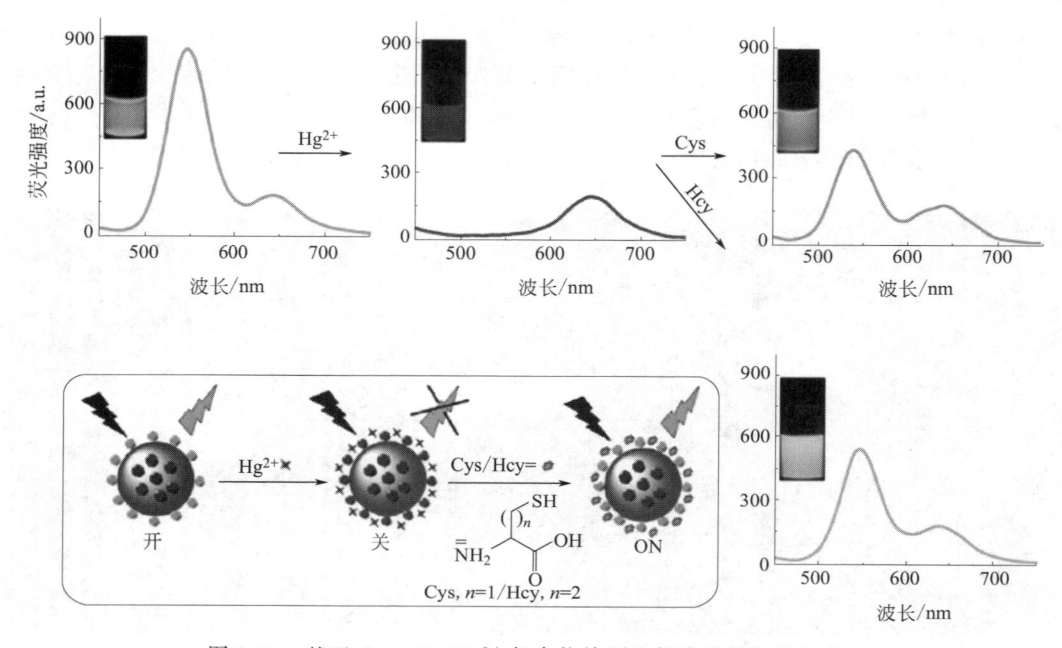

图 2-31　基于 Au NCs-Hg^{2+} 复合物检测生物硫醇的原理示意图

近来，Wang 等[103] 基于荧光核-壳 Au@Ag NCs 表面大量的银原子或离子与巯基的特异性作用机理，提出了一种高灵敏的、简单的、免标记的、快速的、可视的荧光传感器用于检测血浆中生物硫醇，即通过生物硫醇（半胱氨酸和谷胱甘肽等）能使荧光核-壳 Au@Ag NCs 发生淬灭现象，可以高灵敏度、高选择性对生物硫醇进行定量分析检测（半胱氨酸：0.02～80.0μmol/L；谷胱甘肽：2.0～70.0μmol/L）。通过这种荧光信号淬灭的方式实现高灵敏的检测［半胱氨酸：5.87nmol/L；谷胱甘肽：1.01μmol/L(3σ)］，分析检测机理如图 2-32 所示（见彩插图 2-32）。

第二种响应机制则是以贵金属纳米簇的稳定剂作为识别部分，分析检测中主要包括有：特异性的酶切或酶催化反应引起纳米簇的荧光变化。金纳米簇的稳定剂壳在金纳米簇中发挥着很多的重要作用，不仅是作为稳定骨架防止金纳米簇内核发生聚集，有时候还是活性基质（BSA 合成的 Au NCs），甚至还可以是一种活性酶（辣根过氧化物酶 HRP 稳定的 Au NCs）。大多数的生物大分子（BSA、HRP、DNA、多肽等）均可以作为稳定骨架来制备高

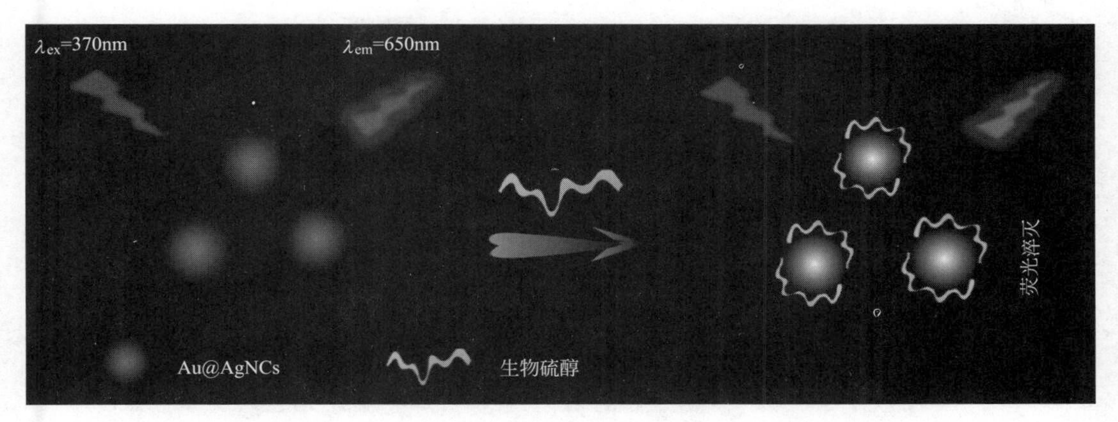

图 2-32　基于核-壳 Au@Ag NCs 分析检测生物硫醇原理示意图

荧光性能的 Au NCs，这也为制备新颖的 Au NCs 提供了一种崭新的分析思路，即待测物可以通过酶切、酶促等反应将这些骨架断裂，引起 Au NCs 的荧光变化，从而对待测物进行荧光传感分析。近来，Zhang 等[63] 利用 HRP 作为模板分子合成的具有双功能荧光的Au NCs 通过荧光淬灭的方法来定量检测 H_2O_2，由于包覆在 Au NCs 外面的 HRP 仍然保持了原有的酶活性能力，所以 HRP 能够与 H_2O_2 发生催化反应而使 Au NCs 荧光淬灭，可以高灵敏地检测 H_2O_2（如图 2-33 所示）。

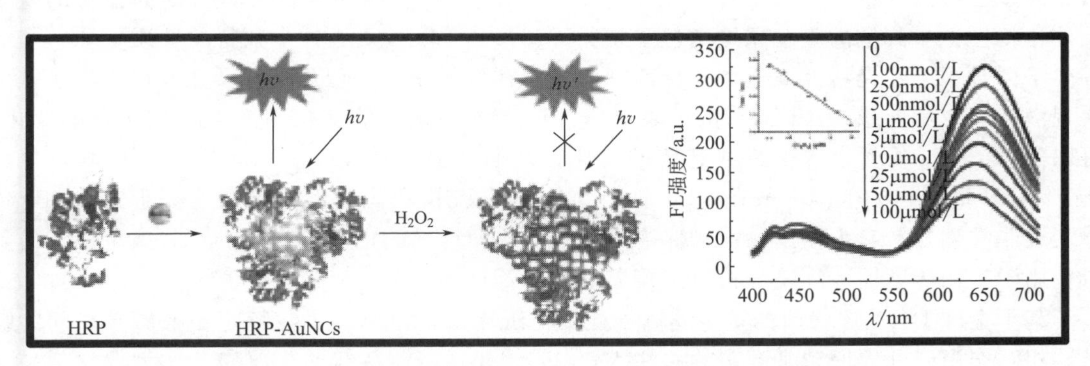

图 2-33　采用 HRP 为模板合成 Au NCs 荧光检测 H_2O_2 的示意图

对金纳米簇的稳定剂壳进行修饰以作为识别部分结合分析物，这是一种相当通用的方法，可以用来构建高效的荧光传感系统来分析检测各种待测物质。如图 2-34 所示，Chen 课题组[104] 首先制备了一种高发光性能的谷胱甘肽（GSH）稳定的 GSH-Au NCs，利用 Fe^{3+} 与 GSH-Au NCs 能够发生螯合作用，并通过有效的电子或能量转移淬灭了 GSH-Au NCs 的荧光，而磷酸盐分子可以和 Fe^{3+} 特异性结合，使得 GSH-Au NCs 的荧光恢复，从而可以构建高灵敏的传感方法来分析检测水体中磷酸盐分子的含量。这种在合成了荧光探针之后，通过简单的修饰或改变 Au NCs 的稳定剂结构作为识别信号的方法，充分利用了识别部分与特异性绑定作用，极大地提高了光学分析传感的选择性和灵敏度。这种外部识别部分与被分析物之间的多种可能性组合也极大地丰富了基于 Au NCs 构建的分析荧光传感平台的内容。

当然，除了这些作用机制用于荧光分析检测还包括其他的一些反应机制，例如：由于被分析物与纳米团簇之间的作用而引起纳米团簇聚集最终导致其荧光淬灭机制，破坏纳米簇的金属内核与配体之间的作用而导致荧光淬灭机制等。但是，由于贵金属纳米团簇的超小尺寸

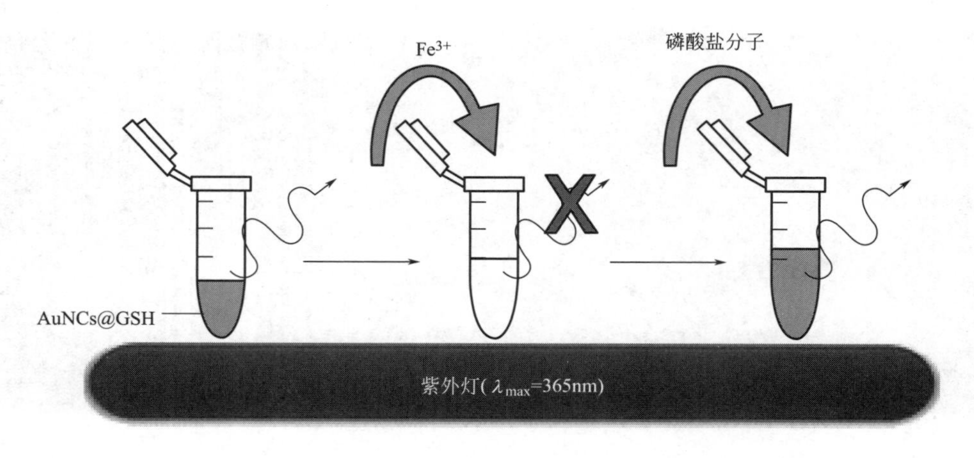

图 2-34　基于 GSH-Au NCs 与 Fe^{3+} 荧光分析检测磷酸盐分子

和配体模板对其发光性质的超级贡献，有些分析检测过程中不单单存在着上述的某一种反应机制，而是几种响应模式都会同时发生。

2.3.1.2　紫外可见吸收光谱分析

贵金属纳米粒子具有小的粒径、大的比表面积，与其他金属粒子相比，贵金属纳米粒子具有许多独特的性质，尤其是粒子粒径为 1～20nm 的贵金属纳米粒子具有新的独特的电子及催化特性。与其他的贵金属纳米粒子相比，球形 Au NPs 具有许多独特的性质，如：表面等离子体共振、荧光特性及电化学特性，而使其在生物化学、催化化学及非线性光学领域中展现潜在的应用前景。Au NPs 由于表面修饰或者外在条件的变化而产生相应颜色的变化，可以使 Au NPs 的颜色产生由红到蓝的变化，从而使 Au NPs 的表面等离子共振峰发生红移，Au NPs 红移的范围一般在 520～700nm，这一波长变化范围对于构建基于 Au NPs 传感装置非常重要，它为使用 Au NPs 检测某些物质即精确的定性识别提供了前提条件，使其可应用于生物传感器、环境分析以及疫病的诊断等许多方面。

基于金球 DNA 逻辑门的重金属离子检测　近年来，金属离子与特定核酸碱基之间的特异性相互作用受到人们越来越多的关注[105]，其中包括某些特定的金属离子作为催化剂来促进核酸酶的催化活性，或者是基于某些金属离子如 Hg^{2+}，Ag^{+} 和 Cu^{2+} 与特定的 DNA 碱基相互作用形成碱基配对[106]。这种非自然碱基配对不是通过碱基互补原则而是通过金属离子的配位作用形成类似于 DNA 双链螺旋的结构[107]。金属离子介导的碱基配对不但扩展了碱基配对的种类，而且还可以通过碱基配对来控制双链 DNA 的双螺旋空间构型，从而拓展了金属离子的应用范围和作用[108]。最近，DNA 碱基与金属离子的相互作用已经被广泛用来构建 DNA 分子逻辑门[109]，该领域的发展对于发展分子规模的计算机以及金属离子的分析测定具有重要意义。Miyoshi 等[110] 基于 K^{+} 和 H^{+} 与端粒 DNA 作用前后 DNA 空间构象的差异，成功构建了 DNA 逻辑门检测 K^{+} 等。尽管以上 DNA 逻辑门设计简单、成本低廉，但是它们通常采用凝胶电泳或者荧光方法采集输出信号。少量研究以 Au NPs 的颜色变化作为输出信号，基于 Au NPs 的比色法构建 DNA 分子逻辑门具有以下优点：前处理过程简易、分析过程简单、检测快速、可视化、需要较少或者不需要仪器等。Zhang 等[111] 采用 Hg^{2+} 可诱导胸腺嘧啶（T）形成 T-Hg-T 结构，而 Ag^{+} 可诱导胞嘧啶（C）形成 C-Ag-C 结构（见图 2-35，彩插图 2-35）。基于此，本文以富 T/C 碱基的单链 DNA 来修饰 Au NPs 构建了一系列分子规模的逻辑门（YES、AND、INHIBIT）。与基于DNA链断裂构建的DNA逻辑门相比，Zhang等构建的DNA逻辑门可利用金属离子以及它们的螯合剂或络合剂来控制Au NPs的聚集和分散，进而使逻辑门具有较好的可逆性。本文中所构建的DNA逻辑门与传统的DNA逻辑门相比具有以下三个优点：①与传统的凝胶电泳和荧光输出法相比，第一次以金属离子介导的碱基配对（T-Hg-T和C-Ag-C）为基础，构建了以颜色改变为输出信号的DNA分子逻辑门；②构建的DNA逻辑门设计简单，仅仅需要一条单链DNA、Au NPs、两种金属离子（Hg^{2+}/Ag^{+}）和质子H^{+}即可，这极大减少了DNA的处理时间，有效消除了DNA的可能存在的裂解及构象转换；③DNA在自由卷曲状态、双螺旋刚性结构以及四折叠三种构象之间的转换对DNA构象的研究具有重要的意义。以金属离子介导的碱基配对为基础，结合Au NPs独一无二的光学性质，DNA分子逻辑门和其在金属离子检测分析方面的研究将会迎来新的发展契机。

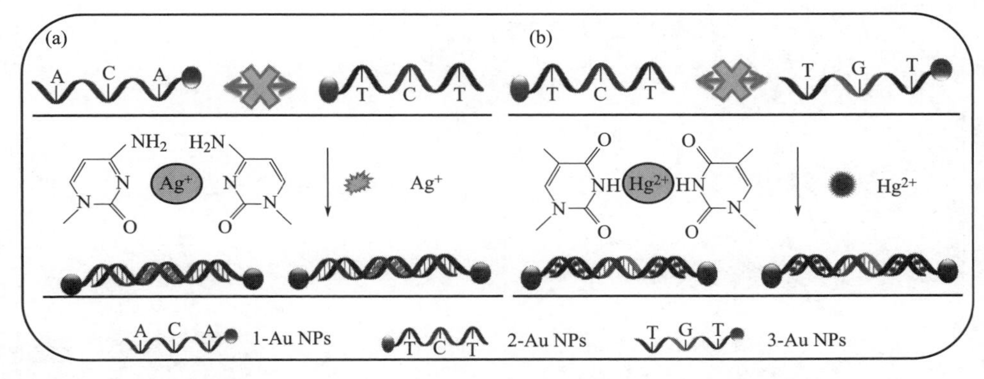

图2-35　DNA@Au NPs在Ag^{+}和Hg^{2+}下聚集的原理图

基于特定序列DNA与金球的静电作用分析检测水体中的金属离子　在自然界中，砷（As）和它的化合物是一类能够诱导有机体致突变、致畸形和致癌的物质，如果人长期处于含有As及其化合物的环境中，可导致人类的其他疾病，包括Ⅱ型糖尿病、心血管慢性疾病和一些癌症疾病[112]。As在地下水中一般是以As（Ⅲ）和As（Ⅴ）价态存在，其来源除岩石风化等自然因素外，主要来自工业生产、农药使用等人为因素。As由于具有高毒性和分布较广的特点，寻找一种简单有效的方法来监测环境中As含量显得尤为重要。美国环境保护部门（EPA）和世界健康组织（WHO）均规定饮用水中As的最高限量（MCL）必须低于10ppb[113]。近来，Kalluri等[114]基于谷胱甘肽（GSH）、二硫苏糖醇（DTT）和半胱氨酸（Cys）修饰的Au NPs聚集所导致的动态光散射变化构建了一种简单、灵敏、可视的砷检测方法。Liang等[115]基于富含G/T碱基的单链DNA与AsO_3^{3-}的特殊相互作用，利用自由卷曲DNA及折叠DNA在Au NPs表面的吸附差异，提出了一种简单、灵敏、选择性好、可视的AsO_3^{3-}检测新方法（见图2-36）。该方法较现有的检测技术具有以下优势：①该方法原理简单，易操作，在室温下，经过几种溶液混合反应后，通过肉眼即可完成AsO_3^{3-}的半定量分析，经过UV-vis光谱分析即可完成AsO_3^{3-}的定量分析检测（见图2-37）；②利用富含G/T碱基的DNA序列与AsO_3^{3-}的特异性反应来检测AsO_3^{3-}较其他技术具有更高的灵敏度，其检测限可达ppb范围；③在整个检测过程中，每一步的反应都是独立的，即我们可以通过优化实验使参与反应的每一步骤达到最佳的反应状态。

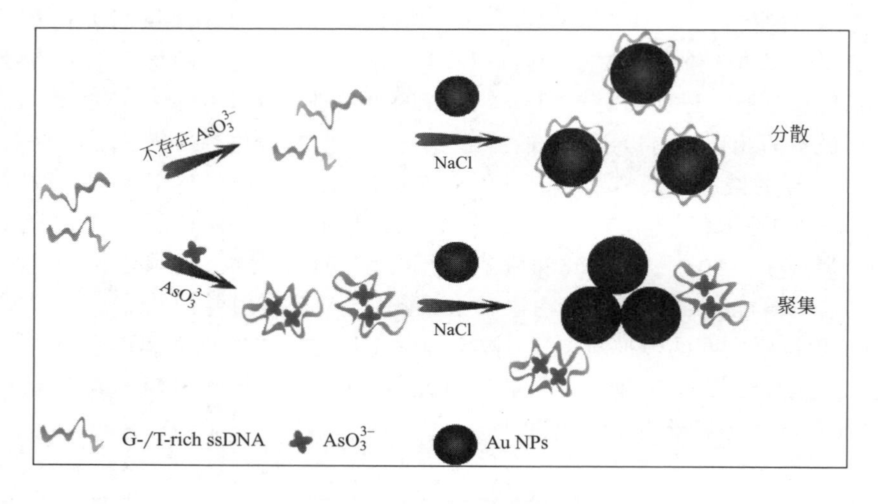

图 2-36　亚砷酸根离子检测原理示意

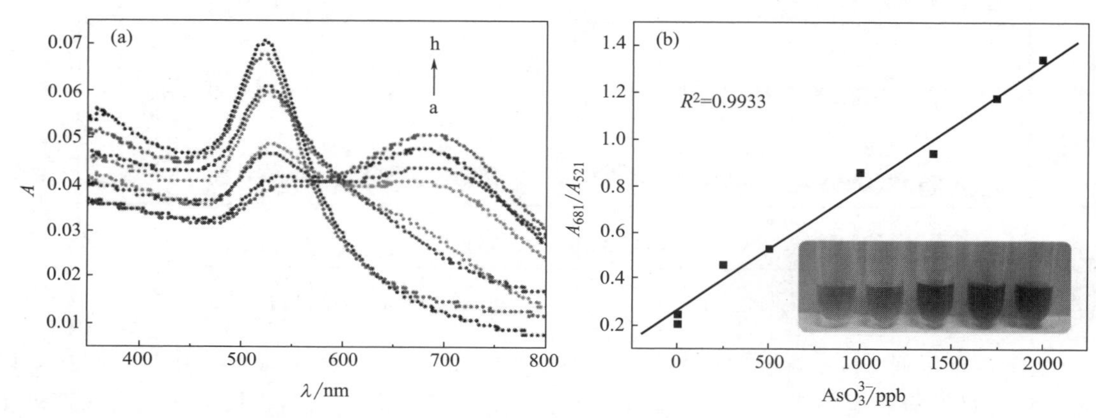

图 2-37　图（a）是加入不同浓度 AsO_3^{3-} 后的 Au NPs UV-vis 吸收光谱；
图（b）相对应的 A_{681}/A_{521} 随 AsO_3^{3-} 浓度变化定量检测的标准曲线图，
内插图为不同 AsO_3^{3-} 浓度下的颜色对比图片

2.3.1.3　表面增强双光子荧光光谱分析

20 世纪 60 年代，在激光出现以后非线性光学现象才逐渐被科研工作者所发现。早在 1961 年，Franken 等就首先使用激光器进行了关于二次谐波的光学实验[116]，从而打开了非线性光学的研究大门。光学现象从本质上来说是非线性的，非线性光学是通过研究光与基底物质相互作用过程中出现的一系列光学现象，来研究光与基底物质相互反应的本质和规律，非线性光学的研究为科学技术的发展提供了新的物理化学基础。众所周知，光在介质中的传递过程就是光与物质相互作用的一个动态过程，针对于这一过程，我们可以将其划分为两个过程：底物介质对光信号的响应以及底物介质的反辐射。底物介质对光信号的响应可划分为线性响应和非线性响应，前者属于线性光学范畴，光在介质中的传播过程满足独立传播机理和线性叠加原理；而后者属于非线性光学范畴，光在介质中的传播过程不再符合独立传播原理和线性叠加原理，不同波长的入射光与底物介质发生相互作用后产生了一定程度的耦合，从而产生新的波长频率[117]。

在非线性光学研究中，双光子吸收是一种三阶非线性光学效应，它主要是指底物在强脉冲激光激发下，底物物质会同时吸收两个近两倍于其线性吸收波长的光子，然后，光子从基态通过一个中间虚拟态（Virtual State）跃迁至激发态[118]。当入射光为单一波长时，这个过程可以称之为合并的双光子吸收过程；假如入射光为多种或更多波长的光，底物分子仍然可以吸收两个不同频率的光子来完成跃迁过程，前提必须满足能量守恒定律，这个过程就称之为非合并的双光子吸收过程。

如图 2-38 所示，不同频率的双光子激发过程中，样品分子所吸收的两个光子的总能量相当于单光子激发过程中吸收的一个光子的能量。当样品分子或原子吸收一个光子后，将会优先到达一个中间虚拟态，这个过程非常地短暂（约 10^{-15}s）。倘若在此期间另外一个光子也能到达中间虚拟态并且被吸收，则将会发生双光子吸收现象[119]。要想提高双光子吸收的概率，则需要两个不同频率的光子在时间和空间上达到高度的重合，即要求在样品分子的吸收截面（约 $10^{-16}cm^2$）内同时（约 10^{-15}s）吸收两个光子，所以，只有当激发光源达到很高的瞬间光子密度［10^{31} photons/(cm^2 · s)］才能实现这一过程。目前，锁模掺钛蓝宝石脉冲激光器具备达到双光子激发的条件，它的扫描速度可以达到皮秒甚至飞秒级别，而且其峰值功率很高，能够增加样品分子双光子吸收发生的概率；同时，它的平均功率较低，且只有焦平面处的分子才能被激发，因此，可以有效减小双光子光漂白现象。

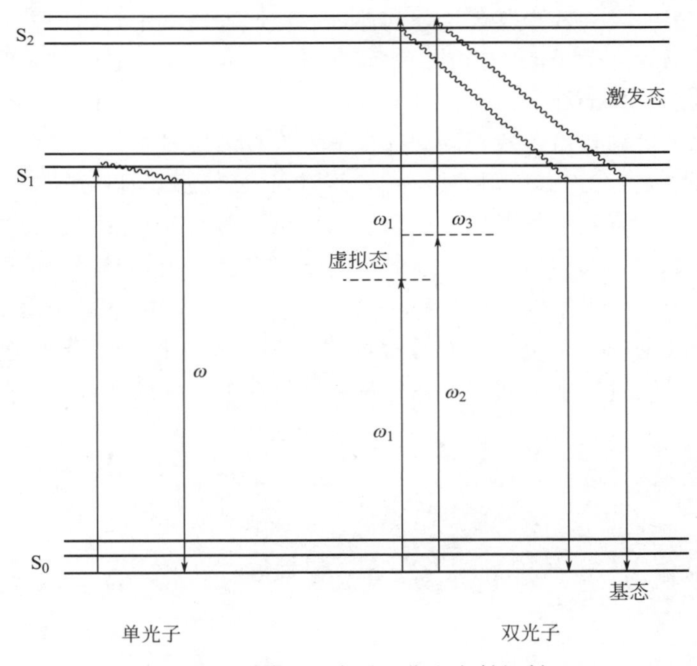

图 2-38　单、双光子吸收和发射机制

样品分子被双光子激发后发射的荧光即为双光子荧光，与单光子荧光相比，它的区别仅仅在于激发模式不同，荧光发射过程完全一致。单光子荧光是短波激发长波发射，属于斯托克斯（Stokes）发光，突光强度与激发光强成正比；而双光子荧光具有长波激发短波发射的特点，是一种反斯托克斯（Anti-Stokes）发光，其荧光强度与激发光强的二次方成正比。通过考察突光强度与激发光强的关系，就可以确定样品的激发过程是否发生了双光子吸收。

双光子激发荧光（Two-Photon Excited Fluorescence，TPEF）指的是物质同时吸收两

个光子后所发射的荧光，由于采用红外或近红外光为激发光源，因此它具有长波激发、短波发射的特点。在生物应用中，长波长低能量的红外光对生物样品穿透性强、损伤小，可以避免本底荧光及散射光的干扰，有效减少光漂白，同时具有很高的空间分辨率。将双光子荧光探针用于生物成像，能够克服许多传统荧光探针存在的不足，对于实现动态、原位、实时分析具有重大意义，是荧光探针发展的新方向[120,121]。双光子荧光探针目前仍处于起步阶段，种类和数量都比较少，应用范围也不够广泛。因此，设计、合成不同类型的双光子荧光材料，开发具有优异性质的双光子荧光探针，将为生物医学分析等相关领域提供更多的研究手段。

纳米颗粒是指粒径为1～100nm的超细颗粒，它们属于胶体粒子大小的范畴，主要来源于数量不多的分子或原子相互作用组成的集团。纳米结构材料所具备优异的且反常的物理化学特性，以及固有的表面效应、宏观量子隧道效应和小尺寸效应都会对其光学性质产生非常重要的影响。目前在贵金属纳米结构材料的非线性光学研究中，金纳米颗粒以其优异的表面等离激元共振吸收而受到广大科研工作者们的关注，其光学性质的变化主要受到纳米材料的小尺寸效应和量子尺寸效应的影响。如金纳米颗粒的吸收峰位置具有很好的可调协性，可以根据光吸收光谱的特征来判断金纳米颗粒的形貌和颗粒尺寸的大小以及分布情况等等[122]。金纳米颗粒由于其表面等离激元共振吸收特性，使其附着其表面而影响附近的荧光物质的荧光发射行为，其结果主要表现为荧光增强和淬灭效应两种。其中，当在外光场的辐射下，位于金纳米结构附近的荧光分子能够辐射出比其在自由空间状态时更强的荧光，这种现象称之为表面增强荧光效应（Surface Enhanced Fluorescence Effect，SEFE）。随着纳米科学和纳米技术的进步，现今已制备出了各种形貌的金纳米颗粒结构衬底。研究金纳米颗粒结构的形貌、尺寸和间距等要素，为其应用和对荧光表面增强效应的影响做好铺垫，因此研究其增强机理至关重要。众多的研究工作者从实验和理论两个方面研究表面增强荧光效应，并取得了一系列研究成果。如图2-39所示，Jiang等[123] 开展了基于金球和金棒的聚集效应而致使单线态氧的产生最终导致双光子荧光增强的现象进行了研究。研究结果指出金球以及短金棒的聚集较之没有聚集的金球或短金棒具有更强的双光子荧光现象，且分别提高了15倍和2.0倍的荧光增强效应，同时分别提高了单线态氧8.3倍和1.8倍的产生率。同时实验结果发现

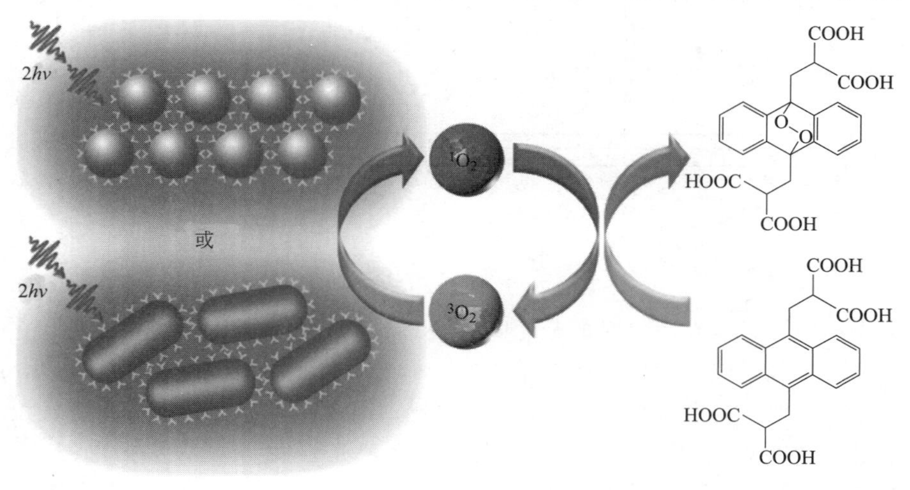

图2-39　基于金球或金棒的聚集效应致使单线态氧产生而引起的双光子荧光增强效应

长金棒的双光子荧光效应要较分散的短金棒以及金球的双光子荧光效应低得多，即双光子荧光强度和单线态氧的生产率依赖于金球或短金棒的聚集程度，这一发现将有助于促进贵金属纳米颗粒在生物医学领域中的进一步应用以及考虑到它们优异的生物相容性、高惰性、易于结合且易于制备的特点，金纳米颗粒将会发现在生物医学以及生物成像领域中更多的应用。

美国 Maryland 大学的 Lakowicz 小组[124] 研究发现，将荧光物质置于金属表面或附近时，金属的 SPR 使荧光物质的量子产率提高，荧光寿命降低，同时结合 Mic 理论和麦克斯韦方程组从理论上得出了金属纳米结构的消光光谱，发现随着纳米颗粒粒径的增大，其散射截面随之增大，散射在消光光谱作用中比例增大。当荧光发射峰与金属 SPR 峰重叠并发生耦合时，发光物质将能量迅速的传递至金属等离激元，并向远场辐射，即为辐射等离激元模型[125]。

2.3.2 在电分析化学中的应用

Au NPs 主要指微小的金纳米颗粒，其直径为 1～100nm。Au NPs 一般为分散在水体中的水溶胶，故又称之为胶体金或 Au NPs 溶胶（Colloidal Gold)。金纳米粒子具有比表面积大、表面活性位点多、表面反应活性高、催化效率高、吸附能力强、良好的生物相容性以及稳定性，使其不会破坏生物体内活性酶及蛋白质的分子结构，使其可用于固载和标记生物蛋白质等生物活性分子。同时，Au NPs 还具有特殊的氧化-还原能力、光学性质和生物催化特性等，且 Au NPs 催化剂表观活化能极小，具有适合低温、无毒性等特点。此外，金对于纳米生物技术来讲是一种活性材料，因为 Au NPs 与巯基之间能通过 Au-S 键发生强的共价键合，这使得 Au NPs 与巯基标记的生物活性分子可结合形成生物分子探针[32]。蛋白质分子也可以通过静电作用和疏水作用结合到纳米金的表面，形成的复合物能够长久地保持蛋白质的生物活性[33]。

近年来，Au NPs 因其独特的电子、光学、热性能使其在化学、物理、生物学、药学以及材料学中受到越来越多科学家们的青睐，尤其在分析化学领域，功能化的 Au NPs 可用于制造各种灵敏度高、选择性好、可靠性高、成本低、性能优异的电化学传感装置，它对于电化学信号起到增强以及放大的作用。Au NPs 作为一种新型的电化学传感介质，结合适宜的配体修饰电极，不仅能促进检测分子与电极之间的电子转移，而且能提高体系的灵敏度、催化性，且能检测限。另外，Au NPs 能固定活的生物细胞，保留其生物活性，为生物分子提供适宜的微环境，放大电化学传感器的分析信号。Au NPs 因其良好的生物相容性，可用于活性酶、蛋白质和 DNA 的分析检测。Au NPs 结合电化学测量手段可实现多种物质的分析检测，实时在线解决科学研究问题。基于癌细胞的生物分析，将 Au NPs 用于医疗诊断可解决癌细胞检测繁冗、费用高、仪器贵等问题。

目前对于 Au NPs 修饰生物传感器的研究工作已有很多报道。Wang 等[126] 基于纸盘和丝网印刷碳电极构建了一种简便、快速、低花费以及小体积样品直接检测血清中的葡萄糖。如图 2-40 所示，该方法是基于层层组装技术将葡萄糖氧化酶固定到石墨烯聚苯胺以及 Au NPs（GO/PANI/Au NPs/GOD）多层膜修饰的丝网印刷碳电极表面，然后在纸盘的基础上构建了用于血清中直接检测葡萄糖的无试剂型安培免疫传感器，GO/PANI 纳米复合材料能在玻碳电极表面形成稳定的纳米复合物薄膜，并且具有良好的氧化还原反应活性和导电性，由于该复合材料带有大量的正电，从而使其可吸附带大量负电荷的 Au NPs，Au NPs 比表面积大、优异的生物相容性等优点为下一步吸附生物分子提供了良好的微环境，构建的葡萄糖传感器对葡萄糖中黄素腺嘌呤二核苷酸（FAD）的浓度展现了较好的电流响应信号。利用GO/PANI纳米复合材料和Au NPs对FAD生物分子进行浓度测定分析，结果说明应用差示脉冲伏安法测得葡糖糖的线性范围为$0.2\times10^{-3}\sim11.2\times10^{-3}$ mol/L，检出限为1.0×10^{-4} mol/L(S/N=3)。这种基于GO/PANI/Au NPs纳米复合材料定量分析血液中的FAD浓度时具有很高的灵敏度和高的选择性。

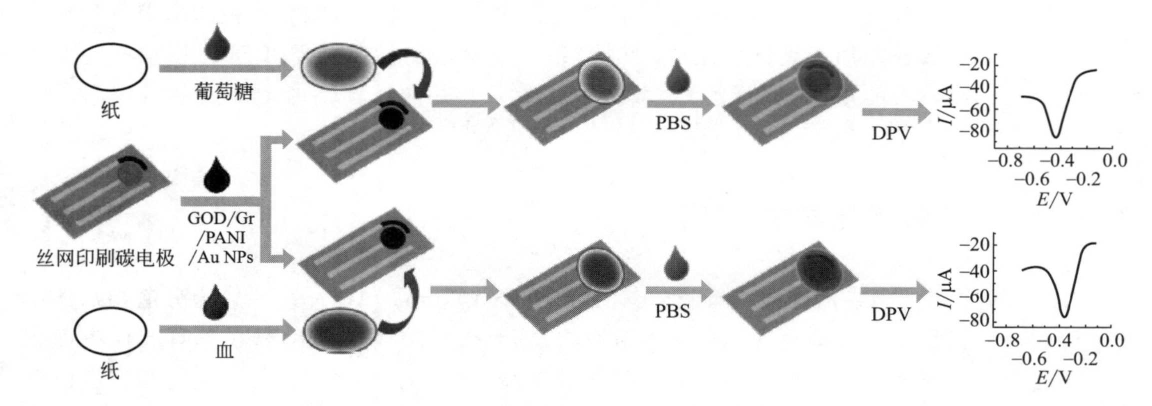

图 2-40　基于GO/PANI/Au NPs/GOD多层膜修饰的丝网印刷碳电极定量分析血液中葡萄糖原理示意图

Kong等[127]基于一种Au NPs修饰原位生成氧化石墨烯/硫堇纳米复合材料构建了新型无酶葡萄糖电化学通用型传感技术。该技术是以葡萄糖为模型分析物，首先通过传统的Hummer's方法将石墨粉氧化成带有大量羧基的氧化石墨烯（GO），然后将其与硫堇化合物（THI）混合最终生成GO/THI纳米复合物，接着通过在有氯金酸存在的条件下通过柠檬酸钠将其进行原位还原生成Au NPs，最终生成GO/THI/Au NPs纳米复合材料。利用静电自组装技术将GO/THI/Au NPs纳米复合材料固定在玻碳电极表面，制备出用于无酶检测葡萄糖的无试剂型安培传感器，GO/THI/Au NPs纳米复合材料能在玻碳电极表面形成稳定的纳米多层薄膜，并且具有良好的氧化还原反应活性和导电性，由于Au NPs具有较大的比表面积大、优异的生物相容性等优点从而为检测生物分子提供了良好的微环境，用差示脉冲伏安法测得葡糖糖的线性范围为0.2～13.4 mmol/L（见图2-41），并且对葡萄糖在尿酸、抗坏血酸以及4-乙酰氨基苯酚中具有很高的选择性。

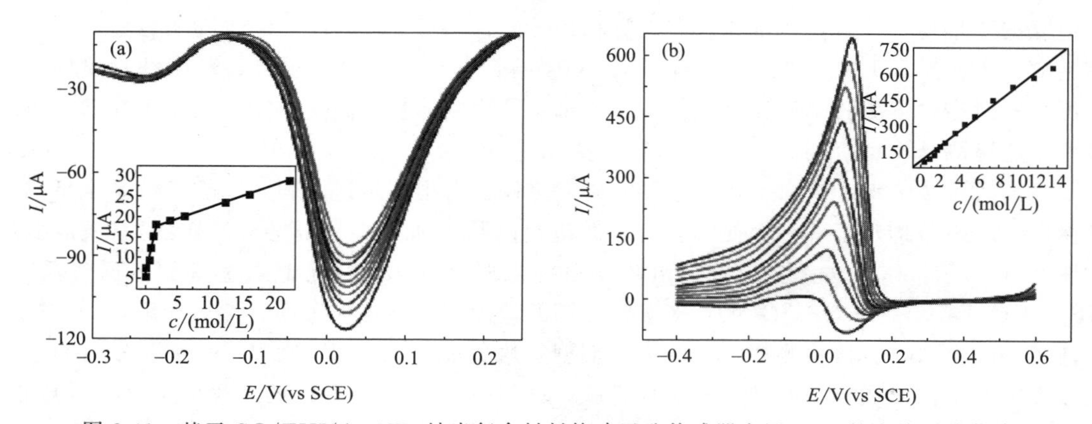

图 2-41　基于GO/THI/Au NPs纳米复合材料构建无酶传感器应用DPV技术检测葡萄糖

Xu 等[128] 通过简单的 π-π 键合作用合成了氧化石墨烯/硫堇（GR/THI）纳米复合材料（见图 2-42），然后在此纳米复合材料的基础上原位制备合成了氧化石墨烯/硫堇金纳米粒子（GR/THI/Au NPs）纳米复合材料，最后将得到的 GR/THI/Au NPs 纳米复合材料固定到玻碳电极表面，形成一个具有很好的导电性及生物相容性的稳定的复合材料界面，然后通过 Au-N 键将癌胚抗体（anti-CEA）固定到电极表面，剩余的活性位点用牛血清白蛋白（BSA）封闭，构建的 anti-CEA 免疫传感器对 CEA 抗原的浓度展现了较好的电流响应信号。利用这种 GR/THI/Au NPs 纳米复合材料对 CEA 抗原进行免疫测定分析，结果说明应用这种复合材料定量分析生物大分子时具有很高的灵敏度和高的选择性。用差示脉冲伏安法测得 CEA 抗原浓度的线性范围为 10～500pg/mL，检出限为 4pg/mL(S/N=3)。

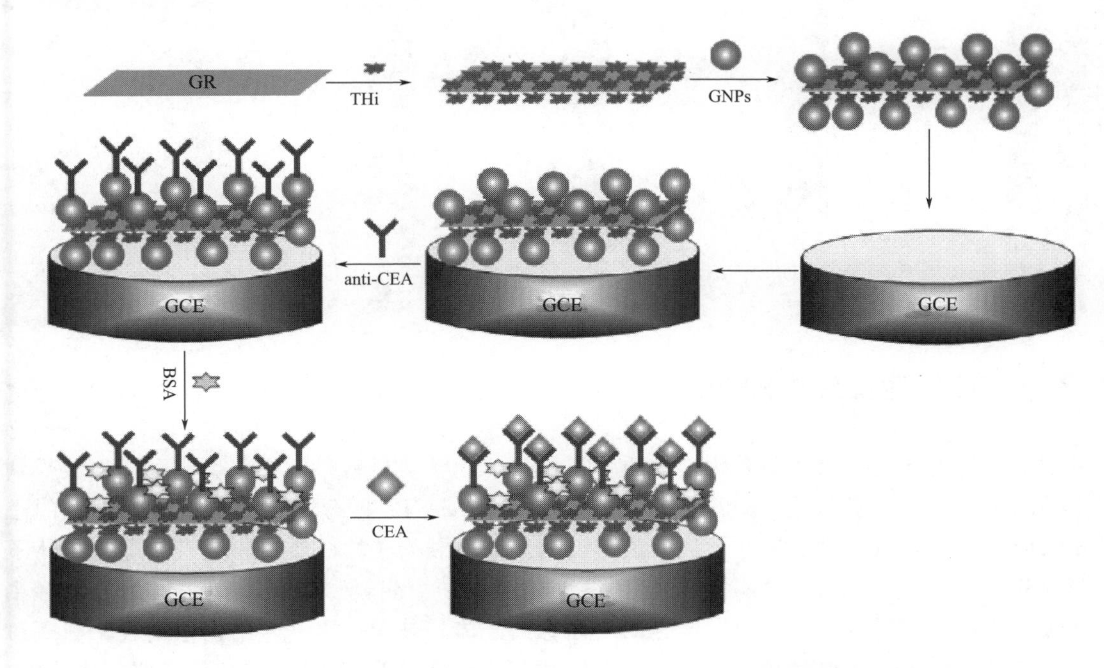

图 2-42 基于 GR/THI/Au NPs 纳米复合材料构建 CEA 传感器的制备过程示意图

Kong 等[129] 构建了一种基于 Au NPs 标记原位生成壳聚糖（Chits）形成 Chits@Au NPs 结构构建新型电化学通用型免疫传感技术。该方法以 CEA 抗原为模型分析物，将一抗通过 Chits@Au NPs 纳米复合物固定到玻碳电极表面（见图 2-43）。目标分析物 CEA 通过免疫反应被固定在基底电极上的 CEA 一抗捕获，再通过夹心法将纳米金、DNA 以及亚甲基蓝（Au NPs/DNA/MB）等标记的 CEA 二抗结合于电极表面，然后通过 Au NPs 表面修饰的 MB 产生灵敏的电化学信号与结合的 CEA 抗原浓度有正比线性关系，由此实现了通用型方波脉冲伏安法高灵敏 CEA 免疫传感器的构建。该方法操作简单，设计新颖，为肿瘤标志物传感器的构建提供了新的思路。

金纳米颗粒优异的化学性能为电化学传感器的设计与研究提供了新策略。利用金纳米颗粒的生物相容性将生物分子固定在衬底上，可以提高生物传感器的稳定性。利用金纳米颗粒的催化性能，可以提高电化学传感器的灵敏度与选择性。此外，将金纳米颗粒扩展到其他功能性材料（如碳纳米管、碳纳米棒、碳纳米线等），再结合量子点、石墨烯等新型材料，可以增强传感器界面的光电响应，提高检测限与检测范围，更好地应用于药物检测、环境检测、生命分析等各个领域。

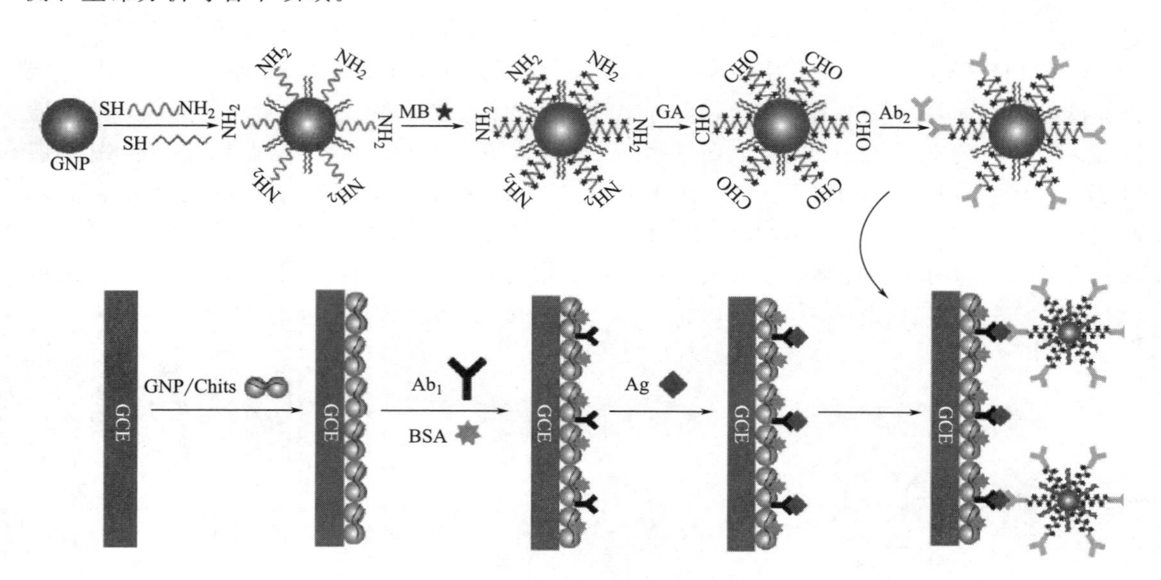

图 2-43 基于 Au NPs/DNA/MB 纳米复合材料构建 CEA 夹心免疫传感器的制备过程示意图

2.3.3 在其他传感中的应用

纳米粒子由于特殊的物理和化学性质，在物理、化学、材料科学以及生物医学领域受到了广泛的关注，其中研究最为广泛的就是 Au NPs。Au NPs 具有所有纳米微粒都具有的小尺寸效应、表面效应和量子尺寸效应，但 Au NPs 最引人关注的性质是局域表面等离子体子共振 LSPR 效应[130]。Au NPs 具有高度活跃的外层电子，当光（电磁）波辐射到粒径远小于其激发波长的金属纳米粒子时，产生的表面等离子体波被限域在纳米结构的附近，当入射光频率与自由电子集体振荡频率相当时则产生共振，被称为 LSPR[131]。在传感器的构建中，Au NPs 之所以得到广泛应用的关键就是能够对其表面进行修饰。由于 Au NPs 具有的化学惰性和在表面易进行表面功能化修饰，从而使 Au NPs 成为传感研究中的理想材料。

Au NPs 的 LSPR 效应与其尺寸、形状以及周围环境介电常数等因素有关，甚至很小的比率变化或棱角尖锐程度的变化都会对 LSPR 产生影响。LSPR 现象引起的对光的吸收和散射构成了 Au NPs 在构建传感装置和成像研究中的基础。随着强大的表征工具和更完善的金纳米粒子合成方法的提出，人们已经能够控制合成特定形态、尺寸以及特性的金纳米粒子，使其表面进行某些基团的功能化而引起 Au NPs 的 LSPR 的改变，进而推动了 Au NPs 基于 LSPR 性能在传感器、化学传感器以及光电子器件等领域的应用。在这里，金纳米粒子除了以上的传感应用之外，还有一些其他方面的传感应用，下面简单的介绍常见的几种传感应用。

(1) 金纳米粒子溶胶局域表面等离子体子共振传感应用 向 Au NPs 溶胶溶液中加入待分析物后，往往会引起 Au NPs 的聚集，导致各个纳米粒子之间的距离发生变化，从而抑制单个粒子的表面等离子体共振性质，使等离子体共振效应发生巨大的变化。金属纳米粒子的聚集往往会引起纳米粒子的颜色发生明显的变化，这种颜色变化往往仅通过肉眼就可以观察到。同时，伴随着纳米粒子的聚集，会产生强烈的光散射或吸收信号，因此，纳米粒子的聚集已经成为高灵敏度、无标记的比色法的核心，基于此原理建立了各种生化分析方法。

早期的生物传感实验利用 Au NPs 作为探针，通过 Au NPs 聚集后颜色的变化测定 DNA 链的相互作用。最初，这种方法将两种金属纳米粒子混合在一起，每种纳米粒子的表面修饰有不同的、非互补的单链 DNA（Single Stranded DNA，ssDNA），应用于可逆的纳米粒子聚集技术[132]。加入与修饰在纳米粒子表面的 ssDNA 分子相互补的核苷酸以后，由于 DNA 的杂交作用，会引起纳米粒子的聚集。这种聚集伴随着剧烈的颜色变化，使金溶胶的颜色由酒红色变为蓝色。通过简单的改变溶液中离子强度或提高溶液的温度达到 DNA 的熔点以上，就可以使聚集的 Au NPs 转变为稳定的胶体状态。由于 Au NPs 的聚集而产生的颜色变化可以明显的区分完全互补的 DNA 单链和含有一个或多个错配的 DNA 链[133]。如果纳米粒子的聚集发生在色谱板上，当色谱板上的溶液干燥以后，颜色的变化就会被放大，使检测限达到 10^{-21}mol 范围[134]，图 2-44 是该方法过程示意图。

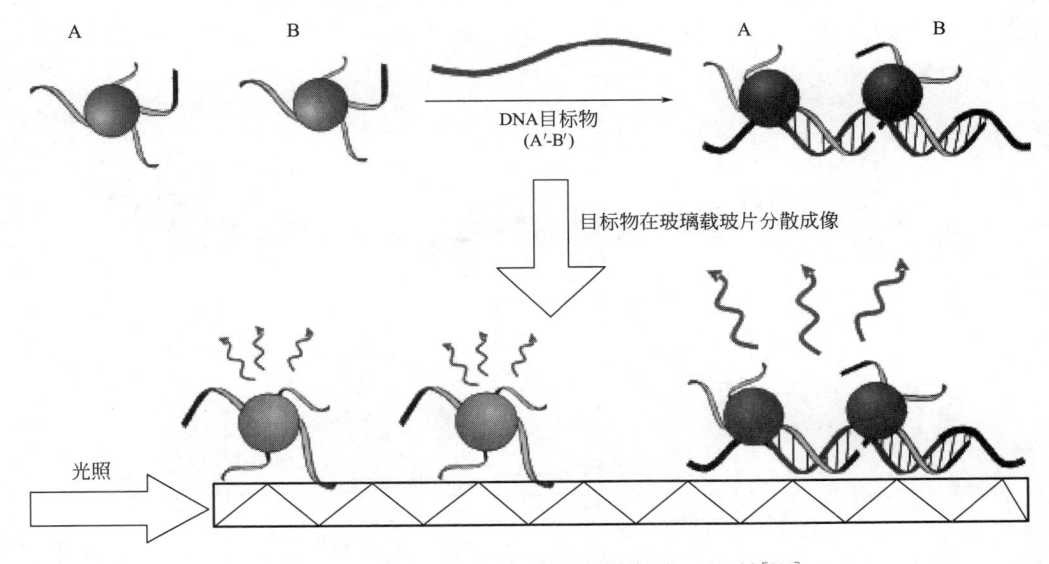

图 2-44 基于色谱板上金球的聚集检测 DNA 链[134]

近来已经报道出类似的、利用未修饰的 Au NPs 检测 DNA 杂交的方法[135]。这种方法基于 Au NPs 对 DNA 链的静电吸附作用不同，ssDNA 与 Au NPs 的亲和性要高于双链 DNA（Doubled-Stranded DNA，dsDNA）。当 Au NPs 表面吸附了 ssDNA 以后，由于静电排斥力，在高的盐浓度条件下依然稳定，不会发生聚集。而加入与其互补的 DNA 后，由于 DNA 杂交作用，形成 DNA 双链，ssDNA 会从 Au NPs 的表面脱落下来，因此，当盐浓度增加时会引起 Au NPs 的不可逆聚集，而含有单链 DNA 的胶体溶液依然稳定，不会发生聚集。这种方法对单碱基错配非常敏感，其检测限可以达到 100fmol。目前，非球形的 Au NPs 也用于 DNA 检测中。其中应用最为广泛的就是 Au NRs，互补 DNA 在 Au NRs 的表面发生杂交作用，引起 Au NRs 的聚集。由于带有硫醇的核苷酸链倾向于吸附到 Au NRs 的两端，因此，Au NRs 的聚集方式通常以端部-端部的方式为主[136]。

利用纳米粒子的聚集的生物传感器不仅仅局限于 DNA 的测定，还可以用于蛋白的识别。例如，通过免疫反应，利用经蛋白 A 修饰的纳米粒子可以对抗蛋白 A 进行测定[137]。

此外，由于糖类可以与蛋白结合，因此，利用糖类（甘露糖）修饰的金纳米粒子可以对刀豆蛋白 A 进行测定[138]。刀豆蛋白 A 可以与四种糖类结合，引起纳米粒子的聚集。通过在纳米棒表面修饰抗体[139]，可以对半胱氨酸和谷胱甘肽进行选择性的测定[140]。

（2）金纳米粒子膜局域表面等离子体子共振传感应用 制备不同形状、大小以及材料组成的纳米粒子一直是推进 LSPR 光谱应用和发展的主要因素。化学合成方法成功合成了大量的纳米粒子，通过平版印刷技术可以制造出特定颗粒形状、位置以及方向的、周期性排列的纳米材料。应用最广泛的平版印刷方法就是纳米球印刷法[141]，其操作过程如图 2-45 所示。首先，将聚合物微球涂抹于基片上自组装成紧密的六方阵序列，以这种纳米微球序列为模板，可以制备出多种不同的 LSPR 基底，其操作步骤大体相同。一种情况是将贵金属沉积到模板上（一般为 15～100nm），然后洗掉模板上的纳米微球，得到如图 2-45（b）所示的三角形的纳米粒子序列；第二种情况是在模板上沉积较厚的金属膜（～200nm），使金属膜覆盖在纳米微球的表面，由于这种基底具有稳定的、粗糙的表面，因此，在表面增强拉曼光谱（SERS）中有广泛的应用［见图 2-45（c）］[142]；第三种情况是利用起反作用的离子刻蚀纳米微球模板，形成小井，用以沉积金属[143]。在所有的情况下，LSPR 共振波长可以通过控制纳米微球的直径和沉积金属的厚度来调节。

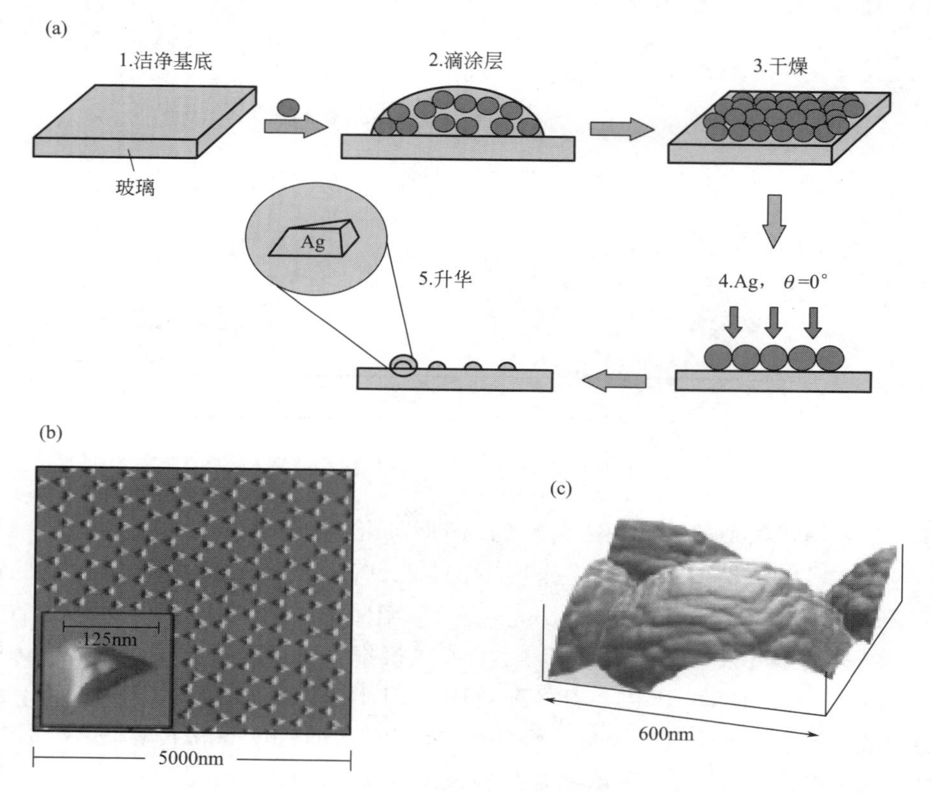

图 2-45 基于多种不同的 LSPR 基底为模板的平板印刷法

制备纳米粒子传感膜的方法还有亚微米印刷法（也称光学印刷法），它是半导体工业发展的重要驱动力，用这种方法制备出的半导体材料的尺度由初期的 15μm 发展到 180nm[144]。层状自组装也是一种常用的制备纳米粒子传感膜的方法，它可以通过改变实验条件，在基底表面自组装单层或多层膜。首先将玻璃基底表面进行羟基化处理，再将处理好的玻片浸泡在3-氨基丙基三甲氧基硅烷（APTMS）中在玻璃基底表面修饰一层APTMS单分子层，然后浸入Au NPs溶液中，通过静电吸附作用将Au NPs组装到玻璃基底的表面，形成单层Au NPs传感膜。可以通过在单层Au NPs传感膜的表面修饰双巯基试剂制备双层以及更多层金纳米粒子膜。此外，还可以通过在玻璃基底表面交替沉积聚电解质，利用静电吸附作用在基底表面组装纳米粒子膜。将纳米粒子组装成膜以后，与其在溶胶中的稳定性相比有所提高。

由以上的讨论可知，在相同条件下，水相纳米粒子传感器的灵敏度要高于纳米粒子传感膜的灵敏度。但是，纳米粒子传感膜的稳定性要高于纳米粒子溶胶，且便于存储和携带，简化了对LSPR性质的研究。因此，纳米粒子传感膜具有更好的应用前景。

（3）基于金纳米粒子自组装膜的生物传感 表面功能化金在生物传感领域的应用极为广泛。在这一领域，自组装膜具有众多独特优势：①首先，自组装膜在分子尺寸、组织模型以及膜的自然形成三个方面类似于天然生物膜，加上制备过程简单方便、膜稳定性好，非常适合作为基底材料在其表面固定生物分子抗体、酶、核酸等。常用的生物分子固定技术包括静电作用、亲疏水作用、化学键合法和聚合密封法等，由于具备良好的生物相容性，利于生物分子保持其生物活性，从而得到有序的、具有生物功能的仿生膜；②其次，自组装膜利用末端带有特定官能团的有机硫化合物可在金表面制备具有分子识别功能的自组装膜，对特定分子产生选择性响应，这些具有特定性质的自组装膜可作为模型表面用于研究生物分子之间相互作用、电子转移和能量传递等过程，或作为敏感元件用于设计与制造各种电化学光学压电传感器；③再次，可以灵活地设计和裁剪组装分子的端基与取向，以实现自组装膜表面的特殊功能，满足生物体系对亲水或憎水性表面的不同需要；④最后，利用各种现代界面表征技术，能在分子水平上解释和认识一些生物的本质问题，比如蛋白质的吸收、DNA杂化、抗原抗体相互作用等。加深对生物有序组装体的结构与功能关系的认识，可以指导生物传感器和分子器件的研制。常用的基于自组装膜技术的传感器有电化学传感器（如化学修饰电极）、质量传感器（如QCM）等。

Qiu等[145] 利用静电自组装膜技术将乙肝表面抗体（HBsAb）固定在聚丙烯胺-二茂铁复合物（PAA-Fc）和Au NPs多层膜修饰的玻碳电极表面，制备出用于检测乙肝表面抗原（HBsAg）的无试剂型安培免疫传感器（见图2-46），PAA-Fc复合材料能在玻碳电极表面形成稳定的膜，并且具有良好的氧化还原反应活性和导电性，该复合材料带正电可吸附带负电的Au NPs，Au NPs比表面积大、优异的生物相容性等优点为下一步吸附生物分子提供了良好的微环境，用差示脉冲伏安法测得HBsAg的线性范围为0.1～150.0ng/mL，检出限为0.04ng/mL。实验结果表明，将具有良好电化学性能的Au NPs参与自组装膜技术中有效提高了免疫传感器的灵敏度，降低了传感器的检测限，使其具有良好的应用前景。

（4）建立金纳米粒子的光散射传感技术 Au NPs的局域表面等离子体共振散射性质与纳米粒子的形状、大小、表面介电常数等密切相关。所以通过控制Au NPs的大小，形状，聚集程度以及所处的局部环境，可以方便地对其局域表面等离子体共振散射性质进行调控。研究发现，由于Au NPs聚集而产生的局域表面等离子体共振光散射信号的增强非常灵敏，对其运用作为传感分析测定的响应信号，比同等条件下的比色法，具有更高的灵敏度。而且，其操作简单，信号容易读出，不需要对样品进行分离可立即分析等优点，使得基于纳米粒子的光散射法，可以成为一个高灵敏的简单方法用于普通生化分析中，实现在生物体中多种特定目标的检测和识别。

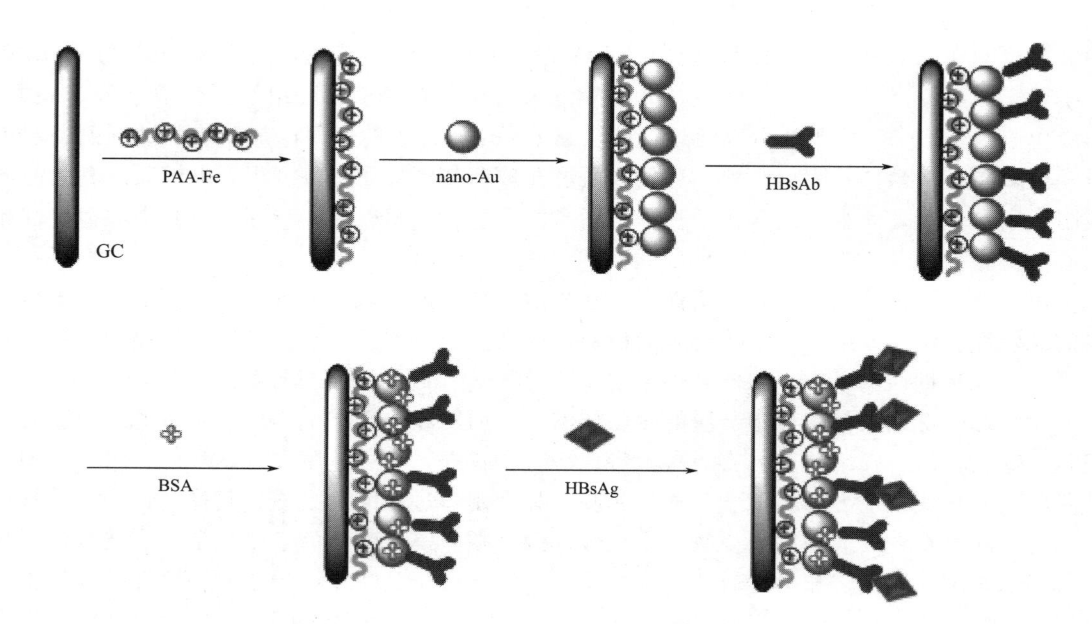

图 2-46　自组装膜技术构建免疫传感器的制备过程示意图

由以上的讨论可知，Au NPs 具有大的比表面积、良好的生物相容性、大的表面自由能为吸附抗体提供了良好的生物微环境。与传统方法相比，Au NPs 参与的传感装置具有制备简单、成本低、灵敏度高、稳定性好、抗干扰能力强等优点，这种自组装膜技术方法亦可用来构建其他传感器，使其最终在医学领域有良好的应用前景。

2.4　前景应用

随着生命科学相关领域的迅速发展，人们对生命现象的观察和研究的不断深入，许多传统、常规的生物分析化学与手段已不能满足生命科学研究的需要。人们正迫切需要新的分析方法来实时、活体获得更多的生物化学的信息。纳米尺度上的生物分析化学是当今国际分析科学领域研究的前沿及发展方向。纳米金作为纳米粒子中应用较为成熟的纳米探针，在当今的生物分析化学中起着举足轻重的作用。当前生命科学中有许多新的领域亟须开展生物分析化学研究，如临床医学诊断和病理研究，在分子水平上研究和理解病变的机理，实现可定向输送和释放的靶向性药物等。这些都为未来金纳米材料的应用指明了方向。但如何在微观尺度上使纳米金探针的信号放大，使人们可以利用传统的仪器进行检测是未来要解决的主要问题之一。同时由于生物分析化学边缘学科的特点也要求我们分析工作者掌握多种知识，加强知识创新，促进开发应用。毫无疑问，在纳米尺度上的生物分析化学必将成为传统分析化学学科向前发展的新的生长点。

2.4.1　应用于细胞成像研究

金属纳米颗粒的表面等离子体振动以两种方式衰减：①以散射光的形式辐射能量；②以

非辐射的形式将吸收的光转化为热量[146]。在 LSPR 频率范围内，电场强度和散射、吸收切面都显著增强[147]，对于金纳米粒子来说，其 LSPR 频率位于可见光至近红外光区[148]，极大地拓展了金纳米粒子在光学探针领域中的应用。

在过去的研究中，具有吸收或荧光性能的染料被广泛用作生物标签或染色剂。近年来，金属纳米颗粒有取而代之的趋势，其中金纳米粒子作为新型的光学探针具有不可比拟的优势：①首先，由于其表面等离子体增强效应，金纳米颗粒（10～100nm）的光切面是染料分子的 5 倍甚至更大[149]，每个金纳米颗粒可作为单独的光学探针，其作用相当于一百万个染料分子，这极大提高了探测的灵敏度；②其次，与染料分子相比，金纳米颗粒光稳定性强，没有光眨眼现象，可以承受更高能量的激发光和更长时间的照射[150]；③根据应用方向的不同，金纳米颗粒的 LSPR 可通过控制其尺寸、形状、组分和环境介质进行调控[149,151～153]，因为生物组织、血液等在可见光区存在较大的背景干扰，所以生物成像需要在近红外区（650～900nm）进行[154]，而传统染料难以满足此要求，单分散的球形金纳米颗粒的 LSPR 也难以到达这个波长区域，通过改变金纳米颗粒形态使其 LSPR 可调控至近红外区，以金纳米棒为例，随着径向比的增大，其纵向等离子体共振峰可从可见光区移至近红外区[155]，此外，核壳型结构的金纳米颗粒可通过控制壳的厚度来调控纳米壳内外表面的等离子体共振耦合，进而调控其 LSPR 频率[156]，中空的金纳米笼立方体也可通过纳米壳的厚度及尺寸对其 LSPR 进行调控[157,158]。近来通过对金纳米粒子形貌以及性能的研究，已经有很多的金属粒子应用于细胞成像研究。

EI-Sayed 课题组利用金属纳米颗粒的等离子体共振散射特性，结合暗场成像技术，实现了癌症的快速诊断[159～163]。他们首先在金纳米棒表面修饰表皮生长因子受体的抗体（anti-EGFR），由于癌细胞表面对外表达 EGFR，所以 anti-EGFR 标记的金纳米棒能特异结合在癌细胞表面；而对正常细胞，只能观察到金纳米颗粒的非特异性吸附，两者在暗场显微镜下差异显著（见图 2-47，彩插图 2-47），据此可实现癌症的诊断[162]。该课题组还发现，anti-EGFR 标记的金纳米棒与癌细胞结合后，抗体或细胞表面受体的 SERS 信号极大增强，而

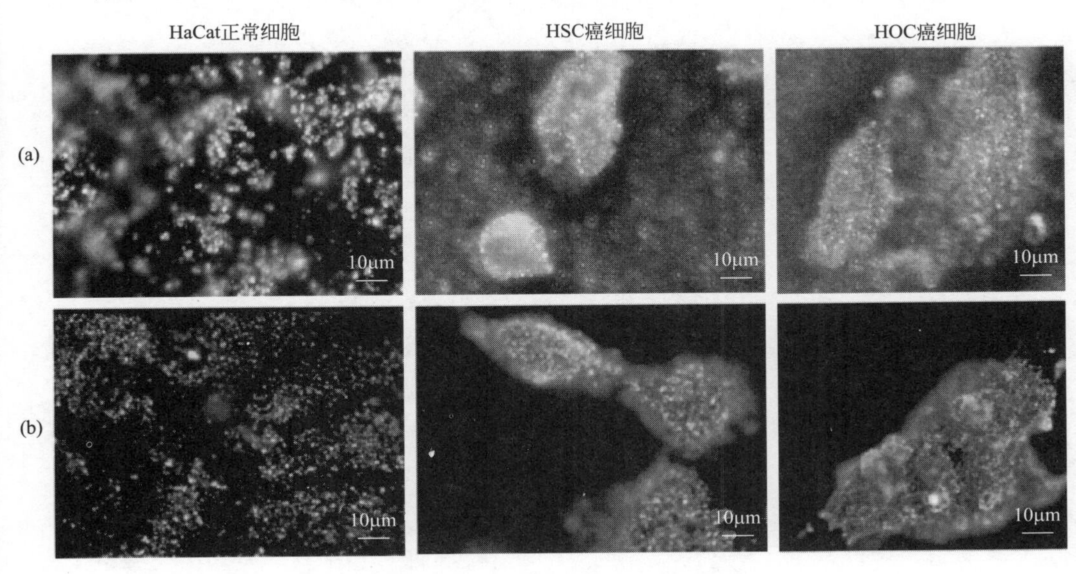

图 2-47　anti-EGFR 标记的金纳米球（a）和金纳米棒（b）与癌细胞和正常细胞相互作用的暗场散射成像[162]

正常细胞 SERS 信号相对很弱[161]，其原因可能是金棒堆积在癌细胞表面，金棒之间距离减小，发生等离子体共振耦合导致电场增强，进而放大 SERS 信号，通过 SERS 信号的差异，也可以实现癌细胞和正常细胞的甄别。该课题组还利用多肽介导金纳米颗粒进入细胞核，利用暗场成像技术，他们发现金纳米颗粒能抑制胞浆移动，阻止细胞分裂，最后导致细胞凋亡（见图 2-48，彩插图 2-48）[164]。

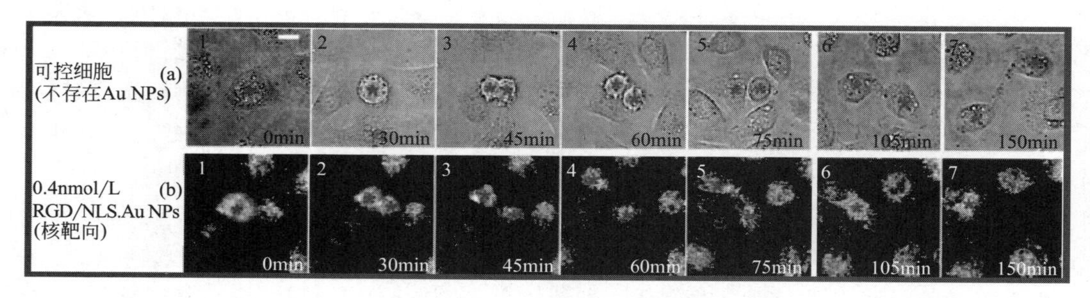

图 2-48　暗场散射成像观察金纳米颗粒进入细胞核后抑制胞浆移动，阻止细胞分裂[164]

由于 Au NRs 径向比可调，其纵向等离子体峰位于近红外区，具有较强的吸收切面，当入射激光与 Au NRs 的纵向等离子体振动频率相匹配时，光被共振吸收，转化为热量，进而杀死癌细胞，同样条件下，正常细胞不会死亡（见图 2-49，彩插图 2-49）。Au NRs 这一特

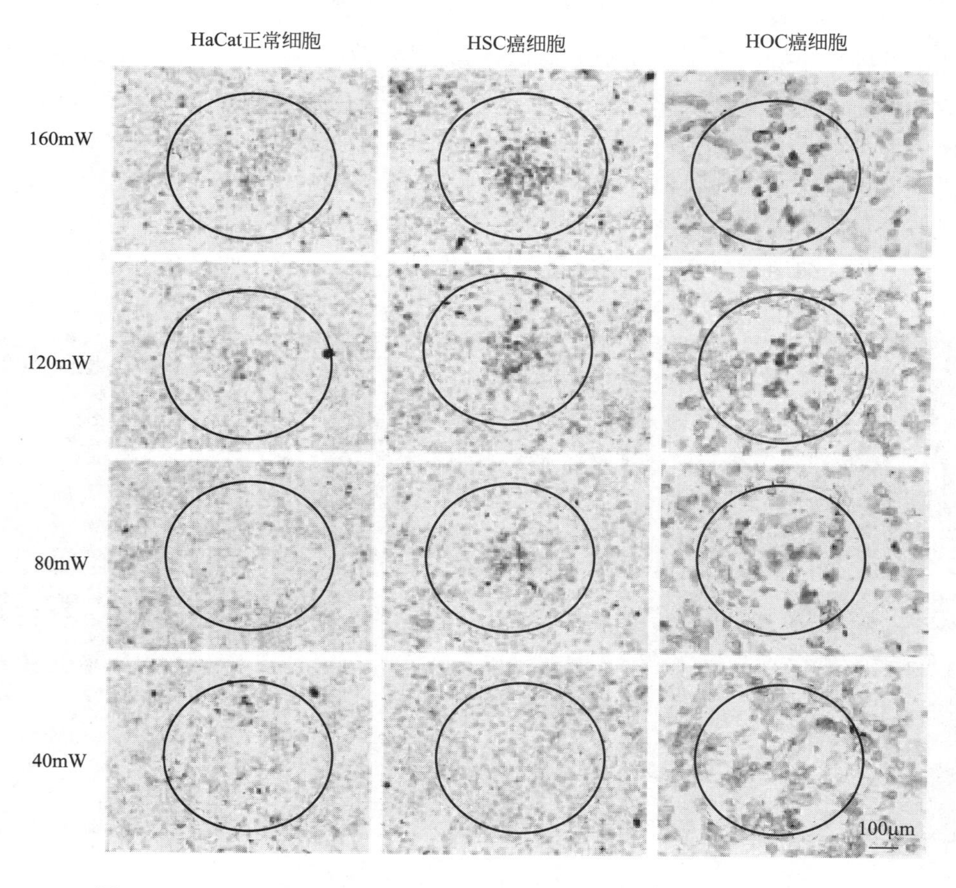

图 2-49　anti-EGFR 标记的金纳米棒与癌细胞结合后的光热治疗结果[162]

性被广泛用于癌症的光热治疗[165~167]。除 Au NRs 外，其他形态的纳米颗粒，如核壳结构、笼状结构的纳米颗粒的 LSPR 也可调控至近红外区用作光热治疗[158,168,169]。结合暗场成像技术和激光照射，可以同时实现癌症的诊断和治疗，弥补了量子点或碳纳米管只能实现成像或治疗单一功能的缺陷。

2.4.2 纳米金探针在单细胞分析中的应用

细胞是生命体结构与生命活动的基本单位，没有细胞就没有完整的生命。一切生命的关键问题都要到细胞中去寻找答案。目前，细胞研究已经从单细胞整体提高到分子水平，把细胞看作是物质、能量、信息过程的结合，并在分子水平上深入探索细胞的生命活动规律。纳米金由于具有良好的稳定性、细胞穿透性以及易与生物大分子偶联等优点，特别适用于目前单细胞研究发展的需要。纳米金作为免疫标记物在电镜检测中应用十分广泛，用高电子密度的纳米金标记抗体能增强显色效果，在电子显微镜下能准确定位抗原在细胞内外的分布位置[170]。纳米金还作为标记物用于原位细胞杂交实验来检测细胞中的基因或 DNA 序列，这对于基础研究以及病理学研究都是非常重要的。例如：人乳突淋瘤病毒 HPV-16 与宫颈癌是密切相关的，新的 Her2 的基因增殖对于乳腺癌诊断与治疗是至关重要的。尽管荧光和比色原位杂交测试已经被广泛使用，相比于其他细胞着色方法，纳米金检测为光镜观察提供了一种优良的黑色着色方法。与荧光法相比，它不需要昂贵的荧光仪器，也不会随着观察时间的延长而漂白或褪色[171]。整合素是一类细胞粘连的受体，具有增加细胞与有益基质的粘连而促进细胞存活的能力。Hussain 等[172] 将纳米金标记的缩氨酸配体与细胞一起孵育，使其进入细胞内，用原子力显微镜观察细胞内配体与血小板整合素 $\alpha_{\mathrm{II}\,\mathrm{b}}\beta_3$ 受体在细胞内的键合作用。这种方法为未来研究正常病理过程蛋白质受体的相互作用打下了基础。此外，纳米金还用于单细胞中超灵敏的拉曼光谱测定[173]。结合在细胞中的纳米金作为表面增强拉曼散射激活纳米结构，会使细胞中相应化学组分的拉曼信号显著增强。这些增强的拉曼信号使得单细胞的拉曼检测在 $400\sim800\mathrm{cm}^{-1}$ 范围内在比较短的收集时间内具有 $1\mu\mathrm{m}$ 的横向分辨率。收集到的拉曼信号可以反映细胞的不同化学组成。因此活细胞中基于纳米金的拉曼光谱提供了一种灵敏性高的结构选择性的检测细胞中化学成分的工具。Janina 等[174] 正是基于这一原理，将修饰有靛青绿的纳米金光学探针（ICG-gold）与小鼠的前列腺癌活细胞一起孵育，使探针进入细胞内部，通过孵育前后 ICG-gold 的 SERS 信号的变化，可以给出细胞内部的成分组成以及宿主细胞在生物环境中的结构信息。

2.4.3 纳米金探针在靶向药物中的应用

纳米药物载体技术是以纳米颗粒作为药物的携带载体，将药物分子包裹在纳米颗粒之中或吸附在其表面。若同时结合靶向药物技术即在颗粒表面偶联特异性的靶向分子（如特异性配体和单克隆抗体等），通过靶向分子与细胞表面特异性受体结合，并在细胞基粒作用下将药物分子引入到细胞内，就可以实现安全有效的靶向给药。此外，随着载药纳米微粒定位问题的解决，不仅可以减少对药物的不良反应，而且还可将一些特殊药物输送到机体天然的生物屏障部位，来治疗以往只能通过手术治疗的疾病。近年来，国内外学者对纳米载体在靶向药物制备中的应用进行了大量的研究。下面就以金纳米粒子为载体的一些研究加以简单介绍。Renjis 等[175] 利用抗菌药物环丙沙星（cfH）对二氮环上的NH与金键合的原理，包覆4～20nm不同粒径的金纳米颗粒获得稳定的cfH-Au复合物，这种复合物在干燥的室温条件下很稳定，且所键合的cfH药物分子在一定条件下可以解吸。这一研究表明金粒子可以作为cfH这类含单喹啉基团的药物分子的载体。Ramin 等[176] 利用短时间（＜20min）紫外光照射还原缩氨酸通过自组装作用而形成的纳米圆环结构中的金粒子制备单分散的金纳米粒子，纳米粒子的尺寸由缩氨酸圆环中腔体的大小来控制，然后通过长时间（＞10h）的紫外光照射破坏缩氨酸纳米圆环而使金纳米粒子得以释放，具体过程见图2-50。这种方法预示了缩氨酸-金纳米复合结构在药物释放和运输中的应用前景。与此研究类似，Hrushikesh 等[177] 在研究中发现，将胰岛素固载于天冬氨酸修饰的纳米金表面，通过口鼻黏膜给药到患有糖尿病的小鼠身上，进入血液后，固载的胰岛素会自动释放，从而降低血糖，达到治疗的目的，这种方法比传统的药物皮下注射法的血糖降低度低两个百分点。

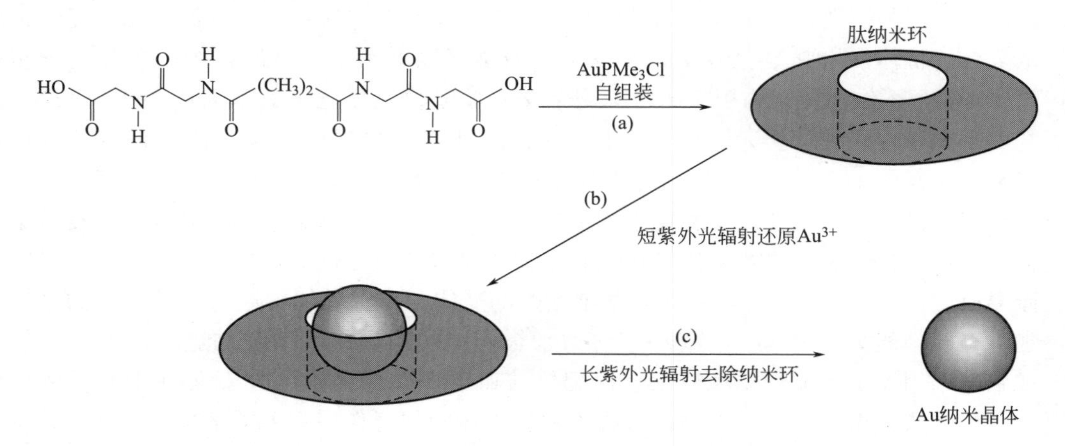

图 2-50　缩氨酸自组装和作为纳米反应器的反应过程模拟

2.4.4　金纳米粒子作为“分子标尺”应用于生物体系

由于各向异性的金属纳米颗粒其表面等离子体共振性质与粒子间距和空间排列密切相关，而金属纳米组装体的构建往往导致粒子间发生表面等离子体共振耦合，进而影响其等离子体共振频率，表现为消光光谱峰位置的移动或暗场成像下，散射光颜色的改变，等离子体共振频率的位移与粒子间距存在一定函数关系，根据共振峰位移程度，可实时监测粒子间距的变化，即所谓的“等离子体标尺”或广义上的“分子标尺”，利用该标尺可以实时监测生物体系中某些反应的动力学过程[178]，也可用于生物大分子长度的测定。

2.4.5　金纳米粒子作为载体应用于生物医学领域

大量研究表明金纳米粒子可作为生物分子、药物的载体进入细胞，药物分子可以通过非共价吸附或共价键合的方式连接在金纳米粒子表面，利用金纳米粒子较强的膜穿透能力，达到运载和释放药物的目的。组装体保持了金纳米粒子的这种优异特性，仍然具备药物运载的能力，而且组装体同时具备一定的光学性能，可通过成像实时监测药物与载体相互作用，推动了金纳米粒子作为载体的可控性研究。

总之，具有特殊光学性能的金纳米材料将会不断出现，对其合成和应用的探索也是一个非常有发展前景的领域。研究发现，荧光金纳米簇由于组成的原子数不同，其荧光发射峰也不同。当组成原子数量从几个到几十个甚至上百个时，其荧光发射位移也从紫外区到可见光区甚至近红外区。因为金纳米簇良好的生物相容性、光稳定性等优点，可用于活体中的生化分析及制作荧光成像的好材料。但是，由于合成的方法较复杂或表面难于修饰等原因所限，对金纳米簇的应用还处于初始阶段。但是我们有理由坚信，对这个领域的研究将会越来越多。总之，基于金属纳米材料的光学分析方法有广阔的发展前景，将在未来分析化学中发挥不可替代的作用。

参 考 文 献

[1] M. K. Beissenhirtz，R. Elnathan，Y. Weizmann. *Small*，2007，**3**：375-379.

[2] G. Pelossof，R. Tel-Vered，X. Q. Liu，I. Willner. *Chem. Eur. J.*，2011，**17**：8904-8912.

[3] V. I. Pârvulescu，V. Pârvulescu，U. Endruschat，G. Filoti，F. E. Wagner，C. Kübel，R. Richards. *Chem. Eur. J.*，2006，**12**：2343-2357.

[4] D. Bianchini，G. B. Galland，J. H. Z. Dos-Santos，R. J. J. Williams，D. P. Fasce，I. E. Dell'Erba，R. Quijada，M. Perez. *J. Polym. Sci.*，*Part A*：*Polym. Chem.*，2005，**43**：5465-5476.

[5] Q. Wei，X. Xin，B. Du，D. Wu，Y. Han，Y. Zhao，Y. Cai，R. Li，M. Yang. *Biosens. Bioelectron.*，2010，**26**：723-729.

[6] 张阳德. 纳米生物分析化学与分子生物学. 北京：化学工业出版社，2005.

[7] C. J. Murphy，A. M. Gole，J. W. Stone，P. N. Sisco，A. M. Alkilany，E. C. Goldsmith，S. C. Baxter. *Acc. Chem. Res.*，2008，**41**：1721-1730.

[8] M. A. Hayat. *J. Academic. Press. San. Diego.*，1989，**1**：13-32.

[9] W. Zhou，X. Gao，D. Liu，X. Chen. *Chem. Rev.*，2015：**115**：10575-10636.

[10] E. Matijevic. *Curr. Opin. Colloid Interface Sci.*，1996，**1**：176-180.

[11] M. C. Daniel，D. Astruc. *Chem. Rev.*，2004，**104**：293-346.

[12] G. Mie. *Ann. Phys.*，1908，**25**：377-445.

[13] Z. Y. Zhong，S. Patskovskyy，P. Bouvrette，J. H. T. Luong，A. Gedanken. *J. Phys. Chem. B*，2004，**108**：4046-4052.

[14] Y. G. Xue，J. M. Du，H. Zou. *J. Nanosci. Nanotechno.*，2012，**12**：4635-4643.

[15] L. Zhao，D. Jiang，Y. Cai，X. Ji，R. Xie，W. Yang. *Nanoscale*，2012，**4**：5071-5076.

[16] J. Turkevitch，P. C. Stevenson，J. Hillier. *Discuss. Faraday. Soc.*，1951，**11**：55-75.

[17] M. Brust，M. Walker，D. Bethell. *J. Chem. Soc.*，*Chem. Commun.*，1994，**7**：801-802.

[18] C. J. Ackerson，P. D. Jadzinsky，R. D. Kornberg. *J. Am. Chem. Soc.*，2005，**127**：6550-6551.

[19] M. J. Hostetler，J. E. Wingate，C. J. Zhong，J. E. Harris，R. W. Vachet，M. R. Clark，J. D. London，S. J. Green，J. J. Stokes，G. D. Wignall，G. L. Glish，M. D. Porter，N. D. Evans，R. W. Murray. *Langmuir*，1998，**14**：17-30.

[20] F. Chen，G. Q. Xu，T. S. Andy-Hor. *Mater. Lett.*，2003，**57**：3282-3286.

[21] M. Wirtz，C. R. Martin. *Adv. Mater.*，2003，**15**：455-458.

[22] S. Inasawa，M. Sugiyama，S. Koda. *Jpn. J. Appl. Phys.*，2003，**42**：6705-6712.

[23] P. W. Zheng，X. W. Jiang，X. Zhang，W. Zhang，L. Shi. *Langmuir*，2006，**22**：9393-9396.

[24] M. Tsuji，M. Hashimoto，Y. Nishizawa. *Chem. Eur. J.*，2005，**101**：440-452.

[25] C. J. Murphy，T. K. Sau，A. M. Gole，C. J. Orendorff，J. Gao，L. Gou，S. E. Hunyadi，T. Li. *J. Phys. Chem. B*，2005，**109**：13857-13870.

[26] C. Sonnichsen，A. P. Alivisatos. *Nano Lett.*，2005，**5**：301-304.

[27] J. Wiesner，A. Wokaun，*Chem. Phys. Lett.*，1989，**157**：569-575.

[28] N. R. Jana. *Chem. Commun.*，2003，**15**：1950-1951.

[29] B. Nikoobakht, M. A. El-Sayed. *Chem. Mater.*, 2003, **15**: 1957-1962.
[30] C. J. Murphy, A. M. Gole, S. E. Hunyadi, J. W. Stone, P. N. Sisco, A. Alkilany, B. E. Kinarda, P. Hankins. *Chem. Commun.*, 2008, **44**: 544-557.
[31] X. Ye, L. Jin, H. Caglayan. *ACS . Nano*, 2012, **6**: 2804-2817.
[32] X. Ye, Y. Gao, J. Chen, D. C. Reifsnyder, C. Zheng, C. B. Murray. *Nano Lett.*, 2013, **13**: 2163-2171.
[33] X. Ye, C. Zheng, J. Chen, Y. Gao, C. B. Murray. *Nano Lett.*, 2013, **13**: 765-771.
[34] C. R. Martin. *Science*, 1994, **266**: 1961-1965.
[35] Y. Y. Yu, S. S. Chang, C. L. Lee, C. R. C. Wang. *J. Phys. Chem. B*, 1997, **101**: 6661-6664.
[36] S. S. Chang, C. W. Shih, C. D. Chen, W. C. Lai, C. R. C. Wang. *Langmuir*, 1999, **15**: 701-709.
[37] F. Kim, J. H. Song, P. Yang. *J. Am. Chem. Soc.*, 2002, **124**: 14316-14317.
[38] S. E. Skrabala, J. Y. Chen, Y. Sun, X. Lu, L. Au, C. M. Cobley, Y. Xia. *Acc. Chem. Res.*, 2008, **42**: 1587-1595.
[39] S. E. Skrabalak, L. Au, X. Li, Y. Xia. *Nat. Protoc.*, 2007, **2**: 2182-2190.
[40] J. Zheng, P. R. Nicovich, R. M. Dickson. *Annu. Rev. Phys. Chem.*, 2007, **58**: 409-431.
[41] J. Yguerabide, E. E. Yguerabide. *Anal. Biochem.*, 1998, **262**: 157-176.
[42] P. K. Jain, K. S. Lee, I. H. El-Sayed, M. A. El-Sayed. *J. Phys. Chen. B*, 2006, **110**: 7238-7248.
[43] W. D. Knight. *Phys. Rev. Lett.*, 1984, **52**: 2141-2143.
[44] J. Zheng, C. Zhang, R. M. Dickson. *Phys. Rev. Lett.*, 2004, **93**: 077402-077401.
[45] M. Brack. *Rev. Mod. Phys.*, 1993, **65**: 677-732.
[46] A. Mooradian. *Phys. Rev. Lett.*, 1969, **22**: 185-187.
[47] J. Zheng, J. T. Petty, R. M. Dickson. *J. Am. Chem. Soc.*, 2003, **125**: 7780-7781.
[48] J. Zheng, C. Zhang, R. M. Dickson. *Phys. Rev. Lett.*, 2004, **93**: 077402-077405.
[49] J. Zheng, P. R. Nicovich, R. M. Dickson. *Annu. Rev. Phys. Chem.*, 2007, **58**: 409-431.
[50] J. P. Wilcoxon, B. L. Abrams. *Chem. Soc. Rev.*, 2006, **35**: 1162-1194.
[51] I. Díez, R. H. A. Ras. *Nanoscale*, 2011, **3**: 1963-1970.
[52] J. Jo, H. Y. Lee, W. Liu. *J. Am. Chem. Soc.*, 2012, **134**: 16000-16007.
[53] J. Yguerabide, E. E. Yguerabide. *Anal. Biochem.*, 1998, **262**: 137-156.
[54] S. S. Pundlik, K. Kalyanaraman, U. V. Waghmare. *J. Phys. Chem. C*, 2011, **115**: 3809-3820.
[55] M. Walter, J. Akola, O. Lopez-Acevedo, P. D. Jadzinsky, G. Calero, C. J. Ackerson, R. L. Whetten, H. Grönbeck, H. Häkkinen, A. Affiliations. *Proc. Natl. Acad. Sci.*, 2008, **105**: 9157-9162.
[56] E. S. Shibu, B. Radha, P. K. Verma, P. Bhyrappa, G. U. Kulkarni, S. K. Pal, T. Pradeep. *ACS Appl. Mat. Interfaces*, 2009, **1**: 2199-2210.
[57] P. Zhan, J. Wang, Z. G. Wang, B. Ding. *Small*, 2014, **10**: 399-406.
[58] H. W. Li, K. L. Ai, Y. Q. Wu. *Chem. Commun.*, 2011, **47**: 9852-9854.
[59] Y. Chen, Y. Shen, D. Sun, H. Zhang, D. Tian, J. Zhang, J. J. Zhu. *Chem. Commun.*, 2011, **47**: 11733-11735.
[60] J. P. Xie, Y. Zheng, J. Y. Ying. *J. Am. Chem. Soc.*, 2009, **131**: 888-889.
[61] X. L. Guevel, N. Daum, M. Schneider. *Nanotech.*, 2011, **22**: 275103-275109.
[62] P. L. Xavier, K. Chaudhari, P. K. Verma, S. K. Pal, T. Pradeep. *Nanoscale*, 2010, **2**: 2769-2776.
[63] F. Wen, Y. Dong, L. Feng, S. Wang, S. Zhang, X. Zhang. *Anal. Chem.*, 2011, **83**: 1193-1196.
[64] W. Y. Chen, J. Y. Lin, W. J. Chen, L. Luo, E. W. G. Diau, Y. C. Chen. *Nano Med.*, 2010, **5**: 755-764.
[65] J. Qiao, X. Mu, L. Qi, J. Deng, L. Mao. *Chem. Commun.*, 2013, **49**: 8030-8032.
[66] Y. Kong, J. Chen, F. Gao. *Nanoscale*, 2012, **5**: 1009-1017.
[67] H. Wei, Z. Wang, J. Zhang, S. House, Y. -G. Gao, L. Yang, H. Robinson, L. H. Tan, H. Xing, C. Hou, I. M. Robertson, J. -M. Zuo, Y. Lu. *Nature. Nanotech.*, 2011, **6**: 93-97.
[68] H. Kawasaki, K. Yoshimura, K. Hamaguchi, A. Ryuichi. *Anal. Sci.*, 2011, **27**: 591-596.
[69] H. Kawasaki, K. Hamaguchi, I. Osaka, et al., R. Arakawa. *Adv. Funct. Mater.*, 2011, **21**: 3508-3515.
[70] Y. Wang, Y. Cui, Y. Zhao, R. Liu, Z. Sun, W. Li, X. Gao. *Chem. Commun.*, 2012, **48**: 871-873.
[71] L. Su, T. Shu, J. Wang, Z. Zhang, X. Zhang. *J. Phys. Chem. C*, 2015, **119**: 12065-12070.

[72] X. Yang, L. Yang, Y. Dou, S. Zhu. *J. Mater. Chem. C*, 2013, **1**: 6748-6751.
[73] R. Zhou, M. Shi, X. Chen, M. Wang, H. Chen. *Chem. Eur. J.*, 2009, **15**: 4944-4951.
[74] T. A. Kennedy, J. L. M. Lean, J. Liu. *Chem. Commun.*, 2012, **48**: 6845-6847.
[75] G. Liu, Y. Shao, F. Wu, S. Xu, J. Peng, L. Liu. *Nanotechnology*, 2013, **24**: 015503-015511.
[76] J. Zheng, C. W. Zhang, R. M. Dickson. *Phys. Rev. Lett.*, 2004, **93**: 077402-077405.
[77] Y. Bao, C. Zhong, D. M. Vu, J. P. Temirov, R. B. Dyer, J. S. Martinez. *J. Phys. Chem. C*, 2007, **111**: 12194-12198.
[78] H. Duan, S. Nie. *J. Am. Chem. Soc.*, 2007, **129**: 2412-2413.
[79] M. M. Alvarez, J. T. Khoury, T. G. Schaaff, M. N. Shafigullin, I. Vezmar, R. L. Whetten. *The J. Phys. Chem. B*, 1997, **101**: 3706-3712.
[80] T. G. Schaaff, M. N. Shafigullin, J. T. Khoury, I. Vezmar, R. L. Whetten, W. G. Cullen, P. N. First. *J. Phys. Chem. B*, 1997, **101**: 7885-7891.
[81] Z. K. Wu, J. Suhan, R. C. Jin. *J. Mater. Chem. C*, 2009, **19**: 622-626.
[82] H. F. Qian, Y. Zhu, R. C. Jin. *ACS Nano*, 2009, **3**: 3795-3803.
[83] H. F. Qian, R. C. Jin. *Nano Lett.*, 2009, **9**: 4083-4087.
[84] H. F. Qian, Y. Zhu, R. C. Jin. *Proc. Natl. Acad. Sci.*, 2012, **109**: 696-700.
[85] W. Chen, X. Tu, X. Guo. *Chem. Commun.*, 2009, **13**: 1736-1738.
[86] X. Yuan, Z. Luo, Q. Zhang, X. Zhang, Y. Zheng, J. Y. Lee, J. Xie. *ACS nano*, 2011, **5**: 8800-8808.
[87] X. Yuan, Z. Luo, Y. Yu, Q. Yao, J. Xie. *Chem-Asian J.*, 2013, **8**: 858-871.
[88] J. Xie, Y. Zheng, J. Y. Ying. *Chem. Commun.*, 2010, **46**: 961-963.
[89] Z. X. Wang, Y. X. Guo, S. N. Ding. *Microchim. Acta*, 2015, **182**: 2223-2231.
[90] W. Chen, X. Tu, X. Guo. *Chem. Commun.*, 2009: 1736-1738.
[91] H. N. Kim, W. X. Ren, J. S. Kim, J. Yoon. *Chem. Soc. Rev.*, 2012, **41**: 3210-3244.
[92] Z. X. Wang, S. N. Ding. *Anal. Chem.*, 2014, **86**: 7436-7445.
[93] A. Varriale, M. Staiano, M. Rossi, S. D'Auria. *Anal. Chem.*, 2007, **79**: 5760-5762.
[94] A. H. Gore, S. B. Vatre, P. V. Anbhule, S. H. Han, S. R. Patil, G. B. Kolekar. *Analyst*, 2013, **138**: 1329-1333.
[95] S. Bir, C. Pattillo, G. K. Kolluru, X. Shen, S. Pardue, S. S. Patel, C. Kevil. *Biol. Med.*, 2011, **51**: S38-S39.
[96] Z. X. Wang, C. L. Zheng, S. N. Ding. *RSC Advances*, 2014, **4**: 9825.
[97] W. Y. Chen, G. Y. Lan, H. T. Chang. *Anal. Chem.*, 2011, **83**: 9450-9455.
[98] S. Y. Zhang, C. N. Ong, H. M. Shen. *Cancer Lett.*, 2004, **208**: 143-153.
[99] H. P. Wu, C. C. Huang, T. L. Cheng, W. L. Tseng. *Talanta*, 2008, **76**: 347-352.
[100] P. S. Samiec, C. Drews-Botsch, E. W. Flagg, J. C. Kurtz, P. S. Jr., R. L. Reed, D. P. Jones. *Free Radical Biol. Med.*, 1998, **24**: 699-704.
[101] K. Mopper. *Anal. Chem.*, 1984, **56**: 2557-2560.
[102] K. S. Park, M. I. Kim, M. A. Woo, H. G. Park. *Biosens. Bioelectron.*, 2013, **45**: 65-69.
[103] Z. X. Wang, S. N. Ding, E. Y. Jomma-Narjh. *Anal. Lett.*, 2014, **48**: 647-658.
[104] P. H. Li, J. Y. Lin, C. T. Chen, W. R. Ciou, P. H. Chan, L. Luo, H. Y. Hsu, E. W. G. Diau, Y. C. Chen. *Anal. Chem.*, 2012, **84**: 5484-5488.
[105] A. Ono, H. Torigoe, Y. Tanaka, I. Okamoto. *Chem. Soc. Rev.*, 2011, **40**: 5855-5866.
[106] X. B. Zhang, R. M. Kong, Y. Lu. *Ann. Rev. Anal. Chem.*, 2011, **4**: 105-128.
[107] Y. Miyake, H. Togashi, M. Tashiro, H. Yamaguchi, S. Oda, M. Kudo, Y. Tanaka, Y. Kondo, R. Sawa, T. Fujimoto, T. Machinami, A. Ono. *J. Am. Chem. Soc.*, 2006, **128**: 2172-2173.
[108] Z. Lin, X. Li, H. B. Kraatz. *Anal. Chem.*, 2011, **83**: 6896-6901.
[109] R. Freeman, T. Finder, I. Willner. *Angew. Chem.*, 2009, **121**: 7958-7961.
[110] D. Miyoshi, M. Inoue, N. Sugimoto. *Angew. Chem. Int. Ed.*, 2006, **45**: 7716-7719.
[111] L. Zhang, Z. X. Wang, R. P. Liang, J. D. Qiu. *Langmuir*, 2013, **29**: 8929-8935.
[112] B. K. Mandal, T. R. Chowdhury, G. Samanta, G. K. Basu, P. P. Chowdhury, C. R. Chanda, D. Lodh, N. K. Karan, R. K. Dhar, D. K. Tamil, D. Das, K. C. Saha, D. Chakrabort. *Curr. Sci.*, 1996, **70**: 976-986.

[113] M. R. Rahman, T. Okajima, T. Ohsaka. *Anal. Chem.*, 2010, **82**: 9169-9176.

[114] J. R. Kalluri, T. Arbneshi, S. A. Khan, A. Neely, P. Candice, B. Varisli, M. Washington, S. McAfee, B. Robinson, S. Banerjee, A. K. Singh, D. Senapati, P. C. Ray. *Angew. Chem. Int. Ed.*, 2009, **48**: 9668-9671.

[115] R. P. Liang, Z. X. Wang, L. Zhang, J. D. Qiu. *Chem. Eur. J.*, 2013, **19**: 5029-5033.

[116] P. A. Franken, A. E. Hill, C. W. Peters, G. Weinreich. *Phys. Rev. Lett.*, 1961, **7**: 118-119.

[117] 石顺祥，非线性光学，西安电子科技大学出版社. 2003.

[118] J. Dyer, S. Jockusch, V. Balsanek, S. D., N. J. Turro. *J. Org. Chem.*, 2005 **70**: 2143-2147.

[119] J. R. Lakowicz. New York: *Springer Acad*. 2006: 607-621.

[120] L. Ventelon, S. Charier, L. Moreaux, J. Mertz, M. Blanchard-Desce. *Angew. Chem. Int. Ed.*, 2001, **40**: 2098-2101.

[121] Z. L. Huang, N. Li, H. Lei, Z. R. Qiu, H. Z. Wang, Z. P. Zhong, Z. H. Zhou. *Chem. Commum.*, 2002, **20**: 2400-2401.

[122] K. Nakamura, T. Kawabata, Y. Mori. *Powder Technology*, 2003, **131**: 120-128.

[123] C. Jiang, T. Zhao, P. Yuan, N. Gao, Y. Pan, Z. Guan, N. Zhou, Q. H. Xu. *ACS Appl. Mat. Interfaces.*, 2013, **5**: 4972-4977.

[124] J. R. Lakowicz. *Anal. Biochem.*, 2001, **298**: 1-24.

[125] J. R. Lakowicz. *Anal. Biochem.*, 2005, **337**: 171-194.

[126] F. Y. Kong, S. X. Gu, W. W. Li, T. T. Chen, Q. Xu, W. Wang. *Biosens. Bioelectron.*, 2014, **56**: 77-82.

[127] F. Y. Kong, X. R. Li, W. W. Zhao, J. J. Xu, H. Y. Chen. Electrochem. Commun., 2012, **14**: 59-62.

[128] F. Y. Kong, M. T. Xu, J. J. Xu, H. Y. Chen. *Talanta*, 2011, **85**: 2620-2625.

[129] F. Y. Kong, X. Zhu, M. T. Xu, J. J. Xu, H. Y. Chen. *Electrochim. Acta*, 2011, **56**: 9386-9390.

[130] H. Wang, D. Chen, Y. Wei, L. Yu, P. Zhang, J. Zhao. *Spectrochim. Acta Part A*, 2011, **79**: 2012-2016.

[131] J. Y. Chen, Y. C. Chen. *Anal. Bioanal. Chem.*, 2011, **399**: 1173-1180.

[132] C. A. Mirkin, R. L. Letsinger, R. C. Mucic, J. J. Storhoff. *Nature Nanotech.*, 1996, **382**: 607-609.

[133] J. J. Storhoff, A. A. Lazarides, R. C. Mucic, C. A. Mirkin, R. L. Letsinger, G. C. Schatz. *J. Am. Chem. Soc.*, 2000, **122**: 4640-4650.

[134] J. J. Storhoff, A. D. Lucas, V. Garimella, Y. P. Bao, U. R. Müller. *Nat. Biotechnol.*, 2004, **22**: 883-887.

[135] H. Li, L. Rothberg. *Proc. Natl. Acad. Sci.*, 2004, **101**: 14036-14039.

[136] B. Pan, L. Ao, F. Gao, H. Tian, R. He, D. Cui. *Nanotech.*, 2005, **16**: 1776-1780.

[137] N. T. K. Thanh, Z. Rosenzweig. *Anal. Chem.*, 2002, **74**: 1624-1628.

[138] D. C. Hone, A. H. Haines, D. A. Russell. *Langmuir*, 2003, **19**: 7141-7144.

[139] H. W. Liao, J. H. Hafner. *Chem. Mater.*, 2005, **17**: 4636-4641.

[140] P. K. Sudeep, S. T. Shibu Joseph, K. George Thomas. *J. Am. Chem. Soc.*, 2005, **127**: 6516-6517.

[141] C. L. Haynes, A. D. Mc Farland, M. T. Smith, J. C. Hulteen, R. P. Van Duyne. *J. Phys. Chem. B*, 2002, **106**: 1898-1902.

[142] X. Zhang, M. A. Young, O. Lyandres, R. P. Van Duyne. *J. Am. Chem. Soc.*, 2005, **127**: 4484-4489.

[143] E. M. Hicks, X. Y. Zhang, S. L. Zou, O. Lyandres, K. Spears, G. C. Schatz, R. P. Van Duyne. *J. Phys. Chem. B*, 2005, **109**: 22351-22358.

[144] T. Ito, S. Okazaki. *Nature*, 2000, **406**: 1027-1031.

[145] J. D. Qiu, H. Huang, R. P. Liang. *Microchim. Acta*, 2011, **174**: 97-105.

[146] P. K. Jain, X. Huang, I. H. El-Sayed, M. A. El-Sayad. *Plasmonics*, 2007, **2**: 107-118.

[147] S. Eustis, M. A. El-Sayed. *Chem. Soc. Rev.*, 2006, **35**: 209-217.

[148] S. Link, M. A. Ei-Sayed. *Annu. Rev. Phys. Chem.*, 2003, **54**: 331-366.

[149] P. K. Jain, K. S. Lee, I. H. El-Sayed. M. A. El-Sayed, *J. Phys. Chem. B*, 2006, **110**: 7238-7248.

[150] C. Sönnichsen, B. M. Reinhard, J. Liphardt, A. P. Alivisatos. *Nat. Biotechnol.*, 2005, **23**: 741-745.

[151] K. L. Kelly, E. Coronado, L. L. Zhao, G. C. Schatz. *J. Phys. Chem. B*, 2003, **107**: 668-677.

[152] S. Link, M. A. El-Sayed. *Int. Rev. Phys. Chem.*, 2000, **19**: 409-453.

[153] S. J. Oldenburg, R. D. Averitt, S. L. Westcott, N. J. Halas. *Chem. Phys. Lett.*, 1998, **28**: 243-247.

[154] R. Weissleder. *Nat. Biotechnol.*, 2001, **19**: 316-317.

[155] S. Link, M. A. El-Sayed, M. B. Mohamed. *J. Phys. Chem. B*, 2005, **109**: 10531-10532.
[156] P. K. Jain, M. A. El-Sayed. *Nano Lett.*, 2007, **7**: 2854-2858.
[157] Y. G. Sun, B. T. Mayers, Y. N. Xia. *Nano Lett.*, 2002, **2**: 481-485.
[158] M. Hu, J. Y. Chen, Z. Y. Li, L. Au, G. V. Hartland, X. D. Li, M. Marquez, Y. N. Xia. *Chem. Soc. Rev.*, 2006, **35**: 1084-1094.
[159] A. K. Oyelere, P. C. Chen, X. Huang, I. H. El-Sayed, M. A. El-Sayed. *Bioconjugate Chem.*, 2007, **18**: 1490-1497.
[160] P. K. Jain, X. Huang, I. H. El-Sayed. M. A. El-Sayed. *Acc. Chem. Res.*, 2008, **41**: 1578-1586.
[161] X. Huang, I. H. El-Sayed, W. Qian, M. A. El-Sayed. *Nano Lett.*, 2007, **7**: 1591-1597.
[162] X. Huang, I. H. El-Sayed, W. Qian, M. A. El-Sayed. *J. Am. Chem. Soc.*, 2006, **128**: 2115-2120.
[163] I. H. El-Sayed, X. Huang, M. A. El-Sayed. *Nano Lett.*, 2005, **5**: 829-834.
[164] B. Kang, M. A. Mackey, M. A. El-Sayed. *J. Am. Chem. Soc.*, 2010, **132**: 1517-1519.
[165] H. Takahashi, T. Niidome, A. Nariai, Y. Niidome, S. Yamada. *Nanotech.*, 2006, **17**: 4431-4435.
[166] H. Takahashi, T. Niidome, A. Nariai, Y. Niidome, S. Yamada. *Chem. Lett.*, 2006, **35**: 500-501.
[167] L. Tong, Y. Zhao, T. B. Huff, M. N. Hansen, A. Wei, J. X. Cheng. *Adv. Mater.*, 2007, **19**: 3136-3141.
[168] L. R. Hirsch, R. J. Stafford, J. A. Bankson, S. R. Sershen, B. Rivera, R. E. Price, J. D. Hazle, N. J. Halas, J. L. West. *Proc. Natl. Acad. Sci. USA*, 2003, **100**: 13549-13554.
[169] C. Loo, A. Lowery, N. Halas, J. West, R. Drezek. *Nano Lett.*, 2005, **5**: 709-711.
[170] J. Kreuter. *Boca Raton*: CRC Press, 1992.
[171] 程介克. 单细胞分析. 北京：科学出版社，2005.
[172] M. Hussain, A. Agnihotri, C. A. Siedlecki. *Langmuir*, 2005, **21**: 6979-6986.
[173] K. Kenipp, A. Haka, H. Kneipp. *Appl. Spectrosc.*, 2002, **56**: 150-154.
[174] J. Kneipp, H. Kneipp, W. L. Ricee. *Anal. Chem.*, 2005, **77**: 2381-2385.
[175] R. T. Tom, V. Suryanarayanan, P. G. Reddy, et al.. *Langmuir*, 2004, **20**: 1909-1914.
[176] D. Ramin, S. Jacopo, M. Hiroshi. *J. Am. Chem. Soc.*, 2004, **126**: 7935-7939.
[177] H. M. Joshi, D. R. Bhumkar, K. Joshi, V. Pokharkar, M. Sastry. *Langmuir*, 2006, **22**: 300-305.
[178] B. M. Reinhard, S. Sheikholeslami, A. Mastroianni, A. P. Alivisatos, J. Liphardt. *Proc. Natl. Acad. Sci.*, 2007, **104**: 2667-2672.

3 银纳米材料

贵金属纳米材料具有良好的稳定性，且易于进行生物功能化，常常被用作生物传感器的标记物，为传感器注入了新的活力。作为贵金属纳米材料家族的重要一员，银纳米颗粒因其优异的光学性能、导电性能、化学性能及出色的生物相容性，已经被广泛地应用于化学与生物传感、抗菌、医疗以及光学检测等领域。本章在相关研究的基础上，综述了不同材料形貌银纳米及基于银纳米颗粒的复合结构的制备及在光学和电化学检测方面的应用，并对其发展及应用前景进行了展望。

3.1 银纳米材料的制备方法

银纳米材料是应用最广泛的贵金属纳米材料之一，这是因为银不仅是最好的导电导热金属，而且还具有出色的表面等离子共振性能。按组成划分，银纳米材料可分为银纳米颗粒材料和银纳米复合材料，银纳米颗粒材料按照组成又可分为纯银和银合金（如 Ag-Au，Ag-Pd，Au-Cu）等合金。目前对银纳米复合材料的研究主要针对银纳米/聚合物复合材料、银纳米/载体复合材料、银纳米/半导体复合材料、银纳米/介孔固体复合材料等，银纳米复合材料由于其优良的综合性能而有着广阔的应用前景。

一维、二维或三维方向上处在纳米尺度范围的纳米材料具有许多其本体或分子所没有的独特的物理、化学和机械性能，这使得纳米材料在光学、电学、磁学、传感、催化、生物医学、微反应器等方面具有巨大的应用潜力。由于这些奇特的性能通常与纳米材料的形状、尺寸以及间距密切相关，因而纳米材料的形貌可控制备非常重要。近年来，为使银纳米颗粒粒径更小、大小均匀、形貌均一、粒径和形貌均可控、性质稳定，不断涌现制备新工艺、新技术、新方法。许多研究组已经合成了不同形貌和结构的银纳米颗粒。目前已报道用来制备不同形态的银纳米材料的有效方法，包括化学还原法、光还原法、微乳液法、电化学法等，化学还原法由于容易控制颗粒尺寸和形貌、生产成本相对较低，是目前研究和应用最广的制备银纳米材料的方法。

本节就近年来文献报道的银纳米材料的制备方式进行了归纳阐述，以求为今后设计合成更多新型的银纳米材料提供一定的参考。

3.1.1 银纳米颗粒的制备

作为一种新型的功能材料，纳米银广泛用作催化材料、生物传感器材料、防静电材料、低温超导材料、电子浆料和抗菌抑菌材料。纳米银的性能与其结构、形貌、尺寸和粒径分布以及材料本身所处的化学物理环境密切相关，而纳米银的形貌、尺寸和粒径分布可以通过采用不同的合成技术和反应条件来控制。因此，研究银纳米材料的可控制备技术，探索不同反应条件下纳米银的生长机制具有重要意义。从贵金属纳米材料诞生以来，其独特的性质就引起了科学家们广泛的关注，有关贵金属纳米材料的制备方法也层出不穷。其中，银纳米材料的制备一直是科研工作者研究的热点。相对于颗粒尺寸的控制，形状的控制更为困难，这主要是由于处于高能量状态的纳米颗粒，倾向于相互团聚而长大，同时环境的变化也可能影响纳米颗粒的生长。在纳米颗粒的成核-生长过程中，如果环境是稳定均一的，则有可能得到形状规则的颗粒，反之，若环境发生改变，则颗粒的形貌势必受到影响。实验证明，调节纳米颗粒的成核-生长环境有利于解决纳米颗粒尺寸及形貌的控制问题。到目前为止，已报道的银纳米颗粒有球状、盘状、立方体状、树枝状、棒状及链状等。从宏观角度讲，纳米材料的制备方法可分为物理法（由上到下法）和化学法（由下到上法）[1]。

物理法即“由上到下法（Top to Bottom）”，通过块状金属的机械粉碎、超声波粉碎，金属电极间电弧放电产生金属原子，然后加热蒸发块状金属生成蒸气原子，沉积到溶液中集结成大颗粒。该方法所获得纳米材料的均匀性和尺寸性有限，故目前应用的较少。相对灵活的化学法“自下到上法”在近 10 年得到了广泛发展。本书提到的银纳米材料的制备以由下至上法中的液相法为主。

化学法即“由下到上法（Bottom to Top）”，将前驱反应物（如金属盐）通过化学还原、光解、热解、超声波分解、电解等方法产生金属原子，聚集成金属纳米颗粒。由于化学法是从分子水平对物质进行操作，因此所得材料化学均匀性较好；同时溶液反应对粒子尺寸、形状较易控制，基于以上两点，目前贵金属纳米材料的制备广泛采用液相化学合成法，包括化学还原法、模板辅助沉积方法、种子调制生长方法和光还原方法等。

纳米银制备有多种方法，主要包括热分解法、化学还原法、晶种法、气体冷凝法、电化学法、微波还原法[2]。化学还原法制备纳米银是一种最简单且有效的方法，如利用硼氢化钠、柠檬酸、乙二醇、乙二胺四乙酸盐、聚乙烯吡咯烷酮等可直接还原硝酸银制备纳米银粉。下面分别从合成方法和不同形貌银纳米粒子的制备两个方面对银纳米材料的制备进行阐述。

(1) 方法介绍

① 银纳米材料的制备方法很多，而化学还原法因其简便、快捷的优势当之无愧地成为首选的制备方法。化学还原法一般是指在液相条件下，用还原剂还原银的化合物制备纳米银材料的方法。通常的做法是在溶液中加入分散剂，以硼氢化钠、葡萄糖、次亚磷酸钠、抗坏血酸、双氧水、柠檬酸钠等做还原剂还原银的化合物（$AgNO_3$ 或银氨络合物），Ag 很容易从它的化合物或盐类中还原出来[3]。反应中，分散剂可控制反应的过程，降低银粒子的表面活性，从而控制生成的银微粒在纳米数量级。通过调整反应试剂的浓度和控制反应条件，可以方便的合成不同形貌的银纳米材料，包括各向异性纳米材料[4]。该法的优势在于能在较短的时间内得到大量的纳米粒子，并且可对粒子的尺寸分布进行较好地控制。但是，化学

还原法制备的纳米粒子易于团聚，如何有效抑制金属纳米颗粒之间的团聚、提高纳米银溶胶的稳定性以及保证银纳米粒子的分散性是提高该法使用范围要解决的关键问题。在制备过程中，为了有效防止纳米银颗粒团聚，通常会采用加入聚乙烯吡咯烷酮（PVP）等保护剂或分散剂的方法。

② 模板法因其简单、方便、模板易得且相对来说外形容易控制等优点，近年来引起人们极大兴趣，成为制备一维棒状、线状和管状银纳米材料的一个常用方法。这里的模板分外模板和内模板两种。外模板法又称硬模板法，通常指选用具有特定形状、结构的材料如多孔氧化铝、生物钙质、碳纳米管、有孔薄膜以及介孔材料等，引导纳米材料的制备与组装，这些模板为反应提供了一个纳米尺寸的反应器，银离子在特定的模板中被还原，而局限的空间结构可以控制颗粒的成核与生长，从而获得特定形貌的银纳米颗粒[5]。在这种方法中，模板自身“纳米反应器”的大小和形状最终决定了作为产物的贵金属纳米材料的形貌和尺寸。内模板法，又称软模板法，与晶种生长法类似，利用纳米尺寸的物质作为“晶核”，通过特定的控制手段在该“核”表面上生长其他材料，反应完成后以特定的方法去除“核”从而得到所需的产物。常用的软模板包括表面活性剂、微乳剂、DNA 等。

③ 晶种生长法即首先人为控制晶种形成与晶体生长的分离，并在表面活性剂的诱导下生长合成得到具有特异形貌的单金属、双金属纳米结构。在初始阶段，金属前驱体盐被还原至零价的金属原子，这些还原出的金属原子与溶液中存在的金属离子、金属原子或原子簇不断发生碰撞，并在特定的表面保护剂诱导下逐步在溶液中形成了稳定的晶种。随后，将制备出的晶种溶液加入含有相同或不同金属离子的生长溶液中，在表面保护剂诱导下，生长液中的金属离子被弱还原剂还原至零价金属原子并异相成核生长于晶种的表面，从而得到具有特异结构或形貌的纳米晶体。美国佐治亚理工学院 EL-Sayed 教授课题组首先发展了这一制备方法[6]，为贵金属纳米材料的制备提供了新途径。由于晶种生长法可以有效控制所得纳米晶体的外形、尺寸并进而影响其相关的物理、化学特性，人们又将这一概念延伸至异质贵金属复合纳米结构的合成，从而实现特定应用环境下对贵金属纳米材料的特殊需求。通过尺寸较小的且相对惰性的贵金属纳米晶体作为晶核，随后再将另一种贵金属盐引入，并在表面活性剂的诱导作用下将还原剂还原出的金属原子诱导沉积、生长于晶核表面，通过控制表面活性剂和贵金属盐的前驱体浓度，可以获得丰富多彩的纳米结构。

④ 高温溶剂热还原法指的是在均相的混合溶液中，利用高温加热引发化学还原反应，并在具有导向、保护作用的且可有效防止纳米粒子团聚的稳定剂/保护剂的存在下，利用还原剂还原贵金属前驱体，通过均相或者异相成核及随后的扩散生长制备贵金属纳米颗粒。该方法不仅具有操作简单、重复性好等优点，而且制备出来的纳米颗粒形貌和尺寸都可以得到很好的控制。2002 年，发表于 Science 上关于立方体纳米银颗粒的合成是这一方法的首次出现[3]。随后，美国华盛顿大学 Younan Xia 教授及其合作者大大发展了高温溶剂热还原法，基于这一经典方法合成得到一系列丰富的贵金属纳米结构。

⑤ 光化学合成法（又称光还原法），是指银离子在电磁波（可见光、紫外光、高能射线、高能电子束）作用下发生还原反应得到银单质的方法，其机制一般认为是在有机物存在的条件下，金属阳离子在光照的条件下，由有机物产生的自由基使金属阳离子还原。利用该种方法制备银纳米材料，因无需高温加热等条件，操作简单，且能通过调节光源的功率控制纳米材料的形貌尺寸。目前，已有一些研究对光化学合成法制备银纳米材料进行了报道[7]。例如，Zhang 等利用紫外光照射法制备银纳米片[8]，该法操作简单，能较精确地在不同的范

围调控银纳米片的表面等离子体共振峰，且所得银纳米颗粒具有较高的稳定性。从成形的银纳米片出发，用紫外光照射实现银纳米材料形貌的调控。特别之处在于，暴露于紫外光下后，三角形的银纳米片在溶液中展现出一系列形状的变化，主要包括尖角变得圆润，而厚度逐渐增加。因此，可以通过控制光照时间调控表面等离子体共振峰从 870～450nm 变化。

也有报道利用光化学合成法实现了球形的银纳米颗粒向三角形的银纳米棱柱体的转化，且产率较高。首先在含有柠檬酸钠的溶液中，通过 $NaBH_4$ 还原 $AgNO_3$，然后逐滴加入二水合双（对磺酰苯基）苯基膦二钾盐做粒子稳定剂，最后用传统的 40W 的荧光灯照射。反应开始时溶液颜色为黄色，经过 70h 的反应后，变成蓝色，表明三角形银纳米棱柱体的形成。

⑥ 电化学方法制备贵金属纳米材料是指在电解质溶液中，通过给溶液体系施加一定的电流或电压，从而发生电化学反应而制得贵金属纳米粒子。贵金属纳米材料的电化学制备方法主要有以下优点：a. 反应条件温和，无需高温，高压等极端条件；b. 反应容易调节和控制，通过改变外加电压和电流可实现对反应条件的控制，从而实现对纳米粒子形貌和尺寸的调控；c. 所需仪器简单，无需复杂的仪器设备，且操作简便。

电化学方法又分为电化学阳极氧化法、电解法、电化学沉积法和电化学超声法等[9]。电化学阳极氧化法是一种快速且简单的制备方法，通过改变电极两端电压、电解质组分、pH 和电解时间等条件，可以有效调控纳米颗粒的大小和形貌。采用这种方法，在强保护剂作用下，通过将金属单质溶解分散为对应离子，成功制备了 Pd、Ni、Co、Pd-Pt 等纳米材料。

电解法直接用电解的方法制备纳米银，为防止电解生成的单质颗粒团聚，需要在电解过程中加入配位稳定剂。如 Braun 等利用 DNA 模板电化学合成了长 12μm、宽 100nm 的银纳米线，开启了电化学合成银纳米材料的里程。电解法是制备银纳米材料常用的一种电化学方法。例如，廖学红等将柠檬酸钠、半胱氨酸等作为不同的配位剂，与硝酸银混合配成电解液，在氮气保护下用铂电极直接进行电解，制备出球形银纳米粒子和树枝状的纳米银。又如，司民真等分别用柠檬酸钠溶液、硝酸银和聚乙烯醇混合液作为电解液，用银棒作为电极，加上 7V 直流电压，通电 1h，用电解方法得到了纳米银溶胶。为测试该纳米银溶胶是否具有表面增强拉曼散射活性（SERS），选用了阳离子型分子碱性品红、亚甲基蓝、阴离子型分子苯甲酸、甲基橙、中性分子吖啶橙、苏丹红作为测试分子，进行 SERS 研究，结果发现，用两种电解液制备的纳米银都具有很强的 SERS 活性。但用硝酸银和聚乙烯醇混合液作为电解液制备的纳米银溶胶具有更广泛的 SERS 活性。在该方法制备的纳米银上，得到了用常规方法制备的胶态纳米银上及用柠檬酸三钠溶液作为电解液制备的纳米银上得不到的甲基橙分子的 SERS 谱，扩大了 SERS 的应用范围。

电化学沉积法是在电解质溶液里通过外加电场诱导化学反应来制备纳米颗粒的方法。在这种方法里，通过对反应条件的控制，可以获得如纳米线、立方体、树枝状纳米材料、花状等多种形貌的纳米结构。电化学沉积法可以采用控制电流、恒电位、方波脉冲等多种电化学方法。

⑦ 电化学超声法是指体系在超声作用下同时给其外加电能[10]，通过改变电位（或电流）、温度、功率、超声时间等条件来控制获得纳米材料的方法。金属在超声作用下脱离电极后会迅速流动分散到整个电解质中，阻止了纳米粒子的进一步长大。Koltypin Y 等合成了各种形态的 Ag NPs。

综上所述，不同的合成方法具有各自的特点。人们在选择相应的方法制备银纳米材料时，往往会从粒子形貌、使用环境、现有条件等多方面综合考虑，下面结合不同形貌银纳米粒子的制备对银纳米材料的制备进行阐述。

（2）不同形貌银纳米粒子的制备

① 球形银纳米粒子　制备银的球形纳米粒子，关键在于减小纳米银的颗粒粒径和控制纳米银的粒径分布，避免在制备和存放过程中纳米银粒子可能发生的团聚。在柠檬酸钠做表面保护剂的情况下，用硼氢化钠或抗坏血酸还原硝酸银即可得到球形银纳米粒子。该法简单、快捷，是制备球形银纳米颗粒最常用的方法。另外，以有机物为原料制备球形银纳米粒子的研究也有报道。例如，以乙二醇为还原剂和溶剂，PVP 为稳定剂和诱导剂，Na_2S 为前驱体，通过调节反应条件，成功的制备出了银纳米颗粒。随着 $AgNO_3$ 的加入，产生 Ag_2S 纳米晶体，进而催化 $AgNO_3$ 还原为银原子，成为双核银纳米晶种，最终形成银纳米粒子。

球形银纳米粒子制备简单、用途广泛。然而，随着纳米材料制备技术的飞速发展，各向异性纳米材料越来越引起人们的关注。非球形银纳米材料在多相催化、DNA 检测等领域具有独特的用途，因此，近年来人们对银纳米粒子的形貌控制产生了浓厚的兴趣，除各向同性的球型纳米粒子外，各向异性的银纳米材料主要有三角形片状、纳米立方体、纳米棒（纳米线）以及复合结构银纳米材料。

② 三角形银纳米片（Triangular Silver Nanoprisms，TSNPRs）作为一种经典的贵金属纳米粒子，在太阳能电池、表面增强拉曼、催化、有机分子和生物分子结构和含量分析与检测等领域有诸多应用。这些应用不仅依赖于银纳米三角片高度可调的表面等离子共振带，而且强烈依赖于其锐利的尖端形貌与 LSPR 峰之间的关系特性[11]。一方面，三角片锐利的尖端可以产生巨大的局域电场增强；另一方面，银纳米三角片的 LSPR 峰位变化十分敏感的依赖于尖端的锐度。利用这种关系可对化学和生物分子的结构进行分析，对其含量进行检测，而且均能获得超高的灵敏度。这一特性已在 DNA、适配体、葡萄糖和重金属离子检测等领域获得了越来越广泛的应用。然而，正是由于 TSNPRs 尖端的锐度对环境的变化很敏感[12]。因此，制备高质量的尖端尖锐的 TSNPRs 是比较困难的。就目前而言，银纳米三角片的合成技术已经相当成熟，且可控性好。普遍认为，纳米片的形成机制有三种：一是从动力学上控制不同晶面的生长速率；二是通过添加的表面活性剂在某一晶面的优先吸附来控制不同晶面的生长速率；三是使用软模板。2001 年，Jin 及 Mirkin 等在 Science 上发表了通过光化学方法制备银纳米三角片的工作[7]；随后 2003 年，又在 Nature 上发表了第二篇通过光化学方法制备银纳米三角片的文章[11]。至今，已有多个课题组对银纳米三角片的制备过程进行研究，并取得了丰硕的成果。

制备银三角片的一种典型方法是光诱导合成法，又被称为 Photomediated-Method 或者 Plasmon-Mediated Method。这个反应本质上不是光，而是通过激发等离子体达到控制反应的目的。在光激发银纳米粒子等离子体的作用下，柠檬酸钠可以还原 Ag^+ 为银原子，从而完成生长。银纳米粒子起了类似催化剂的作用，如果没有银纳米粒子，仅仅光照下，柠檬酸钠的还原性不足以完成反应。鉴于其等离子体调控反应的机理，整个反应的基本元素包括光源、柠檬酸钠、Ag^+ 以及银纳米种子。薛彬等发展了一种简便的一步 Plasmon-Mediated 合成方法，他们使用了易于除去的柠檬酸钠作为表面包覆剂，还引入 OH^-，用于提高银种子质量和抑制产生银源来实现动力学控制生长。

③ 一维银纳米材料的制备　纳米银在催化、生物传感器、微电子及抗菌杀菌领域的应

用都与银粒子的形貌、尺寸和粒径分布有很大关系。因此，利用可控合成技术制备银的各向异性纳米材料如纳米棒、纳米线等成为近年来银纳米材料领域的研究热点。纳米棒或纳米线的合成方法较多，其中软模板化学法合成各向异性银的纳米材料由于不需后处理模板而得到了广泛的应用。常用的软模板为表面活性剂形成的棒状胶束或高分子表面活性剂分子形成的一维线状聚集体[13]。表面活性剂在制备银纳米棒的过程中既做模板又做包覆剂，反应前不需制备纳米介孔模板，反应后不需要对模板进行后处理，便于银纳米棒与纳米线的大规模生产。溴化十六烷基三甲基铵（CTAB）是最常用的表面活性剂，它在溶液中可以形成棒状胶束，这种胶束在银晶种的存在下，可以控制各向异性银纳米材料的定向生长，促进银纳米棒或纳米线的形成。棒状胶束的形貌诱导银盐前驱体形成银的棒状纳米材料，纳米棒的长径比可以通过控制加入晶种的数量、改变银盐前驱体的浓度和调控胶束模板的形状以及尺寸进行精确控制。对于银纳米棒、纳米线的制备而言，$AgNO_3$ 在 CTAB 棒状胶束中的化学还原已经成为一种常用的方法。

除了银纳米棒，银纳米线也是一种典型的一维银纳米材料。夏幼南课题组以 Pt 纳米颗粒为晶种，在水溶液中合成了银纳米线[14]，在制备立方体银的反应体系中加入 Pt 晶种、Au 晶种或不加入晶种，在含有 PVP 的乙二醇溶液中通过乙二醇还原 $AgNO_3$ 可制备银的一维纳米结构材料[15]。加入 Pt 晶种时，得到的纳米线直径 30～50nm、长约 50μm。研究发现，反应温度、[PVP]/[$AgNO_3$] 晶种、PVP 的聚合度以及不同的聚合物对纳米线的形成影响很大，而且，聚乙烯吡咯烷酮在制备纳米材料过程中起着相当重要的作用。一般认为它主要作为保护剂以避免纳米颗粒在溶液中发生聚集。采用 X-射线光电子能谱技术的研究表明，PVP 链中羧基氧与金属银核之间存在着强烈的相互作用，显示了 PVP 对裸的金属银核的稳定作用，使被 PVP 包覆的银纳米线能自组装成有序的排筏结构，也能排列成各种复杂的交叉结构，这取决于所用的溶剂。对纳米线的生长机理研究表明，一般认为 PVP 在银纳米线的生长过程中主要是吸附在银颗粒的某些晶面上，抑制了晶体在该晶面的生长，从而导致晶粒的各向异性生长，并最后得到银纳米线。

值得一提的是，在含有银晶种与表面活性剂的水溶液中利用还原剂还原 $AgNO_3$ 制备纳米棒、线时，溶液的 pH 值、表面活性剂的种类对纳米棒、线的长径比有显著影响。在没有模板和不添加晶种的水溶液中，通过加热回流用柠檬酸三钠还原 $AgNO_3$ 也可制备银的纳米棒和纳米线。研究表明，在没有包覆剂的情况下，溶液的 pH 值是生成银纳米线而非纳米粉的关键因素；实验结果表明在有 SDS 存在的情况下，柠檬酸三钠的浓度在控制银纳米棒和纳米线的直径和长径比上起着决定作用，而 SDS 仅起辅助作用。

④ 立方体形银纳米粒子　Xia 等报道了在 PVP 存在下用乙二醇还原 $AgNO_3$ 制备纳米立方体银的方法，得到的产品主要是纳米立方体银[16]。该方法中，主要影响因素包括：反应温度、$AgNO_3$ 浓度和 PVP 与前驱体 $AgNO_3$ 的摩尔比率。当 $AgNO_3$ 浓度低于 0.1mol/L 时，产物主要为银纳米线；当 [PVP] / [$AgNO_3$] 从 1.5 变为 3 时，产物则以球形纳米粉为主。这些现象表明，立方体银的形成受动力学控制而不是热力学控制，因此产品的尺寸受控于晶体生长时间。后来的研究表明，反应前在溶液中加入一定浓度的盐酸，更有利于形成外形完善的立方体银，产品的单分散性及回收率也大大提高。

⑤ Ag/载体复合材料和 Ag/介孔复合材料因在吸附、分离和催化方面具有重要应用而引起人们极大关注。在银的众多纳米复合材料中，Ag@SiO_2 是最常见的银纳米复合材料[17,18]，SiO_2 壳层的制备通常选用溶胶-凝胶法，将正硅酸乙酯（TEOS）加入无水乙醇

中，搅拌均匀，接着逐滴滴加一定浓度的 HCl 溶液，此混合反应液室温下低速搅拌，得到硅酸溶液。同时，将已制备好的 Ag 溶胶用水稀释，快速加入定量的 APS，适当搅拌后，取适量上述所得硅酸溶液加入 Ag 溶胶中，继续在室温下搅拌，并且静置一定时间后使用，保证硅酸的缩合反应充分进行。APS 的加入有助于在 Ag 纳米粒子表面产生硅氧基，有利于下一步 SiO_2 壳层的生成。通过改变加入 TEOS 的体积，可以调控 SiO_2 壳层的厚度。

作为一项重要的生物检测手段，荧光检测技术在生物医学领域得到了广泛应用。相应的，具有高亮度、优异的光稳定性的功能性纳米粒子的制备得到了越来越多的重视。其中，以 Ag@SiO_2 核壳纳米粒子为基底，在其表面进行修饰，合成更加功能化的复合纳米粒子，是当前很多研究者的着眼点之一[19]。例如，PFV/Ag@SiO_2 纳米粒子的制备：Ag@SiO_2 核壳纳米粒子表面带负电荷，所以可通过静电吸附将带正电荷的 PFV 分子吸附在 Ag@SiO_2 表面。又如通过自由基聚合反应，在 Ag 纳米粒子表面包覆聚合物聚异丙基丙烯酰胺（PNIPAM）等[20]。

⑥ 纳米多孔金属因具有密度低、比表面积高等特点而展现出优于普通纳米材料的独特的化学、物理和机械特性，在电化学传感、生物医疗、拉曼散射等领域有着广泛的应用。电化学去合金法是制备纳米多孔金属最常用的方法之一，是指利用电化学方法选择性地电解合金中相对活泼金属而获得多孔纳米材料的方法。目前，采用这种方法已获得的多孔纳米金属主要有 Pt、Au、Ag 以及 Pd 基合金[21]，其中，Au-Ag 是一种理想的合金体系，可以在任意比例下互溶形成固体溶液，可用于多种电化学传感器的构建。

在制备银系纳米材料时，不管采用何种制备方法，合成的产品总存在形貌不一或者尺寸分布不均匀等问题，如合成纳米线过程中同时存在纳米棒和纳米球；在制备纳米棒的过程中，不仅纳米棒大小不一，而且有球形和三角形片状纳米粒子与其共生，为了获得单一形状的纳米材料，人们采用了离心、电泳、纳米微孔过滤、尺寸选择性沉淀和萃取法等手段来进行分离。但到目前为止，真正简便有效的方法尚在进一步研究和探索中。在纳米银的生长机理方面还有待进一步加强研究。另一方面，尚未对纳米银结构材料的生长情况进行准确预测，对包覆剂存在下的反应体系中纳米银的生长模式也存在着不同的解释，有关这方面还需要大量研究工作。因此，制备尺寸可控、形貌可控的银纳米粒子以及各种新型功能性银纳米材料将是今后研究的热点方向。

3.1.2 银纳米团簇的制备

贵金属纳米团簇，尤其是单层硫醇保护的金纳米团簇，在过去几十年引起了广泛的关注。近年来，对银纳米团簇的研究也引起了科研工作者的极大兴趣，主要是因为它们具有优异的物理化学特性。金属纳米团簇只包含几个到几十个金属原子，具有和费米电子的波长同数量级的尺寸，是一类新颖且非常具有吸引力的纳米材料。金属纳米团簇展现出显著、独特的电子和光学性质，如强光致发光、分子能隙和强的催化性能，因而在荧光标记、检测、生物成像、化学传感以及单分子研究等领域有着广泛的应用，特别是高荧光效率的银纳米团簇在光电学上有广阔的应用前景。高性能材料的制备是应用的基础，所以探索制备高质量符合应用需求的银纳米团簇成为广大科研工作者关心的热点。本节主要介绍近些年在银纳米团簇合成方法方面的进展。

金属纳米团簇由于仅由几个原子组成，为了降低表面能量，容易彼此之间发生剧烈的反应以及不可逆的聚合。特别是银纳米团簇，除了本身由于尺寸带来的不稳定性外，还十分容易被空气中的氧气或空气中的电子受体氧化，且在水溶液中的稳定寿命也很短[22]。因此在制备过程中引入稳定材料或配体做保护剂是不可缺少的一个步骤。目前制备银纳米团簇常用的稳定剂主要分为有机和无机两大类。其中有机稳定剂主要包括聚合物、小分子和DNA[23~25]。常用的无机稳定剂则有沸石和无机玻璃。银纳米团簇的光学属性与其尺寸和表面性质十分相关，可以通过控制配体种类、配体与金属的摩尔比、溶液pH值等一些重要的参数来调节其光学性质。

金属纳米团簇具有超小的尺寸和优异的特性，要实现性能的充分利用，采用适当的方法合成纳米团簇是关键，其合成的主要问题是控制团簇的尺寸。与金属纳米颗粒的制备方法相似，纳米团簇的制备也主要分为物理法（即自上而下）和化学法（即自下而上）两种方法。

自上而下法首先合成较大尺寸的纳米颗粒，然后通过配体或者化学反应刻蚀大颗粒形成金属纳米团簇。例如，用过量的巯基丁二酸（H_2MSA）蚀刻银纳米粒子能够得到荧光银纳米团簇。前驱体/配体诱导金属纳米团簇刻蚀法是近几年兴起的一种自上而下制备纳米团簇的方法。纳米团簇表面的配体不仅起到保护作用，还有其他很多作用，如决定团簇的结构、性质和尺寸等[26]。研究表明，金属原子和配体保护剂间的键合能力较强，过量的配体能够进一步刻蚀大颗粒金属形成金属纳米团簇[27]。近年来，利用配体诱导刻蚀来控制颗粒尺寸的合成方法被广泛应用于合成原子精确可控的单分散金属纳米团簇。这种合成方法中，通常首先合成大尺寸的金属纳米颗粒，然后使用适当的配体（如多价聚合物超支化的聚乙烯亚胺）刻蚀预先合成的纳米颗粒得到纳米团簇。例如，Rao等通过界面蚀刻合成方法成功合成发射荧光的Ag7和Ag8团簇[28]。该方法首先合成水溶性的Ag@（H_2MSA）纳米颗粒，然后通过向溶液中加入过量的H_2MSA配体进行界面刻蚀得到纳米团簇。配体-诱导刻蚀法和前驱体诱导刻蚀法在合成几个原子组成的确定原子数金属纳米团簇中起着重要作用。但是，该种方法的机理尚不清楚，而且这种方法的最优条件的摸索还有很多工作值得去做。

自下而上法是通过还原剂还原特定的金属前驱体，还原得到的金属零价原子进一步聚集形成金属团簇。目前，用得较多的是自下而上法。在合成中，通常通过调整不同的实验条件和参数，包括配体的化学成分以及结构，金属同配体的比例，还原剂的性质，反应温度和时间、反应液的pH值等实现对团簇的尺寸以及性质进行控制。其中，金属纳米团簇的性质主要靠操纵控制金属核大小和表面配体的种类来改变。随着纳米团簇核尺寸的下降，表面金属原子的比例急剧增加。因为金属纳米团簇的高表面活性，能够与金属核形成剧烈反应的物质通常被选用作配体。由于巯基和金属原子的亲和力较强，常用各种巯基衍生物作为合成金属纳米团簇的配体。

通常来说，因为纳米团簇有团聚的倾向，在水溶液中还原金属离子往往得到的是大的纳米粒子而非小的纳米团簇；另外，覆盖在粒子表面的配体能够显著的影响粒子的荧光发射性能，因此，要获得粒径小、荧光强的金属纳米团簇的一个关键点是要找到合适的配体，稳定纳米团簇防止其团聚并增强其荧光。人们在不断摸索后发现，模板法是一种非常有效的合成金属纳米团簇的方法。DNA、巯基化合物、聚合物、高分子电解质、肽和蛋白质、树枝状化合物等都可以被用作模板。不同的模板可以提供形态各异的立体结构和空间，可以合成尺寸可控的金属纳米团簇[29]。2002年，Dickson和他的同事利用DNA作为模板成功合成了银纳米团簇[30]。合成过程中，首先将溶有DNA和Ag^+的水溶液冷却至零度，然后在剧烈搅拌的情况下加入还原剂硼氢化钠，Ag^+被还原并进一步聚集成银纳米团簇。自此之后，通过模板法制备金属纳米团簇得到空前的发展。

金属离子和特定DNA之间有着较强的相互作用，可以依此来设计制作DNA模板化的金属纳米结构[31]。由于银离子与单链DNA上的胞嘧啶（C）有高度亲和作用，DNA可以作为一个很好的稳定剂来制备小尺寸的银纳米团簇。Dickson设计了含有12个碱基的DNA，该短链DNA会对Ag^+进行包裹，当加入硼氢化钠作为还原剂后，可以获得DNA稳定的银纳米团簇，由1～4个银原子组成[32]。实验中观察到这种银纳米团簇有明显的吸收光谱和荧光光谱。Petty在随后的研究中发现不同的碱基序列对银纳米团簇的形成有显著的影响，碱基与Ag^+的络合作用与纳米团簇的内在稳定性将影响银纳米团簇的类型。Gwinn研究报道显示单链DNA为模板的AgNCs的荧光光谱性质受到DNA的碱基序列和DNA的二级结构的影响。

正是由于DNA保护的银纳米团簇良好的生物相容性、无毒性、制备的简便性，目前有很多课题组致力于研究DNA保护的Ag纳米团簇。DNA单链和双链都已被用作荧光Ag纳米团簇的支架，甚至还有人制备出三链DNA来稳定Ag纳米团簇。汪尔康院士课题组采用DNA作为支架制备Ag纳米团簇。他们采用4种不同的DNA单体作为支架制备不同的Ag纳米团簇，以探索DNA保护的银纳米团簇的形成机制以及采用不同DNA作为支架的作用。结果表明，大多数的银纳米团簇都由9个银原子组成，只有由脱氧胞苷单体（dC）保护的银纳米团簇才能显示出荧光特性。该发现为采用富含胞核嘧啶DNA链作为支架制备荧光特性Ag纳米团簇提供了基本证明且从理论上解释了DNA保护银纳米团簇的形成机制。研究者们一直致力于高荧光量子产率的贵金属纳米团簇的合成及其生化分析应用，即通过研究反应动力学和热力学相关因素对贵金属纳米团簇荧光性能的影响，制备出性能优异的纳米团簇材料，并将其成功应用于荧光传感。

由于巯基与Au、Ag存在强的相互作用，因此含有巯基官能团的化合物是最常用的金属纳米粒子合成的稳定剂。例如，利用超声波在温和的条件下制备谷胱甘肽保护的荧光银纳米团簇，所得银纳米团簇由12个Ag原子组成，具有蓝色的荧光。又比如，用硼氢化钠还原硫辛酸得到二氢硫辛酸（DHLA），再加入$AgNO_3$，此时DHLA可以作为模板结合Ag^+，最终合成得到了银纳米团簇。

除了巯基化合物之外，拥有大量羧酸基团的聚合物也能够用作模板来合成强荧光、水溶性的银纳米团簇。例如，Dong等用聚甲基丙烯酸（PMAA）为模板，通过光致还原的方法合成了水溶性的荧光银纳米团簇。此外，通过对稳定剂进行修饰或改性，同样能达到制备金属团簇的效果。例如，谭必恩等利用季戊四醇四3-巯基丙酸酯（PTMP）对PMAA进行修饰，从而得到了一种多功能的聚合物配体（包含有硫醇、硫醚和酯等多种官能团），并且可以根据需要调控聚合物的分子量，实现Cu、Ag、Au三种金属团簇的制备。

以聚合物为保护剂形成的银纳米团簇，通常具有荧光稳定（可静置长达三年且荧光不变）、高量子产率等特点。其中以PMAA为稳定剂的研究最为广泛。众多研究者分别通过紫外照射、超声、微波、化学还原等不同的方法用PMAA合成出了具有荧光性能的银纳米团簇。有趣的是，以PMAA为稳定剂合成的银纳米团簇，其光学吸收和荧光激发等性质都会随着所选溶剂的变化而改变。当溶剂逐渐由水转为甲醇时，银纳米团簇的紫外吸收峰发生红移，且最大移动了70nm，而其荧光最大发射峰也随之红移，且溶液的颜色、激发颜色等状态都发生了相应的改变。

值得注意的是，金和银的纳米团簇表现出尺寸决定的光学性质，而且其荧光性质也取决于纳米团簇的修饰试剂。分别用 PAMAM、MUA、DHLA、BSA、DNA 做表面修饰剂制备的金纳米团簇的荧光发射峰位置从 400nm 到 700nm 移动。贵金属纳米团簇作为荧光标记物，其生物相容性比量子点好，但是其量子产率一般都比较低（通常低于 5%）。因此，研究者们还在不断探索新的合成方法来制备高量子产率的金属纳米团簇。

除了水相化学还原法之外，制备银纳米团簇还有一些其他的方法，比如固相研磨、紫外光照射、微波合成、一相法等。

固相研磨法　化学组分的反应通常是在熔融态或者气相中进行的，很少在固相中产生。因此，大部分合成纳米尺度团簇的方法都是在水溶液或者有机溶剂中进行的，很少通过固相制备。众所周知，传统的固相反应被广泛用于合成非有机材料，例如薄膜材料、单晶和多晶粉末等。固相反应有许多的优点，例如反应过程简单和产率高等。然而因其需要极端的反应环境（如高温、高压等）和产物不均一等缺点，很少被用于金属纳米团簇的制备。2010 年，Pradeep 和他的同事报道了一种合成银纳米团簇的固相法[24]，在这种方法中，巯基丁二酸（H_2MSA）为配体，所得银纳米团簇只含有 9 个银原子。这种固相反应方法主要包含三步：首先，鉴于配体中硫对银离子的高反应活性，研磨硝酸银和硫醇配体固相，使银和硫醇中的硫发生固相反应，加入作为还原剂的硼氢化钠，然后研磨混合物直至产生棕黑色的粉末，最后，加入 15mL 水，形成 Ag9 纳米团簇。文中通过透射电子显微镜、质谱分析以及 XPS 等分析手段，确定了纳米团簇的形成，而且，该纳米团簇还显示了很强的荧光。这种固相反应有它独特的优点，比如，固相研磨法获得的产物在惰性气氛中具有高稳定性；再者，反应物全都是固态，离子生长较在溶液中反应更容易控制，从而可以在快速的还原过程中产生大的金属粒子。总之，该工作提供的金属纳米团簇合成新方法为纳米团簇的发展提供了新思路。

最早采用紫外线照射法制备银纳米团簇的是长春应化所董绍俊院士课题组。2008 年，该课题组以有机物聚甲基丙烯酸（Polymethacrylic Acid，PMAA）为模板，采用 365nm 的紫外光照射的方法（即光致还原）合成银纳米团簇[33,34]。这是最早提出以 PMAA 为模板合成银纳米团簇的方法，也是目前制备银纳米团簇量子产率相对较高的方法，产率约为 18.6%。后来，唐芳琼课题组通过使用氮气做保护气，在加热的条件下，成功合成了 PMAA 保护的银纳米团簇。该方法操作十分简单，且不需要特殊的仪器设备。整个过程绿色、环保、不需要添加其他任何有毒的还原试剂，可以根据需要大量合成，且其量子产率也高达 13.5%。

继通过紫外线照射，以 PMAA 为模板合成银纳米团簇之后，南京大学朱俊杰教授课题组又提出可以借助微波法用 PMAA 制备银纳米团簇。一般采用聚合物为模板制备的银纳米团簇都会有一个相对较长时间的还原过程，而微波法的优点是反应时间短、受热均匀、绿色环保[35]。

除了紫外线照射法和微波合成法，一相法也被用来制备银纳米团簇。中国科技大学伍志鲲教授课题组首次报道了单层分散的配体为内消旋-2,3-二巯基琥珀酸（DMSA）Ag7 纳米团簇，且有相当高的产率[36]。在他们的合成设计中，使用的是一相法：首先硝酸银被分散在乙醇中并在冰浴中保持零度，在缓慢的搅拌下，加入配体 DMSA，前驱体形成后，加入硼氢化钠并剧烈搅拌，反应 12h 得到了单分散的 Ag7 纳米团簇。

尽管银纳米团簇制备的方法多种多样，仍然面临着很多问题和挑战，如何快速、高产率的合成原子数精确的银纳米团簇等都是制备高荧光性能银纳米团簇面临的关键问题。

3.2 银纳米材料的应用

传感器通常由识别元件和信号转换器件两部分组成，其中识别元件具有选择性，以生物活性单元，如酶、抗原、抗体、蛋白质、核酸等作为生物敏感基元，可以获得高的灵敏度；而信号转换器通常是一个独立的化学或物理敏感元件，可采用电化学、光学、热学等多种不同原理工作。把各种不同的识别单元同高灵敏的信号转换器件相结合，就构成多种多样的传感器。分析化学发展的一个重要方向是设计能够对特定目标分析物产生可测量信号的传感器，而贵金属纳米材料在这一领域扮演着非常重要的角色，贵金属纳米材料的光化学、电化学传感器如雨后春笋般层出不穷，为分析化学传感器的发展打开了新的大门。

3.2.1 银纳米材料在光分析化学中的应用

光分析化学在分析化学中占有很大的比重，是分析化学的重要分支。如何将贵金属纳米材料和光分析传感器的设计理念相结合，发展基于贵金属纳米材料的光学传感器已成为研究的热点。其中，银纳米材料作为最活跃的贵金属纳米材料之一，更是引起广泛关注。银纳米材料因其独特的光学和化学性质在光分析化学的舞台上扮演着越来越多的角色，在荧光分析检测、表面增强拉曼光谱检测、紫外可见吸收光谱检测、双光子荧光检测等领域具有巨大的应用潜力。下面就银纳米材料在光分析化学中的应用分别做简要阐述。

(1) 荧光检测

荧光传感器由于检测的灵敏度高、选择性好和使用方便等优点，近年来在分析化学领域取得了较大发展。荧光检测是分析化学、生命科学以及诊断学等领域的常用分析测试技术，其中利用金属纳米粒子的表面等离激元共振效应导致的周围电磁场增强来增强荧光是人们研究的热点[37]。金属纳米材料表面的荧光分子发光存在两个相互竞争的过程：①由金属表面等离激元共振引起的电场增强对荧光具有很强的增强作用；②当荧光分子与金属直接接触或键合可导致分子与金属间的非辐射能量转移，而使分子荧光完全淬灭[38]。基于贵金属纳米材料的荧光分析大多基于这个原理。而银纳米材料具有极强的表面等离子体共振，是最常用于金属增强荧光研究的纳米材料。

靠近金属表面的荧光分子，其荧光强度可以被金属表面增强，从而导致表面增强荧光效应，利用金属表面增强荧光可以对化学、生物分子进行分析检测，引起研究者越来越多的关注。金属增强荧光效应多用金、银，该效应的研究最初主要集中于平面金属膜体系上，近几年，出现了以金属纳米粒子为载体的相关应用的研究报道。北京科技大学的李立东教授实验组一直致力于这方面的研究，发表了一系列科研成果[20]。不同于其他的表面增强现象，金属表面对荧光的增强与荧光分子和金属间的相互作用距离有着很大关系：一方面，当荧光物质过于靠近金属表面时，会发生分子与金属间的非辐射能量转移，导致荧光淬灭；另一方面，当荧光物质与金属表面之间距离过大，则无相互作用。因此，寻找分子与金属间的最佳作用距离对实现金属增强荧光效应的应用至关重要。李立东课题组制备了多种基于金属银纳米结构的复合纳米材料，例如具有不同壳层厚度的 $Ag@SiO_2$ 复合纳米粒子，具有对环境温度响应性的Ag@PNIAPM纳米粒子以及同时具有温度、pH响应性的掺杂了Ag纳米粒子的凝胶微球等[39,40]。他们通过对金属纳米结构的表面修饰，在荧光物种与金属表面间建立一个隔离层，通过调节隔离层厚度找到一个合适的距离，得到了最佳的金属增强荧光效果，提高了荧光检测灵敏度。同时，选择具有对外界环境pH值和温度等变化响应性的材料与金属复合，赋予了金属材料一种环境响应性的增强荧光特性，为表面增强荧光的应用及推动生物检测技术的进一步发展提出了一条新思路。根据此原理设计的PFV/Ag@PNIPAM复合纳米粒子非常适合用于细胞环境下的荧光标记与传感。

除了金属增强荧光以外，利用银纳米粒子对荧光的淬灭进行化学和生物分子检测也是银纳米粒子的一个非常重要的应用。例如，Qu等利用DNA和AgNPs巧妙构建了一个传感平台可以检测多巴胺[41]。DNA和Ag^+有很好的结合力，因此，Ag^+会沿着DNA构架被还原成AgNPs，这样会阻止其他基团连接DNA；另一方面，多巴胺和AgNPs因为可以形成邻苯二酚-Ag而具有很强的结合力，所以多巴胺的加入使AgNPs从DNA上释放出来。GF(Gene-Finder）是一种核酸染料，荧光微弱，但是一旦和双链DNA结合，荧光显著增强。不存在多巴胺时，AgNPs吸附在dsDNA表面，阻止了GF和dsDNA的结合，起了荧光淬灭的作用。加入多巴胺后，AgNPs和多巴胺结合，释放dsDNA，GF和dsDNA结合，荧光显著增强。多巴胺的浓度和荧光增强倍数之间存在线性关系，从而实现了对多巴胺的高灵敏度、高选择性检测。

孙旭平组报道了基于银纳米粒子构建的荧光传感平台，并用于核酸检测。此荧光传感平台对核酸检测基于以下策略：首先，荧光团标记的单链DNA探针被吸附到银纳米粒子的表面，荧光团与银纳米粒子近距离接触，发生荧光淬灭；加入与探针DNA序列互补的目标DNA，两者杂交形成双链DNA，并从银纳米粒子的表面脱离，荧光得到恢复。这种银纳米粒子构建的荧光传感平台对完全互补和碱基错配的DNA序列具有良好的区分能力[42]。

(2) 银纳米团簇做探针

作为新型的荧光探针，当纳米团簇颗粒的尺寸小到与电子的费米波长（1nm）相当时，由于量子尺寸效应，纳米团簇受激发会发射荧光。作为纳米团簇最重要的性质之一，纳米团簇的荧光性质被广泛的研究，基于此性质的分析传感器如雨后春笋般层出不穷。银纳米团簇已引起了研究者们的广泛研究兴趣。银纳米团簇由于其易于合成，具有良好的生物相容性和特殊的光学性质，作为毒性量子点的替换材料，在荧光检测、光转化、催化等方面展现出巨大的应用潜力。尤其在荧光检测方面，银纳米团簇引起高度关注，检测类型囊括了细胞内检测、重金属离子检测、DNA探针、单分子检测和蛋白质检测等众多方面[25,34,43]。中科院长春应化所汪尔康院士所带领的团队一直专注于研究用基于DNA保护的银纳米团簇监测DNA、重金属离子和巯基化合物[44]。

金属纳米材料的电子和光学性质很大程度上取决于它们的大小。当金属尺寸减小到1nm以下时，小至只有几个原子，能带结构变得不连续，被分解成离散的能量，到达类似于分子的能量水平，这时，纳米团簇表现出类似分子的性质，具体表现为，纳米团簇可以通过能带之间的电子跃迁而产生剧烈的光吸收和发射[34]。在过去的十年中，这种含有几个原子的贵金属纳米团簇由于其较强且尺寸依赖的荧光特性而作为一种新型荧光团得到了广泛的应用。在贵金属纳米团簇中，银纳米团簇引起了相关研究人员的高度关注。值得一提的是，如果没有配体的保护，金属纳米团簇相互之间会产生剧烈的反应导致不可逆的聚集。因此，选择合适的配体是成功制备具有高荧光纳米团簇的必要条件。相同配体保护的银纳米团簇，其核心金属原子的个数对团簇的荧光性质有着本质性的影响。

其中，以DNA作为支架在水溶液中制备荧光银纳米团簇吸引了很多研究者的兴趣，这是因为，通过单链DNA或寡核苷酸来稳定Ag纳米团簇显示出优异的光谱性质。更重要的是，这种新型荧光团对DNA序列非常敏感，其荧光发射带在可见与近红外区内可通过改变寡核苷酸的序列来调节[30]。这些DNA基荧光纳米材料在光学传感、纳米器件等领域都有着广阔的应用前景。例如，在设计DNA链探针时，将胞嘧啶环插入目标链中形成双链DNA支架，然后在双链DNA支架上合成了荧光银纳米团簇。这种纳米团簇具有高度的序列依赖性，并且识别出了典型的单核苷酸突变，即镰刀细胞突变。采用这种方法识别单核苷酸也可以推广到普通类型的单核苷酸错配的识别。

2002年，加州理工大学的Dickson和他的同事报道了第一例稳定的水溶性荧光银纳米团簇[30]，该团簇使用羟基封端的树状高分子做支架，表现出强的荧光，作者在文中指出，这种具有自带荧光性质的纳米材料在生物标记及分析应用中具有很大的潜力。事实正如Dickson预料的一样，具有荧光性质的金属纳米团簇被广泛应用于荧光分析检测、催化、成像等各个领域。这里，我们重点介绍基于银纳米团簇荧光性质的分析检测。银纳米团簇的特色光吸收和荧光性质主要是由于电子在能带之间的转移，由于具有UV到近红外范围的宽范围吸收、良好的光稳定性、大的Stocks位移、良好的生物相容性和特别小的尺寸等优点，都使得这些荧光银纳米团簇成为各领域的宠儿。

Hg^{2+}是一种毒性高且污染区域广的离子，即使浓度很低的Hg^{2+}也会对人的大脑、神经系统和肾造成损害。近些年的研究显示，Hg^{2+}能对多种金属纳米团簇造成荧光猝灭，利用这种猝灭效应可以对Hg^{2+}实现高灵敏度检测。Wang等报道合成了DNA为模板的银纳米团簇作为荧光探针对Hg^{2+}进行检测[44]。实验结果显示，银纳米团簇能对Hg^{2+}高灵敏度、高选择性地响应。对于Hg^{2+}的检测限约为0.5nmol/L，这个值远远低于美国环境保护局允许的饮用水中Hg^{2+}的最高含量标准（10nmol/L）。除此之外，研究者还利用变形后的BSA作为模板，用硼氢化钠合成了银纳米团簇，该纳米团簇可以作为荧光探针对Hg^{2+}进行检测。用DHLA稳定的银纳米团簇也能用来检测Hg^{2+}，并且都显示出了良好的选择性和灵敏度。用二氢硫辛酸（含两个巯基的小分子）做稳定剂，制备了水溶性、高荧光性能的银纳米团簇[26]，该纳米团簇具有较大的Stocks位移和较好的光稳定性，用于Hg^{2+}的检测，检测限为0.1nmol/L。

金属纳米团簇的荧光增敏效应也可以用来检测金属离子。Cu^{2+}对银纳米团簇的荧光增敏效应的应用就是一个典型的例子。例如，利用DNA为模板合成AgNCs，利用Cu^{2+}对该纳米簇荧光的增敏实现了对Cu^{2+}的检测。在DNA-AgNCs体系中加入Cu^{2+}后能够形成一种DNA-Cu/AgNCs结构，这种结构能使DNA更好的保护纳米团簇，从而产生荧光的增强。把DNA-AgNCs体系与3-巯基丙酸（MPA）相结合，Cu^{2+}存在时能够抑制MPA致使体系的荧光猝灭，通过这种荧光增强的方式得到的Cu^{2+}检测限为2.7nmol/L，这种模式提高了检测体系的特异性和重现性。

除了金属离子的检测外，银纳米团簇还被用来检测生物硫醇、ATP等小分子[43,45,46]。生物硫醇，如半胱氨酸（Cys）、高半胱氨酸（Hcy）、谷胱甘肽（GHS）等，在可逆的氧化还原反应中扮演重要的角色，在消毒和新陈代谢过程中起了重要作用。检测生物硫醇在人的体液中的含量水平对很多疾病的早期诊断有十分重要的意义。例如，利用寡核苷酸稳定的AgNCs能够用于生物硫醇的检测，其响应机理是DNA-AgNCs与生物硫醇结合形成没有荧光的复合物，进而淬灭 AgNCs 的荧光，这种检测方法对 Cys、Hcy、GHS 都有灵敏的响应，三者的检测限分别确定为 4.0、4.0、200nmol/L。又如通过荧光增强的方式对生物硫醇进行高灵敏度、高选择性的检测方法，他们发现有一些特定的 DNA-AgNCs，例如含有 12 个胞嘧啶的 DNA，在硫醇化合物存在的情况下荧光不是淬灭而是获得增强。通过这种荧光信号增强的方式实现了对 GSH 的高灵敏检测，检测限达 6.2nmol/L，与之前报道的通过荧光淬灭的方式相比得到的检测限低了一个数量级。这项研究同时表明，不同 DNA 序列模板合成的银纳米团簇对待测目标可能会有不同的荧光响应方式。

荧光金属纳米团簇的合成与性质受到多种因素的影响，包括溶剂的化学性质、pH 值和合成模板等。例如，DNA-AgNCs 的荧光发射性质与 AgNCs 周围的化学环境和 DNA 模板序列密切相关，近来这种性质被用来设计检测核酸的探针。杂交双链 DNA 作为模板合成荧光 AgNCs 的性质会受到 DNA 序列的影响，利用这一性质对其中单链 DNA 的突变进行特异性识别，研究显示即使在纳米簇形成的位点相邻两个碱基处有一个单核苷酸错配，也会阻碍荧光 AgNCs 的形成，并用该方法对血红色素链上镰形红细胞基因的变异进行识别，而高灵敏度的 DNA 分子检测对基因组织学研究非常重要。基于银纳米团簇的荧光探针还被用来检测 MicroRNA[47]。

蛋白质作为一种在生命活动中起重要作用的生物分子，其在体内的含量通常与某些疾病相关联，正因如此，发展灵敏、准确、简便的蛋白质检测方法一直是分析工作者所追求的目标。通过将特定的识别分子（如抗体和适配体）与荧光金属纳米团簇相结合，可以设计各种类型的蛋白质荧光传感器。Martinez 报道了一种检测凝血酶的方法[48]，利用 DNA 合成高荧光强度的 AgNCs，DNA 序列中含有能与凝血酶特异性识别的适配体，因而这种 DNA 能与凝血酶蛋白质特异性结合从而淬灭 AgNCs 的荧光，其他非特异性蛋白质则对荧光没有影响[49]。

用聚乙烯亚胺做模板制备的 AgNCs 实现了比色和荧光双重信号检测卤素元素（Cl^-、Br^-、I^-）[27]，其基本原理是基于卤素元素和银原子的特殊结合。尤其是，卤素元素引起的氧化刻蚀及聚集可以引起 AgNCs 荧光的淬灭。该检测体系对卤素元素展示出显著的特异性和较高的灵敏度。另外，将该方法应用于自来水和矿泉水中 Cl^- 的检测，获得了可靠的结果。

上述关于银纳米团簇在分析检测中应用的研究为银纳米材料在活体检测和疾病诊治方面的进一步应用打下了基础。相比于传统银纳米颗粒传感器，新型银纳米团簇传感器不仅体积更小、速度更快，而且精度更高、可靠性更好。不同类型的银纳米团簇传感器将在分析化学的各个领域都得到更加广泛的应用。

(3) 表面增强拉曼光谱分析

SERS（Surface Enhanced Raman Spectra），即表面增强拉曼光谱，是一种研究分子与金属表面作用的高灵敏度分析工具。金属表面对拉曼信号的增强倍率能够高达 $10^3\sim10^5$ 倍，对于某些具有特殊结构的金、银纳米粒子，其高活性部位具有更高的增强因子使得用拉曼信号足以检测单个分子甚至是单个 DNA 链[50]。因此，SERS 成为在生物和化学分子检测中的一个重要工具。

SERS 效应发生在特殊的实验条件下，对金属表面的形貌和介电常数有特殊的要求。要得到较大的增强效果，有两个重要的因素，一个是金属的类型，另一个是入射光的频率应和 SERS 基底的表面等离子体的频率匹配（即发生共振）[51]。等离子体的频率由金属的种类、颗粒的形状和大小决定。在可见光激发区域，贵金属Ag、Cu、Au和碱金属增强能力较强，其中又以Ag的增强能力最强，Cu和Au次之。在红光区，Cu、Au具有较强的增强能力。溶胶特别是金、银溶胶是目前应用最多的SERS基底，主要是因为它们无需特殊的装置就可以容易地制备和储存，增强能力又强，并且可以用简单的紫外吸收光谱方法来直接表征。一些研究已经表明，通过有意识地使金属纳米粒子产生聚集，可以大大地提高其SERS效应。Brus等也报道了在2个或者3个Ag纳米粒子的结合点处产生明显的SERS增强效应，他们将其归因于结合点处强大的EM场所致[52]。

目前报道的具备拉曼增强效应的材料主要是金、银、铜这三种金属。此外，在铂、合金、半导体等基底上也发现了表面增强效应，而最常用的表面增强拉曼光谱活性基底是Au和Ag纳米粒子。其中，Ag纳米粒子的活性又比Au的高。然而，Ag纳米粒子在制备过程中的形状和尺寸较难控制。

利用Ag纳米粒子的SERS效应，可以检测有机污染物、DNA、重金属离子、细菌[53]等。有机污染物难以吸附到贵金属基底表面，使得直接通过表面增强拉曼光谱检测这些污染物存在一定的困难。为了解决此问题，研究者们对基底表面进行改性，修饰上和有机污染物具有相互作用的物质，利用表面修饰剂和有机污染物之间的相互作用将待分析污染物吸附到基底表面，从而实现对污染物的表面增强拉曼光谱检测。山东大学的姜玮教授课题组做了很多这方面的工作，并取得一系列成果[54]，他们发展了一种利用铜箔上的银纳米颗粒聚集体通过SERS定性和定量检测多环芳烃的分析法[55]。构建具有高的增强效果的拉曼基底对表面增强拉曼光谱检测非常重要。传统的基底容易受到激光热效应的影响，得到重复性较差的拉曼信号，他们通过循环浸泡的方式，在铜箔上沉底银纳米结构，得到银纳米颗粒聚集体并将其作为基底，再结合表面修饰剂和有机污染物的相互作用，最终实现了对多溴联苯醚、五氯酚等多环芳烃的检测。实验表明，该种银纳米颗粒聚集体基底具有较好的稳定性、均一性和重复利用性。

传统的基于银纳米粒子的SERS效应，多用银纳米颗粒聚集体做基底。近年来，三角形和六边形纳米片得到了科研工作者大量的关注，因为这些纳米结构的尖角和边缘表现出特殊的光学性质，比如场增强效应[56]，这使得它们在SERS探测、显微技术以及其他光学技术中具有重要的应用。因此，这些贵金属纳米片的制备与表征，逐渐成为一个活跃的研究领域。与金纳米三角片相比，银纳米片的消光系数更大，表面活性更高，可以设计成多种探针用于检测。与此同时，它与金纳米粒子一样无毒且具有很好的生物相容性。

银纳米三角片一个突出特性在于其拥有一个可调节的LSPR峰[56]。在早期的研究中，银三角片的LSPR峰位可以从可见光调节至红外区域，随着纳米制备技术的发展，其峰位已经可调节至2000nm的区域。这种如此宽的LSPR可调节特性主要源于银纳米三角片大的各向异性，即大的边长厚度比。银纳米三角片具有三个吸收峰。正如人们所熟知的，贵金属纳米粒子LSPR峰位可调控范围的大小直接决定了其应用优势和领域。由于银纳米三角片薄，各向异性尤为突出，形貌和尺寸可控可调，且随着SPR的改变溶液颜色变化丰富，比传统的银纳米粒子有明显的优势。银纳米三角片的尖端具有强的场增强，其比施加的电场能够放大3.7×10^4倍[57]。因此，银三角片被广泛用于表面增强拉曼光谱的基底，用来检测有机染料、抗体等。

(4) 紫外可见吸收光谱分析

由于量子尺寸效应，纳米银具有独特的光学性质，这些独特的光学性质取决于纳米银晶粒的尺寸和形状。其中，贵金属纳米粒子在独有的在紫外-可见区的非常强而稳定的表面等离子共振吸收峰是纳米银的一个重要特性。等离子共振是一种振动电场与导带电子相互作用时产生的光学共振现象[58]。在纳米粒子内，辐射电场诱导纳米晶粒产生偶极子，由此晶粒产生一个试图补偿这种变形的回复力。这样，在纳米粒子内就会产生一种特有的与电子振动相匹配的共振频率。这种振动频率不仅取决于金属的种类，而且还与粒子尺寸、形貌、表面电荷和环境介质的介电特性等因素有关。贵金属纳米粒子的光学性质不仅受到其表面状态的影响，而且其光学性质与纳米粒子之间的距离也有密切关系。当贵金属纳米颗粒之间的距离小于粒子半径时，纳米颗粒之间会发生等离子体耦合，直观的表现是纳米颗粒溶液的紫外-可见吸收峰发生变化[59,60]。基于此原理，诞生了一种利用贵金属纳米颗粒作为探针的比色检测法（又称可视法），成为一种简便、快捷的检测方式。在检测过程中，能够通过待测样品显色，样品的含量与显色的深浅成比例关系，实现半定量检测，再通过紫外-可见吸收进行定量检测。被分析物引起的纳米材料光学性质的变化可以通过肉眼直接观察，不需要借助复杂、昂贵的仪器，因此，通过观察溶液颜色变化（比色法）即能确定被测物的浓度。基于贵金属纳米粒子的比色法具有简便、灵敏、成本低廉的特点，因此受到了热切关注。银纳米粒子表面的化学不稳定性使很多研究者望而却步，然而，银纳米粒子的摩尔吸光系数是金的100多倍，因此，利用紫外可见吸收光谱法，银纳米粒子更容易获得高的灵敏度。所以，银纳米粒子作为比色法探针在金属离子测定等方面得到了较为广泛的应用。

研究报道，未折叠的单链DNA对未修饰的AgNPs有很好的结合力，但是双链DNA会从AgNPs表面脱离，基于此，AgNPs可用于检测DNA从单链卷曲到双链或发夹构型的变化。再利用靶标分子和相应核酸适配体的特异结合性，结合对核酸适配体构型的影响，AgNPs便可用于检测诸多靶标分子[61]。例如，中科院长春应用化学研究所的杨秀荣教授课题组基于汞特异性核酸适配体在加入汞后，由自由卷曲构型变为发夹型以及过量的盐引起银纳米粒子聚集的原理[62]，设计了检测Hg^{2+}的传感器，检测限低至17nmol/L，且具有良好的选择性。该课题组还利用Cu@Ag复合纳米粒子来检测卤素元素Cl^-、Br^-、I^-及S^{2-}、SCN^-等阴离子，并取得了很好的效果[63]。基于银纳米粒子聚集引起颜色变化原理的传感器还被用于硫脲等的检测。

最初的比色法检测利用的多是未修饰的银纳米粒子，其检测范围和特异性大大受到限制。后来，人们发现，利用带有特殊官能团的化学物质有目标地制备银纳米粒子，可以极大扩展其检测领域，并提高了检测的选择性。例如，基于谷胱甘肽与Ni^{2+}的特异性反应，谷胱甘肽稳定的AgNPs可用于检测Ni^{2+}，检测限为75μmol/L[64]。用柠檬酸钠稳定的AgNPs检测氨基丁酸。在pH值为3.8的酸性条件下，氨基丁酸由于氨基的质子化而带正电荷，当加入银纳米粒子溶液后，由于静电作用而导致纳米粒子聚集，表现为溶液颜色的变化和等离子共振吸收峰的变化，实现氨基丁酸的定量检测[65]。又如，质子化的多巴胺能够通过邻苯二酚和银纳米粒子表面银原子结合，多巴胺的化学吸附将取代AgNPs表面的柠檬酸根稳定剂，降低AgNPs表面电荷，引起AgNPs聚集，从而实现了比色法检测多巴胺，通过紫外可见光谱的变化得到检测限为40nmol/L[66]。该方法所用银纳米粒子无需修饰，基于此种思路的比色法逐渐成为紫外可见吸收法检测的主流，在此不一一列举。

在药学和化工领域，手性药物往往是由消旋体组成的，这些对映体虽然有着相同的物理性质，但在生物体内的生物活性、药理毒性及代谢过程往往有着显著的差别。手性氨基酸在食品检测、食物添加剂、医药等领域应用极为广泛，发展有效的方法以实现手性识别成为药物学和生物技术领域的研究焦点。银纳米粒子不仅用于比色法检测金属粒子、小分子等，还被用于手性识别。核苷酸保护的 AgNPs 可以高效的识别 D-cysteine 和 L-cysteine。银纳米粒子的聚集可以由唯一的一种半胱氨酸引起，从而将另外一种对映体留在溶液中。这是首次将核苷酸包覆的 AgNPs 用于手性识别，它为扩大银纳米材料的应用范围提供了一条新思路[67]。

(5) 双光子荧光光谱分析

基于有机染料分子的双光子荧光检测法早已有之，然而，利用贵金属纳米材料的双光子荧光特性进行分析检测是近些年才出现的一个崭新领域。要了解双光子荧光光谱分析的应用，首先要理解双光子荧光的概念及原理。双光子激发的概念是 1931 年 Göpper Mayer 在她的博士毕业论文中首次提出，她提出在理论上，同时吸收两个低能量的光子也能够激发原子或者分子从低能态跃迁到高能态[68]。双光子的提出并没有引起学术界的重视。直到 1961 年，激光产生一年之后，用脉冲激光作为激发光源，首次实验证实了双光子激发的可能性。自此，五十多年以来，双光子激发技术受到光学、材料、物理、化学、生物医学等各领域的关注。主要是因为它具有以下优点：因为双光子激发两个光子的能量之和等于能级之差，所以激发光波长就是单光子过程的两倍，而波长越长，在生物体内的穿透性越好，光在生物体内的散射、反射、吸收会大大降低[69]。所以比起单光子激发，双光子激发能更有效地应用于更深层的生物组织的研究，对生物体具有更低的光损伤性。因为只有在激光光束聚焦点，双光子激发荧光才能被检测到，属于点激发，因此相比于单光子激发具有低背景干扰，高分辨度、三维选择性等优点。双光子激发荧光仪器主要由一个飞秒激光、光谱仪、计算机以及各种滤镜组成。

基于贵金属纳米材料的双光子传感器最初多用金、银纳米棒，因为其具有较高的双光子荧光信号，可以用来检测有机污染物等。近来，贵金属纳米材料聚集增强双光子荧光效应引起了人们的关注。如前所述，贵金属纳米粒子具有独特的表面等离子体共振（Surface Plasmon Resonance，SPR）的光学特性。金属的表面等离子体共振是由导带电子的集体振荡引起的，表面等离子体共振受颗粒形貌和周围电介质介电常数的影响[70]。贵金属纳米粒子形貌不同，表面等离子体共振的性质就不同。当邻近的颗粒之间距离小于半个颗粒直径时，表面等离子体共振也会发生变化。一个颗粒中的电子振荡将引起另外一个颗粒中的电子振荡，两个颗粒的等离子体共振耦合在一起。因为间隙区域的局部电场比单独颗粒的局部电场大很多，这些间隙区域就成为“Hot Spots”而用来增强一系列光学性质，如表面增强拉曼光谱、二次谐波生成和双光子激发荧光[71]。等离子体耦合受到很多因素影响，主要包括颗粒的尺寸、颗粒之间距离以及颗粒的聚集程度。间隙区域热点的存在，促进了等离子耦合的应用。被用在表面增强拉曼光谱、二次谐波生成和双光子激发荧光等领域。

2010 年，新加坡国立大学 Xu QingHua 教授课题组发现贵金属纳米颗粒聚集能够引起双光子荧光增强[72]，进而，该效应被应用于化学与生物分子的传感检测中。Jiang 等用半胱氨酸修饰的银纳米颗粒检测汞离子[73]，其设计思路基于以下考虑：首先用半胱氨酸修饰 AgNPs，因为 Hg^{2+} 和半胱氨酸的相互作用，当汞离子加入到 AgNPs 溶液中后，会引起 AgNPs 聚集，从而增强双光子荧光信号。根据双光子荧光增强因子可以检测汞离子，其检测范围和检测限均优于紫外可见吸收法。有趣的是，通过改变半胱氨酸浓度可以调节该检测体系的检测范围和检测限，半胱氨酸越少，检测限越好，检测范围越窄；反之，半胱氨酸越多，检测范围越宽，检测限越差。这就为汞离子的检测提供了很好的思路，可以根据实际样品中汞离子的浓度范围设计相应的半胱氨酸-银纳米粒子探针。

2013年，Xu QingHua课题组报道了高灵敏的双光子方法在血清中检测凝血酶[74]。凝血酶是一种由凝血原酶（血浆中的必要成分）形成的蛋白质水解酶，其作用是通过催化纤维蛋白原变成纤维蛋白而促使血液凝固。研究发现，15个碱基的凝血酶适配体（Thrombin-Binding Aptamer，TBA15）能结合凝血酶的纤维蛋白原识别外部位，而29个碱基的凝血酶适配体（Thrombin-Binding Aptamer，TBA29）能结合凝血酶肝磷脂结合外部位。他们利用以下思路设计了双光子荧光传感器：用凝血酶适配体（TBA15）修饰AgNPs，加入凝血酶后，凝血酶适配体与凝血酶作用，变成G-四链结构，从AgNPs表面脱离，AgNPs失去稳定性，发生聚集。在缓冲液中检测时，检测限为3.1pmol/L，比吸收法低400倍，低于已报道的荧光法，和检测限最好的电化学法在一个数量级（1pmol/L），而且具有超高的选择性，随后他们又将该传感器用于血清中检测凝血酶，检测限为0.1nmol/L。

纳米Au和Ag都展示出了良好的聚集增强双光子荧光效应，如果将两者结合在一起效果是不是更好呢？Yuan等制备了不同壳层厚度的Au@Ag核壳结构来研究它们的聚集增强双光子荧光效应[75]。结果表明，当银壳的厚度为3.5nm时，增强倍数最高，可高达840倍。基于该复合粒子优良的增强性能，作者利用Au@Ag核壳结构通过双光子荧光检测S1核酸酶，检测限为1.4×10^{-6}U/L。

双光子光谱给出的是溶液中的平均荧光强度，而双光子显微镜能够绘制出聚集颗粒的分布，从而给出更好的检测限。只要提高扫描积分时间，用更灵敏的检测器就可以得到更好的检测限、更深的生物穿透性、较低的光学毒性和3D分辨性。

双光子激发荧光具有深穿透性、低毒性、高分辨率等优点，越来越引起科研工作者的兴趣，而贵金属纳米材料相较于传统的有机染料分子，具有良好的化学稳定性和光稳定性。因此，我们有理由相信，基于贵金属纳米材料的双光子荧光检测会随着逐增的关注度而走向强大，在分子检测、疾病诊断、癌症治疗等与人类健康息息相关的领域发挥它的潜力。

3.2.2 银纳米材料在电分析化学中的应用

电分析化学是分析科学的主要分支，尤其是电分析生物传感器往往比较容易实现生命分析所期望的微型化、集成化及原位、在体、实时、在线的检测，因此在包括临床诊断和环境监测控制等多个与生命科学密切相关的领域中得以应用。随着纳米材料的飞速发展，纳米材料在生物传感器中的应用已成为研究的热点，而具有优良导电能力的银纳米材料更是受到越来越广泛的关注。研究者们围绕不同种类的银纳米材料的制备，研究了它们所构筑电极在葡萄糖、手性氨基酸、过氧化氢等检测分析中的应用。

纳米材料具有优异的物理、化学、电催化等特性，同时由于其量子尺寸和表面效应，可将传感器的性能提高到一个新的水平，基于纳米材料的电化学传感器呈现出体积更小、速度更快、检测灵敏度更高和可靠性更好等优良性能。在电极尺寸上，要求超高灵敏度和超高选择性的倾向导致科学研究由宏观向介观、微观尺度迈进，出现了许多新型的电极体系；在电极功能上，利用交叉学科方法将纳米材料在光电磁等方面的特殊功能有机结合并运用于电极表面，从而实现在分子和原子水平上进行实时、现场和活体检测的目的；在应用效果上，利用纳米材料有着极高的比表面积和良好的生物相容性，有利于增加敏感分子的吸附性能和提高生化反应的速度，将功能化纳米材料应用于电化学生物传感器可以显著提高传感器的性能。银纳米材料以其优越的光、电、磁等方面的特性，备受研究者们的青睐，被广泛应用于电化学传感器的构建。

银纳米材料具备低廉的价格、较强的吸附能力、良好的生物相容性、高效的电催化活性及快速的电子转移速率等其他纳米材料无法比拟的特殊性质，从而受到越来越广泛的关注。纳米晶体的形貌和表面（面和角）原子个数是直接影响催化活性位点的重要参数，所以形貌直接影响到其催化活性；另一方面，纳米晶体的组成也是直接影响催化活性大小的重要因素。银纳米材料的性能很大程度上取决于其形状、尺寸、组成和结构，不同银纳米材料的导电及催化性能往往具有差异。不同形貌的银纳米材料及其合金被合成并应用于电化学传感器中，如银纳米线[76]、银纳米球、银纳米带以及金-银核壳纳米粒子[77] 等。

近些年来，生物分子的电化学检测是电分析领域的一个研究热点，在临床诊断、环境检测和食品分析等领域有潜在的应用前景和价值。双氧水（H_2O_2，Hydrogen Peroxide）是重要的氧化剂、消毒剂、漂白剂和脱氯剂，在水处理工业和食品工业中具有重要应用，但残留和超量 H_2O_2 进入环境和人体后危害极大，会严重危害器官。另外，糖尿病已成为危害人类健康的全球性问题，而血糖的快速准确简便检测是及时治疗和预防糖尿病的重要手段。近年来，电化学传感器被广泛用于双氧水和血糖的检测。

现在应用最多的是传统酶电极，但酶电极的制备比较复杂，反应条件苛刻且酶固定过程也比较繁琐，在实际应用中受到了很大的限制。具有活性的酶生物大分子对外界条件如温度、pH 的变化比较敏感，容易变性失活，大大影响传感器的使用寿命和实验结果的准确性。无酶电化学传感器因其较高的灵敏度、较好的选择性以及响应迅速、操作简便和价格低廉等特点而受到广泛重视。因此，研发高稳定性和高灵敏度的无酶传感器是电分析化学领域的重要方向之一。

与此同时，纳米材料在光学性能、电学性能、磁学性能以及化学活性等方面表现出了独特的性能，将纳米技术与电分析传感技术相结合，可增强传感器的电流响应，提高灵敏度，降低检测限，为电分析传感器的应用扩展了更广阔的空间。本节将对基于银纳米粒子的电分析传感器的应用现状和进展作一综述。

AgNPs 具有良好的稳定性和生物相容性，其表面可以稳定组装大量生物活性分子且不影响其生物活性，同时具有良好的导电性，可加快电极表面和生物元件之间的电子传递速度，另外 AgNPs 的氧化电位低，特别是在含有氯离子的溶液中，其氧化电位接近＋0.1V，非常适合作为电化学传感器的标记物，因此，基于 AgNPs 的电化学生物传感器成为一个新的研究热点，被广泛应用于食品、临床诊断和环境检测等领域。

AgNPs 在电化学传感的界面构建中主要可以起到以下四个方面的作用：

a. 生物分子的固定　AgNPs 具有大的比表面积、表面富含功能基团和良好的生物相容性等特性，因此可以将大量的生物分子固定到电极表面，其生物构型及活性能很好地被保持，有利于提高电化学生物传感器的灵敏性和稳定性。很多酶如葡萄糖氧化酶和辣根过氧化物酶等都可以通过 AgNPs 固定到电极表面，这些蛋白质分子可以通过—NH_2 或—SH 基团连接到 AgNPs 上并能保持较好的生物相容性。

b. 电催化作用　AgNPs 也具有高的电催化活性，主要表现在两方面：一是催化氧气、双氧水和硝酸根离子等还原反应；二是催化甲醛、肼、葡萄糖等氧化反应。

c. 加快电子传递　AgNPs 具有良好的导电性，不仅可以连接生物分子和电极，还能加快异相界面电子传递速率，提高电活性物质电化学反应的可逆性，进而提高传感器灵敏度。

d. 作为传感器的标记物　正是因为银纳米材料具有电催化活性且能加快电子传递，它可以被用来作为传感器的标记物，检测相关的小分子。银纳米粒子多被用来设计成电化学传感器检测过氧化氢和葡萄糖。

(a) 过氧化氢传感器　Rad 等采用电沉积法将银纳米粒子负载到金电极上[78]，然后将 HRP 滴涂到修饰电极上，待酶液干燥之后再用全氟磺酸膜进行保护，最终得到过氧化氢传感器，实验表明电沉积所得到的银纳米层有效促进了电子传递，并且增多了活性位点，其线性范围为 0.385μmol/L～0.52mmol/L，检测限为 0.130μmol/L。Ma 等首先将 DNA-Ag^+ 电沉积在电极上，得到带负电的 DNA 修饰的银纳米粒子[79]，接着通过静电吸附作用固定一层带正电的 PDDA 修饰的银纳米粒子，然后再电沉积一层带负电的 DNA 修饰的银纳米粒子，最后将带正电的 HRP 通过静电吸附作用固定在电极上以制备过氧化氢传感器；对比试验表明，银纳米粒子和金纳米粒子的引入可使响应电流显著增加，大大提高了传感器的灵敏度，其线性范围为 7.0μmol/L～7.8mmol/L，检测限为 2.0μmol/L，且具有良好的重现性。

传统的酶电极的主要缺陷是长期稳定性差、酶的活性容易受到环境因素的影响、酶固定化过程较为复杂及成本较高，因而其应用受到了一些限制。目前电化学无酶传感器逐步受到关注，特别是一些纳米材料对 H_2O_2 具有较好的电催化能力，因此目前的研究主要集中于采用不同的纳米材料构筑无酶传感器，以实现对 H_2O_2 的检测，其中银纳米材料具有极佳的电子传递能力和很高的电催化效率，因而常用于无酶 H_2O_2 传感器的构筑。Song 等在Ⅰ型胶原蛋白修饰的电极上电沉积银纳米粒子[80]，用于 H_2O_2 的检测，得到了较宽的检测范围 5.0μmol/L～40.6mmol/L，较低的检测限 0.7μmol/L；Ren 等通过半胱胺将银纳米粒子固定在金电极上用于制备 H_2O_2 传感器，检测限为 0.78μmol/L；Zhao 等在聚乙烯吡咯烷酮的保护下用抗坏血酸还原硝酸银，制备出花朵状银纳米材料[81]，并用其修饰的电极进行 H_2O_2 检测，发现该材料具有很强的电催化活性，检测限为 1.2μmol/L；Qin 等用制备出的树枝状银纳米材料修饰电极从而制备出了无酶过氧化氢传感器，检测限为 0.5μmol/L。

一些银合金纳米材料对双氧水也具有较强的电催化活性，如 Au-Ag、Fe_3O_4-Ag、ZnO-Ag 等纳米材料[82,83]。例如，Lin 等制备了修饰有银纳米粒子的 ZnO 纳米棒，进而制备了无酶过氧化氢传感器[84]，在较低的检测电位－0.55V 下进行检测，得到了较低的检测限，并且具有良好的抗干扰性能；He 等则在硅纳米线表面修饰上银纳米粒子，并用于 H_2O_2 的检测[83]，其检测限为 0.2μmol/L；Qin 等将银纳米粒子修饰在聚吡咯微球上，并将其应用于构筑 H_2O_2 传感器[85]。

另外，将碳纳米管、石墨烯等纳米材料与银纳米材料相结合所形成的复合物具有较大的比表面积、优异的电子传递能力和较高的电催化活性，在无酶过氧化氢传感器中有良好的表现。

(b) 葡萄糖传感器　无酶葡萄糖传感器能够克服酶活性易受环境影响的缺点，避免复杂的酶固定化过程，具有较高的稳定性和较好的重复性，故引起了广泛关注。利用银纳米粒子设计无酶葡萄糖传感器是无酶传感器的一个新突破口。例如，将所制备的银纳米颗粒通过无毒的聚乙烯醇包裹固定在电极上，构筑了无酶葡萄糖传感器。银纳米颗粒具有优良的导电性，其检测葡萄糖的线性范围为 10μmol/L～30mmol/L，检测限为 4.49μmol/L，且在－0.4V 的检测电位下进行测定，避免了其他物质的干扰。Liu 等通过将 $Au_{42}Ag_{58}$ 合金样品中的银在硝酸溶液中溶解，得到了多孔的 Au-Ag 双金属纳米材料[86]，与原始样品相比较，该材料对葡萄糖的氧化具有明显增强的电催化活性。

目前，无酶传感器遇到的最大挑战是如何改善选择性，以避免样品中其他活性物质的干扰，从而实现对血糖更为精确的分析测定。将葡萄糖氧化酶（GOx）加入传感器的构建中即可实现对葡萄糖检测的专一性，其检测原理是葡萄糖氧化酶在氧气的存在下将葡萄糖氧化为葡萄糖酸酐和 H_2O_2，然后通过检测该反应的催化产物 H_2O_2 在阳极发生电化学反应产生的电流的大小进而实现对葡萄糖的检测。通过常规电极对 H_2O_2 检测时需要施加一个较高的电位，而血液中的一些还原性物质如尿素、抗坏血酸等在高电位下也具有一定的电活性，易对 H_2O_2 的检测造成干扰。另外，GOx 活性中心黄素腺嘌呤二核苷酸深埋在蛋白质内部，与电极表面的直接电子传递很难进行。因此，将纳米材料运用到葡萄糖酶电极中既可以增大电子传递速率，又可以降低 H_2O_2 氧化还原时的电位，从而减少其他物质的干扰。其中，银纳米材料本身对 H_2O_2 有催化作用，故在葡萄糖传感器中有重要应用。

Wang 等制备了形貌良好、分散均匀的银纳米线，并用其构建了葡萄糖传感器，基于一维纳米材料良好地催化性和导电性，达到了较好的检测效果[76]。Wu 等将修饰有 DNA 的银纳米颗粒通过循环伏安法电沉积到电极上[87]，通过控制 DNA 的浓度可以得到粒径均匀且对 H_2O_2 及溶解氧有良好催化作用的银纳米颗粒，然后将 GOx 引入修饰有 DNA-AgNPs 的电极上得到葡萄糖酶传感器。Wittaya 等通过 GOx 氧化葡萄糖生成的 H_2O_2 可以将 AgNPs 氧化为 Ag^+，Ag^+ 的浓度又可以通过苯并噻唑合成的聚合物膜 Ag-ISE 进行检测，从而最终得到葡萄糖的浓度[88]，在该传感器中，AgNPs 起到了氧化还原标志物的作用。

3.3 银纳米材料的应用前景

除了构建光化学和电化学传感器用来检测各种化学和生物分子之外，银纳米材料还有很多其他的潜在应用，比如，银纳米团簇在生物成像中的应用、银纳米粒子的催化应用以及抗菌环保等。

银纳米团簇在生物成像中的应用　荧光成像相对于其他的成像方式，具有高灵敏度、信息量丰富、设备成本低等多种优势。在过去的十几年中，荧光成像技术发展迅速，已成为重要的临床诊断工具。荧光成像高度依赖于具有稳定性、生物相容性、特异性和灵敏度的标记物[89,90]。荧光纳米探针具有独特的性质能够增强荧光成像的灵敏度，增强生物体的吸收，引起了广泛的研究兴趣。半导体量子点（QDs）具有独特的光学和电学性质，因此很多报道应用量子点进行生物成像的研究。然而，由于其组分中重金属固有的毒性和尚不明确的生物降解机制，限制了其进一步应用。贵金属纳米团簇有强的荧光发射、良好的耐光性和生物相容性、低毒性，在生物成像中有着广阔的应用前景。

在催化方面，由于银纳米材料具有颗粒小、比表面积大，其表面的键态及电子态与颗粒内部不同，故纳米颗粒具有较强的催化作用[91,92]。纳米银可以作为多种反应的催化剂，如催化过氧化氢还原、氧化偶联反应、催化乙烯转化为环氧乙烷等。纳米银还可用于降解有机染料（如亚甲基蓝），其中，氧化铝负载纳米银是目前工业上乙烯氧化制备环氧乙烷的唯一催化剂，且纳米银的尺寸与环氧乙烷的选择性具有密切关系。

抗菌性能　银离子在所有金属中杀菌活性居第二（仅次于汞，但汞因有毒而禁用）。由于表面效应，银纳米材料的抗菌能力是微米级银材料的200倍以上。因此，纳米银抗菌剂是目前的主要研发和应用方向[93]。目前已成功的研制出纳米载银材料，这种材料中，银颗粒直径约为90nm，银含量为3.4%，在1223K高温下，对革兰氏阳性和阴性类细菌有明显抑制作用，将这类材料均匀分散于塑料、木材、纸张、纤维中，便赋予其极好的杀菌消毒作用，有广阔的应用前景。银纳米材料抗菌能力强、抑菌杀菌功率高、且具有用量少、耐洗性强、热稳定性和化学稳定性好等优点[94]。古埃及人用银片覆盖伤口受到良好疗效，驰名中外的中医针灸，最早使用的就是小小的银针，现代医学中，医生常用1%的硝酸银溶液滴入新生儿的眼睛以防止新生儿眼病，如今将银纳米材料应用于抗菌纤维或敷料用品上，使其使用性能更加优良。

纳米银在分析化学中的应用范围非常广泛，但就目前的研究现状而言，充分利用贵金属纳米材料发展高灵敏度、稳定性好、重现性好的离体检测方法的同时，开展对痕量的生物活性物质进行实时、原位、活体分析的研究，是生物分析对分析化学工作者提出的新要求。纳米银的产业化生产和应用具有光明的前景。然而，在此之前，还有一系列的制约问题需要解决：①粒子极易发生团聚，难以得到单分散的银纳米粒子；②形貌单一、粒径分布小的纳米银产量不高；③生产成本较高。如何提高纳米银的产量，制备出尺寸可控、形貌可控，而且结构更为精细的银纳米粒子，将是纳米银研究者首先要解决的问题；另一方面，研发更多的新型功能性银纳米材料，比如银纳米陶瓷、载银催化剂、银试纸，并使其尽快实现工业化、实用化仍是今后研究的热点和方向。

参考文献

[1] S. B. Rochelle，R. Arvizo，R. A. Kudgus，K. Giri，R. Bhattacharyaa，P. Mukherjee. *Chem. Soc. Rev.*，2012，**41**：2943-2970.

[2] J. C. Scaiano，K. G. Stamplecoskie. *J. Am. Chem. Soc.*，2010，**132**：1825-1827.

[3] Y. N. Xia，Y. G. Sun. *Science*，2002，**298**：2176-2179.

[4] Y. N. Xia，Y. G. Sun. *J. Am. Chem. Soc.*，2004，**126**：3892-3901.

[5] Y. Sun. *Chem. Soc. Rev.*，2013，**42**：2497-2511.

[6] T. S. Ahmadi，T. C. Green，A. Henglein. *M. A. EL-Sayed*，*Science*，1996，**272**：1924-1930.

[7] R. C. Jin，C. A. Mirkin，K. L. Kelly，G. C. Schatz，J. G. Zheng. *Science*，2001，**294**：1901-1903.

[8] Q. Zhang，J. Ge，T. Pham，J. Goebl，Y. Hu，Z. Lu，Y. Yin. *Angew Chem Int Ed Engl*，2009，**48**：3516-3519.

[9] Liu Xuehong，Zhao Xiaoning，Chen Hongyuan. *Chem J Chinese U*，2000，**21**：1837-1839.

[10] X. Y.，J. P. Xiao，R. Tang，et al. *Adv. Mater.*，2001，**13**：1887-1891.

[11] A. Ney，C. Pampuch，R. Koch，K. H. Ploog. *Nature*，2003，**425**：485-487.

[12] M. Rycenga，C. M. Cobley，J. Zeng，W. Li，C. H. Moran，Q. Zhang，Y. Xia. *Chem. Rev.*，2011，**111**：3669-3712.

[13] Y. Yin，Y. Sun，B. T. Mayers，T. Herricks，Xia Younan，*Chem. Mater.*，2002，**14**：4736-4745.

[14] B. Gates. Sun Yugang，B. Mayers，Xia Younan. *Nano Lett.*，2002，**2**：165-168.

[15] R. R，M. Yang，S. I. Choi，M. Chi，M. Luo，C. Zhang，Y. Xia. *ACS Nano*，2016，**10**：7892-7900.

[16] A. Ruditskiy，Y. Xia. *J Am Chem Soc*，2016，**138**：3161-3167.

[17] P. Billaud. H. Baida，S. Marhaba，D. Christofilos，E. Cottancin，A. Crut，J. Lerme，P. Maioli，M. Pellarin，M. Broyer，N. Del Fatti，F. Valle'e. *Nano Lett*，2009，**9**：3463-3469.

[18] G. B. Braun，Zhang Fan，Shi Yifeng，Zhang Yichi，Sun Xiaohong，N. O. Reich，Zhao Dongyuan，G. Stucky. *J. Am. Chem. Soc.*，2010，**132**：2850-2851.

[19] Li Zhipeng. Wang Wei，Gu Baohua，Zhang Zhenyu，Xu Xiaohong. *ACS Nano*，2009，**3**，3493-3496.

[20] F. Tang, N. Ma, L. Tong, F. He, L. Li. *Langmuir*, 2012, **28**: 883-888.
[21] X. Yang, L. T. Roling, M. Vara, A. O. Elnabawy, M. Zhao, Z. D. Hood, Y. Xia. *Nano Lett*, 2016, **16**: 6644-6649.
[22] L. Zhang, E. Wang. *Nano Today*, 2014, **9**: 132-157.
[23] B. Adhikari, A. Banerjee. *Chem Mater*, 2010, **22**: 4364-4371.
[24] B. Nataraju, T. U. B. Rao, T. Pradeep. *J. Am. Chem. Soc.*, 2010, **132**: 16304-16307.
[25] H. C. Yeh, J. Sharma, J. J. Han, J. S. Martinez, J. H. Werner. *Nano Lett*, 2010, **10**: 3106-3110.
[26] B. Adhikari, A. Banerjee. *Chem Mat*, 2010, **22**: 4364-4371.
[27] F. Qu, N. B. Li, H. Q. Luo. *Anal Chem*, 2012, **84**: 10373-10379.
[28] P. T. Rao T U. *Angew. Chem. Int. Ed*, 2010, **49**: 3925-3929.
[29] Z. Lei, G. Li, Q. M. Wang. *J. Am. Chem. Soc.*, 2010, **132**: 17678-17679.
[30] R. M. Dickson, Jie Zheng. *J. Am. Chem. Soc.*, 2002, **124**: 13982-13983.
[31] E. G. Gwinn, P. O'Neill, A. J. Guerrero, D. Bouwmeester, D. K. Fygenson. *Adv Mater*, 2008, **20**: 279-283.
[32] J. T. Petty, J. Zheng. N V. Hud, R M. Dickson. *J. Am. Chem. Soc.*, 2004, **126**: 5207-5212.
[33] S. Dong, L. Shang. *Chem. Commun.*, 2008, **9**: 1088-1090.
[34] L. Shang, S. Dong, G. U. Nienhaus. *Nano Today*, 2011, **6**: 401-418.
[35] L. S. ZHU JJ, Palchik O. *Langmuir*, 2000, **16**: 6396-6399.
[36] J. Y. Z. W. Nan Xia. *Nanoscale*, 2015, **7**: 10013-10020.
[37] L. Persano, A. Camposeo, R. Manco, Wang Yi, P. D. Carro, Zhang Chao, D. Pisignano, Li Zhiyuan, Xia Younan. *ACS Nano*, 2015, **9**: 10047-10054.
[38] C. E. Kelly K L, Zhao L L. *J Phy Chem B*, 2003, **107**: 668-677.
[39] N. Ma, F. Tang, X. Wang, F. He, L. Li. *Macromol Rapid Commun*, 2011, **32**: 587-592.
[40] J. Zhang, N. Ma, F. Tang, Q. Cui, F. He, L. Li. *ACS Appl Mater Interfaces*, 2012, **4**: 1747-1751.
[41] Y. Lin, M. Yin, F. Pu, J. Ren, X. Qu. *Small*, 2011, **7**: 1557-1561.
[42] Li Hailong, Sun Xuping, Zhang Yinyou. *Chinese J Anal Chem*, 2011, **39**: 998-1002.
[43] W. Y. Chen, G. Y. Lan, H. T. Chang. *Anal Chem*, 2011, **83**: 9450-9455.
[44] Q. Cao, Y. Teng, X. Yang, J. Wang, E. Wang. *Biosens Bioelectron*, 2015, **74**: 318-321.
[45] A. K. Singh, R. Kanchanapally, Z. Fan, D. Senapati, P. C. Ray. *Chem Commun (Camb)*, 2012, **48**: 9047-9049.
[46] X. Yuan, Y. Tay, X. Dou, Z. Luo, D. T. Leong, J. Xie. *Anal Chem*, 2013, **85**: 1913-1919.
[47] W. Guo, Q. Dong, Erkang Wang. *J Am Chem Soc*, 2009, **132**: 932-934.
[48] J. Sharma, H. C. Yeh, H. Yoo, J. H. Werner, J. S. Martinez. *Chem Commun*, 2011, **47**: 2294-2296.
[49] L. Zhang, J. Zhu, S. Guo, T. Li, J. Li, E. Wang. *J Am Chem Soc*, 2013, **135**: 2403-2406.
[50] W. Y. Kneipp K, Kneipp H. *Phys Rev lett*, 1997: 1667-1669.
[51] M. P. Konrad, A. P. Doherty, S. E. Bell. *Anal Chem*, 2013, **85**: 6783-6789.
[52] M. N. AmyM. Michaels, L. E. Brus. *JACS*, 1999, **121**: 9932-9939.
[53] H. Zhou, D. Yang, N. P. Ivleva, N. E. Mircescu, R. Niessner, C. Haisch. *Anal Chem*, 2014, **86**: 1525-1533.
[54] Jiang Xiaohong, Yang Min, Meng Yanjing, Jiang Wei, Zhan Jinhua. *ACS Appl Mater Interfaces*, 2013, **5**: 6902-6908.
[55] L. Y. C. Jiang X H, Yang M, Yang H, Jiang W, Zhan J H. *Analyst*, 2012, **137**: 3995-4000.
[56] Bin Xue, Jing Zuo, Xianggui Kong, Youlin Zhang, Xiaomin Liu, Langping Tu, Yulei Chang, Cuixia Li, Fei Wu, Qinghui Zeng, Haifeng Zhao, Huiying Zhaoc, Hong Zhang. *Nanoscale*, 2015, **7**: 8048-8057.
[57] Bin Xue, Jing Zuo, Xianggui Kong, Youlin Zhang, Xiaomin Liu, Langping Tu, Yulei Chang, Cuixia Li, Fei Wu, Qinghui Zeng, Haifeng Zhao, Huiying Zhaoc, Hong Zhang. *Nanoscale*, 2015, **7**: 8048-8057.
[58] C. Y. Li, M. Meng, S. C. Huang, L. Li, S. R. Huang, S. Chen, Z. Q. Tian. *J Am Chem Soc*, 2015, **137**: 13784-13787.
[59] P. Mulvaney. *Langmuir*, 1996, **12**: 788-800.
[60] Zhang Xiaobing. Zhao Yan, Han Zhixiang, Qiao Li, Li Yanchun, Jian Lixin, Shen Guoli, Yu Ruqin. *Anal. Chem.*, 2009, **81**: 7022-7030.
[61] T. Li, S. Dong, E. Wang. *Anal. Chem.*, 2009, **81**: 2144-2149.

[62] Y. Wang, F. Yang, X. Yang. *ACS Appl Mater Interfaces*, 2010, **2**: 339-342.
[63] J. Zhang, Y. Yuan, X. Xu, X. Wang, X. Yang. *ACS Appl Mater Interfaces*, 2011, **3**: 4092-4100.
[64] H. Li, Z. Cui, C. Han. *Sensor Actuat B-Chem*, 2009, **143**: 87-92.
[65] A. Jinnarak, S. Teerasong. *Sensor Actuat B-Chem*, 2016, **229**: 315-320.
[66] Y. Lin, C. Chen, C. Wang, F. Pu, J. Ren, X. Qu. *Chem. Commun.*, 2011, **47**: 1181-1183.
[67] M. Zhang, B. C. Ye. *Anal Chem*, 2011, **83**: 1504-1509.
[68] M. G. Mayer. *Ann. Phys*, 1931: 273.
[69] G. S. He, L. S. Tan, Q. Zheng, P. N. Prasad. *Chem Rev*, 2008, **108**: 1245-1330.
[70] T. Pal, S. K. Ghosh. *Chem. Rev.*, 2007, **107**: 4797-4862.
[71] S. E. Prashant, K. Jain, M. A. El-Sayed. *J. Phys. Chem. B*, 2006, **110**: 18243-18253.
[72] Z. P. Guan, L. Xu, Q. H. *Langmuir*, 2010, **26**: 18020-18023.
[73] Jiang Cuifeng, Guan Zhenping, S. Y. Lim, L. Polavarapu, Xu Qinghua. *Nanoscale*, 2011, **3**: 3316-3320.
[74] Jiang Cuifeng, Zhao Tingting, Li Shuang, Gao Nanyue, Xu Qinhua. *ACS Appl Mater Interfaces*, 2013, **5**: 10853-10857.
[75] X. Ding, P. Yuan, N. Gao, H. Zhu, Y. Y. Yang, Q. H. Xu. *Nanomedicine*, 2016, **13**: 297-305.
[76] L. Wang, X. Gao, L. Jin, Q. Wu, Z. Chen, X. Lin. *Sensor Actuat B-Chem*, 2013, **176**: 9-14.
[77] P. Yang, X. Gao, L. Wang, Q. Wu, Z. Chen, X. Lin. *Microchimica Acta*, 2013, **181**: 231-238.
[78] J. M. Rad A S, Ardjmand M. *Int J Electrochem Sc*, 2012, **7**: 2623-2632.
[79] Y. R. Ma L P, Chai Y Q. *J Molecu Catal B-Enzym*, 2009, **56**: 215-220.
[80] K. C. Yonghai Song, Li Wang, Shouhui Chen. *Nanotechnology*, 2009, **20**: 105501.
[81] B. Zhao, Z. Liu, Z. Liu, G. Liu, Z. Li, J. Wang, X. Dong. *Electrochem Commun*, 2009, **11**: 1707-1710.
[82] Z. Liu, B. Zhao, Y. Shi, C. Guo, H. Yang, Z. Li. *Talanta*, 2010, **81**: 1650-1654.
[83] J. Yin, X. Qi, L. Yang, G. Hao, J. Li, J. Zhong. *Electrochimica Acta*, 2011, **56**: 3884-3889.
[84] B. Zhao, Liu Z. Liu, Y. Shi, *Talanta* 2010. **81**: 1650-1654.
[85] X. Qin, H. Wang, X. Wang, Z. Miao, Y. Fang, Q. Chen, X. Shao. *Electrochimica Acta*, 2011, **56**: 3170-3174.
[86] Liu Zhaona, Huang Lihua, Zhang Lili, Ma Houyi, Ding Yi. *Electrochimica Acta*, 2009, **54**: 7286-7293.
[87] Z. H. Wu S, Ju H. *Electrochemistry Communications*, 2006, **8**: 1197-1203.
[88] W. Ngeontae, W. Janrungroatsakul, P. Maneewattanapinyo, S. Ekgasit, W. Aeungmaitrepirom, T. Tuntulani. *Sensor Actuat B-Chemi*, 2009, **137**: 320-326.
[89] Libing Zhang, Zhixue Zhou, Shaojun Guo, Jing Li, Shaojun Dong, Erkang Wang. *Chem. Sci.*, 2013, **4**: 4004-4010.
[90] R. Orbach, W. Guo, F. Wang, O. Lioubashevski, I. Willner. *Langmuir*, 2013, **29**: 13066-13071.
[91] L. G. Bi Y. *Chem Lett*, 2008, **37**: 514-515.
[92] S. Saha, A. Pal, S. Kundu, S. Basu, T. Pal. *Langmuir*, 2010, **26**: 2885-2893.
[93] M. Pang, H. C. Zeng, J. Hu. *J. Am. Chem. Soc.*, 2010, **132**: 10771-10785.
[94] Z. Deng, H. Zhu, B. Peng, H. Chen, Y. Sun, X. Gang, J. Wang. *ACS Appl Mater Interfaces*, 2012, **4**: 5625-5632.

4 碳纳米材料

4.1 碳材料发展简介

碳元素是自然界中与人类最密切相关、最重要的元素之一，在人类历史中扮演着重要的角色。作为一种环境友好型材料，碳材料近年来受到了越来越广泛的关注。20 世纪以来，随着科技的快速发展，碳元素的同素异形体和同位素不断被发现和利用。1976 年多壁碳纳米管被 Oberlin 课题组首次报道，与碳的宏观同素异形体（如石墨、金刚石等）不同，长度在微米尺度范围，直径在纳米尺度范围，有着十分独特的物理化学性质[1]。1985 年具有很强对称性结构的分子富勒烯被 H. W. Kroto 等科学家发现[2]。1993 年 Iijima 首次报道了单壁碳纳米管，研究发现其具有独特的物理化学、电子及力学性质[3]。2004 年 Geim 等通过机械剥离法得到了单层石墨烯，石墨烯材料因其独特的结构和优异的电子传导性质，成为继碳纳米管后最引人注目的碳材料[4]。碳材料优良的光、电、磁和机械性能使其在能源、环境、光电材料、复合材料、生物医药等领域发挥着重要的作用。

传统的宏观碳材料通常被认为是黑色的材料，人们对这种材料的认识只限于它的低溶解度及微弱的荧光[5]。纳米科学为现代科技的发展提供了机会，当碳材料的结构达到纳米尺度，通过调控碳材料的尺寸和表面化学性质，他们的性质会发生奇特的变化。新型碳纳米材料主要有以下几种形式（见图 4-1）：(a) 富勒烯；(b) 碳纳米管，包括单壁碳纳米管和多壁碳纳米管；(c) 碳纳米纤维；(d) 纳米金刚石；(e) 石墨烯；(f) 碳点。以上几类新型的碳纳米材料各自具有独特的物理、化学性质，已经成为纳米技术研究领域的前沿和热点之一。

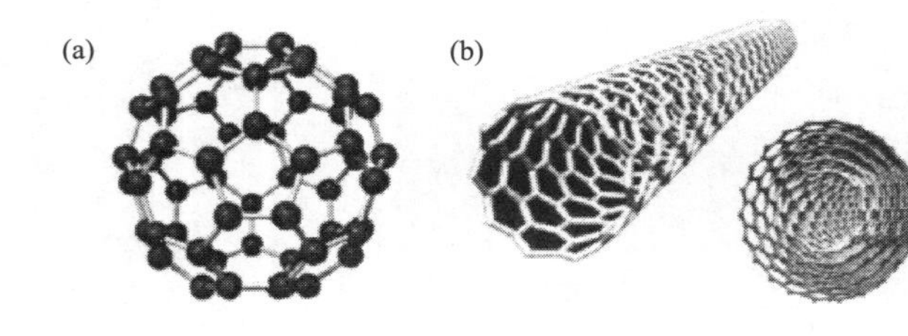

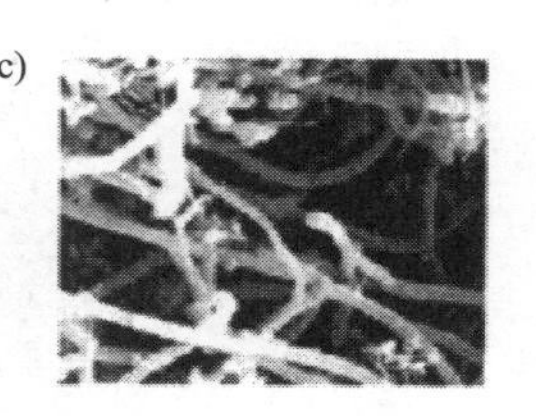

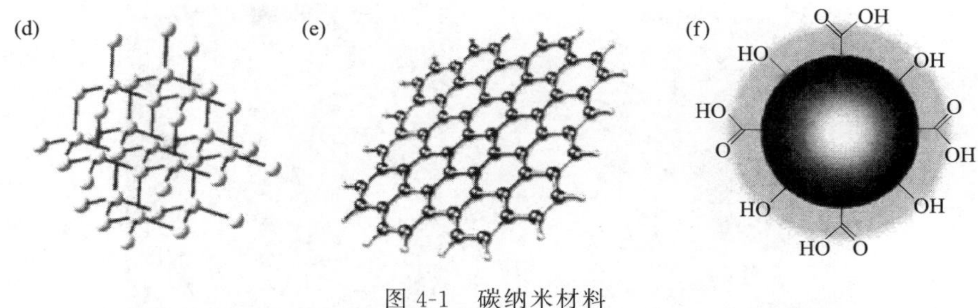

图 4-1　碳纳米材料

（a）富勒烯；（b）碳纳米管；（c）碳纳米纤维；（d）纳米金刚石；（e）石墨烯；（f）碳点

4.2　各种形态碳纳米材料

4.2.1　碳纳米管

4.2.1.1　碳纳米管的研究概述

碳纳米管又名巴基管（CNTs），是一种纳米尺度、具有完整分子结构的新型碳材料。碳纳米管可以分为单壁碳纳米管（SWCNT）和多壁碳纳米管（MWCNT）。多壁碳纳米管是1991年由日本的科研工作者Iijima通过高分辨透射电子显微镜首次发现的[6]。之后，人们对碳纳米管的理论研究、制备方法和性能表征进行了充分研究，相关技术得到了空前的发展。1993年，Iijima和他的科研团队将Co混合到石墨电极中，合成了只有一层碳原子结构的单壁碳纳米管[3]。同年，美国IBM公司的Bethune也合成得到了单壁碳纳米管[7]。单壁碳纳米管是由单层的石墨烯卷曲形成的管状结构，与多壁碳纳米管相比，它具有较小的直径范围，结构更加均匀一致，因此单壁碳纳米管因其独特的力学性能、电子性能、热力学性能和光学性能，在未来的科研和技术领域具有潜在的应用价值。近年来，碳纳米管已经成为人们研究纳米材料的一个热点。

4.2.1.2　碳纳米管的结构

碳纳米管是继富勒烯之后出现的又一种新型碳质纳米材料，其具有独特的纳米尺度管状结构、大的长径比及良好的导电导热性等[8~10]。碳纳米管按其层数可大致分为单壁碳纳米管和多壁碳纳米管（见图4-2）。单壁碳纳米管是由单层石墨片按一定方向卷曲而成的圆筒，其性质取决于卷曲方向和圆筒性质。单壁碳纳米管由物理、化学性质不同的管壁和管端两个独立区域构成，管壁由类似于石墨片层的六元碳环网状结构组成，而管端结构类似于碳原子呈五元环或六元环排列的富勒烯，由平面六元环石墨晶格、某一拓扑缺陷和五元环卷曲而成[11]。多壁碳纳米管可看成是由两层以上的石墨片层卷曲而成的无缝同心圆柱，其层数由两层到数百层不等，层间距大约为0.34nm。单壁碳纳米管的管径约为0.5～6nm，多壁碳纳米管的管径约为2～100nm，而碳纳米管长度一般可达几十纳米至几毫米[12]。

4.2.1.3　碳纳米管的制备

碳纳米管的发现为纳米材料学、纳米光电子学、纳米化学等学科开辟了新的研究领域，

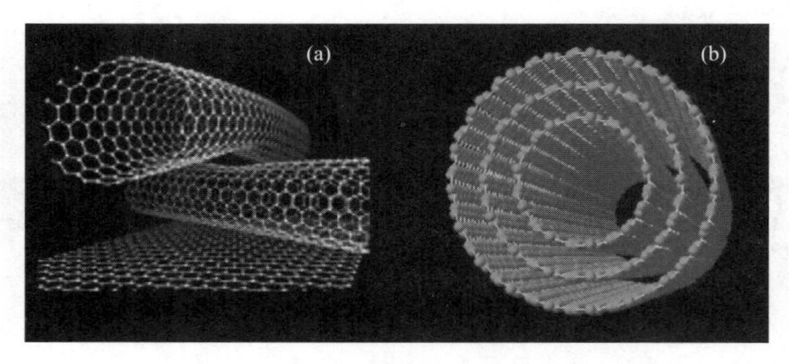

图 4-2 单壁碳纳米管（a）；多壁碳纳米管（b）

引起了科学家们的广泛关注。碳纳米管的制备是研究其结构、性质并实现应用的基础。自从1991年碳纳米管被发现以来，人们已经成功研制了多种碳纳米管的制备方法。目前碳纳米管的制备方法主要有以下几种。

（1）石墨电弧法

石墨电弧法是最早用于制备碳纳米管的工艺方法，但是最初由于该方法的产量比较低，并没有得到广泛的应用，后经过优化工艺，碳纳米管的产量达到了克量级，该制备方法才得到了推广使用。该制备方法是在真空反应室中充惰性气体或氢气，采用较粗大的石墨棒为阴极，细石墨棒为阳极，在电弧放电的过程中阳极石墨棒不断地被消耗，同时在石墨阴极上沉积出含有碳纳米管的产物。采用此法合成碳纳米管时，工艺参数的改变如更换阴极材料或改变惰性气体都将大大影响纳米碳管的产率。除此之外，改变阳极组成或直径、在石墨阳极中添加 Y_2O_3 等，也有很好的效果。1991 年，Iijima 使用石墨电弧法来制备碳纳米管，现在，人们在尝试寻找简单的制备方法，通过改变打弧介质来简化电弧装置。液氮和水溶液都曾被用来替换氦气和氢气制备碳纳米管。电弧放电法制备碳纳米管具有快速简单以及产品结晶度高等特点，但是反应条件苛刻，目前仅用于制备单壁碳纳米管。

（2）化学气相沉积（CVD）法

化学气相沉积法又称为催化裂解法，该方法是将低碳数烃类（如乙炔、乙烯、苯等）或含碳氧化物（如一氧化碳）在高温和催化剂的作用下，经过裂解催化形成碳纳米管。这种方法具有制备条件可控、容易批量生产等优点，自发现以来受到极大关注，成为碳纳米管的主要合成方法之一。常用的碳源气体有 CH_4、C_2H_2、C_2H_4、C_6H_6 和 CO 等，而催化剂选择较多的是过渡金属 Fe、Cu、Co、Ni、Cr、V、Mo、La、Pt、Y、Mg 和 Si 等。另外，用该法制备碳纳米管的过程中，工艺参数对碳纳米管的制备有很大的影响，而裂解温度是影响碳纳米管的产量和形貌的最大工艺参数。

近年来，有些研究组鉴于碳纳米管制备方法的不连续性，进行了连续制备碳纳米管的研究，在催化裂解方法的基础上改进，得到一种新方法，即催化裂解无基体法。此种方法与原有的有机物催化裂解法的主要区别：①没有催化剂载体以及催化剂的制备工艺，催化剂前驱体（二茂铁等）在载气的带动下进入反应炉；②产品能够连续取出，为连续制备创造了实验条件；③配有气体涡流装置。该方法可连续制备碳纳米管，而且制备出的碳纳米管质量较好，管径可得到有效控制，多是直管且平行成束，催化剂颗粒及其他杂质较少。

（3）激光蒸发法

1996 年 Smalley 等首次使用激光蒸发法实现了单壁碳纳米管的批量制备。他们采用类似的实验设备，通过激光蒸发过渡金属与石墨的复合材料棒制备出多壁碳纳米管。激光蒸发设备同简单单壁碳纳米管的合成设备类似，在1200℃的电阻炉中，由激光束蒸发石墨靶，流动的氩气使产物沉积到水冷铜柱上。一般来说，碳纳米管要比相应的球状富勒碳的稳定性差一些，所以要在一定的外加条件下才能生成，例如强电场、催化剂金属颗粒、氢原子或者低温表面，使其一端开口而有利于生长。实验结果表明，多壁碳纳米管是激光蒸发环境中纯碳蒸气的固有产物。在碳纳米管生长过程中，端部层与层的边缘碳原子可以成键，从而避免端部的封口，这是促使多壁碳纳米管生长的一个重要的内在因素。但此法制备碳纳米管的成本较高，不适用于工业生产。

(4) 模板法

模板法是合成碳纳米管等一维纳米材料的一项有效技术，它具有良好的可控性，利用它的空间限制作用和模板剂的调试作用对合成碳纳米管的大小、形貌、结构、排布等进行控制。模板法通常使用孔径为纳米级到微米级的多孔材料作为模板，结合电化学、沉淀法、溶胶-凝胶法和气相沉淀法等技术使物质原子或离子沉淀在模板的孔壁上形成所需的纳米结构体。模板合成法制备纳米结构材料具有下列特点：①所用膜容易制备，合成方法简单，能合成直径很小的管状材料；②由于膜孔孔径大小一致，制备的材料同样具有孔径相同，单分散的结构；③在膜孔中形成的纳米管容易从模板分离出来。

(5) 水热法

水热法是一种制备方法较为简单的工艺，在前人的研究中以硝酸镍和正硅酸乙酯为原料，通过水热晶化法和常压干燥法均可合成纳米级氧化镍-二氧化硅复合粉体催化剂，用这两种催化剂均可制得碳纳米管水热晶化法合成的催化剂粉体颗粒粒径小、分散性好、催化活性高，使得所制得的碳纳米管管径小、分布窄、纯度和收率都高。该方法的主要特点是大大降低了制备碳纳米管的反应温度。

此外，除了上述的方法，还有凝聚相电解生成法、等离子体喷射沉积法、火焰法、水中电弧法、太阳能法、低温固体热解法等方法都受到了越来越多的关注。

4.2.1.4 碳纳米管的分类

制备条件的多样性使得生产的碳纳米管具有不同的直径、长度和螺旋角。根据研究角度的不同，碳纳米管可以从形态、层数、手性、定向性、导电性等多个方面进行分类，主要分类方式如下所示。

(1) 按层数分类

宏观上，碳纳米管按照石墨片层数的不同，可分为单壁碳纳米管和多壁碳纳米管。单壁碳纳米管由一层石墨烯片卷曲形成，直径为1～3nm，其最小直径与富勒烯相当，当直径大于3nm时，单壁碳纳米管变得不稳定[13]。实际中，单壁碳纳米管由于受到范德华力的作用，几十根单壁碳纳米管以相近的距离（约0.32nm）排列在一起，以管束的形式存在。多壁碳纳米管包含两层以上的石墨烯片层，片层间距为0.34nm，与石墨的层间距相当。图4-3为单壁碳纳米管、多壁碳纳米管和碳纳米管管束的结构示意图[14]。

(2) 按手性分类

根据构成单壁碳纳米管石墨片层螺旋性的不同，可以将单壁碳纳米管分为非手性（对称）和手性（非对称）两种[15]。非手性型管又分为两种，即扶手椅型和锯齿型。

碳纳米管是由石墨层卷曲构成的，随着卷曲方向的不同，石墨烯片层中六角形网格和碳纳米管轴之间可能会出现夹角θ。当其夹角在$0\sim\pi/6$时，碳纳米管中的网格会产生螺旋现

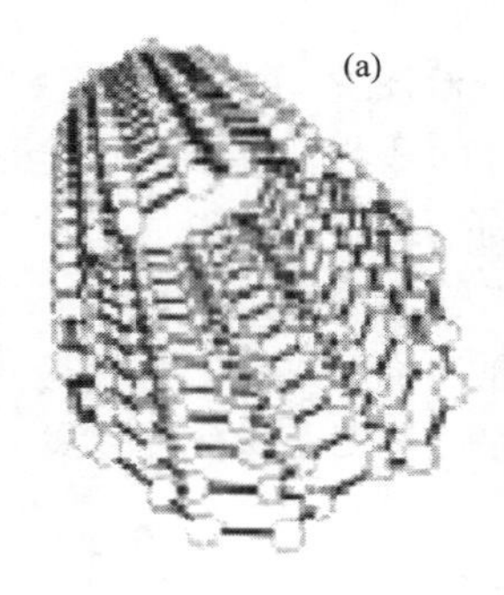

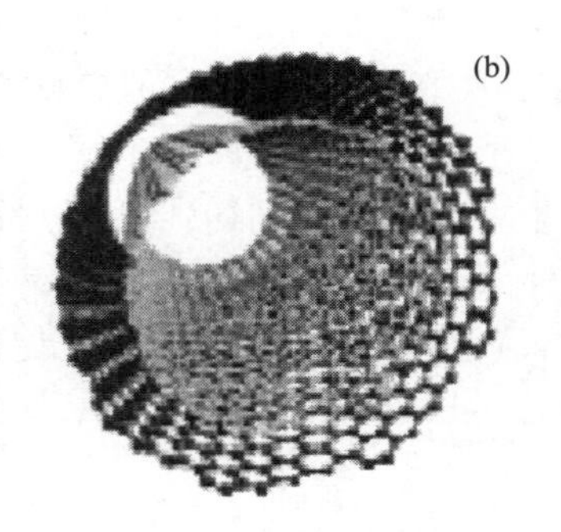

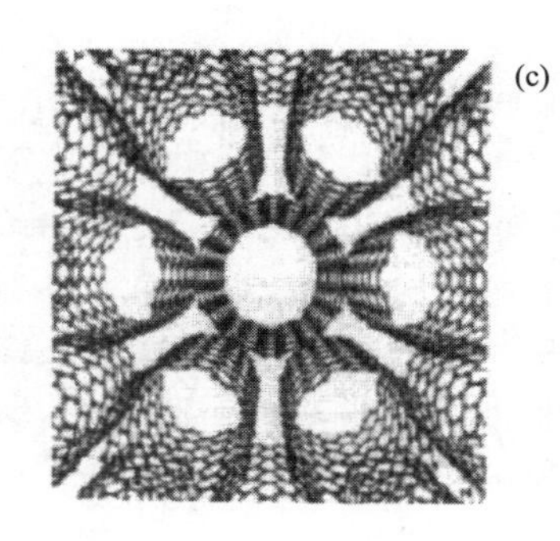

图 4-3　碳纳米管结构示意图

(a) 单壁碳纳米管；(b) 多壁碳纳米管；(c) 碳纳米管管束

象，此类具有螺旋对称性的碳纳米管称为手性碳纳米管，而当其夹角分别为 0 或者 $\pi/6$ 时，不产生螺旋而具有镜像对称，称为非手性碳纳米管。对于非手性碳纳米管结构，管壁上有一个与碳原子六元环链的排列方向平行或是垂直于碳纳米管轴。当其排列方向平行于管轴时为扶手椅形，垂直于管轴的则为锯齿形碳纳米管。其碳六边形沿轴向的夹角分别为 $\pi/6$ 和 0。图 4-4 为不同手性单壁碳纳米管的结构模型[16]。由于碳纳米管的某些性能，例如电学性能和光学性能与其手性有着密切的关系，因此将碳纳米管按照手性分类，以获得具有相似性能的碳纳米管具有重要的意义[17]。

(3) 按导电性分类

碳纳米管是由石墨烯片层卷曲形成的，因此碳纳米管和石墨一样具有良好的导电性，但是不同的卷曲形式使碳纳米管的导电性有着显著差异。按导电性分类，碳纳米管又可分为金属性管和半导体性管[18]。碳纳米管的导电性取决于直径 d 和螺旋角 θ，导电性介于导体和半导体之间。单壁碳纳米管的电学性能与手性参数 (n，m) 密切相关。利用石墨模型，可以计算得到，当 $n=m$ 或者 $m=0$，则单壁碳纳米管为导体；若 $n\neq m$，当 $n-m=3k$ (k 为整数) 时，单壁碳纳米管为导体，否则呈半导体性能。

图 4-4　不同手性碳纳米管结构

(a) 锯齿结构，$\theta=0°$；(b) 扶手椅结构，$\theta=\pi/6$；(c) 手性结构，$\theta=0\sim\pi/6$

4.2.1.5　碳纳米管的性质

碳纳米管独特的一维纳米结构使其拥有优良的力学性能、独特的一维热传导性能、良好的场发射性能、高的反应活性和催化性能等。

(1) 力学特性

碳纳米管具有极高的强度、韧性和弹性模量。它的侧面基本是由六边形碳环（石墨片）组成，在管身弯曲和管端口封顶的半球帽形部位则含有一些五边形和七边形的碳环结构。由于构成这些不同碳环结构的碳碳共价键是自然界中最稳定的化学键之一，所以碳纳米管具有非常好的力学性能，是迄今人类发现的最高强度的纤维之一[19]。碳纳米管在弯曲时不会出现断裂，仅仅是六边形的碳环结构及圆柱发生变化，因此它又具有高韧性。

(2) 电学特性

由于碳纳米管内流动的电子受到量子限域所致，电子通常只能在同一层石墨片中沿着碳纳米管的轴向运动。理论计算和实验研究表明，不同类型的碳纳米管导电性能也不尽相同。例如，单壁纳米管总是呈现金属性；锯齿形纳米管和手性形纳米管部分为半导体性，部分为金属性[20]。随着半导体性碳纳米管直径的增加，带隙将变窄，在大直径情况下，带隙为零，呈现出金属性质。

(3) 其他特性

虽然碳纳米管含不活泼的六元碳环石墨平面结构，但由于 π 轨道的弯曲，使其也容易发生某些化学反应。此外，碳纳米管的结构缺陷致使整体拓扑结构发生改变，从而导致其化学活性高于石墨[21]；碳纳米管具有良好的导热性，传热速度极快，高达 1000m/s，而且热量在碳纳米管中的传递只沿着碳纳米管的轴线方向[22]；碳纳米管是一维纳米结构，具有不同的直径和手性，能够吸附范围较宽的电磁波能量，是一种优异的吸波材料；此外，碳纳米管还具有独特的光电效应[23] 电致发光特性[24]、光电导特性[25]、柔韧性以及易加工型等特点。

4.2.1.6 碳纳米管的分散方法

碳纳米管因其优异性能是一种极具潜力的新材料，但由于碳纳米管之间存在着比较强的范德华力，导致很容易缠绕在一起或者团聚成束，严重制约了碳纳米管的应用。如何提高碳纳米管的分散性成为目前迫切需要解决的问题。当前碳纳米管的分散方法主要有物理法和化学功能化法。①物理法[26] 就是通过高能量的超声和超速离心使碳纳米管有效地分散开，这种方法中高能量的超声会使碳纳米管断裂，缩短其长度，减小碳纳米管的长径比，对碳纳米管造成一定的损坏，影响其应用价值，而且这种方法也存在分散不完全的缺点。②化学功能化方法可以分为共价功能化法和非共价功能化法两种[27]：a. 共价功能化法[28] 是通过混合酸或其他强氧化剂来处理碳纳米管，从而改变碳纳米管的表面结构使其引入羧基[29~31]、羟基[32]、氨基[33~35] 等各种活性基团，提高其水溶液的分散性，但是这种方法在一定程度上会损坏碳纳米管的结构和机械性能；b. 非共价功能化法[36] 是碳纳米管与其他化合物通过 π-π 非共价键作用相结合得到结构完整的功能化碳纳米管。该种方法不仅能够提高碳纳米管的分散性，而且不会对碳纳米管的结构和电学性能造成破坏。非共价功能化法使用的有机分散剂的范围可以从低分子量聚合物一直到高分子量聚合物，分散剂分子通过吸附或包裹的方式改善碳纳米管的分散性。

4.2.1.7 碳纳米管的表征方法

对碳纳米管功能化后，必须进行表征以检验功能化的效果及程度，并进一步测定功能化碳纳米管的性能。碳纳米管功能化的发展也使得表征方法更加多样化。常见的形貌的表征方法有扫描电镜（SEM）、透射电镜（TEM）、原子力显微镜（AFM）、扫描隧道显微镜（STM）；光谱方法有傅立叶红外变换（FTIR）、紫外-可见-近红外（Uv-Vis-NIR）、拉曼（Raman）、荧光光谱等；另外常用的方法还有核磁共振谱（NMR）、热重分析（TGA）、圆二色谱（CD）、质谱（Ms）等。可根据实际的需要和实验条件选择相应的表征角度及表征方法。其中通过扫描电子显微镜可以看到修饰电极表面形态以及碳纳米管的层状结构；透射电子显微镜可以观察到碳纳米管在分散液中的状态及管内外的物质形态；扫描隧道显微镜可以对碳纳米管中碳原子的位置、排布情况及螺旋结构有清楚的展示；而原子力显微镜则可以观察到修饰电极表面形态、结构，还可以作为探针控制碳纳米管。在光谱方法中，红外光谱可以用来表征碳纳米管上的官能团；而拉曼光谱可以用来证实单壁碳纳米管的典型一维结构的。电化学分析中的循环伏安法和交流阻抗法都可以用来观测碳纳米管连接的官能团在电极表面发生的电化学反应的。总之，功能化碳纳米管的表征方法因为功能化途径及得到的功能化碳纳米管的性能不同而各异。

4.2.2 石墨烯

4.2.2.1 石墨烯的研究概述

石墨烯理论提出已有60余年，最初用于碳纳米纤维管模型的构建及富勒烯（Fullerene）研究。早期物理学家认为，热力学涨落不允许二维晶体在有限温度下存在，因此提出石墨烯不会处于稳定存在的状态这一结论。2004年英国曼彻斯特大学Geim教授及Novoselov博士等运用胶带反复剥离高定向热解石墨的方法，获得了稳定存在的石墨烯，这一重大发现颠覆了物理学对于石墨烯存在的认识。石墨烯的发现不仅突破了原有的二维原子晶体不能存在的思维定式，激发了其他二维材料的研究，而且填补了碳材料家族中一直缺失的二维成员，进而形成了从零维富勒烯、一维碳纳米管、二维石墨烯到三维金刚石和石墨的完整体系[37]。由于石墨烯具有独特的优异性能，在物理、化学、医学等领域存在广阔的应用前景，成功吸引了多个学科的广泛关注，掀起了针对石墨烯研究的热潮。

4.2.2.2 石墨烯的结构

石墨烯的结构可以描述为碳原子紧密堆积成单层二维蜂窝状晶格结构的一种碳质新材料，它是一层被剥离的石墨片层，具有理想的二维周期结构。其中的碳原子以六元环的形式周期地排列在石墨烯平面内。单层石墨烯材料的厚度仅有0.335nm，相邻2个碳原子之间距离为0.14nm，是目前所发现的最薄的二维材料[4]。石墨烯是构成其他石墨材料的基本单元，可以翘曲变成零维的富勒烯，卷曲形成一维的碳纳米管[38,39]或者堆垛成三维结构的石墨（见图4-5)。这种特殊结构蕴含了丰富而奇特的物理现象，使石墨烯表现出许多优异的物理化学性质。

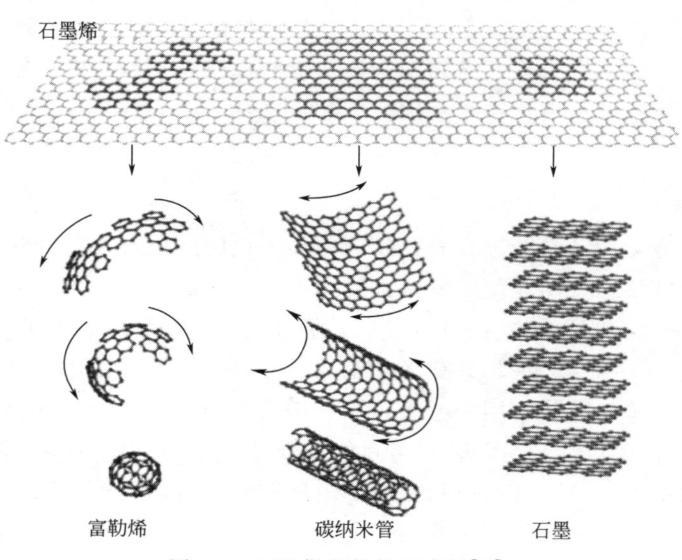

图4-5 石墨烯的结构示意图[40]

4.2.2.3 石墨烯的制备

由于石墨烯优良的物理化学性能和广泛的应用前景，极大地促进了石墨烯制备技术的快速发展，各种制备方法日新月异，工艺不断完善，为石墨烯的研究提供了原料上的保障。迄今为止，人们已经探索出很多制备石墨烯的方法，常见的有微机械剥离法[4]、化学气相沉积法[41]（CVD）、晶体外延生长法[42]、有机合成法[43]、刻蚀碳纳米管法[44]和化学氧化还原法[45]等。

(1) 微机械剥离法

石墨层与层之间的范德华力较弱，施加外力即可从石墨上剥离出石墨烯。2004 年，英国曼彻斯特大学 Geim 教授就是采用这种方法从高定向热解石墨上剥离并观测单层石墨烯薄膜[4]，即用胶带粘住石墨两侧反复剥离。另外一种制备方法是用一种材料膨化或者引入缺陷的热解石墨进行摩擦，体相石墨的表面会产生一些絮片状的晶体，在这些絮片状的晶体中也含有单层的石墨烯[46]。此外，还有许多其他新的机械方法出现，比如机械压力法、滚动摩擦法等。但机械法的缺点是筛选出单层的石墨烯片层比较困难，其尺寸也不易于控制，无法可靠地制造出长度足以供应用的高质量的石墨烯，而且产率较低、成本较高，不适宜工业化大规模生产。

(2) 化学气相沉积法

化学气相沉积法实现了石墨烯大规模工业化生产，该方法采用金属箔为基底的简易沉积炉，通入碳源，在高温反应区内，碳源分解出碳原子，沉积在金属基底上，逐渐生长成连续的石墨烯薄膜。以镍为基体时，高温时碳原子与镍形成固溶体，冷却后过饱和的碳在镍表面析出形成石墨烯，但是以镍为基底较难控制石墨烯的厚度。而以铜为基底时，当一层石墨烯覆盖在铜表面后，阻碍后续碳原子的沉积，因此可以通过控制试验参数得到单层石墨烯。气相沉积法虽然能够大规模生产高质量石墨烯，但是成本高、工艺复杂。

(3) 晶体外延生长法

外延生长法就是在单晶基底上长出一层与衬底晶向相同的单晶层，好像原来的晶体向外延伸了一段，这是一种非常有效的制备方法。将单晶 SiC 基底在真空中加热到 1200～1600℃的高温，由于 Si 的升华速度比 C 快，过量的 C 会在基底表面重新排列形成石墨烯，便于电子器件的研发。外延生长法可以制备 1～2 层的石墨烯，但是它的制备需要超高的真空度、很高的温度、惰性气体氛围及单晶的 SiC 基底等苛刻条件，使得石墨烯难以转移且影响石墨烯本身的一些优异性能[47]。这些可能会限制其大规模的应用。但是从长远的角度来看，外延生长法依然是未来石墨烯产业化的主要的生产方法之一。

(4) 氧化还原法

氧化还原法是目前制备石墨烯应用最为广泛的一种方法。它是将石墨先用强质子酸处理，得到石墨层间化合物，为层间插入其他物质分子提供空间，随后加入强氧化剂对其进行氧化，得到氧化石墨烯（GO），最后将氧化石墨烯进行还原，得到石墨烯。在这个过程中氧化和还原都有多种不同方法。较为常见的氧化方法包括 Hummers 方法[48]、Brodie 方法[49]和 Staudenmaier 方法[50]。Hummers 方法通常使用浓硫酸、硝酸钠、高锰酸钾作为氧化剂，可以得到黄色的氧化石墨烯；Brodie 方法通常使用发烟硝酸和氯酸钾作为氧化剂；而 Staudenmaier 方法多使用发烟硝酸和浓硫酸混合酸以及氯酸钾作为氧化剂。一般是通过最常用的 Hummers 法进行制备石墨烯。具体方法是：以石墨粉为原料，将天然石墨与强酸和强氧化物反应生长氧化石墨，经过超声分散制备出单层的氧化石墨（氧化石墨烯），然后加入还原剂去除氧化石墨表面的含氧基团，如羧基、环氧基和羟基等，由于单层氧化石墨是电绝缘的，因此还需要进行退火处理使其恢复导电性，最后得到石墨烯。这种方法制备石墨烯的缺点是经过强氧化剂氧化后的石墨并不一定能够完全被还原，还原后的产物大部分都会折叠成团聚物，并且可能会残留部分环氧基团，同时也会导致石墨烯的一些物理和化学性质的损失，尤其是石墨烯的导电性。但是这种方法的制备过程比较简单并且成本较低，可以大量生产石墨烯，同时还可以制备出石墨烯的衍生物，从而扩大了石墨烯的应用范围。

(5) 有机合成法

1958 年，Carl 等第一次合成了 Hexa-Peri-Hexabenzocoronene，可以看作是含有 42 个碳原子的小尺寸石墨烯片。之后，Hernandez 等[51] 成功制备出了一系列尺寸较大的 PAH，所含有的碳原子最多可以达到 222 个。通过控制在一个方向上扩展分子数可以制备一系列带状的石墨烯。最近，Müllen 制备出了 12nm 长的石墨烯带。在合成的石墨烯尺寸变大的时候，如何解决溶解性和边缘反应成为有机合成法的一个关键的问题。

(6) 碳纳米管剪切法

碳纳米管可以看作卷成柱状的石墨烯，因而将碳纳米管纵向剪开可以得到石墨烯带。目前，很多研究小组已经用这种方法成功制备了石墨烯带的制备。在低温加热条件下，Tour 小组[52] 用浓硫酸和高锰酸钾与多壁碳纳米管反应，然后沿着纵向打开碳管的 C—C 键，就形成石墨烯带。

4.2.2.4 石墨烯的性质

石墨烯因其独特的二维晶体结构，具有很多优异的性能。石墨烯中各碳原子之间的连接非常柔韧，当施加外部机械力时，碳原子面就弯曲变形，从而使碳原子不必重新排列来适应外力，也可以保持结构稳定，因此，石墨烯强度较大。石墨烯稳定的晶格结构使得它具有非常好的导热性能，有关实验测得石墨烯的热导率可达到 5000W/(m·K)[53]。石墨烯最大的特性是其电子的运动速度达到了光速的 1/300，远远超过了电子在一般导体中的运动速度，是目前已知材料中电子传导速率最快的，其室温下的电子迁移率可达 15000cm^2/(V·s)[54]。此外，石墨烯晶体薄膜厚度仅有 0.335nm，光透射率为 97.7%，理论比表面积高达 2600m/g[55]，有较好的力学性能（1060GPa），杨氏模量为 1.0TPa[56]。特殊的二维结构还使其具有反常量子霍尔效应、双极性电场效应、室温量子轨道效应、无损载流子运输等独特的电学性质[57]，并具有高模量、高轻度等力学性质。

4.2.2.5 石墨烯的功能化

石墨烯在力学、热学、电学等方面都展现出了无可比拟的优良性质，但是由于石墨烯中没有其他官能团，石墨烯纳米片间存在范德华力和静电力，这就使得石墨烯在溶液中易发生不可逆团聚现象，这将严重影响石墨烯的进一步应用。因此对石墨烯进行功能化从而防止其团聚尤其重要，目前已有许多研究者致力于这方面的研究。石墨烯的功能化主要分为以下几个方面。

(1) 共价键功能化

石墨烯的共价键功能化是指功能分子与石墨烯之间通过共价键结合，相对于非共价键功能化而言，共价键功能化制备的石墨烯材料比较稳定，并在最大程度上保持石墨烯本征属性。共价键功能化是目前研究最为广泛的石墨烯功能化方法。虽然石墨烯的主要部位是由形状极为稳定的碳环组成，但是在石墨烯的边缘位置与缺陷部分均发现极高的活性。因此，可以依靠使用化学中的氧化还原反应制造石墨烯的相关氧化物。因为在石墨烯的氧化物当中有着大量的羟基、羧基以及环氧键等众多活性结构，因此能使用较多的化学途径，让石墨烯产生共价键功能化，制备出具有特殊光电性能的功能化石墨烯，并进一步扩展其应用领域。

(2) 非共价键功能化

除共价键功能化外，还可以利用非共价的方法对石墨烯表面进行功能化。石墨烯的非共价键功能化主要是利用功能分子与石墨烯片层间的范德华力作用或超分子作用力合成具有特定功能的石墨烯基复合材料。最常用的非共价键功能化方法为物理吸附和聚合物包裹。这种功能化方法最大的优点就是操作简单、条件温和、对石墨烯的结构破坏小，可以最大限度地保留石墨烯的属性。

(3) 掺杂功能化

石墨烯掺杂是实现石墨烯功能化的重要途径之一，是调控石墨烯电学与光学性能的一种有效手段，掺杂后的石墨烯因其具有巨大的应用前景已经成为研究人员关注的热点。目前石墨烯的主要掺杂方法分为两类：一类是分子取代掺杂，分子取代掺杂是向石墨烯结构中引入杂原子，此类杂原子可以是非金属原子也可以是金属原子，既可作为电子供体亦可作为电子受体，由于杂原子取代了碳原子的位置而改变了石墨烯的性质；另一类是表面掺杂，石墨烯的表面掺杂类似于石墨烯的功能化，石墨烯与掺杂剂之间通过共价键或非共价键结合，形成表面掺杂型石墨烯。

4.2.2.6 石墨烯的表征方法

石墨烯制备出来之后，表征石墨烯的实验技术手段有很多，如（光学显微镜）光学衬度、拉曼散射光谱、瑞利散射光谱、原子力显微镜、扫描电子显微镜和透射电子显微镜等。当石墨烯转移到表面具有合适厚度二氧化硅（通常为 300nm）的硅片上时，在光学显微镜下，不同层数的石墨烯和衬底对光纤产生的干涉不同，导致不同层数的石墨烯显示出不同的颜色，这种表征石墨烯的方法称之为光学衬度法。不同层数石墨烯的拉曼光谱中 2D 拉曼峰的峰型会不同，因此利用 2D 峰的峰形可以鉴别石墨烯的层数。拉曼光谱还可以有效地表征石墨烯的掺杂程度，电子能带结构、堆垛方式等。以上两种表征方法简单有效无损，在石墨烯的研究中得到了极为广泛的应用。瑞利散射光谱是根据在特定激发光波长下不同层数的石墨烯具有不同的衬度来表征石墨烯层数。原子力显微镜能够高精度地测量单层石墨烯与衬底的相对高度及不同层数间的厚度差，可以与前述几种方法结合起来准确标定石墨烯的层数。但此种方法对石墨烯的晶体质量和表面清洁度要求非常高。扫描电子显微镜可以有效地反映出石墨烯的表面结构，如不同层数间的过渡，石墨烯的皱褶、折叠和卷曲等。高分辨透射电子显微镜的分辨率可以达到单个原子量级，因此对石墨烯微结构的研究具有重要意义。石墨烯的层数、堆叠方法、边缘原子结构及变化、内部缺陷（如五七环结构）和表面吸附原子等信息都可以清晰地反映在高分辨透射电子显微镜的图像中。

4.2.3 碳点

4.2.3.1 碳点研究概述

碳点（Carbon Dots，CDs）是继碳纳米管、纳米金刚石和石墨烯之后，一种新型碳纳米功能材料之一。2004 年，Xu 等采用凝胶电泳法纯化由电弧放电法得到的碳纳米管粗产物时，首次发现并分离出一种荧光碳纳米颗粒[58]。2006 年，Sun 等[59] 采用激光器刻蚀碳靶，再经硝酸回流氧化和聚乙二醇钝化后，同样获得荧光碳纳米颗粒，并首次称其为碳点。碳点一经发现，便引起了人们极大的研究兴趣，目前对碳点的研究重点集中在寻找更简便快捷、低廉友好的制备方法和发掘碳点荧光潜力两个方面。碳点由于具有与传统半导体量子点相媲美的荧光性能以及低毒性，已开始替代半导体量子点被广泛应用于生物成像、生化分析检测、药物载体等生命科学领域，是最有望于在疾病检测上实现应用的荧光纳米材料。

4.2.3.2 碳点的结构

碳点在结构方面的共性主要是：①基本碳颗粒的粒径很小，通常在10nm左右；②碳点的荧光性质和粒径大小与反应条件、反应物质的种类及用量等存在密切关系，且其表面可通过共价连接或其他方式进行钝化[60]；③荧光碳点表面存在丰富的C、N、O元素，并由其构成许多官能团。不同方法制备的碳点其表面官能团不尽相同。虽然不同碳点的表面官能团存在差异，但是大多数碳点的表面都存在C═O、C—OH、N—H等基团，即碳点是由C、N、O等元素组成、且表面形成多种官能团修饰的量子维度的纳米颗粒，结构如图4-6所示。

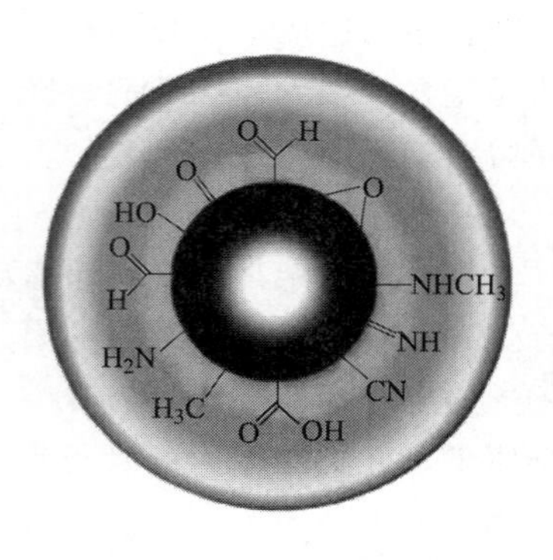

图4-6 碳点及其表面官能团

4.2.3.3 碳点的制备

研究者通过选择不同的碳源材料，设计、改进合理的合成路线和修饰方法，建立了一系列制备碳点的新方法。根据制备工艺和过程不同，碳点的制备方法可以分为两类：自上而下（Top-Down）制备和自下而上（Bottom-Up）制备。前者指由较大的碳结构裂解为微小的碳纳米粒，后者是以小的分子为前体聚合形成纳米级的碳颗粒[61]。

（1）自上而下法

常见的自上而下制备方法即通过酸氧化[62]、电弧放电[63]、激光销蚀[27,64]和电化学氧化[65]等将体积较大的碳如石墨、碳管、活性炭等[66,67]分解为小体积的碳点。自上而下制备荧光碳点是研究较早的碳点制备方法，早期因需酸氧化、电弧放电等严苛的实验条件而限制了其进一步发展，为此关于一步合成碳点法的研究应运而生。Ming等[65]仅以石墨棒作为碳源，通过电解超纯水获得的碳点具有水分散性良好、光致发光性质优异和纯度高等特点。Hu等[68]将激光销蚀和表面钝化两步反应合并进行，即对聚乙烯溶液中的碳粉用激光辐射4h后得到黑色悬浊液，一步获得粒径为3.2nm的荧光碳点，其量子产率达12.2%。相比于多步法制备碳点，一步法制备不仅简化了反应过程，制备碳点的荧光性能更好，而且通过选择不同的有机溶剂进行反应，可获得不同荧光性能的碳点。

（2）自下而上法

以分子前体物质为碳源，可采用水热法[69]、超声法[70]、酸脱水法[71]、微波辅助热解法[72]、高温热解法[73]和电化学法[74]等制备碳点的方式称为自下而上制备法。应用最为普遍的是水热法[75]和微波辅助热解法[76]，通过这两种方法均可实现一步制备荧光碳点。Yang等[69]对原有的葡萄糖水热法进行改进，在反应体系中加入不同量的磷酸氢钾，则获得不同粒径、光学性质可控的荧光碳点，即将40mg葡萄糖与1090mg磷酸二氢钾溶于40mL双蒸水中，通氮气除去氧气后以水热法处理，所得产物经离心、透析即得粒径为1.83nm、在 365nm 紫外光下发蓝色荧光的碳点；若降低磷酸二氢钾投料量，则获得 3.83nm、发绿色荧光的碳点。其中引入的微流体系统使纳米粒的制备实现了高度可控性，通过微流体平台和加热模块可严格控制试剂投料量和反应温度，从而使碳点制备的可重复性增强、所得碳点的光电和物理性质更加均一[77]。

自下而上制备碳点常需要同时具备碳源材料和钝化剂，后者主要用于碳点表面的修饰。常见的碳源材料有 PEG 等[78] 高分子、葡萄糖等[69] 生物材料以及各种有机小分子[79] 等；可以用作钝化剂的有 PEG、PEI 等有机高分子[72] 以及各种有机胺类化合物[73] 等。

4.2.3.4 碳点的分类

碳点是近年来受关注较多的碳纳米材料，是众多纳米化碳材料的总称。广义上来说，主要由碳构成的纳米材料都可以叫做碳点。通常情况下，碳点是分散的、近球形纳米粒，并且至少有一维其尺寸小于 10nm。碳点普遍具有荧光性质，而且其荧光具有尺寸和激发波长依赖性[80]。结构上，碳点表面常有较多的羧酸基团，赋予其良好的水溶性，也有利于碳点的进一步钝化和功能化。此外，碳点主要由 sp^2/sp^3 碳构成，且都含有基于氮/氧的化学基团。根据具体结构的不同，碳点可分为石墨烯量子点（Graphene Quantum Dot，GQD）、碳纳米点（Carbon Nanodot，CND）和聚合物点（Polymer Dot，PD）（见图 4-7）。石墨烯量子点拥有单层或数层石墨烯，在其边缘连接有不同的化学基团。它们是各向异性的，水平尺寸要远大于其高度。碳纳米点通常为球形，它们可分为无晶格结构的碳纳米粒和具明显晶格结构的碳量子点（Carbon Quantum Dot，CQD）。聚合物点是聚集或者交联的聚合物，它们通常由线性聚合物或者单体制备而得。此外，碳核和连接的聚合物链也可以聚合形成聚合物点。

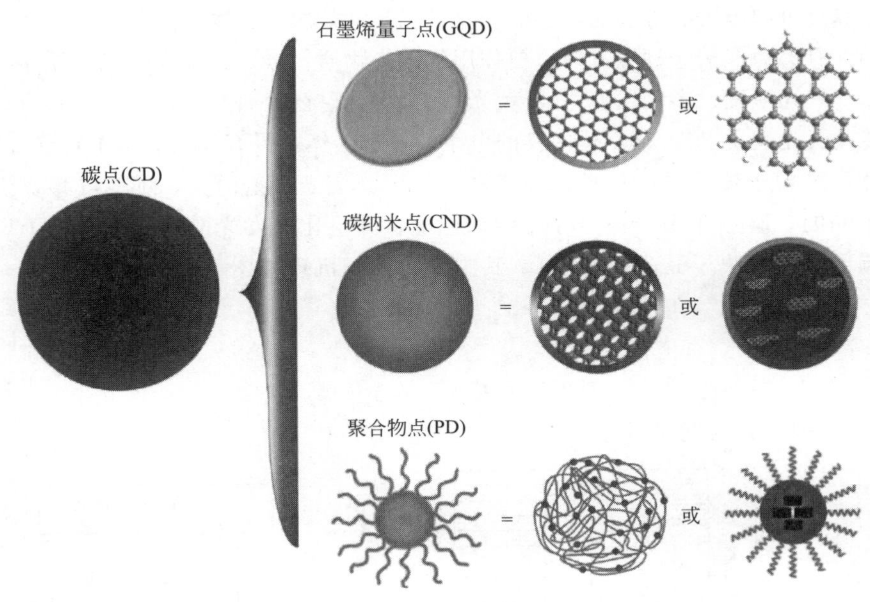

图 4-7 碳点的分类

石墨烯量子点（GQD）、碳纳米点（CND）和聚合物点（PD）[81]

不同的碳点，其荧光中心是非常不同的。对于石墨烯量子点，其荧光中心主要有两种：表面缺陷形成的表面态和量子限域效应造成的共轭 π 域，当其有较多的表面化学基团时，其荧光中心主要为表面态；当其有较完美的石墨烯核时，共轭 π 域则成为其主要的荧光中心。

对于碳纳米点，其荧光中心主要有三种：与尺寸相关的量子尺寸效应、与表面缺陷相关的表面态、与单个荧光团相关的分子态。对于聚合物点，其荧光中心主要为具有交联增强发射效应的荧光团。

4.2.3.5 碳点的性质

碳点是一种新型碳纳米材料，相比于半导体量子点，碳点具有独特的优势，如较好的生物相容性和环境友好性；相比于有机荧光染料，碳点具有荧光稳定，激发波谱宽，适应性好等优点，因此碳点有着很广阔的研究和应用前景。

(1) 结构特性

碳点是一种近似球型且直径＜10nm 的零维半导体纳米晶体，由极少分子或是原子组成的纳米团簇[82]。与粒径较大，分子量通常达到了几十万的量子点相比，碳点的粒径一般只有几个纳米，分子量只有几千到几万，只有传统荧光试剂的十分之一。因而碳点更易于通过内吞作用到达细胞内，可以更好地应用于细胞荧光标记与生物成像等领域。

(2) 光学特性

光学性质是碳点在基础研究和实际应用中一个非常重要的性质。碳点在紫外区域光谱吸收较强，吸收峰可延伸至可见光区，说明碳点在一定程度上属于半导体材料体系[83]。如经微波/超声、电化学氧化、激光刻蚀等方法制备的碳点，其吸收峰在 260～320nm 之间，经修饰后波长会相应增加。

碳点的发光特性主要表现在光致发光和电化学发光，其中荧光性能是碳点最突出的性能。目前关于碳点发光的理论包括：①表面态，即碳点表面存在能量势阱，经过表面修饰后，其荧光量子产率提高可归因于碳点表面状态的变化；②尺寸效应，即碳点的荧光性能决定于粒径大小，作为一种有潜力在诸多领域发挥重要作用的纳米物质，碳点的优良荧光性质主要有：激发光宽且连续、一元激发、多元发射[84]；荧光稳定性高且抗光漂白[85]；荧光波长可调，有些碳点具有上转换荧光性质[86]；碳点是优良的电子给体和受体，具有光诱导电子转移特性[87]。

半导体纳米粒子体系的电化学发光光谱相对于其荧光光谱而言，都有红移，说明它们的发射态是不同的。碳点作为一种半导体纳米粒子，其电化学发光的发射不受粒子尺寸和修饰试剂的影响而更多取决于其表面态[88]。其主要的发光机理如图 4-8 所示：

① $R-e^- \longrightarrow R^{\cdot +}$（电极氧化）

② $R+e^- \longrightarrow R^{\cdot -}$（电极还原）

③ $R^{\cdot +}+R^- \longrightarrow R+R^-$（激发态形成）

④ $R^* \longrightarrow R+h\nu$（发光过程）

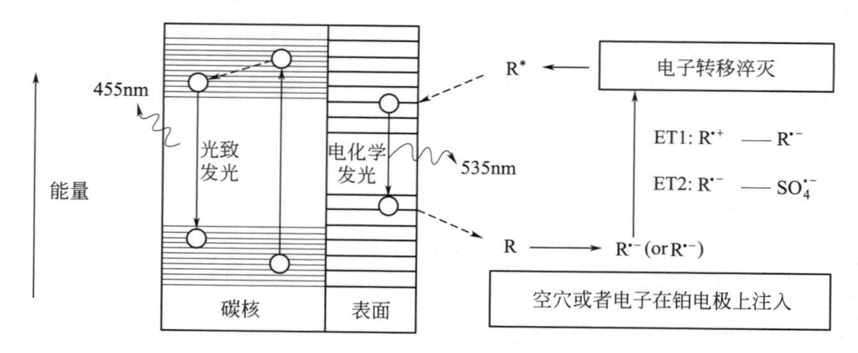

图 4-8　碳点的电化学发光和光致发光机理[89]

(3) 生物相容性

碳作为一切生物有机体的骨架元素，相对于其他元素构成的荧光纳米材料，碳点的毒性低且具有良好的生物相容性，可以通过细胞内吞（粒径只有几个纳米级，修饰后能达到几百纳米）进入细胞内部而不影响细胞核，还可以与 DNA 生物大分子相互作用，从而进行 DNA 的识别与检测[90]。此外，碳点表面含有大量功能基团，经有机、无机、高分子聚合物以及生物活性物质修饰后性能可以得到提升。

除了优异的光学性质与生物相容性以外，碳点还具有近红外发光特性、光电荷转移特性、高抗盐性以及拟酶催化的能力。这些优异性能使得碳点在很多领域存在着潜在的应用[91]，如能源、环境、传感器、发光器件、细胞标记、生物成像等。

4.2.3.6 碳点的发光机理

碳材料的发光机理一直以来是研究者关注的热点之一。掌握它无疑对碳点的合成和应用研究有很大的促进作用。对于碳点的发光没有统一的荧光机理解释，原因就是目前报道的碳点种类繁多，不同制备方法所得到的碳点化学结构不尽相同，表面态不清楚，控制荧光的发光中心也各有差异。总的来说，碳点可能的发光机理主要有三种观点。①第一种是由孙亚平研究组[92] 在 2006 年提出的，他们认为碳点的发光来源于其表面的能量陷阱［见图 4-9(a)］。依据主要有两个，他们直接通过激光烧蚀法得到的碳点不发光，经过 PEG_{1500N} 表面包覆后即可发光；另外，他们发现经过同样的表面钝化，碳点的发光强度与尺寸大小有关，说明比表面积大小对发光有影响，发光能量陷阱具有量子限域作用。这类现象与修饰后的碳纳米管[93] 及硅纳米颗粒的发光相似[94]。②第二种机理解释是 2008 年 Chhowalla 研究组报道近紫外蓝光发射氧化石墨烯时提出的，他们认为发光来源于碳核[95]［见图 4-9(b)］。他们将剥离制备的氧化石墨烯通过联氨还原成石墨烯，在还原过程中，石墨烯 sp^2 杂化碳原子团簇“岛”出现，通过控制还原时间可以维持这些“岛”限制其进一步长大，阻止其相互连接。这些 sp^2 团簇区域被 sp^3 杂化的碳原子包围形成局域态，产生量子限域效应，团簇区域的能带被打开，产生带隙，从而实现发光。2011 年，Giannelis 研究组详细研究了碳纳米颗粒的形成和发光机理[96]。他们在不同温度下热解柠檬酸-乙二胺前驱体合成得到一系列发光碳点。实验发现，当热解温度较低时（180℃），有机物脱水得到的碳点发出很强的蓝色荧光，荧光量子效率高，发光不随激发波长的变化移动，对 pH 和金属离子敏感，具有分子发光的特点，认为发光主要源于有机官能团；当提高热解温度到 230℃，碳点开始形成碳核，发光来源于表面含酰胺基的分子发色团和碳核的共同作用。进一步提高反应温度（300℃和 400℃），碳点发光波长红移强度变弱，且发光随激发波长变化而移动，他们认为这种发光现象主要来自于碳核。根据实验结果他们得出结论，合成条件不同，碳点发光可能来源于碳点表面态和边缘态，主要为强度较强的蓝光，或者是来源于碳点内部本征态，强度较弱，多数碳点具有共同控制的双发光中心［见图 4-9(c)］，所得结论与上述碳点的两种发光机理相吻合，也是当前研究者们较为认同的机理。③第三种机理认为碳点发光是由于量子尺寸效应，不同波长发光是由于碳点尺寸不同造成的。2012 年，Kang 课题组通过碱辅助电化学氧化裂解石墨棒电极制备了碳点[97]。通过改变反应条件，得到碳点的尺寸在 1.2nm 到 3.8nm。实验结果发现这种方法得到的碳点表现出尺寸依赖的发光性能，具有量子尺寸效应。

4.2.3.7 碳点的功能化

碳点的合成只是它的制备阶段，而进行功能化才能使其真正进入应用阶段。对碳点进行

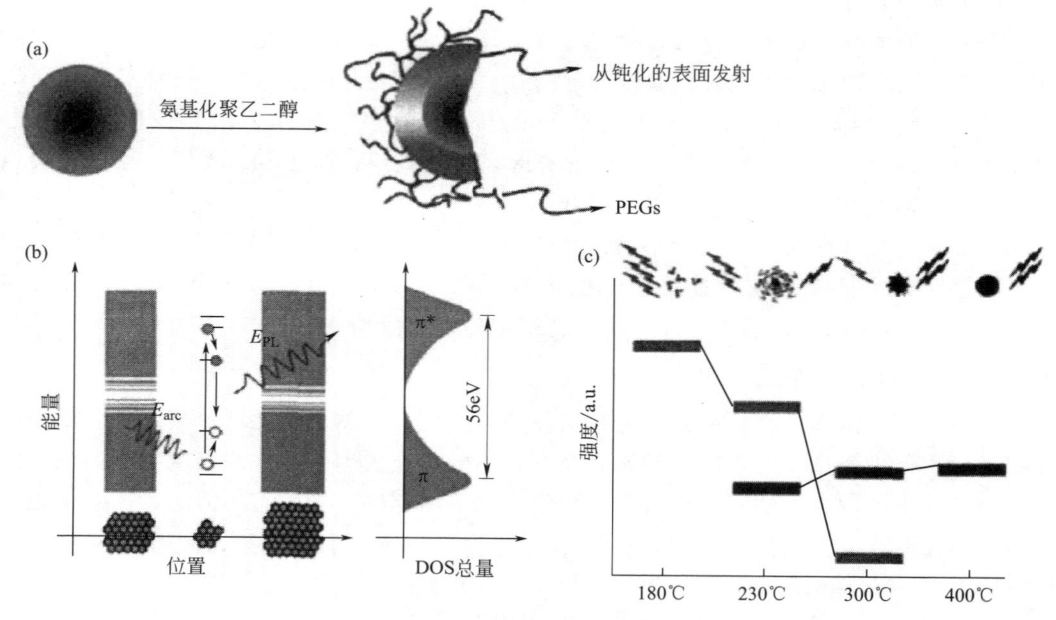

图 4-9　碳点的表面发光机理示意图（a）[92]；碳核发光机理示意图（b）[95]；
两种发光来源共同作用机理示意图（c）[96]

功能化在一定程度上会改变其荧光性能、生物相容性以及电学特性，同时减小非辐射激发从而增强其光学性能和量子产率。功能化手段一般可以分为两种方法：异原子掺杂和表面功能化。

（1）元素掺杂

用异原子对碳点进行掺杂能够改变其本征的电子结构，化学活性会得到显著的提高。具体地，杂原子的掺杂本质上改变了碳点的 HOMO 和 LUMO，从而改变了其光致发光性能以及量子产率，并且由于化学活性会改变碳点与其他物质的化学反应，从而增加其在一些分子、离子检测中的应用可能。在目前的研究中，用于碳点的掺杂元素中最常用元素就是氮元素，其次还有硼元素（B）、氯元素（Cl）、硫元素（S）以及多种元素共掺杂。氮掺杂碳点可通过微波辅助法、水热合成法以及碳化前躯体等多种不同的方法制得。Feng 等采用元素掺杂的方法制备了具有上转换荧光性能的氟掺杂碳点[98]。Yang 等以墨水为原料，通过水热还原和掺杂处理制得了高荧光性能的硫掺杂碳点和硒掺杂碳点[99]。

（2）表面功能化

碳点的光学性能和电学性质是受制于其表面化学状态（主要是表面的很多含氧活性基团）。如何更好地对碳点的性能进行合理而有效的控制，这就需要对碳点进行表面功能化修饰处理，一般通过两种途径实现：一种是将碳点表面的某些基团通过化学手段进行有目的的转化，另外一种是利用具有强吸电子能力或给电子能力的分子对碳点进行表面功能化修饰。研究表明，采用电弧放电法、电化学氧化法等方法可在碳点表面引入大量—COOH 基团。羧基的存在使得碳点在水溶液中具有良好的分散性，也为后续的表面修饰提供了便利，同时这也是碳点应用于生物领域的必要前提。利用不同的表面钝化剂，可使碳点溶解于某些非水溶剂或显著改善碳点的荧光性能。Zheng 等[100] 用强还原剂（如 $NaBH_4$、$LiBH_4$）处理碳点，使得纳米碳点表面含氧量明显减少，处理后的碳点可以发出 520～450nm 的荧光，且荧光量子产率从2%增加到24%。

4.2.3.8 碳点的表征方法

迄今已有多种技术用于表征碳点的结构和性质，但化学领域目前较多集中在碳点的形貌、结构以及光学性能的表征。形貌表征方面，主要通过透射电子显微镜和原子力显微镜；结构表征方面主要通过傅里叶变换红外光谱和X射线光电子能谱以及拉曼光谱等；在碳点的荧光研究中，还要用到紫外可见光谱和荧光光谱等。

4.2.4 纳米金刚石

4.2.4.1 纳米金刚石的研究概述

在当前出现的碳纳米材料家族中，纳米金刚石（Nanodiamond，ND）是不可或缺的一员。早在1961年，人们就发现在炸药爆炸所产生的高温高压环境下能够形成少许的金刚石颗粒。在后续的半个世纪中，纳米金刚石的制造和应用获得了飞速发展。当前纳米金刚石主要由爆轰法合成，并且已经实现了工业化应用。纳米金刚石和常见的碳纳米管和石墨烯相比，具有许多独有的特点和优异的性能。纳米金刚石除了具有宏观尺寸金刚石的物理化学性能和纳米材料的基本性能外，还具有一些独有的特性。因此，近些年来，纳米金刚石在制备技术、性能研究、生产应用等方面得到较大的发展，已经成为纳米材料以及碳材料领域的研究热点之一。

4.2.4.2 纳米金刚石的结构

纳米金刚石的初始颗粒尺寸一般在0.2～10nm，颗粒的平均尺寸为4～6nm。纳米金刚石属于典型的原子晶体，以四面体成键的方式互相连接，如图4-10所示。虽然纳米金刚石的制备手段以及提纯工艺有所不同，但是制得的纳米金刚石主要由碳、氢和氧元素组成，即使经酸处理后，灰粉中仍然会含有约2.5wt%氮、0.1～0.2wt%的铁和0.02～0.1wt%的铜，这将造成纳米金刚石的结构缺陷。

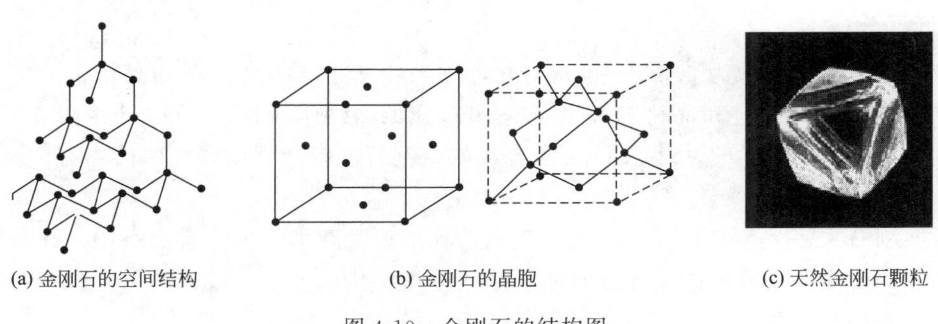

(a) 金刚石的空间结构　(b) 金刚石的晶胞　(c) 天然金刚石颗粒

图4-10　金刚石的结构图

4.2.4.3 纳米金刚石的制备

纳米金刚石分为纳米金刚石粉末和纳米金刚石膜两种。因此，对应两种制备方法：一种是通常在高温高压下通过相变来制备纳米金刚石粉末；另一种是利用化学气相沉积法（CVD）来制备纳米金刚石膜。

(1) 冲击波法合成纳米金刚石粉末

利用石墨制备纳米金刚石是大家熟知的方法之一。冲击波会产生高温高压的氛围，在超硬的材料上施加巨大的压力并作用于石墨材料上，制得纳米金刚石。通常情况下，在石墨材料中混入金属铜会提高热量的传输。用该方法制得的纳米金刚石为烧结在一起的初生晶体，外层包覆一层石墨材料。

(2) 爆轰法合成纳米金刚石粉末

1963年，苏联技术物理研究所首先利用该方法合成了纳米金刚石。爆轰法又称为爆炸法，在负氧平衡条件下爆轰三硝基甲苯（TNT）和黑索金（RDX）的混合炸药，利用其产生的瞬时超高温和高压，炸药分解释放的自由碳原子经过重排、聚集和晶化后形成多种不同形态的碳，称之为纳米碳集聚体。这些集聚体包括金刚石、石墨以及非晶态碳，称之为“黑粉”。经研究发现，在爆轰的过程中，只是TNT生成的游离的碳原子会转化为纳米金刚石，而RDX的主要作用是产生高压。

(3) 其他方法合成纳米金刚石

除了以上两种方法外，还有一些方法制备纳米金刚石。1989年，Frenklach等使用CVD法制得了粒径为500nm以下的纳米金刚石薄膜。CVD制备纳米金刚石法是借助CH_4、C_2H_2、C_2H_5OH以及CO等含碳气体与氢气的混合，在高温、低压的反应条件下发生化学反应，生成活性基团，在衬底的表面沉积固态多晶金刚石薄膜的制备方法。此外，可以通过研磨合成或天然的微米级金刚石来得到100nm以下的纳米金刚石粉末[101]。1998年，钱逸泰和李亚栋等利用CCl_4作为碳源，Na作为还原剂，Ni-Co为催化剂，在700℃的高温下反应48h后制得纳米金刚石粉末[102]。Gogotsi等利用1μm的SiC与氢气、氯气和氩气在600～1000℃下发生置换反应5～72h，制得纳米金刚石薄膜[103]。

4.2.4.4 纳米金刚石的性质

纳米金刚石不仅具有宏观尺寸金刚石性能，如高硬度、高弹性模量、极低的摩擦系数、特别优良的导热性、良好的化学和物理稳定性等，而且具有纳米材料的通性，如表面效应、小尺寸效应、量子尺寸效应、宏观量子隧道效应等；除此之外，还具有如下所述特殊的性能。

(1) 晶格常数大

纳米金刚石晶格常数为0.360～0.365nm，比天然立方结构金刚石的晶格常数大，这是由于纳米微晶的尺寸效应和晶格畸变共同作用造成的。纳米金刚石晶粒尺寸在2～12nm，晶格畸变为0.2%～1%，这些都比静压法合成的金刚石的畸变程度要大两倍左右。

(2) 规则的形貌

纳米金刚石大多为单晶，其形貌呈较规则的球形或类球形。纳米金刚石中存在着微米和亚微米尺寸的团聚体，有的团聚体还具有菱形或球形结构。

(3) 比表面较大

由于纳米金刚石有很大的比表面（达到200～420m^2/g）。此外，由于纳米金刚石特殊的制备方法和后处理过程，经红外光谱分析发现，其表面含有多种含氧官能团，包括羧基、羰基、羟基、酯基和一些含氮官能团。因此，纳米金刚石具有高表面活性，表面可形成氢键，可吸附多种物质。

(4) 德拜温度低

物质的德拜特征温度是固体的一个重要物理量，它不仅反映晶体点阵的畸变程度，还是该物质原子间结合力的表征。物质的弹性、硬度、熔点、比热等物理量都与原子间结合力存在着一定的关系。相英伟等经计算得到大颗粒金刚石单晶的德拜温度为1800～2242K，而纳米金刚石的德拜温度为364K。德拜温度降低说明纳米金刚石原子之间的结合力已经极大减弱。另外，纳米金刚石原子中心的偏移平衡位置的振幅增大2.4倍，导致其活性的增大。

(5) 化学稳定性好

经研究发现，由于纳米金刚石表面化学活性大和晶体结构的不完整性，大尺寸的金刚石在空气中的起始氧化温度高于纳米金刚石起始氧化所需的温度500～530℃。

(6) 无毒性和生物相容性

众多研究发现，纳米金刚石和不同来源的多种细胞（如巨噬细胞、角质细胞、神经细胞等）具有良好的相容性。另外，通过线粒体功能检测和发光ATP产物对纳米金刚石进行毒性评估发现，其对多种类型的细胞没有毒性。

4.2.4.5 纳米金刚石的分散方法

由于纳米金刚石具有超高的比表面积，结合纳米金刚石颗粒之间的范德华力、静电力，表面官能团之间的化学键合等众多因素，使得纳米金刚石容易形成微米级的团聚体。所以，纳米金刚石作为纳米粒子的特有功能大大受到限制，甚至完全丧失。因此，对纳米金刚石进行解团聚，以保证其优异性能的充分发挥，是纳米研究方向的重点与热点之一。目前，防止纳米金刚石团聚的途径主要有以下几种方法：

① 降低表面能改变分散相或分散介质的性质来达到减小Hamaker常数和降低范德华吸引能的目的；

② 中和表面电荷调节电解质及定位离子的浓度，增大排斥能；

③ 增加粒子间位阻增大粒子之间的排斥能，降低吸引能。

根据对纳米金刚石解团聚的方法不同，纳米金刚石的分散方法主要分为物理方法和化学方法。其中，物理方法主要包括利用超声波分散、机械作用力分散和物理包覆等方法；化学方法主要涉及化学接枝来改善分散性。

(1) 超声波分散

超声分散是将高频率的超声波作用于溶液，产生极强大的压力波，进而形成不计其数的微观气泡。随着高频率的振动，产生的气泡会迅速变大，而后突然闭合。当气泡闭合时，因为液体间的互相碰撞会产生强大的冲击波，即发生所谓的空化效应，使得液相之间发生强有力的剪切运动，会对分散在溶液中的纳米金刚石颗粒进行强烈的破碎重组，从而起到分散作用。值得注意的是，超声振荡可能会造成极小的纳米金刚石发生共振加速运动，导致碰撞能的增加，进而又发生团聚。另外，当终止超声振荡后，纳米金刚石不一定能保持分散状态，再次团聚时有发生。

(2) 机械分散

所谓机械分散是利用外界机械能对纳米金刚石进行解团聚的方法，其具体形式包括高速搅拌、研磨分散、球磨分散等。其中，利用球磨分散粉体是当前最为常用的方法之一。该方法是利用球与球、球与料等之间的研磨、撞击，将纳米金刚石进行解团聚。这种方法不仅可能改变纳米金刚石的物理化学性质，还有可能改变粉体的化学成分。

(3) 物理包覆

物理包覆法即利用小分子或聚合物吸附在纳米金刚石表面，利用其产生的空间位阻效应阻止纳米金刚石颗粒之间的聚集。例如利用双亲型的表面活性剂，亲水基会吸附在纳米金刚石表面，疏水基则会在溶剂中伸展，牵引纳米金刚石彼此分离，得到解团聚的目的。与小分子相较，高分子量的聚合物吸附到纳米金刚石的表面，能够形成较厚的吸附层，而该吸附层产生的空间位阻效应将会有效的抑制纳米金刚石团聚的发生。该方法操作简便，可对纳米金刚石解团聚起到良好的解团聚作用。

(4) 化学接枝

化学接枝法即利用纳米金刚石表面的化学官能团与化合物进行共价接枝，以此改善纳米金刚石分散性的问题。该方法主要是通过化学作用，在纳米金刚石表面包覆一层稳定的有机化合物膜，以此达到改善纳米金刚石分散性。

4.2.4.6 纳米金刚石的功能化

纳米金刚石具有良好的稳定性，在一般情况下，纳米金刚石不会与其他物质发生反应。但良好的稳定性既是它的优点，也是它的缺点，这是由于良好的稳定性限制了纳米金刚石的活性，从而也就限制了纳米金刚石的一些应用。为了改善纳米金刚石的活性，拓展纳米金刚石的应用，可对纳米金刚石表面进行功能化修饰。纳米金刚石表面功能化修饰大致可以分为三类：一类是表面官能团修饰；另一类是有机大分子修饰；第三类是金属纳米粒子及金属氧化物修饰。

纳米金刚石表面官能团修饰，主要是采用一些化学方法把一些具有特殊反应性能的活性官能团修饰到纳米金刚石表面，而这些具有特殊反应的活性官能团主要是卤素以及含氧官能团等。安仲善等[104] 采用不同的方法，对化学气相沉积的金刚石薄膜成功地进行了氟修饰、氯修饰以及溴修饰，实验结果表明修饰后的金刚石薄膜的活性加大，可作为中间体用于进一步的化学修饰。J. Iniesta 等[105] 采用硼掺杂金刚石（BDD）电极研究苯酚的电化学氧化，研究发现，在电化学氧化过程中，产生了一些活性氢氧自由基吸附在金刚石电极表面，从而避免了电极的污染。

纳米金刚石表面的有机大分子修饰，是把一些烷基、氨基、氨基酸等基团导入到纳米金刚石的表面，其导入的方法主要有三种：通过与金刚石表面引入的活性官能团进行反应；直接光化学反应；采用表面微加工技术。安云玲等[106] 采用紫外灯照射，利用氨水在 BDD 的表面通过光化学反应，直接一步制得含有氨基的金刚石表面，进一步研究发现修饰后的金刚石薄膜的活性加大，可用于对酚类物质的降解，还可以做进一步的化学修饰，在上面固定酪氨酸酶。Liu 等[107] 则在金刚石表面先引入活性卤素基团，再通过进一步的化学反应，引入烷基、氨基以及氨基酸等基团，实现了对金刚石表面的功能化修饰。

近年来，纳米金刚石表面的金属纳米粒子及金属氧化物修饰，尤其是贵金属纳米粒子（如金、银、铂、钌、钯以及它们的一些合金等）的修饰得到了广泛的关注。这主要是因为一方面纳米金刚石是一种优良的电极材料，具有许多不可比拟的电化学特性，而另一方面是因为这些贵金属纳米粒子在制备纳米电子器件、催化反应、生物传感等领域的应用具有潜在的应用价值。Zhang 等[108] 在 BDD 上采用电沉积方法沉积金颗粒，通过阻抗和伏安法检测，对 O_2 的还原具有很高的电催化活性；Nicolau 等[109] 则在 BDD 上采用电沉积方法沉积铂颗粒，制备了 Pt-BDD 电极，并研究发现，Pt-BDD 电极对尿素具有很好降解作用，可以把尿素转化为脲酶和 CO_2。

上述功能化主要是对 BDD 的功能化修饰，而对于爆轰纳米金刚石一般认为是氢终端的表面（也含有一些的含氧官能团），以氢为终端的表面较容易导入活性基团[110]，这为纳米金刚石表面的官能团修饰提供了可行性。同时，纳米金刚石具有大的比表面积，利于金属粒子的修饰。因此，可以对纳米金刚石表面进行功能化修饰。

4.2.5 富勒烯

4.2.5.1 富勒烯的研究概述

富勒烯是除石墨和金刚石以外的第三种碳同素异构体。1985 年 Kroto 等[111] 用激光蒸发石墨时发现并预言了 C_{60} 独特的结构和性质，引起广大物理学家、化学家、材料学家的极大的兴趣，但由这种方法得到的 C_{60} 极少，只能作原位 MS 检测，极大地限制了对 C_{60} 的实验研究。1990 年 Kratschmer 和 Huffman 等利用电弧放电法制得了克量级的 C_{60}，使得富勒烯成为 90 年代研究的热门话题[112]。特别是 1991 年发现了掺杂金属的 C_{60} 具有超导性之后，更加激发了人们对这一新物质的关注。

4.2.5.2 富勒烯的结构

C_{60} 是由 60 个碳原子组成的高度对称的球形分子，碳原子分别位于截去顶角的正二十面体的顶端，所有碳原子都是等价的，形状像个足球（见图 4-11）。其英文名称是 Buckminster-Fullerene。C_{60} 是由 12 个五边形和 20 个六边形组成的球形 32 面体，具有完美的结构对称性。在 C_{60} 分子中，60 个碳原子均采用介于 sp^2 和 sp^3 杂化之间的一种轨道杂化方式——$sp^{2.28}$ 的形式杂化，其中每个碳原子以 sp^2 杂化轨道和相邻的 3 个碳原子相连，剩余的 p 轨道则在 C_{60} 分子的外围和内腔形成非平面的共轭离域大 π 体系，该体系提供了 C_{60} 分子的最大稳定化。除了 C_{60} 外，碳富勒烯还有 C_{24}，C_{36}，C_{70}，C_{84}，……，C_{540} 等。

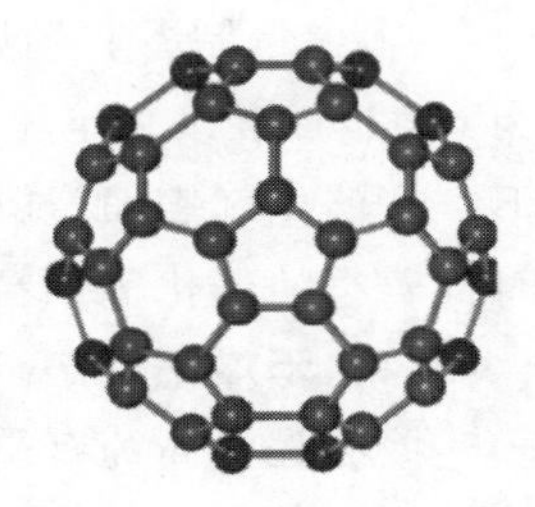

图 4-11 C_{60} 结构

4.2.5.3 富勒烯的制备

制备足够量高纯度的富勒烯是对其性能及应用研究的基础。自从 Kroto 发现 C_{60} 以来，人们研究出许多种富勒烯的制备方法。目前较为成熟的富勒烯的制备方法主要有电弧法、热蒸发法、催化热分解（CVD）法和火焰法等。

(1) 电弧法

传统电弧法制备 C_{60}/C_{70} 时，一般将电弧室抽真空，然后通入氦气。电弧室中安置有制备富勒烯的阴极和阳极，电极阴极材料通常为光谱级石墨棒，制备过程中不损耗；阳极材料为石墨棒、冶金焦炭或沥青，通常在阳极电极中添加 Cu、Bi_2O_3、WC 等作为催化剂。当两根高纯石墨电极靠近进行电弧放电时，石墨棒气化形成等离子体，在惰性气氛下小碳分子经多次碰撞、合并、闭合而形成稳定的 C_{60} 即高碳富勒烯分子，它们存在于大量颗粒状烟灰中，在气流作用下沉积在反应器内壁上，然后将烟灰收集即可。实验中电弧的放电方式、放电间距、放电电流和氦气压力对 C_{60}/C_{70} 混合物产率都有影响。资料[113] 表明直流近间距放电（电极间约几毫米）情况下，电流 100～120A、有效电压 27V、氦气压 $1\times10^4\sim2\times10^4$Pa、真空度 5Pa 时产率较理想可达 13%。曹保鹏[114] 等以掺碳化钨的石墨棒为阳极，用直流电流法合成富勒烯，结果表明：碳化钨掺杂不仅可以提高富勒烯的总产率，也可以提高大分子富勒烯的产率。

水下放电法[115]将电弧室中的介质由惰性气体换为去离子水，采用直流电弧放电，以碳纯度为 99%、直径为 6mm 的碳棒做阳极，直径为 12mm 的碳棒做阴极，放入 2.5L 的去离子水中至距其底部 3mm 的位置，在电压为 16～17V、电流为 30A 的条件下拉直流电弧，产物可在水表面收集。水下放电法不需要传统电弧法的抽气泵和高度密封的水冷真空室等系统，免除了昂贵的费用，可进一步降低反应温度，能耗更小，并且产物在水表面收集而不是在整个有较多粉尘的反应室。与传统电弧法相比，此法产率及质量均较高，可制备出球形洋葱富勒烯、像富勒烯似的碳纳米粒子、类似碳纳米管和富勒烯粉末。总之，电弧法是目前应用最广泛、有可能进一步扩大生产规模的制备方法，其 C_{60} 产率可达 10%～13%，为其物理、化学的研究奠定了基础。

(2) 热蒸发法

用人造或天然石墨或含碳量高的煤及其产物等作原料通过不同方法在极高的温度下，使原料中的碳原子蒸发，在不同惰性或非氧化气氛中（如 Ar、He、N_2 等），在不同的环境气压以及不同类型的金属催化剂的存在下，使蒸发后的碳原子簇合成富勒烯[116]。热蒸发法根据热源的不同可以分为电加热石墨蒸发法[117]、电弧等离子体蒸发法[118]、激光蒸发石墨法[119] 和太阳能法[120] 等。

(3) 催化热分解（CVD）法

CVD 是制备富勒烯的另一种典型方法，催化热分解反应过程一般是将有机气体（通常为 C_2H_2）混以一定比例的氮气作为压制气体，通入事先除去氧的石英管中，在一定的温度下，在催化剂表面裂解形成碳源，碳源通过催化剂扩散，在催化剂后表面长出碳纳米管，同时推着小的催化剂颗粒前移。直到催化剂颗粒全部被石墨层包覆，碳纳米管生长结束。

(4) 苯焰燃烧法

该法是将高纯石墨棒在氦气稀释过的苯、氧混合物中燃烧，得到 C_{60} 和 C_{70} 的混合物。通过改变温度、压力、碳和氧原子的比例及在火焰上停留时间，可控制产率和产物中的 C_{60}、C_{70} 的比率。

目前，电弧法、热蒸发法、CVD 法和苯焰燃烧法是应用最为广泛的制备和生产富勒烯的方法，产率较高。其中，电弧法和热蒸发法可以宏观量的制备出富勒烯，并且由于实验装置和操作简便，已为众多研究者采用，但是电弧法难以控制进程和产物，杂质难分离；CVD 法和火焰法也可以得到较高产率的富勒烯，但实验条件难以控制。

除了上述四种产率较高的制备方法以外，还有一些其他的方法，如电子束辐照法、机械球磨法、碳离子束注入法、金刚石/碳灰微粒热处理法等。这些方法由于操作影响因素较多，反应要求苛刻，过程难以控制等诸多缺点，致使富勒烯产率较低，方法应用较少。

4.2.5.4 富勒烯的性质

富勒烯独特的结构决定了它具有独特的性质，富勒烯具有一个纳米级的内部空间，可以容纳一个或多个原子或分子。目前发现可以进入 C_{60} 碳笼的元素包括惰性气体分子、稀土元素、碱土金属元素以及 Ti、O、N、S、C 等。其中碱土金属和稀土金属能够以单原子或双原子形式稳定存在于富勒烯碳笼内，而除惰性气体外的非金属元素则一般只能以与金属元素形成分子或原子簇的形式进入富勒烯笼内，例如 GdN@C_{84}、TiC_2@C_{80}、LuC_2@C_{88} 等。绝大部分过渡金属元素几乎都不能以任何形式进入富勒烯笼中，其原因还没有定论。

除内部空间外，富勒烯还可外接修饰形成各种富勒烯衍生物。富勒烯分子中的所有碳原子都以 sp^2 杂化形式与其他碳原子成键，这是一种不饱和键，在适当的反应条件下很容易被打开与其他化学基团成键，由此形成极为庞大的富勒烯衍生物家族。目前，仅基于 C_{60} 的富勒烯衍生物就已经被合成出几万种，给富勒烯带来极为丰富多彩的性质，并被发展出大量应用。有趣的是富勒烯的内包分子和笼外化学修饰还可以结合起来，给富勒烯家族带来更为丰富的特性。实验发现，内包原子或分子能够影响富勒烯外接化学基团的反应性，同时分子外接基团也会影响富勒烯内部团簇的动态变化。

4.2.5.5 富勒烯的分散

富勒烯在极性溶液中的溶解度很低并且很容易发生自聚集，科学家们通过不断的实验总结，探索出几种解决方案，目前比较常用的是以下 3 种方法：①制备富勒烯的水溶性包结物；②超声制备富勒烯的水溶胶；③将富勒烯与多种水溶性分子进行连接，制备富勒烯水溶性衍生物。目前，较好的方法就是将富勒烯与各种生物分子进行连接，这样得到的化合物具有富勒烯与生物分子的双重特性，因而可能改善生物分子的原有功能或者产生一些新的生物活性。

4.2.6 碳纳米纤维

4.2.6.1 碳纳米纤维研究概述

早在 19 世纪末，人们在研究烃类热裂解及一氧化碳歧化反应时，就发现在催化剂表面生成物中混有极细小的纤维状物质，这是碳纳米纤维（Carbon Nanofibers 简称 CNFs）的最早发现。但有目的地合成碳纳米纤维，则是在 20 世纪 90 年代 S. Iijima 发现纳米碳管以后。碳纳米纤维是由多层石墨片卷曲而成的纤维状纳米碳材料，它的直径一般在 10～500nm，长度分布在 0.5～100μm，是介于纳米碳管和普通碳纤维之间的准一维碳材料，具有较高的结晶取向度、较好的导电和导热性能。碳纳米纤维除了具有化学气相沉积法合成的普通碳纤维低密度、高比模量、高比强度、高导电、热稳定性等特性外，还具有缺陷数量少、长径比大、比表面积大、结构致密等优点，从而引起许多科学家对这种新型碳纳米材料的兴趣。

4.2.6.2 碳纳米纤维的结构

碳纳米纤维大多通过催化热解烃类进行制备。由于气相生长过程较复杂，采用不同的反应参数不仅可控制其直径，而且生长的形貌也有很大的诧异，如晶须状、分支状、双向状、多向状、螺旋状等，见图 4-12。

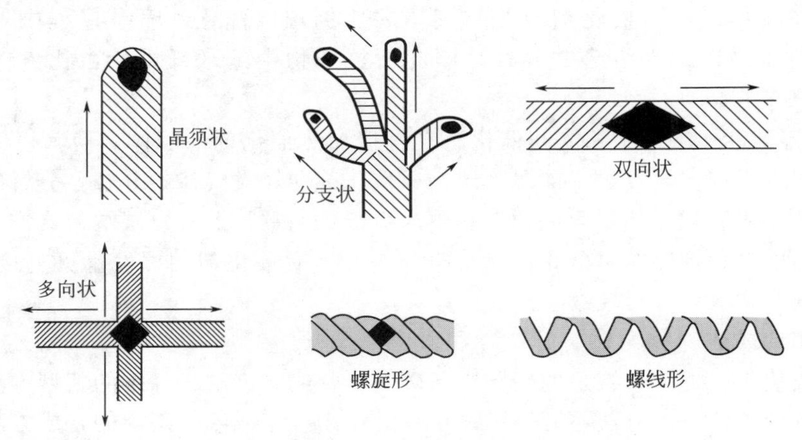

图 4-12 几种典型的纳米碳纤维形貌示意图

利用透射电镜对碳纳米纤维的微观结构进行观察时发现它们具有各种各样的形貌，但一般都是中空结构。这种微观结构决定了碳纳米纤维也具有纳米碳管的某些优异特性。通常在碳纳米纤维半圆形头部中可观察到圆形或头部呈圆形的催化剂颗粒，直径略小于催化剂颗粒的真空管与其相连并沿纤维轴向伸展，同一根纤维的中空管直径基本不变。有的碳纳米纤维的尾部也呈半圆形，但其中没有催化剂颗粒存在。在气相流动催化法制备的碳纳米纤维中还可观察到一些大小与纤维直径相同的方形和菱形催化剂颗粒嵌在纤维中间，纤维从颗粒的两个对称方向长出。用高分辨电镜观察碳纳米纤维的微观结构时发现，组成碳纳米纤维的石墨片相对于纤维的轴向基本可分为三种排列方式，即平行的（管状）、成一定角度的（鱼骨状）和垂直的（片层状）。对平直状的碳纳米纤维研究表明，靠近中空管的内层结构完整、结晶程度较高，与多壁纳米碳管类似，而外层是不完整的乱层结构和结晶度很低的薄层热解炭。采用选区电子衍射对纳米碳纤维进行分析，结果表明，单根碳纳米纤维的平均石墨化程度较高，石墨片（002）晶面基本沿纤维轴向排列。但对碳纳米纤维中不同位置的衍射结果表明，其内层的石墨片层结构比外层规整，这与高分辨电镜观察得到的结果一致。

4.2.6.3　碳纳米纤维的制备

碳纳米纤维的制备方法有很多，主要包括化学气相沉积法、静电纺丝法和固相合成法等。

(1) 化学气相沉积（CVD）法

化学气相沉积法是利用低廉的烃类化合物作原料，在一定的温度（500～1000℃）下，使烃类化合物在金属催化剂上进行热分解来合成碳纳米纤维的方法。按催化剂加入或存在的方式不同，可将热化学气相沉积法分为以下几种：基体法、喷淋法和气相流动催化法。

① 基体法　基体法是在陶瓷或石墨基体上均匀散布纳米催化剂颗粒（多为Fe、Co、Ni等过渡金属），高温下通入烃类气体热解，使之分解并析出碳纳米纤维。基体法可制备出高纯碳纳米纤维，但超细催化剂颗粒制备困难，一般颗粒直径较大，较难制备细直径的碳纳米纤维，此外，碳纳米纤维只在喷洒了催化剂的基体上生长，因而产量不高，难以连续生长，不易实现工业化生产。

② 喷淋法　喷淋法是将催化剂混于苯等液态有机物中，然后将含催化剂的混合溶液喷淋到高温反应室中，制备出碳纳米纤维。该方法可实现催化剂的连续喷入，为工业化连续生产提供了可能，但催化剂与烃类气体的比例难以优化，喷淋过程中催化剂颗粒分布不均匀，且很难以纳米级形式存在，因此所得产物中纳米纤维所占比例较少，常伴有一定量的炭黑。

③ 气相流动催化法　气相流动催化法是直接加热催化剂前驱体，使其以气体形式同烃类气体一起引入反应室，经过不同温度区完成催化剂和烃类气体的分解，分解的催化剂原子逐渐聚集成纳米级颗粒，热解生成的碳在纳米级催化剂颗粒上析出碳纳米纤维。由于从有机化合物分解出的催化剂颗粒可分布在三维空间内，同时催化剂的挥发量可直接控制，因此，其单位时间内产量大，并可连续生产。

(2) 固相合成法

固相合成法作为近年来报道的一种制备碳纳米管或者碳纳米纤维的新型方法，引起了较多科研工作者的关注。该方法不同于以往单一的使用气态或液态碳源的合成方法，采用固相碳源作为原料制备出碳纳米纤维，故命名为固相合成法。

(3) 静电纺丝法

静电纺丝技术最早出现在 20 世纪 30 年代，是近几年来重新引起人们兴趣的一种制备碳纳米纤维的方法，也是目前唯一制得连续碳纳米纤维的方法。电场纺丝使聚合物溶液或熔体带上成千上万伏的静电，带电的聚合物在电场的作用下首先在纺丝口形成泰勒（Taylor）锥[121]，当电场力达到能克服纺丝液内部张力时，泰勒锥体被牵伸，且做加速运动，运动着的射流被逐渐牵伸变细，由于其运动速率极快，而使得最终沉积在收集板上的纤维成纳米级，形成类似非织造布的纤维毡[122,123]。纤维毡在空气中经过 280℃、30min 左右的预氧化及在 N_2 氛围中经过 800～1000℃的炭化处理最终得到碳纳米纤维。

静电纺丝是一种对高分子溶液或熔体施加高压进行纺丝的方法，与其他纳米纤维制造方法相比较，静电纺丝法具备如下优点：①静电纺丝通常用的电压在数千伏以上，而所用电流很小，因而能量消耗少；②可在室温下纺丝，因此含有热稳定性不好的化合物的溶液也可纺丝。例如，用含有药物的高分子溶液纺丝，制得的纤维可应用于药物的缓释系统；用含有病毒的高分子溶液纺丝，可制得含病毒的纳米纤维，且其病毒具有感染力；③原料来源广泛，迄今为止，已有用聚酯、聚酰胺等合成高分子及骨胶原、丝、DNA 等天然高分子物质为原料采用静电纺丝法制纳米纤维的报道，亦有制成有机、无机复合材料的报道。

4.2.6.4 碳纳米纤维的性质

(1) 力学性能

碳纳米纤维的力学性能表现为每个碳原子与周围 3 个原子以共价键相结合，形成严密的结构，且其两端又是封闭的，没有悬空的化学键存在，使整个结构的稳定性更强，加之纳米尺度的碳原子之间的电荷作用力，使得碳纳米纤维具有高强度、高弹性和高刚度等力学性能。Endo 等[124] 报道了碳纳米纤维的力学性能，测量了经炭化和石墨化后碳纳米纤维的抗拉强度和弹性模量，并与 SiC 晶须进行比较，结果表明经炭化和石墨化后碳纳米纤维的抗拉强度和弹性模量均高于 SiC 晶须和普通碳纤维。Ozkan 等[125] 也研究了气相生长碳纳米纤维的力学性能，并通过实验得知对碳纳米纤维进行表面热处理和氧化后处理均能改变其抗拉强度和弹性模量，热处理过程使得纳米碳纤维的弹性模量从 180GPa 增加到 245GPa，而其抗拉强度降低 15%～20%。

(2) 电学性能

碳纳米纤维的电学性能取决于其直径和旋转性的不同，直径和旋转性的变化都可能影响碳纳米纤维的导电性。由于碳纳米纤维本身长度极短并且直径很小，用传统方法将很难直接测量单根纤维的电阻，因此，Rodriguez 等[126] 设计一个装置来测试粉末样品的电阻，经测量得碳纳米纤维的电阻率在 1500～5500$\mu\Omega \cdot cm$ 之间，可知在一些聚合物填料中加入少量的碳纳米纤维可以大幅度提高材料的导电性。

(3) 热学性能

碳纳米纤维由于具有独特的细长结构，使得它的热传导率在平行于轴线和垂直于轴线方向上有明显的差异，平行于轴线方向上具有相当高的热传导率，而垂直于轴线方向上，热传导率却非常小。也正由于热传导率在两个方向上的明显差异，通过适当地排列纳米碳纤维可以获得良好的各向异性热传导材料。

4.3 碳纳米材料的应用

4.3.1 碳纳米材料在光分析化学中的应用

4.3.1.1 碳纳米管

碳纳米管本身在近红外光区具有独特的荧光和拉曼光谱，可以利用多种光谱手段对多种生物分子实现定量检测，因此近年来碳纳米管在光化学生物传感器中的应用也逐渐受到了研究者的重视。

单壁碳纳米管在近红外区发射的荧光在吸附生物物质后会发生变化，但是本身不随光照时间而发生漂白作用。Barone 等利用这一特性，设计了基于单壁碳纳米管的近红外荧光传感器，并用于葡萄糖的检测[127]。Xie 等将溶菌酶连接到单壁碳纳米管上，利用拉曼光谱的变化监测所连接溶菌酶的失活，为利用光学手段监测其他碳纳米管连接的酶或蛋白质的失活提供了新思路[128]。

马娟[129] 用混酸处理制备了可溶性多壁碳纳米管，该碳管在超声辅助下可以分散在水中形成胶体，在荧光仪上可观察到多壁碳纳米管水溶胶独特的光散射现象。然后基于抗坏血酸能有效降低碳纳米管水溶胶的散射光强度，且在一定的浓度范围内散射光强度降低值与抗坏血酸的浓度呈线性关系，提出了一种新的测定抗坏血酸的方法，检出限可达 0.38nmol/L。该法用于维生素 C 片的测定，结果令人满意。接着又发现，痕量的银离子对碳纳米管水溶胶的散射光有很强的增强作用，且在一定的浓度范围内，散射光增强的幅度与银离子的浓度呈线性关系，从而建立了一种测定水中银离子的新方法。

单壁碳纳米管和 DNA 都具有手性，当 DNA 缠绕到单壁碳纳米管上时，二者的跃迁偶极矩相耦合可产生强诱导圆二色谱（ICD）。Gao 等将单链 DNA 包裹于单壁碳纳米管上，利用诱导圆二色谱的变化检测水溶液中痕量汞离子（Hg^{2+}）[130]。单链 DNA 缠绕的多壁碳纳米管能够形成很好的悬浊液，该悬浊液具有较强的拉曼散射光谱；一旦单链 DNA 与互补链 DNA 结合形成双链 DNA 后，多壁碳纳米管悬浊液不再稳定而沉积到杯底，其拉曼散射光谱大大降低。Zhang 等利用这一现象制备了基于拉曼散射光谱的碳纳米管 DNA 传感器，检测范围为 8.6～86.4nmol/L[131]。

碳纳米管对单链的 DNA 或 RNA 具有一定的吸附作用，此外，碳纳米管还对一定波长的荧光具有很强的淬灭效应，碳纳米管的荧光吸收光谱很广，因此可以对许多荧光发射光谱在其吸收光谱范围内的荧光物质的荧光进行淬灭。基于这些性质，Mao 等[132] 以单壁碳纳米管为载体，借助荧光染料 SYBR Green Ⅰ（SG）特殊的荧光性质，对沙门氏菌属的两种血清型鼠伤寒沙门氏菌、肠炎沙门氏菌进行快速检测。在他们的研究中，单独存在的 SG 分子是几乎不能产生荧光信号的。当加入探针分子（ssDNA）后，由于 SG 和探针 DNA 的插入作用能够检测到 SG 的荧光信号（520nm）。随后加入的单壁碳纳米管选择性的与探针 DNA 的非共价作用使得探针 DNA 分子与 SG 分离，SG 游离而不发荧光，单壁碳纳米管间接地淬灭了 SG 的荧光。当加入靶序列后，靶序列通过与探针 DNA 分子的杂交作用迅速的形成双链的DNA分子（dsDNA）而脱离单壁碳纳米管的吸附作用，SG插入到双链DNA分子中，荧光信号得到恢复。而加入碱基错配序列和其他菌的DNA时，SG的荧光强度不会恢复。实验结果表明，此方法具有高的灵敏性和特异性（见图4-13）。

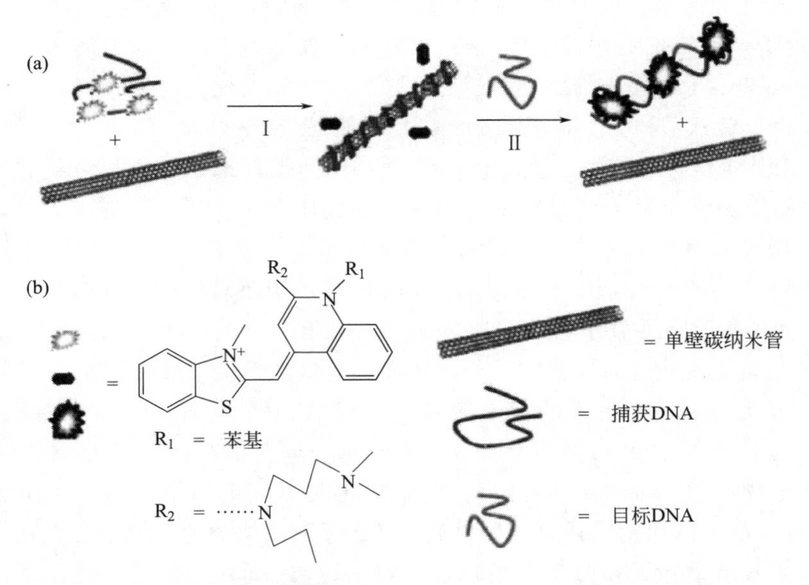

图4-13　结合碳纳米管的荧光探针检测鼠伤寒沙门氏菌的实验原理图

由于生物体在近红外光区基本上不产生荧光，而单壁碳纳米管却能产生较强烈的荧光，因此能在复杂的生物体环境中被检测。Cherukuri[133]利用单分散的碳纳米管在一定条件的光激发下会产生近红外荧光这一特性，测定了其在家兔血液中的半衰期为1h，通过组织切片可以看到在肝脏中有少量的碳纳米管累积。Choi等[134]以DNA包裹碳纳米管-铁氧化合物的复合物构成了具有磁共振成像以及近红外荧光成像能力的双功能化合物，借助进入小鼠巨噬细胞内部的碳纳米管的近红外荧光，能清楚观察到细胞的边界。Jeng等[135]利用SWCNT近红外能带间隙荧光检测DNA的杂化，杂化过程中会产生一个2meV的能量位移，伴随着发射波长发生了6nm的蓝移。Duque等[136]提出了在pH值1～11，得到一个稳定且发光效率高的单分散单壁碳纳米管溶液的方法，并且通过在人胚胎肾脏细胞表面的荧光成像来证实这些悬浮液的有效性。除了活细胞，碳纳米管的近红外荧光还可以应用于深层组织的检测和活体成像上。Leeuw等[137]检测了果蝇幼虫脑组织中的单壁碳纳米管，其荧光发射光谱能灵敏反映脑组织中每一个分散的单壁碳纳米管，同时利用碳纳米管所发射的近红外荧光，对果蝇活体内分布的碳纳米管进行非破坏性成像，证明摄入的碳纳米管对果蝇没有不良生理影响。另外，将碳纳米管用作近红外荧光探针，用于探测细胞表面受体和细胞成像研究[138]。

4.3.1.2　石墨烯

石墨烯具有独特的结构及电子特性，在荧光光谱分析中也表现出良好的应用前景。Chen等[139]研究了CdSe/ZnS纳米粒子吸附在单层或多层石墨烯片上的荧光淬灭现象，并通过荧光淬灭来测定能量转移的速率。结果发现，单层石墨烯片的淬灭效率为$4ns^{-1}$，随着层数的增加，淬灭效率明显增大。Treossi等[140]利用有机染料对氧化石墨烯表面衍生化，染料分子在氧化石墨烯存在的情况下产生荧光淬灭。该方法可在多种基底（包括石英、玻璃）上完成，且无干扰。Cheng 等[141] 将荧光基团 8-氨基喹啉接入氧化石墨烯，成功地制备了一种高效和高灵敏度的检测 D-葡萄糖胺的光传感器，为设计和开发具有高选择性和高敏感度的转氨基糖和许多其他生物分子的选择性探测光学传感器提供了一个新思路。Kundu 等[142] 也开发了一种氧化荧光石墨烯/聚乙烯醇传感器，用于水介质中的 Au^{3+} 选择性传感，探测极限约为 2.75×10^{-7}mol/L。

Dong 等[143] 首次研究了量子点和氧化石墨烯（GO）之间的荧光共振能量转移(FRET)，先用分子信标修饰量子点，以该量子点作为探针来识别靶标分析物。分子信标与 GO 之间的强烈作用可使量子点产生荧光淬灭，并用于测定 DNA 序列，结果表明，该方法具有较高的灵敏度和较好的选择性，可测定核酸以及单个核苷酸的多态性。Chen 等[144] 也构建了一个 GO 的传感平台，用于目标 DNA 的检测，当不存在目标 DNA 时，标记有荧光基团的探针 DNA 吸附在 GO 上且荧光被淬灭；存在目标 DNA 时，目标链和探针链杂交形成刚性的双链结构导致荧光基团远离 GO，从而使其荧光恢复。Yang 等[145] 将 GO 和酶切信号放大结合制备了一种高灵敏的荧光传感器用于 ATP 的检测，没有目标物存在时，GO 可以保护核酸探针不受脱氧核糖核酸酶Ⅰ（DnaseⅠ）的切割，所以核酸探针可以吸附于 GO 上并且荧光被淬灭。当加入 ATP 后，ATP 和核酸探针特异性结合形成复合物并且远离 GO，此时 DnaseⅠ可以切割上述复合物并将 ATP 释放出来，被释放的 ATP 可参与下一次的循环切割，最终导致荧光信号大大增强（见图 4-14）。Zhang 等[146] 建立了一套基于使用 GO 快速探测 miRNA 的荧光淬灭系统，这种基于 GO 的方法被证明对同类 miRNA 有高特异性，并且不用反转录，这简化了探测步骤和降低了整个分析时间和费用。

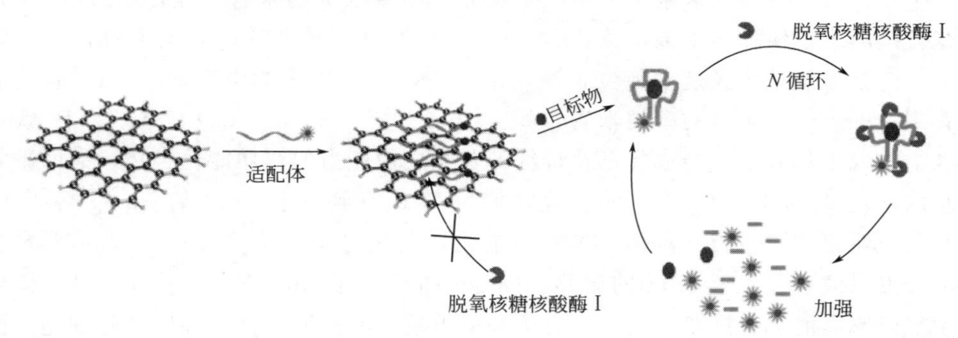

图 4-14 基于 GO 和酶切信号放大检测 ATP 示意图[145]

Chang 等[147] 研究了石墨烯的荧光共振能量转移适配体传感器，对凝血酶进行检测。该传感器对血清样品凝血酶的测定具有较高的灵敏度和专一性，检出限可低至 31.3pmol/L，与碳纳米管的荧光传感器相比，灵敏度显著提高，在识别癌细胞以及生物分子方面具有良好的应用前景。另外，Chu 等[148] 还将标记有荧光基团的肽链共价连接在石墨烯表面，当有目标蛋白酶 Caspase-3 存在时 Caspase-3 可以特异性水解多肽使得荧光基团远离石墨烯，从而使荧光信号增强。Mei 等[149] 将石墨烯用正丁胺处理，使正丁胺键合到石墨烯表面，在石墨烯表面形成烷基酰胺或氨基醇，即 GO-NHBu，该 GO-NHBu 在紫外灯下处具有强烈的荧光，且光学性能稳定。该法制备的 GO-NHBu 用银纳米离子功能化后，荧光淬灭，加入目标检测物（如多肽、蛋白质或 DNA）后，银纳米离子从 GO-NHBu 上解离并聚集，导致 GO-NHBu 荧光恢复，据此，可分析不同的生物物种。随着研究的深入，越来越多种类基于石墨烯材料的光化学传感器被相继研究，性能也逐渐提高，灵敏。

4.3.1.3 碳点

相较于半导体量子点和传统有机染料，碳点（CDs）不仅具有低毒性和良好的生物相容性等优点，而且还拥有发光可调谐、荧光性能良好、耐光漂白性、无闪烁、易于功能化、成本低廉和易工业化生产等特点，因此在多个研究领域有着巨大的发展潜力。

(1) 检测探针

碳点由于优良的光学特性（如高荧光强度、抗光漂白性、发光颜色可调等）得到了极大的重视，并被广泛应用于金属离子检测、阴离子检测、有机小分子检测及生物分子检测等方面的研究。与半导体量子点一样，碳点通过与待测物的作用，改变表面电子空穴对之间的复合效率，从而发生荧光的增强或淬灭，实现对待测物的定性或定量分析。

① 金属离子探针

碳点作为一种新型的金属离子荧光探针，在溶液中易被电子受体高效淬灭，据此能够有效地检测溶液中金属离子，并在一定范围内确定金属离子的浓度，然后进行痕量分析[150]。2010 年，Sun 等[151] 首次将碳点应用在铁离子的定量分析中。他们以一水柠檬酸为碳源、二甘醇胺为钝化剂用水热法制备碳点，荧光强度与 Fe^{3+}（$5.0\times10^{-5}\sim5.0\times10^{-4}$）mol/L 之间呈线性关系，检出限为 11.2μmol/L。2015 年，Xu 等[152] 以柠檬酸钠为碳源、$Na_2S_2O_3$ 为钝化剂，采用水热法制备了 S 掺杂的碳点，平均粒径为 4.6nm，荧光量子产率达到了 67%。荧光能被 Fe^{3+} 淬灭从而检测其浓度，几乎不受其他离子的影响，检测范围为 1～500μmol/L，检出限为 0.1μmol/L。Karfa 等[153] 采用氨基酸为碳源制备的碳点，分别对 Cd^{2+} 和 Fe^{3+} 进行检测，分别在 6.0～268.0μg/L 和 6.0～250.0μg/L 呈线性关系，检出限为 2.0μg/L 和 3.0μg/L。

Cu^{2+} 能使蛋白质变性失活，对于生物体具有高毒性，灵敏地检测它的浓度十分必要。Liu 等[154] 首次将碳点应用到 Cu^{2+} 的检测中。他们采用水热法制备的碳点，通过与 Cu^{2+} 能荧光淬灭的特性，敏感地检测水样中的 Cu^{2+}，检出限达到 1nmol/L。Salinas-Castillo 等[155] 以柠檬酸为碳源，聚乙烯亚胺为钝化剂通过热解法制备的水溶性碳点，具有上转换和下转换荧光性能，可通过细胞内吞作用对细胞内的 Cu^{2+} 进行检测。Hu 等[156] 将制备的碳点用还原剂还原后对 Cu^{2+} 特别敏感，荧光强度在 Cu^{2+} 浓度为 0～0.5μmol/L 时呈现良好的线性关系，检出限达到 2.0nmol/L。

Ye 等[157] 通过水热富氮壳聚糖获得碳点，平均粒径在 8.6nm，后将 4,4′-二（1″,1″,1″,2″,2″,3″,3″-七氟-4″,6″-己二酮-6-基）氯磺酰基-邻二苯基苯-Eu^{3+}（BHHCT-Eu^{3+}）与碳点连接形成复合物，337nm 激发光照射时该复合物有 2 个荧光峰，分别在 410nm 和 615nm，加入 Cu^{2+} 后 410nm 处荧光强度不变，615nm 处荧光强度急剧减弱，荧光强度比率 I_{615}/I_{410} 与 Cu^{2+} 浓度在 0.1～1.0mmol/L 表现出良好的线性关系，检出限为 4.0nmol/L。

Hg^{2+} 属于高毒性重金属离子，被公认为最危险且普遍存在的污染物之一，可对人体健康造成严重威胁。Zhou 等[158] 第一次将未修饰的碳点用来探测汞离子和生物巯基化合物。他们通过热解乙二胺四乙酸盐获得了平均粒径为 3.8nm、荧光量子产率为 11.0%的碳点，荧光淬灭程度和汞离子浓度在 0～3μmol/L 之间呈线性关系，检出限为 4.2nmol/L。Mohapatra 等[159] 制备了 N 和 S 掺杂的碳点（NSCD），荧光量子产率高达 69%，相较于其他二价离子，可以特异性地识别 Hg^{2+}，在 $0\sim0.1\times10^{-6}$mol/L 有良好线性，检出限为

0.05nmol/L，低于之前的报道，而且实现了在细胞内的检测。

Li 等[160] 采用半胱氨酸为碳源水热法制备碳点，粒径为（3.6±0.3）nm，荧光量子产率为 13.2%，Co^{2+} 与碳点表面的半胱氨酸残基在碳点表面形成 Co_xS_y，Co_xS_y 聚合最终碳点聚沉，从而导致荧光猝灭。该碳点特异性识别 Co^{2+}，在磷酸盐缓冲溶液中荧光强度与 Co^{2+} 浓度（10～100μmol/L）之间为线性关系，检出限为 5nmol/L。

Wei 等[161] 用蜡烛灰通过硝酸回流氧化，离心纯化后通过酰胺化作用与乙二胺偶联制成氨基化碳点，由于 18-冠-6 和胺基形成络合物，所以乙二胺修饰的碳点与 18-冠-6 修饰的石墨烯紧密结合，发生荧光共振能量转移（FRET）（见图 4-15），碳点荧光发生淬灭。随后加入与 18-冠-6 亲和性更好的 K^+，18-冠-6 释放碳点与 K^+ 生成络合物，碳点与石墨烯分离，不再发生 FRET，导致碳点的荧光恢复，荧光强度与 K^+ 浓度在 0.05～10.0mmol/L 之间呈线性关系，检出限为 10μmol/L。

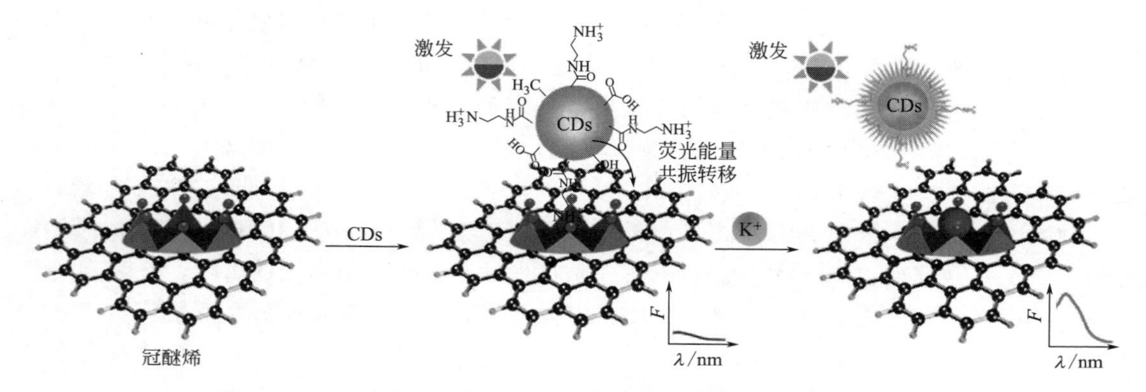

图 4-15　基于碳点-石墨烯的 FRET 模型原理图及 K^+ 的检测机理[161]

② 阴离子探针

Lin 等[162] 首次将碳点应用到对亚硝酸盐的检测中。他们以甘油为碳源，以 PEG_{1500} 为钝化剂，通过微波法得到明亮的绿色荧光碳点，粒径为 3～5nm，荧光量子产率为 12%。该碳点表面经丝氨酸修饰后，可用于检测亚硝酸盐，荧光强度与 NO_2^- 的浓度在 1.0×10^{-7}～1.0×10^{-5}mol/L 之间呈线性关系，检出限为 5.3×10^{-8}mol/L。

Zhao 等[163] 以羧基功能化的碳点检测 PO_4^{3-}，其原理是 Eu^{3+} 与碳点表面的羧基发生配位作用导致碳点荧光淬灭，加入比碳点羧基有着更强的配位能力的 PO_4^{3-} 与 Eu^{3+} 络合，碳点与 Eu^{3+} 分离进而恢复荧光。

Basu 等[164] 采用一种新颖、绿色的方法制备，他们先用 KOH 与热淀粉溶液搅拌反应，再用盐酸调节 pH 值到 7，获得一种高度水溶性的碳点。采用一种"On-Off-On"模式实现了对 F^- 高度选择性的检测，先加入 Fe^{3+} 荧光淬灭，然后加入 F^- 荧光恢复，以此达到检测 Fe^{3+} 和 F^- 的目的。Mohapatra 等[165] 首先将含氨基的二氧化硅包裹 Fe_3O_4 磁性粒子，再将乙二胺四乙酸（EDTA）与氨基反应结合在表面，最后利用配平方法与 Ni^{2+} 结合，形成 Fe_3O_4@SiO_2-EDTA-Ni 复合物。此复合物能将荧光碳点淬灭，当 F^- 加入淬灭后的碳点溶液中后，Fe_3O_4@SiO_2-EDTA-Ni 复合物选择性地识别 F^- 并与其紧密结合，使碳点恢复荧光，荧光强度与 F^- 浓度在 1～20μmol/L 间呈现线性关系，检出限为 0.06μmol/L。这种方法实现了自来水和 HT29 细胞中的 F^- 检测。Liu 等[166] 报道了一种新型荧光探针

$[Zr(CDs\text{-}COO)_2EDTA]$，并成功地应用于检测牙膏和水中的 F^-（见图 4-16）。该探针是用葡萄糖和 PEG200 微波处理后得到的碳点与 Zr（H_2O）$_2$EDTA 反应所形成的配合物。F^- 对 Zr^{4+} 的亲和力要强于碳点上的羧基，因此能取代碳点形成无荧光的复合物 Zr（F）$_2$EDTA，导致强烈的荧光猝灭，在 0.10～10μmol/L 范围内，荧光变化与 F^- 含量呈线性相关。

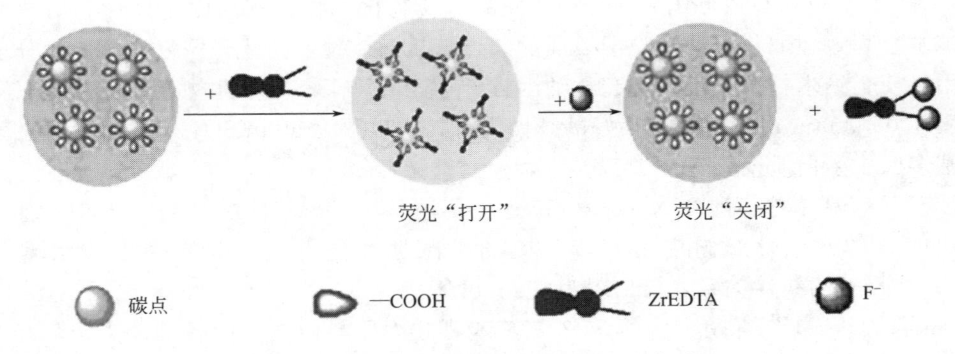

图 4-16　检测 F^- 荧光探针的示意图[166]

Gao 等[167] 构建了一个检测 $O_2^{-\cdot}$ 的荧光比率生物传感器，碳点作为参考荧光剂，二氢乙锭（HE）作为 $O_2^{-\cdot}$ 的特异识别要素和响应信号。当激发波长为 488nm 时，杂化的 CD-HE 只在 525nm 处有荧光峰，这个峰源于碳点的荧光性能，而 HE 几乎没有荧光。然而，当加入 $O_2^{-\cdot}$ 之后，由于 HE 与 $O_2^{-\cdot}$ 之间相互作用，在 610nm 处观察到一个新的荧光峰。峰值随着 $O_2^{-\cdot}$ 浓度增加而增长，但 525nm 处的荧光峰几乎不变，根据 2 个不同荧光强度的比值来检测 $O_2^{-\cdot}$ 浓度。这个荧光传感器表现出高敏感性，在 $5\times10^{-7}\sim1.4\times10^{-4}$ mol/L 有显著的线性关系，检出限为 100nmol/L。这种基于碳点的有机-无机探针表现出对 pH 的稳定性、光稳定性、良好的细胞渗透性和低毒性，因此这种传感器还应用于细胞内的成像和 $O_2^{-\cdot}$ 生物传感。

Wang 等[168] 首次将碳点的电化学发光性能应用于 S^{2-} 的检测。他们在碳点溶液中加入硝酸银通过碱性还原反应制得纳米银-碳点复合物（Ag-C-Dot）。纳米银对碳点的电化学发光有两种不同的影响：一方面，纳米银可以作为碳点和电极之间的导电桥，增强其导电性；另一方面通过电子转移猝灭碳点的激发态从而减弱其电化学发光性能。将不同浓度的 S^{2-} 加入 Ag-C-dot 溶液中，反应后将溶液滴在玻碳电极上干燥，通电后电化学发光产生的荧光强度与 S^{2-} 有在 0.05～100μmol/L 和 100～500μmol/L 之间 2 种不同的线性关系，其中前者是随着浓度增加荧光增强，后者相反，检出限为 0.027μmol/L，远低于国际卫生组织（WHO）对饮用水的 S^{2-} 允许浓度（15μmol/L）。一方面，S^{2-} 浓度低于 100μmol/L 时 S^{2-} 的加入产生半导体 Ag_2S 降低了纳米银的导电性；另一方面，有效地减弱 Ag-C-Dot 之间的结合解救了激发态碳点，从而随着浓度不同表现出不同的荧光强度。

③ 有机小分子探针

基于碳点的传感系统的研究前期多集中在有毒重金属离子和阴离子方面，最近研究者们开始关注对生命体占有重要地位的有机小分子和生物大分子的灵敏检测。

Hou 等[169] 基于碳点的荧光猝灭和复原提供了一种快速和高效选择谷胱甘肽（GSH）、半胱氨酸（Cys）和组氨酸（His）的传感器。他们对柠檬酸铵和 Na_2HPO_4 混合水溶液采用微波法制备了水溶性的碳点，在 Hg^{2+} 存在时，碳点表面的功能基团与 Hg^{2+} 结合导致荧光猝灭，随后分别加入对 Hg^{2+} 有更强亲和性的 GSH、Cys 和 His 后，碳点的荧光复原分别与

GSH、Cys 和 His 的浓度在 0.10～20μmol/L、0.20～45μmol/L 和 0.50～60μmol/L 之间有很好的线性关系，检出限分别为 0.03μmol/L、0.05μmol/L 和 0.15μmol/L。

Mandani 等[170] 以胡萝卜素为碳源，利用微波法制备的碳点包裹在以 $HAuCl_4$ 为原料制成的金纳米粒子表面形成一种核-壳结构的复合物（Au@C-Dot），碳点作为电子供体还原 Au^{3+} 到 Au^0。Au@C-Dot 可作为一个双荧光的对巯基化合物具有高度选择性和敏感性的探测器，巯基会高效地取代金纳米粒子表面的碳点，从而使碳点的荧光恢复，而生物分子间的相互作用又使金纳米粒子聚沉，引起金纳米粒子荧光的淬灭。基于此构建的双荧光探测器对半胱氨酸在 0～30μmol/L 之间有很好的线性关系，检出限为 50nmol/L。该探测器还可以检测含巯基多肽、蛋白质及酶等。

Zou 等[171] 利用柠檬酸和 *N*-(*β*-氨乙基)-*γ*-氨丙基二甲氧基硅烷（AEAPMS）合成了有机硅烷功能化的碳点，对槲皮素有着高效的敏感性和选择性，荧光强度与浓度在 0～40μmol/L 有良好的线性关系，检出限为 79nmol/L。

Kiran 和 Misra[172] 利用柠檬酸和 3-氨基苯硼酸为原料微波法制备的碳点，粒径为 2～5nm，荧光量子产率为 15.6%。对葡萄糖有着良好的特异性识别，荧光强度与葡萄糖在 1～100mmol/L 之间有良好的线性关系。He 等[173] 采用介质阻挡放电法辅助制备的碳点，基于 Fe^{3+} 使碳点荧光发生淬灭的原理，先将 Fe^{2+} 与碳点混合，随着 H_2O_2 加入，Fe^{2+} 被氧化为 Fe^{3+}，荧光逐渐淬灭，荧光强度与 H_2O_2 浓度在 10～150μmol/L 之间有良好的线性关系，检出限为 3.8μmol/L；葡糖氧化酶（GOD）可氧化葡萄糖产生 H_2O_2，在 Fe^{2+} 和碳点溶液中再添加适量 GOD 即可通过检测加入葡萄糖后生成的 H_2O_2 来检测葡萄糖的浓度，荧光强度与葡萄糖浓度 10～150μmol/L 之间有良好的线性关系，检出限为 3.5μmol/L。

④ 生物大分子探针

生物体内的大分子物质与体内正常生命活动息息相关，当其发生变化时，正常生命或者受到影响严重者甚至发生病变，因此安全、灵敏地检测生物大分子是研究者们一直以来的追求。碳点具有的光稳定性、低毒性和良好的生物相容性等优点为探测体内生物大分子提供了拥有巨大潜能的新工具。

Qian 等[174] 以活性炭为碳源通过浓酸氧化制备了表面富含羧基的碳点。富含羧基的碳点可被 Cu^{2+} 聚沉从而使荧光淬灭，对 Cu^{2+} 有着极强的亲和性的焦磷酸根（PPi）与 Cu^{2+} 紧密结合从而使碳点的荧光复原。加入碱性磷酸酶（ALP）后，PPi 被 ALP 水解后的产物磷酸离子失去了与 Cu^{2+} 的亲和性，导致 Cu^{2+} 重新与碳点结合，导致荧光再次淬灭。碳点的聚沉-分散-聚沉引起的荧光的“Off-On-Off”可以快速地检测 PPi 和 ALP 活性。荧光强度与 ALP 活性在 16.7～782.6U/L 之间有良好的线性关系，检出限为 1.1U/L。

Barati 等[175] 以柠檬酸为碳源，乙二胺为钝化剂，采用水热法制备碳点。由于血红蛋白（Hb）的紫外吸收峰与碳点发射峰重叠，在 H_2O_2 存在时碳点与 Hb 共存荧光淬灭的激励示意图如图 4-17 所示，当 Hb 与 H_2O_2 一起加入碳点溶液时，只需不足单独加入 Hb 的百分之一的量就可以引起相同程度的荧光淬灭，荧光强度与 Hb 浓度在 1～100nmol/L 间有良好的线性关系，检出限为 0.4nmol/L。他们发现当 Hb 和 H_2O_2 存在时，H_2O_2 氧化血红蛋白中的 Fe^{2+} 成 Fe^{3+} 产生的羟基自由基·OH 导致了碳点的荧光淬灭。

Huang 等[176] 制备了一种双荧光的荧光比率传感器来检测 DNA，包括碳点和一种特异性结合 DNA 的荧光染料溴化乙锭（EB），由于电子转移碳点荧光减弱，EB 有一定程度的非荧光共振能量转移的荧光增强。在加入 DNA 后，碳点的发射峰几乎不变，而 EB 的发射峰

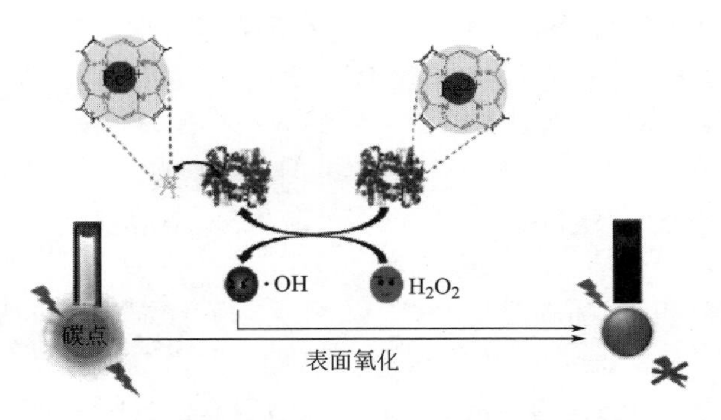

图 4-17　在 H_2O_2 存在时碳点与 Hb 共存荧光淬灭的激励示意图[175]

有明显增强，EB 荧光强度与碳点荧光强度的比值与 DNA 浓度在 1.0～100μmol/L 呈线性关系，检出限为 30μmol/L。

Wu 等[177] 以柠檬酸为碳源，乙二胺为钝化剂，采用水热法制备的碳点与抗甲胎蛋白抗体（Ab_2）在戊二醛存在的条件下通过胺-胺偶联结合，负责捕捉的抗甲胎蛋白抗体（Ab_1）包裹聚苯乙烯孔板并用牛血清蛋白封闭不饱和结合位点，然后将甲胎蛋白（AFP）在孔板中孵育后用 Tween-20 洗去未结合的 AFP，再加入标记有 Ab_2 的碳点形成三明治型免疫复合物，通过检测荧光强度精确地检测 DNA 的浓度，他们的关系曲线在 0～350ng/mL 之间与一个 5 参数逻辑回归校正曲线良好拟合，相关系数为 0.995。

（2）生物成像

传统的半导体量子点常用于生物光学成像实验，然而，在使用过程中量子点本身的有毒重金属元素的释放，可能会对生物和环境造成不可逆的伤害。碳量子点的低毒性、良好的生物相容性和环境友好性，使其成为取代量子点的潜在荧光材料应用于生物成像方面。

① 细胞标记

Cao 等[178] 最早报道了碳点在细胞标记上的应用，他们在含有碳点的细胞培养基里培养 MCF-7 细胞 2h，在荧光显微镜下观察到细胞发出明亮的荧光。由此可知，碳点可以进入到细胞内部但细胞核内几乎没有。Liu 等[179] 以甘油为碳源，TTDDA 作为表面钝化剂，采用微波法制备的碳点，采用 MTT 法评估碳点细胞毒性时，将其与人肝癌细胞系 HepG-2 共同培养，在 405nm、488nm 和 543nm 激发波长下分别发出蓝色、绿色和红色的明亮荧光。制备的碳点在浓度低于 240μg/mL 时，HepG-2 细胞几乎全部存活，当浓度为 240μg/mL 时，细胞存活率为 83%，当浓度达到 400μg/mL 时，才表现出高毒性。之后，Liu 等[180] 用 PEI 修饰碳点，制备了具有细胞荧光成像能力的转基因载体，PEI 修饰的碳点不仅具有良好的转染能力，同时与 PEI 相比细胞毒性降低，在与 pDNA 结合后的复合物不仅可以通过内吞作用进入细胞质，还可以部分进入细胞核实现核内荧光成像，可以有效追踪转染过程，而且具有多色荧光，根据需要选择不同波段激发。

将碳点与转运蛋白结合后，帮助碳点通过细胞膜进入细胞，增强其在细胞内的标记强度。Li 等[181] 将制备的碳点表面用胺基修饰，使其与转铁蛋白的羧基偶联，得到转铁蛋白结合的复合物（Tf-CDs）。分别将结合和未结合转铁蛋白的碳点与 HeLa 细胞共同培养，发现结合有转铁蛋白的碳点标记的细胞内荧光明显增强。

将碳点与细胞膜特异识别的物质结合还能直接标记在细胞表面。Han 等[182] 将制备的聚乙烯亚胺表面修饰的碳点与癌胚抗原抗体（CEA8antibody）偶联，成功地特异性识别癌细胞并观察荧光下的细胞形态。Weng 等[183] 以柠檬酸铵为碳源和甘露糖为表面修饰剂，通过一步热解法制备的碳点复合物（Man-CQDs），粒径为（3.17±1.2）nm，荧光量子产率为 9.8%。由于 1 型菌毛上的 FimH 凝集素与甘露糖特异性的黏附，因此 Man-CQDs 可以特异性地识别野生型大肠杆菌 K12 菌株 1 型鞭毛上的 FimH 凝集素受体，观察到荧光碳点标记的大肠杆菌。

② 活体实验

Yang 等[184] 使用炭黑作为碳源，PEG_{1500N} 作为表面修饰剂，回流制备碳点，首次将其应用于荧光活体成像。小鼠通过前肢末端皮下注射的碳点沿着前臂缓慢地迁移至腋窝的淋巴结处，通过静脉注射携带进行全身血液循环，观察各器官的吸收程度，然而只在膀胱处观察到荧光，注射 3h 后在小鼠排出的尿液中检测到荧光，表明静脉注射的碳点主要通过尿液排出体外。4h 后摘取小鼠的器官，只在肾脏和肝脏中发现了碳点的荧光，前者的荧光更亮，与尿液排出途径一致。肝脏吸收较少的原因是聚乙二醇具有抗蛋白吸附的特性，碳点的表面聚乙二醇化减少了碳点对蛋白质的亲和力，使其更难被肝脏摄取。

He 等[185] 利用微波法制备了平均粒径为 5nm、荧光量子产率为 96%的碳点。试验中为了利用碳点的强荧光性能，通过静脉注射碳点实现了 HeLa 荷瘤小鼠体内荧光成像，使用 405nm 激光作为激发光源。HeLa 荷瘤小鼠静脉注射 CDs 后的体内荧光成像（上方和下方圆圈分别表示肿瘤和膀胱位置），肿瘤位点的荧光强度数值，心脏、肝脏、脾脏、肾脏、睾丸、膀胱和肿瘤的体外荧光成像和各组织的荧光强度，如图 4-18 所示（见彩插图 4-18），忽略体内组织明显的自荧光背景，在注射 30min 后，可以在肿瘤区域观察到碳点强烈的荧光，逐渐增长直到 6h 后［见图 4-18(c)］。此外，强烈的荧光也可以在膀胱内观察到，表明了高效的肾清除率。小鼠在注射 24h 后被处死，收集主要的器官比如心脏、肝脏、脾脏、肾脏、睾丸、膀胱和肿瘤。图 4-18(c) 表明使用荧光成像系统的碳点体内成像，激发波长为 405nm，在肿瘤内可以观察到非常强烈的荧光信号，表明碳点具有卓越的被动靶向能力，其能力归因

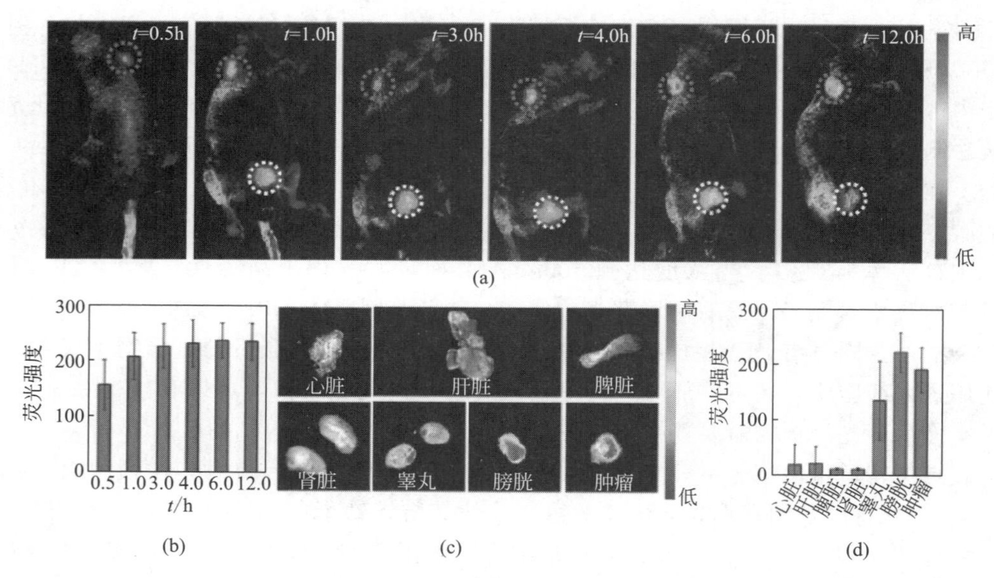

图 4-18 (a) HeLa 荷瘤小鼠静脉注射 CDs 后的体内荧光成像（上方和下方圆圈分别表示肿瘤和膀胱位置）；(b) 肿瘤位点的荧光强度数值；(c)，(d) 心脏、肝脏、脾脏、肾脏、睾丸、膀胱和肿瘤的体外荧光成像和各组织的荧光强度[185]

于在血液循环中的固体肿瘤部位高摄取量的高通透高滞留（EPR）效应。图4-18(d)利用荧光强度定量分析了碳点在各器官的摄取量和生物分布。实验清晰表明膀胱和肿瘤的高摄取量，和成像结果一致。肝脏表现出的可以忽略的信号表明碳点可以逃离网状内皮系统(RES)，因此引起快速的肾排泄。总而言之，这些数据表明碳点通过被动靶向效应和肾清除实现了高肿瘤摄取量。

Huang等[186]采用化学法硝酸氧化制备碳点，用PEG_{2000N}修饰在碳点表面，成功将碳点用于小鼠体内成像和光动力治疗。首先碳点表面的胺基与二氢卟酚e6（Ce6）共价偶联，得到二氢卟酚e6与碳点的复合物（CDs-Ce6），通过荧光共振能量转移增强Ce6的光动力治疗效果。这种结合药物的碳点可有效对生物体内的肿瘤进行荧光标记和光动力治疗，对于胃癌或其他肿瘤的临床治疗有着潜在的帮助。Ge等[187]通过水热法制备的发红光的石墨烯量子点，可用于细胞和体内成像，避免了自荧光的干扰，在可见光照射时还表现出高的$^1O_2$产率，不仅起到光动力治疗的效果还可以催化降解稳定的污染物。Ge等[188]还利用噻吩苯丙酸通过水热法制备了发红光的碳点，并成功用于活鼠体内光声成像和光热治疗，拓宽了碳点在生物医学方面的应用，为高效的治疗提供了一种优秀的纳米材料。

4.3.1.4 纳米金刚石

近年来，随着科学家对纳米金刚石生物学性能的研究，发现纳米金刚石具有良好的生物相容性、低毒性和具有荧光但无光致漂白等特性。纳米金刚石的这些优良生物学特性、化学惰性以及他表面基团的可修饰性，使得它得到了许多科学家的广泛关注。已有研究报道，纳米金刚石能够和DNA、阿霉素、酶、胰岛素、细胞色素C、生长激素和抗原等通过共价键或非共价键的方式结合，作为一种潜在生物成像工具、荧光探针材料、药物转运工具而发挥作用。

Irena等经研究发现，纳米金刚石晶体具有两种不同发射光谱的N-V中心，即不带电荷的NV^0和带负电的NV^-。NV^0和NV^-的发射谱线具有不同的零声子线：NV^0为575nm，而NV^-为638nm。此外，氢终止的纳米金刚石的NV^-转化为NV^0所需能量低于NV^-的激发能量，使得离域三重态电子容易释放，并到达材料的吸电子位置。而氧官能团终止的纳米金刚石的NV^-转化为NV^0所需能量却高于NV^-的激发能量。通过激光共聚焦显微镜和透射电镜可精确探测到发荧光的纳米金刚石可穿过细胞膜，并在细胞质中形成囊泡簇，成为完美的发光探针[189]（如图4-19所示，见彩插图4-19）。Zhang等[190]利用原子转移自由基聚合原理，在纳米金刚石表面接枝聚乙二醇。聚乙二醇-纳米金刚石能够吸附阿霉素等药物并在细胞中连续缓慢地释放所吸附的药物。连接生物素的纳米金刚石也可用辣根过氧化物酶标记，能够对药物传递及细胞生命活动进行追踪[191]。纳米金刚石还可与荧光染料作用，使纳米金刚石具有荧光特性[192]，起到标记、追踪和量化生物分子的作用。

荧光细胞标记物在生命科学领域扮演着重要的角色，但许多可用的标记物在物理、光学以及毒性方面都存在着一定的缺陷。纳米金刚石作为一种新型的碳纳米材料，具有化学惰性、有荧光但无光致漂白、无毒性的优势，可用于细胞标记与生物成像。

Liu等研究了不同类型的细胞对纳米金刚石的摄取能力以及纳米金刚石对细胞分裂和分化过程的影响[193]。实验结果表明羧基纳米金刚石在细胞分裂和分化过程中没有毒性，它不改变细胞生长能力以及细胞周期介导蛋白的水平。在细胞有丝分裂过程中，纳米金刚石不仅不干扰纺锤体的形成和染色体的分离，而且能够近似分成两半到每个子细胞中去。

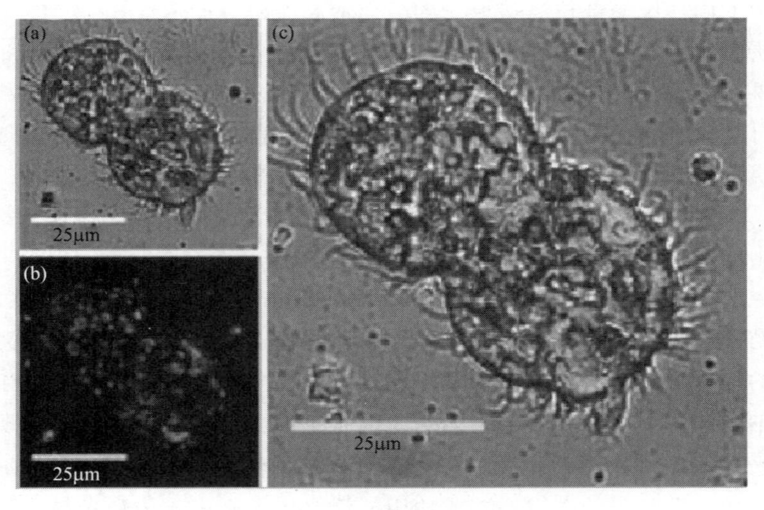

图 4-19　完美的纳米金刚石发光探针

Mkandawire 等研究了将绿色荧光纳米金刚石与免疫复合物结合后，在不同的转染试剂的作用下进入活细胞中进行标记的特性[194]，实验结果表明，纳米金刚石与适当的抗体结合后可选择性地靶向进入细胞内的某个结构，如线粒体等，而且纳米金刚石的荧光不同于细胞本身的荧光。Chao 等将溶菌酶吸附到羧基纳米金刚石表面后形成溶菌酶-纳米金刚石复合物，该复合物与大肠杆菌相互作用时，不仅表现出了较高的抗菌活性，而且可以通过非入侵性拉曼光谱的方法检测到纳米金刚石的拉曼信号，使得该相互作用通过拉曼信号而可见[195]。

大量研究表明，在细胞水平上，纳米金刚石与某些蛋白质、小分子化合物结合进入细胞后，不仅能够用于生物成像，而且可发挥一定的生物活性。例如，羧基纳米金刚石作为一种可见的生物成像工具与 α-金环蛇毒素静电结合后，可显示一定的阻止目标细胞中 α^7-烟碱型乙酰胆碱受体功能的活性[196]。荧光羧基纳米金刚石可作为一种靶向的荧光探针与转铁蛋白上的氨基共价结合，得到的荧光纳米金刚石-转铁蛋白复合物（FND-Tf），能与 Hela 细胞表面过度表达的转铁蛋白受体相互作用，起到特异性靶向生物成像的作用[197]。Chang 等制备的具有荧光和磁性双重功能的荧光磁性纳米金刚石，能够通过内吞作用进入 HeLa 细胞，因而，它可作为生物成像的载体将 DNA、酶、药物等转运到细胞内发挥作用[198]。

除了细胞水平上研究荧光纳米金刚石生物成像的作用外，也有研究报道荧光纳米金刚石可用于体内生物成像。Mohan 等将荧光纳米金刚石以喂养和微量注射的方法转入野生线虫体内，并通过多项实验研究了荧光纳米金刚石与宿主机体的相互作用，该项研究表明荧光纳米金刚石可用于活体动物细胞以及发育过程中长期跟踪和成像的荧光探针[199]。

以上实验结果显示出纳米金刚石在细胞标记与生物成像的研究方面具有很重要的应用价值，它可以用于癌细胞与干细胞的标记与追踪，也可以作为与细菌或细胞相互作用的荧光探针，同时，在细胞水平上，它还可以作为生物成像的载体将生物活性物质转运到细胞内发挥作用，而且可以用于体内的生物成像。

4.3.1.5　富勒烯

富勒烯在电分析化学方面的研究报道比较多，而在光分析化学方面的研究几乎未见有报道。近年来，有研究小组报道了富勒烯高分子聚合物的光谱特性，也有人报道了水溶性多羟基富勒烯-富勒醇的荧光光谱特性，这为研究富勒烯在光分析化学方面的应用提供了一个新的思路。

马娟等[129] 首先制备出多羟基富勒烯衍生物——富勒醇，然后利用共振光散射（RLS）技术考察了富勒醇/镱离子体系与鱼精 DNA 之间的相互作用。发现镱离子的加入使得富勒醇本身的弱共振光散射峰强度显著增强，当向富勒醇/镱离子体系中再加入鱼精 DNA（fsDNA）后，此体系的共振光散射峰强度又进一步增强，且 RLS 增强的程度与鱼精 DNA 的浓度在一定范围内成线性关系。基于此，提出了一种新的测定 DNA 的快速而简便的方法，检出限可以达到纳克级。该方法用于合成样品的测定，结果令人满意。

Zhao 等[200] 也制备了富勒醇，发现在溶液中，富勒醇本身的共振光散射峰强度很弱。然而，当向溶液中加入牛血清白蛋白、人血清白蛋白、胃蛋白酶、溶解酵素的时候，富勒醇本身的弱共振光散射峰强度显著增强。基于 RLS 的增加，建立一种灵敏测定蛋白质的方法。

刘芬等[201] 设计合成了一种新型的荧光探针（C_{60}-FL）用于直接检测胰蛋白酶。该探针包含两个部分：荧光素作为荧光基团和电子供体，富勒烯（C_{60}）作为电子受体和胰蛋白酶类底物。当胰蛋白酶存在时，由于胰蛋白酶与探针 C_{60}-FL 中的 C_{60} 部分相互作用抑制了荧光素电子沿桥联向 C_{60} 的转移，导致探针分子中荧光素荧光恢复。探针可以对胰蛋白酶产生直接且瞬时的响应。实验结果显示了在最佳实验条件下，体系的荧光增强与胰蛋白酶的浓度在 $4.40\times10^{-7}\sim7.04\times10^{-5}$g/mL 范围内成比例关系。该方法的检测限是 40ng/mL。在多种蛋白、酶、活性氧自由基以及其他生命活性物质共存的情况下，该探针对胰蛋白酶具有极好的选择性，该探针的良好性质有助于研究发展在生物背景下用于检测酶的荧光探针。接着他们以富勒烯和荧光素为原料，基于过氧化氢特异性催化水解磺酸酯，设计合成新型荧光探针 A 和 B，用于定位检测线粒体中的过氧化氢。基于光致电子转移机理（PET），荧光素的荧光被富勒烯淬灭。当过氧化氢存在时，特异性水解打断富勒烯和荧光素之间的磺酸酯键，光致电子转移效应不能发生，荧光素被释放出来，荧光素的荧光恢复，从而可以实现对过氧化氢的定量检测。

4.3.1.6 碳纳米纤维

碳纳米纤维在光分析化学方面的研究几乎未见有报道。这里不再叙述。

4.3.2 碳纳米材料在电分析化学中的应用

4.3.2.1 碳纳米管

(1) 碳纳米管电极

碳纳米管具有大的比表面积，表面富有 π 电子，且制备时孔径大小可控，因此是一种理想的电极材料。特别是用表面修饰上羧基等功能团的碳纳米管作为电极，其优良的导电性能和小体积效应能很好地促进电活性分子的电子传递，在反应速率和可逆性方面的性能明显优于其他碳电极。

① 碳纳米管粉末电极

Barisc 等[202] 对单壁碳纳米管粉末电极进行了电化学表征，发现其在 1.0mol/L NaCl 溶液中有一对氧化还原峰。溶液中的阴阳离子对电极的伏安响应及电容无明显影响，表明溶液中的离子不论大小和电荷都可以进入到电极的空隙中。实验还表明电极的还原响应与溶液的 pH 有关，并伴有氢离子的交换，由此推测电极的还原反应可能是碳纳米管表面的含氧基团引起的。

傅慧娟等[203] 研究了肼在多壁碳纳米管粉末的阳极氧化的电化学行为，肼经常被作为燃料电池的阳极反应物，作者把它在石墨电极的电化学行为与在多壁碳纳米管粉末电极上的行为进行比较，发现后者对肼的氧化性具有催化作用。

Campbell 等[204] 用单根碳纳米管接在铂基底上制备电极，把除顶端外的部位都绝缘处理后，发现电极在 $[Ru(NH_3)_6]^{3+}$ 溶液中的伏安响应具有稳态径向扩散的特征。这种纳米尺寸的电极有望用于活体在线测定。

Liu 等[205] 先将铂微盘电极用化学法刻蚀出凹槽，然后在凹槽中填入多壁碳纳米管制备电极。结果表明，与玻碳电极相比，此电极可以有效催化亚硝酸银的还原。该文献认为，碳纳米管粉末电极因具有较大的“真实反应面积/表观面积”比而显著提高电极反应的表观可逆性。

碳纳米管粉末电极在生化检测方面也得到了应用，半胱氨酸是一种重要的氨基酸，它的氧化性很弱，用不同的修饰电极来改变它的氧化性，常用的修饰物为酞菁和卟啉，但这些修饰电极的稳定性都不好，Zhao 等采用多壁碳纳米管粉末电极对半胱氨酸的电催化氧化性质进行研究并对它进行了检测，半胱氨酸在此电极上的灵敏度要比在其他电极上的灵敏度高，电极的稳定性也显著提高。碳纳米管粉末电极还用来作气体传感器，何建波等成功地制作了 CO 气体传感器[203]。

② 碳纳米管糊电极

1996 年，Britto 等[206] 等按照碳糊电极的制备方法，将碳纳米管用溴仿调和均匀，然后压入玻璃管中，用导线引出制成电极。他研究了多巴胺（DA）在此电极上的电化学行为，获得了 DA 的电子传递速率常数。实验结果表明碳纳米管对 DA 的电氧化还原表现出催化特性。碳纳米管对 DA 的催化特性可能源于：a. 纳米碳管特有的纳米尺度、电子结构以及表面的拓扑缺陷；b. 碳纳米管大的长径比为生物分子的氧化还原提供了有效的空间；c. 纳米碳管氧化过程中产生的一些有机功能团为多巴胺的氧化还原提供了较多的活性点。

随后，英国牛津大学的 Hill 教授[207] 用同样的方法得到碳纳米管糊电极，并考察了一些蛋白质如细胞色素 c、阿祖林（azurin）在此碳纳米管电极上的电化学行为。他们发现蛋白质可以固定在碳纳米管糊电极上，并保持原有的活性。这些固定在碳纳米管电极表面的蛋白质可以产生良好的电化学响应，在制备生物传感器方面具有一定的应用价值。

Rubianes 等[208] 比较了抗坏血酸、尿酸、多巴胺等在多壁纳米管碳糊电极和石墨碳糊电极上的电化学性质，发现这些物质在多壁碳纳米管碳糊电极上的过电位显著降低，并且在未加入任何金属、氧化还原媒介体及抗干扰半透膜的情况下，与葡萄糖氧化酶组成了有高选择性和灵敏度的葡萄糖传感器。Pedano 等[209] 进一步研究了重要的遗传物质核酸在多壁碳纳米管糊电极上的痕量分析，并讨论了应用溶出伏安法检测时的影响条件。

清华大学的罗国安教授提出了碳纳米管镶嵌修饰电极的制备技术。将少量的多壁碳纳米管粉末放在一张光亮的硫酸纸上，把清洁的石墨电极在其上仔细地研磨 1min，即得到碳纳米管镶嵌修饰电极。他们发现碳纳米管镶嵌石墨电极不仅可以提高多巴胺和抗坏血酸的氧化峰电流，而且使两者的氧化峰电位之差达 160mV，可以实现二者的同时检测[210]。多壁碳纳米管特有的中空结构以及携带的—COOH、—C═O、—OH 等基团，提供了较多的反应位点，所以对多巴胺和抗坏血酸的氧化产生了催化作用。另外，用多壁碳纳米管镶嵌电极还实现了多巴胺和5-羟基色胺（5-HT）的同时检测[211]。

上述几种碳纳米管电极的制备方法简单、经济，但是重现性差、寿命短，实际应用价值受到一定的限制，人们致力于应用更为广泛的碳纳米管薄膜修饰电极的制备。

（2）碳纳米管薄膜修饰电极

基于其纳米尺寸效应和表面电子活性等多种原因，碳纳米管修饰在传统的玻碳、石墨、金等电极表面后将有效改善原基底电极的性能，而且，利用涂膜等方法把碳纳米管修饰在其他基底电极上简单易为，所以这是近年来人们把碳纳米管用于电化学检测传感器最常用的手段。但是碳纳米管非常难于溶解于任何试剂，这大大限制了其在制备碳纳米管薄膜修饰电极方面的应用，且其管间具有很强的范德华力，极易团聚，所以在修饰前必须将碳纳米管置于适当的溶剂中超声分散得到稳定的悬浮分散体系，然后再制成薄膜修饰电极。在目前制备碳纳米管薄膜修饰电极的报道中常用的分散剂有 *N*,*N*-二甲基甲酰胺（DMF）、丙酮、吡唑酮（PMP）、*N*-甲基吡咯烷酮（NMP）等。

北京大学的李南强教授等[212] 将单壁碳纳米管超声分散在DMF中，经挥发溶剂得到了单壁碳纳米管膜修饰电极，通过循环伏安法和显微红外光谱表征了此电极。随后，他们研究了单壁碳纳米管修饰电极对一些生物小分子如多巴胺、肾上腺素和抗坏血酸的电化学催化作用。Wu等[213] 报道了将多壁碳纳米管分散在丙酮中，借助挥发溶剂的方法得到了碳纳米管膜修饰电极，实验发现多壁碳纳米管修饰电极可催化NO的氧化。通过在多壁碳纳米管电极表面再覆盖一层全氟磺酸隔膜（Nafion膜），可以排除亚硝酸根的干扰，建立了一种测定NO的方法，检出限可达80nmol/L。但是由于该方法仅采用单一试剂超声分散，碳纳米管在有机溶剂中的分散量十分有限（0.1mg/mL），且超声分散需很长的时间，成膜效果不是很理想。

Wang等[214] 将碳纳米管以1mg/mL的量分散在浓硫酸中，然后移取10μL分散液滴在电极表面，20℃以下干燥3h后得到碳纳米管膜电极。此电极对NADH的氧化表现出十分明显的催化特性，大大降低了NADH的氧化峰电位。但该制备方法特别费时、繁琐。吴康兵等[215] 将多壁碳纳米管分散在Nafion的无水乙醇溶液中，得到多壁碳纳米管-Nafion，分散液性质稳定，通过挥发溶剂制备了多壁碳纳米管-Nafion复合膜修饰电极。实验发现，此修饰电极对多巴胺有很好的电催化效应和电化学选择性，并实现了在高浓度抗坏血酸和尿酸存在下多巴胺的选择性测定。同时，他们还制得了多壁碳纳米管-DHP修饰电极，此电极具有很好的灵敏度和选择性，已成功实现了对铅离子、镉离子、多巴胺和5-羟基色胺的同时测定[216~219]。

Islam等[220] 比较了碳纳米管在不同表面活性剂如十二烷基苯磺酸钠（NaDDBS）、十二烷基硫酸钠（SDS）以及Triton X-100中的分散情况，发现十二烷基苯磺酸钠对碳纳米管的分散效果最好，碳纳米管的分散量可达20mg/mL，这是因为十二烷基苯磺酸钠含有苯环，可以通过π电子与碳纳米管作用，此外，它含有的强亲水性磺酸基对碳纳米管表现出特别优异的分散效果。Cai[221] 等用溴化十六烷基三甲胺（CTAB）分散的碳纳米管修饰到玻碳电极表面，制成葡萄糖传感器。

研究表明，碳纳米管可以增加一些生物小分子的电化学活性，可以促进电化学反应中酶的直接电子转移（这些酶的活化中心都被包在酶的内部），还可以增加电极对某些小分子（如DNA）的吸附能力，还能避免电极表面被污染，例如可以避免NADH被氧化过程中电极被污染的问题。另外，碳纳米管还可以作为载体，负载一些具有良好电化学催化能力的金属、金属氧化物纳米颗粒、酶等，使碳纳米管在电分析化学中具有更多功能、更广阔的应用空间。

① 对生物小分子的检测

张旭志等[222] 研究了抗坏血酸在多壁碳纳米管修饰玻碳电极上的电氧化行为，首次得到了抗坏血酸分离良好的 2 个氧化峰，并利用多壁碳纳米管对抗坏血酸的电催化氧化对 AA 进行了测定。罗济文等[223] 研究了单壁碳纳米管修饰玻碳电极对 L-半胱氨酸氧化的催化作用。L-半胱氨酸在单壁碳纳米管修饰玻碳电极上可产生不可逆的氧化峰，峰电位大大低于其在裸玻碳电极上的电位，该修饰电极可用于药物中 L-半胱氨酸的测定及其他领域。翁雪香等[224] 用涂层法制备了单壁碳纳米管修饰电极，研究了此修饰电极对色氨酸的电催化作用，同时，考察了色氨酸在单壁碳纳米管修饰电极表面的电化学氧化机理，该修饰电极具有良好的稳定性和重现性，可应用于对色氨酸的分析测试。张京京等[225] 在单壁碳纳米管修饰电极上研究了鸟嘌呤和鸟嘌呤核苷的电化学行为及其测定，发现鸟嘌呤及其核苷在该单壁碳纳米管修饰电极上的氧化峰电流和检测灵敏度大大提高，酸降解的 DNA 在该修饰电极上可以得到对应鸟嘌呤的灵敏溶出峰，峰电流与 DNA 浓度在一定范围内成线性关系。Zhao 等[226] 将多壁碳纳米管与离子液体 $OMIMPF_6$ 混合后修饰于玻碳电极表面对多巴胺进行伏安研究。在 pH 值 7.08 的磷酸盐缓冲液中，抗坏血酸和尿酸不干扰多巴胺的测定，它们与多巴胺的电位差分别为 0.2V 和 0.15V，多巴胺的检出限为 10μmol/L，并对人血清中多巴胺进行了测定。Shahrokhian 等[227] 制备了多壁碳纳米管/硫堇/Nafion/碳糊电极，该电极能同时测定多巴胺和抗坏血酸，其阳极峰电位差为 379mV，且含巯基类化合物，如半胱氨酸、青霉胺及谷胱甘肽等在该电极上无明显的电化学氧化响应，不干扰测定。Liu 等[228] 制备了聚丙酸/多壁碳纳米管修饰电极，对生理水平的多巴胺和尿酸进行研究，聚丙酸/多壁碳纳米管复合物表面积大，对多巴胺、尿酸吸附作用强，电极对它们的测定有很强的电催化作用，检出限分别为 20nmol/L 和 110nmol/L。Jo 等[229] 在铂电极修饰了植酸/多壁碳纳米管修饰复合物，多巴胺、尿酸和抗坏血酸在电极上分别于 0.12、0.26 和 −0.05V（vsAg/AgCl）产生氧化峰，电极可选择性测定多巴胺，检出限为 0.08μmol/L。Han 等[230] 利用碳纳米管与茜素红有机分子（具有电化学活性）之间的 π-π 相互作用，使茜素红牢牢地固定在碳纳米管表面而形成纳米复合材料。通过多种分析手段对此纳米复合材料进行了结构表征和理化性质分析。结果表明，通过此简单方法制备的碳纳米管/茜素红纳米复合材料具有良好的电化学活性。其中，碳纳米管能够促进电子的转移传递，而具有电活性的茜素红则起到了电子中介体的作用。此纳米复合物作为修饰材料而制备的电极，在过氧化氢的检测上具有良好的实际应用效果。

② 用于蛋白质的电化学研究

由于蛋白质分子的电活性中心往往深埋在其分子结构的内部，难以直接在电极表面发生电子转移。因此，要实现蛋白质分子的电化学过程就需要使其活性中心尽量靠近电极表面。碳纳米管修饰电极上的碳纳米管可作为一种良好的促进剂来加速电子的传递，从而能有效地改善蛋白质在电极上的电子转移，实现对蛋白质的直接电化学研究。

细胞色素 c（Cyt c）是蛋白质电化学研究中常见的研究对象之一。Wang 等[231] 报道了马心 Cyt c 在单壁碳纳米管修饰玻碳电极上的电化学行为，Cyt c 在电极上产生一对可逆性良好的氧化还原峰，它的线性范围为 $3.0\times10^{-5}\sim7.0\times10^{-4}$mol/L，检出限为 1.0×10^{-5}mol/L。Zhao 等[232] 用电化学的方法把 Cyt c 固定到修饰玻碳电极的表面，Cyt c 在电极表面发生强烈吸附得到稳定的近似单层膜，多壁碳纳米管的电子促进转移作用实现了 Cyt c的直接电化学测定。Liu等[233] 将单壁碳纳米管、多壁碳纳米管与Cyt c交联后以单层膜法修饰到ITO电极上，碳纳米管有利于Cyt c单层膜的形成，增强了Cyt c与电极间的电子传递。为更好地促进Cyt c与电极间的电子传递，除单一使用碳纳米管外，掺杂其他纳米材料也是一种有效的方法。Xiang等[234,235] 制备了半胱氨酸/金纳米颗粒/壳聚糖/多壁碳纳米管修饰电极和金纳米颗粒/室温离子液体｛[BMIM]BF_4｝/多壁碳纳米管修饰电极，并将Cyt c固定在电极上，Cyt c在两电极上均产生良好的准可逆氧化还原峰，其中半胱氨酸/金纳米颗粒/壳聚糖和金纳米颗粒/室温离子液体膜对Cyt c与多壁碳纳米管修饰电极间的电子传递有明显的促进作用。微过氧化酶-11（MP-11）是由马心Cyt c水解后得到的氧化还原蛋白质，将它固定于单壁碳纳米管阵列修饰电极中单壁碳纳米管的末端，单壁碳纳米管起电子导线的作用，实现了MP-11的直接电化学研究[236]。Wang等[237] 报道了在pH 7.0的PBS溶液中，MP-11在碳纳米管修饰电极上产生一对良好的氧化还原峰，且MP-11仍保持对H_2O_2的生物电催化活性。

将血红蛋白（Hb）固定在分散于表面活性剂CTAB的碳纳米管修饰电极上[238]，Hb在电极上发生单电子单质子电化学反应。把Hb通过1-乙基-3-（3-二甲基氨基丙基）碳酰二亚胺（EDC）交联到碳纳米管上再涂覆于玻碳电极表面得到Hb/EDC/CNT修饰电极，碳纳米管有加速Hb在电极上的直接电子转移作用，电子转移速率常数为（1.02±0.5）s^{-1}[239]。将肌红蛋白（Mb）吸附固定在碳纳米管修饰电极表面，循环伏安法结果显示，Mb能进行有效和稳定的直接电子转移，电子转移表观速率常数为（3.11±0.98）s^{-1}[240]。通过静电作用将Hb和Mb吸附在多壁碳纳米管上，再将Hb-MWCNT、Mb-MWCNTs涂覆在石墨电极上，蛋白质在电极上产生良好的准可逆峰，是蛋白质中Fe（Ⅲ）/Fe（Ⅱ）的特征峰，可对Hb和Mb进行直接电化学测定[241]。综上所述，碳纳米管修饰电极不仅能对蛋白质进行直接电化学研究，而且蛋白质在这类电极上都能保持对各自底物的电催化活性。铁氧化还原蛋白（Fd）是以Fe-S原子簇为电活性中心的蛋白质。吕亚芬等[242] 利用静电作用将Fd固定到修饰了CTAB的碳纳米管上，再用Nafion将碳纳米管固定于玻碳电极表面，Fd在碳纳米管表面能进行有效和稳定的直接电子转移，电子转移表观速率常数为（0.73±0.04）s^{-1}。

Weigel等[243] 将胆红素氧化酶（BOD）共价吸附于多壁碳纳米管修饰电极上，用此电极研究了O_2的生物电催化还原过程，该电极对O_2的还原有增强作用。在厌氧条件下，蛋白质可产生一对氧化还原峰，这是由BOD中三环T_2/T_3簇产生的。Wen等[244] 用聚合物电解质PDDA作包埋剂先与多壁碳纳米管制成复合物涂覆于玻碳电极上，再将葡萄糖氧化酶（GOD）固定在此电极上，PDDA与GOD间的静电作用有利于GOD的固定，GOD在电极上可产生一对可逆的氧化还原峰，电子转移速率较快，速率常数为2.76s^{-1}。Gooding等[245] 将碳纳米管一端固定在电极表面，另一端通过共价键链接酶，碳纳米管作为一种中间体，导通了酶和电极之间的电化学联系。张凌燕等[246] 将多壁碳纳米管分散液滴涂于玻碳电极表面，然后将晾干后的电极依次放入带正电荷的辣根过氧化物酶（HRP）溶液及带负电荷的金纳米溶液浸泡，最后再在HRP溶液中浸泡，制得了以多壁碳纳米管为基底，金纳米粒子为固载平台固定双层HRP的过氧化氢生物传感器。多壁碳纳米管作为分子导线连接电极表面和酶的活性位点，该传感器无需电子媒介体，可实现对HRP的直接电化学催化特性。赵越等[247] 用改进的全电化学三步法制备了三维金纳米团簇/多壁碳纳米管复合材料，最后用Nafion膜进行涂布固定，制得3D金纳米团簇/多壁碳纳米管-Nafion修饰电极，实验表明，该修饰电极结构特殊、性能优越，对 Hb 的直接电化学研究具有积极的促进作用。进一步制备 Hb/金纳米团簇/多壁碳纳米管-Nafion 电极，可准确高效的检测 Hb 及相关生物活性物质。

Malhotra 等[248] 利用单壁碳纳米管阵列来固定抗体分子，并以此构建了用于检测癌症标记物（IL-6）的免疫传感器，碳纳米管表面含有丰富的—COOH，使用 1-乙基-3-(3-二甲基氨基丙基）碳酰二亚胺/*N*-羟基丁二酰亚胺（EDC/NHS）活化后，碳纳米管可以与 IL-6 抗体（Ab_1）表面的—NH_2 发生共价键和，同时碳纳米管优良的导电性可以促进电极界面电子的传递，大大提高了检测的灵敏度。张书圣研究小组[249] 利用碳纳米管良好的电子传递能力和电催化活性成功制备了用于检测肿瘤标志物甲胎蛋白（AFP）的电化学免疫传感器，该免疫传感器显示出了较高的灵敏度和较低的检测限。Yuan 等[250] 将导电聚合物 2，6-二氨基吡啶组装在多壁碳纳米管上，并用来固定金纳米粒子，进而将人绒毛膜促性激素抗体高活性地固定在生物传感界面上，然后基于样品中的分析物和电极上的抗体结合后，导致电流变小来实现肿瘤标志物的直接检测。Li 等[251] 首先将表面修饰有琥珀酰亚胺分子的 In_2O_3 纳米线与抗前列腺抗原单克隆抗体（PSA-Abs）共价偶联，再与单壁碳纳米管混合，用于检测人血清中前列腺特异抗原（PSA），检测限可达到 5ng/mL。Chikkaveeraiah 等[252] 利用树状阵列碳纳米管制备的免疫生物传感器可以检测前列腺癌的 4 种标记蛋白质。Huang 等[253] 将抗癌胚抗原抗体（anti-CEA）固定在金纳米颗粒/多壁碳纳米管-壳聚糖纳米复合薄膜修饰的玻碳电极上，制备了用于检测癌胚抗原（CEA）的免疫生物传感器，检测限可达 0.01ng/mL。Che 等[254] 将银纳米颗粒/多壁碳纳米管、金纳米颗粒修饰玻碳电极应用于免疫生物传感器，用于检测 AFP，该传感器具有良好的稳定性和重复性，检测限为 0.08ng/mL。李建龙等[255] 利用层层自组装技术将羧基化的多壁碳纳米管、壳聚糖和 HRP 标记青霉素抗体（HRP-Ab）一起固定于玻碳电极表面，利用 HRP 可以催化 H_2O_2 的还原，进一步促进对苯二酚的氧化，从而引起阻抗的变化，然后根据电流的变化从而实现了对青霉素的定量测量。碳纳米管作为生物相容性材料，为蛋白质和酶分子的固定提供了与其本体相似的微环境，很好地保持了酶促和电化学活性，同时 MWCNT 的大的比表面积使固定于其表面的蛋白质有更多自由取向，从而减小了传感界面中蛋白质所形成的电阻，提高检测的灵敏度。

在免疫传感器的构建中，碳纳米管不但可以作为基体材料来构建生物传感界面，还常常作为标记物载体来携带大量的电活性物质。Wan 等[256] 通过使用 H_2SO_4 和 HNO_3 的混合物（体积比为 3∶1）氧化碳纳米管，得到了具有丰富羧基的碳纳米管，并利用所得的羧基进一步通过 EDC/NHS 法制备得到简单的多酶标记的抗体标记物，应用于检测肿瘤生物标记物的电化学免疫传感器，所得的信号比单标记抗体的信号放大 10 倍。Liu 等[257] 也利用氧化功能化后的碳纳米管作载体，制备出的多酶标记抗体 MWCNTs-HRP-Ab，成功制备舒喘宁的电化学免疫传感器，其检测限达到 0.06ng/mL。Yang 等[258] 把普鲁士蓝（PB）和金纳米颗粒负载到碳纳米管上，制备成新型的多酶标记抗体，成功制备人体绒毛膜促性腺激素的免疫传感器。大量 HRP 和 PB 固定在标记物上，为过氧化氢的催化提供了更多的电子通道，提高了催化效果，进而增强了免疫传感器的灵敏度。Jeong 等[259] 利用碳纳米管同时负载葡萄糖氧化酶（GOx）和辣根过氧化物酶（HRP），制备出双酶标记抗体复合物（Ab_2/MWCNT/GOx/HRP），实现了对 CEA 的有效检测，检测限低达（4.4 ± 0.1）pg/mL（见图 4-20）。Rusling 等[260] 利用碳纳米管作为电极的固载基质和二抗的标记物载体，构建了高灵敏的免疫传感器。在组装免疫传感器的过程中，首先利用单壁碳纳米管比表面积大的特点来固定吸附大量的一抗，然后将吸附大量 HRP 的多壁碳纳米管标记于二抗上。实验表明，每 100nm 的多壁碳纳米管上可携带 106 个 HRP，极大地增强了传感器的响应信号，使其检测限低至 0.5pg/mL。

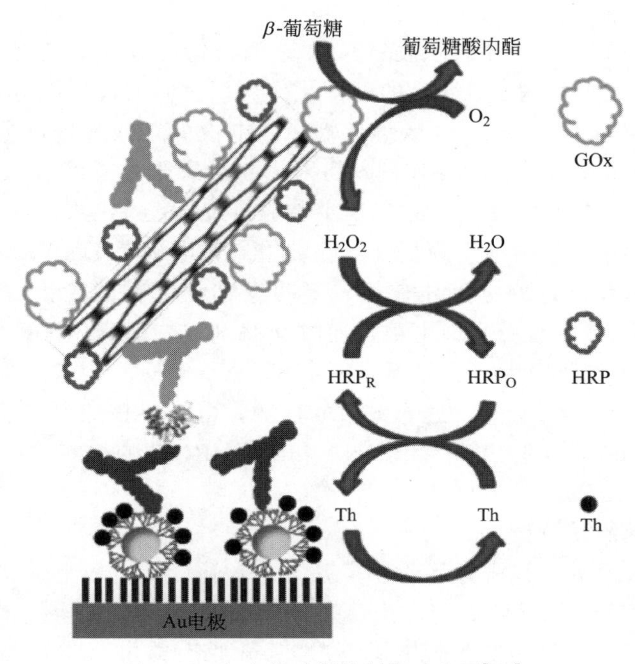

图 4-20　免疫传感器的制备示意图[259]

③ 对核酸的测定

核酸是重要的生命物质基础，与蛋白质分子不同，核酸具有典型的 π 电子堆积结构，表现出特有的电学及电化学性质。可利用核酸分子的电学特性和电化学性质对核酸的含量及杂交过程进行监测。

唐婷等[261] 将羧基化碳纳米管修饰于金电极表面，利用偶联试剂 EDC 和 NHS 在碳纳米管表面固定 ssDNA-1，其 5′端修饰了氨基（5′-XATGGGTATTCAACATTTCCG，X=—NH_2），检测了与其碱基序列互补的 ssDNA-2（5′-CGGAAATGTTGAATACC），碳纳米管特有的结构对检测结果有放大作用，提高了检测的选择性和灵敏度。Guo 等[262] 将小牛胸腺 DNA 通过 PDDA 组装到碳纳米管修饰的金电极上，利用压电阻抗技术对 DNA 的组装进行实时监测，发现 DNA 仍保持活性，可与药物盐酸氯丙嗪发生相互作用。Cai 等[263] 采用电化学阻抗法对 DNA 杂交进行检测无需指示剂或标记物，所用电极为多壁碳纳米管复合导电聚吡咯修饰的玻碳电极，导电聚合物中掺杂寡聚核苷酸探针。Yang 等[264] 将 DNA 固定在多壁碳纳米管/ZrO_2/壳聚糖修饰电极上，杂交反应用电活性道诺霉素作指示剂来检测，电极能快速灵敏地检测 DNA，检出限为 7.5×10^{-11}mol/L。

Chang 等[265] 用钯纳米粒子及多壁碳纳米管混合修饰玻碳电极，将寡聚核苷酸共价连接到碳纳米管的羧基上，制成电化学 DNA 生物传感器，对互补单链 DNA 进行定量检测，检测限为 1.2×10^{-13}mol/L。Galandova 等[266] 通过层层组装法将双链 DNA 固定在多壁碳纳米管-壳聚糖复合物修饰的工作电极上，用于 DNA 的检测，DNA 与壳聚糖之间的静电相互作用使生物传感器灵敏度显著提高。周娜等[267]利用滴涂法将 Ag-TiO_2 复合物及分散于 N,N-二甲基甲酰胺中的多壁碳纳米管混合溶液，滴涂于裸碳糊电极表面，制得 MWCNT/Ag-TiO_2 修饰碳糊电极。碳纳米管具有大的比表面积和良好的电子传递性能，Ag-TiO_2 纳米复合物有良好的生物相容性和对 DNA 极好的吸附能力的协同作用，显著提高了 DNA 探针的固载和 DNA 杂交的检测灵敏度。

Liu 等[268]将聚硫堇/金纳米粒子/多壁碳纳米管修饰的玻碳电极用于 DNA 中腺嘌呤和鸟嘌呤的同时测定，电极对测定有明显的电催化作用，它们的检出限分别为 1×10^{-8}mol/L 和 8×10^{-9}mol/L。Pedano 等[269]在碳纳米管修饰电极上对核酸进行了吸附溶出电位法测定，该电极对鸟嘌呤氧化信号有增强作用，可对微量的寡聚核苷酸（21 个碱基的寡聚核苷酸的检出限为 2.0μg/L）和多聚核苷酸（小牛胸腺 DNA 的检出限为 170μg/L）进行测定。汪振辉等[270]制备的单壁壁碳纳米管复合聚吖啶橙修饰电极对 DNA 中的腺嘌呤、鸟嘌呤、胞嘧啶和胸腺嘧啶都有良好的电催化作用，嘌呤碱和嘧啶碱的氧化峰可完全分离。Bollo 等[271]制备了碳纳米管/壳聚糖修饰电极，通过交联剂戊二醛固定 DNA，根据其中鸟嘌呤的氧化信号进行 DNA 检测而无需氧化还原指示剂。Ye 等[272]制备的多壁碳纳米管修饰印刷碳电极可对 DNA 和 RNA 进行快速、灵敏的检测，电极对核酸嘌呤残基有直接的电催化氧化作用。在富集 5min 后，小牛胸腺 ssDNA 和酵母 tRNA 的检测浓度范围分别为 17.0～345mg/L 和 8.2～4.1g/L。

④ 对药物分子的测试分析

郑艳洁等[273]研究了对乙酰氨基酚在多壁碳纳米管修饰电极上的伏安行为，建立了测定对乙酰氨基酚含量的电化学分析新方法。杨春海等[274]用交流阻抗谱、循环伏安法、线性扫描伏安法研究了氟嗪酸在多壁碳纳米管/Nafion 膜上的电化学行为。与裸玻碳电极相比，这种纳米结构膜修饰的电极对氟嗪酸的电化学氧化显现出极好的促进作用，氟嗪酸的氧化峰电流明显增强，开路富集 400s 后，检出限为 8.0×10^{-9}mol/L，该方法可用于人尿中氟嗪酸的实时测定。

我们也基于单壁碳纳米管修饰电极，研究了几种药物分子的电化学行为及其检测方法[275～278]。首先，运用循环伏安法详细地研究了洛美沙星在单壁碳纳米管修饰电极上的电化学行为，探讨了洛美沙星的电极反应机理。在最佳的实验条件下，研究了洛美沙星和牛血清白蛋白（BSA）之间的相互作用[275]。其次，在 pH 值为 5.0 的 Britton-Robinson（B-R）缓冲溶液中，发现贝诺酯在单壁碳纳米管修饰电极上于 1.10V 电位处有一灵敏的氧化峰，该氧化峰电流与贝诺酯的浓度在 2.8×10^{-6}～1.4×10^{-4}mol/L 之间呈线性关系，检测限为 4.8×10^{-7}mol/L。贝诺酯在单壁碳纳米管修饰电极上的氧化过程受吸附控制，为 2 电子 1 质子的过程[276]。接着，发现吲哚美辛在单壁碳纳米管修饰电极上于 0.91V 电位处有一峰形很好的氧化峰。搅拌条件下开路富集 2min，该氧化峰电流与其浓度在 5.5×10^{-7}～1.1×10^{-5}mol/L 的范围内有良好的线性关系，检测限为 1.1×10^{-7}mol/L。用于药剂中吲哚美辛的含量测定，结果满意[277]。最后，在 Na_2HPO_4-NaH_2PO_4 缓冲溶液中，详细研究了司帕沙星在单壁碳纳米管修饰电极上的电化学行为。实验结果表明，单壁碳纳米管修饰电极对司帕沙星的氧化有很强的电催化作用，初探了司帕沙星的电极反应机理，并测定了片剂中司帕沙星的含量，回收率在 97.8%～106%之间[278]。

4.3.2.2 石墨烯

作为碳材料家族的新成员，石墨烯具有优异的导电性、极高的机械强度和较大的比表面积，是一种优于碳纳米管的新型电极修饰材料，引起了电化学分析工作者的研究兴趣。目前的研究主要集中在石墨烯基的酶传感器、无酶传感器以及对 DNA、蛋白、无机离子和气体分子的检测。

(1) 石墨烯基的酶传感器

酶的直接电化学是指在没有任何反应中间体和其他试剂的条件下，能实现电子在其活性中心和电极之间的直接转移。新一代的酶传感器通常是把酶分子固定在导电的基体上来实现电子的直接转移。然而这些生物大分子的活性中心却经常被埋没在其超大的三维空间结构中。近年来的研究显示，石墨烯能够加速酶和电极之间的电子转移，基于此，制备了一些显示出优异的电化学性能的石墨烯基的酶传感器。

① 葡萄糖氧化酶（GOD）传感器

糖尿病病人新陈代谢的紊乱会导致体内胰岛素缺乏或血糖过高，这直接反映在病人体内葡萄糖的浓度低于或高于正常水平，因此人体葡萄糖浓度的精确检测在临床上非常重要。石墨烯基葡萄糖传感器具有灵敏度高、选择性好等优点。Wang 等[279] 合成出了 CdS-石墨烯纳米复合材料并作为固定葡萄糖氧化酶的基体，制备了 GOD/CdS-石墨烯电化学传感器，该传感器对葡萄糖的检测限为 0.7mmol/L。Kang 等[280] 用 0.5wt%壳聚糖溶液分散石墨烯，形成均匀的壳聚糖-石墨烯溶液，实验表明葡萄糖氧化酶在壳聚糖-石墨烯修饰电极上有很高的负载率（$1.12\times10^{-9}mol/cm^2$），并且能保持其生物活性，这要归功于石墨烯高的比表面积和良好的导电性以及壳聚糖的生物相容性。Wu 等[281] 制备了壳聚糖-石墨烯/Pt 纳米复合材料，并以该复合物作为负载葡萄糖氧化酶的载体，实现了葡萄糖氧化酶的直接电子转移，该传感器对葡萄糖的测定具有很高的灵敏度和稳定性，对葡萄糖的检测限达到了 0.6μmol/L。同样，Shan 等[282] 制备了 GOD/壳聚糖-石墨烯/Au 传感器，结果也显示该传感器对葡萄糖有很好的安培响应，由此可以说明纳米金属粒子/石墨烯复合物是葡萄糖氧化酶在电极上固定的良好载体，两者的结合促进了电子在电极和酶分子活性中心的转移。Niu 等[283] 制备了离子液体功能化的石墨烯，葡萄糖氧化酶通过离子交换被固定到石墨烯上，离子液体不仅增强了石墨烯的分散性，而且为葡萄糖氧化酶的固定提供了一个导电的微环境，促进了葡萄糖氧化酶的电子转移。我们也制备了石墨烯/聚苯胺/纳米金复合材料，基于该纳米复合材料设计了一种新型的葡萄糖生物传感器，将石墨烯/聚苯胺/纳米金/葡萄糖氧化酶复合材料修饰在丝网印刷电极上，用滤纸片覆盖在修饰电极表面，滴加磷酸盐缓冲溶液，利用微分脉冲伏安法通过监测 GOD 的电流信号来检测葡萄糖的含量，该方法测得的结果与传统方法监测结果相近，表明这种新的滤纸集成电化学葡萄糖传感器在全血的便携式即时检测装置中有着很大的应用潜力[284]。

② 细胞色素 c 传感器

细胞色素 c 是一种水溶性的血红素类氧化还原蛋白质，存在于线粒体内外膜之间的细胞质中，其生理功能是作为生物氧化过程中的电子传递体。然而，在裸电极表面细胞色素 c 的电子转移速率非常小，往往观察不到它的氧化还原峰。为了能实现电子转移，需要对电极进行修饰或在溶液中加入能促进细胞色素 c 电子转移的促进剂。Wu 等[285] 用壳聚糖功能化的石墨烯修饰玻碳电极，然后将细胞色素 c 吸附到电极表面，实验结果表明固定在修饰电极表面的细胞色素 c 能发生直接的电子转移，呈现出一对可逆的氧化还原峰。另外，固定在该修饰电极表面的细胞色素 c 能保持它的生物活性并表现出酶的特性，对 NO 的还原反应有很好的催化作用。

③ NADH 传感器

NADH 是目前已知 300 多种脱氢酶的辅酶，也是许多生物氧化还原电子传递链中的重要物质。因此，NADH 的测定是生物化学研究的重要内容。Gorton 研究表明 NADH 在裸电极上的氧化反应是一个涉及两电子、一个质子的电化学-化学-电化学（ECE）的反应机制[286]。但 NADH 在电极上的氧化有较大的过电位，而且其氧化产物易在电极表面吸附而引起电极的钝化，使得 NADH 的直接电化学测量十分困难。近年来，人们采用电子传递媒介体来修饰电极以加速 NADH 的电化学氧化，并达到降低过电位的目的。Tang 等[287] 研究了 NADH 在石墨烯修饰电极上的电化学行为，发现石墨烯加强了电极对 NADH 的电氧化作用，NADH 的氧化电位从裸电极上的＋0.75V 移到＋0.42V。Liu 等[288] 选用具有电化学活性的芳香族化合物次甲基绿功能化石墨烯，结果发现，次甲基绿功能化的石墨烯促进了 NADH 在电极上的电子转移速率，降低了氧化电位。NADH 在裸电极、未功能化石墨烯和次甲基绿功能化石墨烯修饰电极上的氧化电位分别为＋0.55V、＋0.40V、＋0.14V，说明次甲基绿和石墨烯对 NADH 的氧化有协同催化作用。Shan 等[289] 用离子液体功能化的石墨烯修饰玻碳电极来检测 NADH，氧化电位比在裸电极上降低了 0.44V，而且该电极稳定性很强，30min 内电流仅降低了 10%，而同样条件下，NADH 在裸电极上的电流下降了近 54%。

④ 血红蛋白（Hb）传感器

血红蛋白是血液的重要组成部分，承担着输送氧气的任务。血红蛋白浓度的变化会使人生病甚至死亡。因此，血红蛋白的检测在医学上是非常重要的。Xu 等[290] 将石墨烯分散在壳聚糖溶液中，然后和一定浓度的血红蛋白溶液混合，得到了 Hb/壳聚糖/石墨烯电极修饰液。实验表明，血红蛋白在壳聚糖/石墨烯复合膜中能够保持其生物活性，并能实现其直接电子转移，用于过氧化氢的检测，具有很高的灵敏度和低的检测限。He 等[291] 制备了 Fe_3O_4/石墨烯纳米复合材料并用来固定血红蛋白。血红蛋白在 Fe_3O_4/石墨烯复合膜内不但实现了直接电子转移，而且对 H_2O_2 的还原反应有很好的催化作用，进而实现了对 H_2O_2 的检测。Liu 等[292] 制备了 PDDA 功能化的水溶性石墨烯，然后和离子液体（RTIL）混合形成均匀稳定的混合溶液，将该混合溶液滴涂在玻碳电极上，晾干后将 RTIL/PDDA-石墨烯修饰电极浸泡在含血红蛋白的溶液中，即可得到 Hb/RTIL/PDDA-石墨烯修饰电极。由于结合了石墨烯和离子液体优良的导电性以及生物相容性，该修饰电极加速了血红蛋白的直接电子转移，并对亚硝酸根离子的还原反应有很好的催化作用，对亚硝酸根离子的检测限达到了 0.04μmol/L。

⑤ 辣根过氧化物酶（HRP）传感器

辣根过氧化物酶可以直接用于 H_2O_2 的电化学催化，且具有高纯度、高灵敏度、价格便宜等优点，被广泛用于检测 H_2O_2 生物传感器的制备，但是它的氧化还原中心被深深埋在酶分子的大的三维结构中，所以控制酶与电极之间的相互作用，实现直接电子转移是非常重要的。Zeng 等[293] 制备了十二烷基苯磺酸钠（SDBS）修饰的石墨烯，并利用静电作用将辣根过氧化物酶与 SDBS-石墨烯自组装，透射电镜测试表明，辣根过氧化酶均匀的分插在石墨烯层之间并且能保持其分子结构的完整和生物活性，说明 SDBS-石墨烯对生物大分子有很好的生物相容性。电化学测试表明，HRP/SDBS-石墨烯生物传感器对 H_2O_2 的还原反应具有响应快速、灵敏度高、线性范围宽、检测限低等优点。Zhou 等[294] 将辣根过氧化物酶和石墨烯溶解到壳聚糖溶液中，形成石墨烯/HRP/壳聚糖复合物，然后将石墨烯/HRP/壳聚糖复合物修饰的玻碳电极表面电沉积一层纳米金粒子，形成 Au/石墨烯/HRP/壳聚糖复合物修饰电极。该传感器对 H_2O_2 的检测范围是 $5\times10^{-6}\sim5.13\times10^{-3}$mol/L，检测限为 1.7×10^{-6}mol/L。

⑥ 胆固醇传感器

胆固醇及其酯类化合物是动物细胞的重要组成部分。人体胆固醇水平升高可能会诱发一些危及生命的疾病，如冠状动脉粥样硬化性心脏病、脑血栓等。因此，胆固醇含量的测定在医疗上是非常重要的。Dey 等[295] 制备了 Pt-石墨烯纳米复合材料，Pt-石墨烯复合物修饰电极对 H_2O_2 的电化学氧化有很好的催化作用。在此基础上，通过把胆固醇氧化酶和胆固醇酯酶固定在 Pt-石墨烯修饰电极上来间接地测定胆固醇。实验表明，这种双酶传感器对胆固醇的检测具有灵敏度高、选择性好、检测限低、响应快速等优点。

(2) 无酶传感器

虽然酶传感器在电化学测定中具有灵敏度高、检测限低、精确度高等优点，但是也存在一些缺点如酶的不稳定性、成本高、难以在电极上固定等。为了解决这些问题，一些灵敏度高、选择性好的无酶传感器被设计和制备。这些工作主要集中在对 H_2O_2、葡萄糖、尿酸、抗坏血酸、多巴胺的检测。

① 过氧化氢（H_2O_2）的测定

H_2O_2 是生物体系中的一种重要化学物质，它严重影响细胞功能和新陈代谢，高浓度的 H_2O_2 甚至会引起细胞死亡。在许多酶促反应、蛋白质积聚和抗原-抗体识别过程中也伴随着 H_2O_2 的生成或消耗，因此，对 H_2O_2 的测定非常重要。

董绍俊等[296] 用化学还原的方法制备了石墨烯，实验发现，H_2O_2 在玻碳电极、石墨电极和石墨烯修饰玻碳电极上的氧化还原电位分别是 0.70/－0.25V，0.80/－0.35 和 0.20/0.10V，石墨烯修饰电极大大降低了 H_2O_2 氧化反应的过电位，表明石墨烯优良的导电性促进了 H_2O_2 在修饰电极上的电子转移速率。时间-电流响应曲线同样表明，在石墨烯修饰电极上 H_2O_2 的响应非常灵敏、迅速，对 H_2O_2 的检测范围是 0.05～500μmol/L，检测限为 0.05μM，比其他碳材料如碳纳米管修饰电极的线性范围宽，检测限低。纳米金属粒子如纳米铂、金、银以及一些纳米金属氧化物对 H_2O_2 的还原反应也有电催化作用，而石墨烯和纳米金属粒子或纳米金属氧化物的复合物对 H_2O_2 有更强的电催化作用。如孙绪平[297] 课题组采用原位合成法制备了 Ag NP/F-SiO_2/氧化石墨烯（GO）纳米复合物并用来修饰玻碳电极，该修饰电极对 H_2O_2 的还原反应响应迅速，检测范围宽，检出限低。Li 等[298] 制备了 MnO_2/GO 杂化材料，将该杂化材料修饰到玻碳电极上，制备了 H_2O_2 无酶电化学传感器，在碱性介质中，该传感器对 H_2O_2 有很好的电化学响应。汪尔康课题组[299] 运用自组装的方法将纳米金粒子组装到 PDDA 功能化的石墨烯表面，TEM 测试结果表明纳米金粒子均匀地分布在石墨烯表面并且负载率很高，这为金属纳米粒子/石墨烯杂化材料的制备提供了一种简单有效的方法。实验结果显示，在 Au NPs/石墨烯纳米复合物修饰电极上，加入一定量的 H_2O_2 后，分别在 0.5V 和－0.2V 出现了 H_2O_2 的氧化和还原峰，其电流强度约是纳米金修饰电极的两倍。我们课题组采用电解法一步制备了石墨烯功能纳米复合材料，该纳米材料是通过在含有铁卟啉（HN）和单壁碳纳米管的溶液中直接电解石墨棒而获得。在电解剥落过程中，HN 和单壁碳纳米管通过 π-π 共轭作用同时吸附在石墨烯纳米片层，形成 3D 的石墨烯-HN-单壁碳纳米管复合材料。基于这种复合材料，构建了一种新颖的电化学测定 H_2O_2 的生物传感平台。通过石墨烯，HN 和单壁碳纳米管的协同作用，该复合材料测定

H_2O_2 的线性范围为 0.2μmol/L～0.4mmol/L，检测限为 0.05μmol/L[300]。接着我们课题组又制备了石墨烯-铁卟啉-金纳米复合材料，基于该纳米复合材料也构建了无酶 H_2O_2 电化学传感器，在最佳实验条件下对 H_2O_2 有较宽的检测范围 0.1～40μmol/L 和较低的检测限 30nmol/L。此外，该传感器还具备良好的选择性和抗干扰能力，可用于血清样本中 H_2O_2 含量的检测[301]。

② 葡萄糖的测定

Lu 等[302] 采用原位还原方法合成了 nafion-石墨烯-Pd NPs 纳米复合材料，用它修饰的玻碳电极对葡萄糖的氧化表现出优异的电催化活性，这主要是因为 Pd NPs 和石墨烯的协同作用以及高浓度的 Pd NPs 在石墨烯表面的均匀分散为电催化氧化还原反应提供了更多的活性位点，从而大大增加了电催化活性。定量检测葡萄糖的线性范围为 10μmol/L 到 5mmol/L，最低检测限为 1μmol/L。Wang 等[303] 利用简单的超声方法制备了具有高催化活性的 Pd NPs/GO 纳米复合材料。超声能够有效地在 GO 表面活性位点上形成尺寸均匀的 Pd NPs，同时超声的时间以及 Pd 与 GO 的组成比例影响 Pd NPs 的形态和催化性能。以 Pd NPs/GO 纳米复合材料在碱性溶液中构造无酶传感器，检测葡萄糖的线性范围为 0.2～10mmol/L。Luo 等[304] 基于铜纳米材料电沉积石墨烯修饰电极（Cu/GR）制备了一种新型的非酶葡萄糖传感器。在碱性溶液中，Cu/GR 电极对葡糖糖表现出了良好的电催化氧化作用，氧化峰电流增大并且峰电位负移。在+0.5V 电位下，传感器的响应电流随葡萄糖的加入呈线性增加，检测限为 5×10^{-7}mol/L。Baby 等[305] 利用原位化学还原的方法，同时将 Au 和 Pt 颗粒同时结合到石墨烯表面，使传感器的检出限达到 25mmol/L。我们在硫堇功能化的石墨烯材料上合成了高密度的金纳米粒子。此纳米复合物对葡萄糖的电化学氧化表现出了显著的电催化作用，可用来简单灵敏的检测葡萄糖，检测限为 0.05μmol/L[306]。我们还利用牛血清白蛋白作为还原剂和稳定剂制备了还原态石墨烯-单壁碳纳米管-牛血清白蛋白-金（rGO-SWCNT-BSA-Au）纳米复合物，电化学实验证明，制备的 rGO-SWCNT-BSA-Au 纳米复合材料可以电催化氧化葡萄糖，且构建的无酶葡萄糖传感器具有宽的线性范围和低的检出限[307]。

③ 抗坏血酸、尿酸和多巴胺的测定

抗坏血酸（AA）、尿酸（UA）和多巴胺（DA）在有机体的生理活动中扮演着十分重要的角色，如果含量缺乏或比例失调就会导致严重的症状如癌症、帕金森氏症、心血管疾病等。因此，三者的测定在疾病诊断、药物控制等方面有重要意义。抗坏血酸、尿酸和多巴胺通常同时存在于生物体中，而且他们的电化学性质相似，因此在裸的玻碳电极上很难将它们的氧化峰分开。有文献报道石墨烯修饰的玻碳电极可以在大量抗坏血酸的存在下检测多巴胺，这是因为多巴胺与石墨烯之间存在较强的 π-π 相互作用，这种相互作用加速了多巴胺在电极上的电子转移，而削弱了抗坏血酸在石墨烯修饰电极上的氧化[308]。夏兴华课题组制备了氮掺杂的石墨烯片（NGs），实验结果表明，NGs 修饰电极对抗坏血酸、尿酸和多巴胺具有很好的电化学活性，并且能够很好地将三者的氧化峰分离，实现了三者的同时测定[309]。Wang 等[310] 将还原态石墨烯（rGO）分散在 0.5%的壳聚糖溶液中，滴涂在玻碳电极上制备的修饰电极用于检测多巴胺，性能优于相同条件下多壁碳纳米管修饰的电极。用壳聚糖功能化的 rGO 修饰电极也可以同时检测 AA、DA 和 UA[311]。采用 DPV 检测三种物质的线性范围分别是：50～1200μmol/L，1.0～24μmol/L 和 2.0～45μmol/L。Niu 等[312] 制备了 3，4,9,10-二萘嵌苯四甲酸功能化石墨烯片、多壁碳纳米管、离子液体修饰的玻碳电极，通过循环伏安法分析发现三组分的协同作用促进了 DA 的电子转移速率且明显增强了其氧化信号。离子液体的存在不仅改善了电荷转移速率，而且表现出优异的电催化性能和防污染能力。由于复合薄膜带负电官能团与带正电的 DA 之间存在静电相互作用，就会从溶液中富集 DA，同时带负电官能团与带负电的 AA 通过静电排斥作用阻碍 AA 的扩散，从而在检测 DA 时排除了 AA 的干扰。利用差分脉冲伏安法在含有 500μmol/L AA 和 330μmol/L UA 下检测 DA 的线性范围是 0.03μmol/L～3.82mmol/L，最低检测限达 1.2×10^{-9} mol/L（$S/N=3$）。我们课题组利用环境友好型还原剂抗坏血酸对包含 SnO_2 正八面体的氧化石墨烯分散液进行还原，成功制备了石墨烯-八角 SnO_2 纳米复合材料。同时，我们将其修饰在玻碳电极上并对多巴胺进行了电化学检测，结果显示该复合材料对多巴胺有很好的电化学响应，检出限达到了 6nmol/L（$S/N=3$），线性范围是 0.08μmol/L-30μmol/L，而且在大量抗坏血酸和尿酸存在的情况下，多巴胺的电流响应不受干扰，这主要得益于石墨烯与 SnO_2 正八面体之间的协同作用，以及复合材料表面大量的活性位点。在对实际尿液进行检测时，回收率在 96.4%～98.2%，结果令人满意[313]。

(3) DNA 生物传感器

在临床检测和治疗方面，DNA 电化学传感器对于特定 DNA 片段或者突变基因的检测具有高灵敏度、高选择性和低成本的特点，可以实现疾病诊断的精确性和简单化。董绍俊课题组[296] 将化学还原的石墨烯修饰到玻碳电极表面，发现 DNA 的四种碱基在该修饰电极上能够有效的分别表征出来。有意义地是，无需经过预水解，无论是单链 DNA 还是双链 DNA 中的四种碱基都能被同时检测出来。Niu 等[314] 构建了石墨烯/离子液体/壳聚糖复合物修饰的玻碳电极，实现了对鸟嘌呤和腺嘌呤的单独测定和同时测定。对鸟嘌呤和腺嘌呤的检测范围和灵敏度分别是 2.5～150μmol/L，0.75μmol/L 和 1.5～350μmol/L，0.45μmol/L。Huang 等[315] 制备的羧基修饰的氧化石墨烯修饰电极可以用于同时检测 DNA 中的鸟嘌呤和腺嘌呤，检测限分别为 5×10^{-8} mol/L 和 2.5×10^{-8} mol/L。

Jiao 等[316] 将 GO 滴涂在聚苯胺（PAN）修饰的玻碳电极上，然后进行电还原，得到 ER-G/PAN 修饰电极，将该电极浸入到含有单链 DNA 的溶液中浸泡一段时间，ssDNA 就会吸附到 ER-G/PAN 修饰电极上，得到 ssDNA/ER-G/PAN 修饰电极，将 ssDNA/ER-G/PAN 修饰电极与目标互补 DNA 链杂交即可进行测定。该传感器对花椰菜花叶病毒基因中的特定 DNA 序列的检测范围是 1.0×10^{-13}～1.0×10^{-7} mol/L，检测限为 3.2×10^{-14} mol/L。Zhao 等[317] 以石墨烯-量子点复合物为基底，构建了石墨烯电化学传感器用于对 DNA 链的测量。探针 DNA 链首先与石墨烯相结合，受 DNA 链磷酸基团负电荷的影响，电解液中 $[Fe(CN)_6]^{3-/4-}$ 氧化还原电对与修饰电极之间的静电排斥作用使得传感器电化学响应信号降低。在目标分析物存在的条件下，结合到石墨烯表面的探针 DNA 链被目标链所捕获而脱离石墨烯，使传感器电化学信号得到增加，依据与目标链结合前后电化学响应信号的变化实现对目标物的定性与定量分析。Singh 等[318] 采用氧化石墨烯/壳聚糖纳米复合材料发展的基于 DNA 的电化学生物传感器用于诊断伤寒症。该生物传感器是由戊二醛共价固定能够识别伤寒沙门菌特定的 5′氨基标记的单链 DNA 探针在石墨烯/壳聚糖修饰电极上制作而成。结果表明，因为氧化石墨烯提高了电子传递速率且与壳聚糖固定化 DNA 具有生物相容性，从而该复合材料表现出了对伤寒沙门菌的特异识别性。Lin[319] 等将 ssDNA 通过 π-π 相互作用直接组装到石墨烯修饰的玻碳电极上，然后目标 DNA 和 Au NPs 标记的探针低聚核苷酸序列通过三明治式的连接方式被捕获到电极表面，被捕获的 Au NPs 催化银沉积到电极表面，沉积的银通过差分脉冲伏安法检测。由于DNA在石墨烯上的高负载量和Au NPs催化的银染而产生的信号放大作用，使得传感器对目标DNA显示出了极好的检测性能，线性范围为200pmol/L～500nmol/L，检测限为72pmol/L。而且该传感器可以区分互补的DNA序列和单基错配序列，具有高选择性。Bo等[320]用rGO代替石墨制备碳糊电极，显著改善了生物传感器的灵敏度，然后在电极表面电沉积普鲁士蓝，并修饰壳聚糖，以此来保护普鲁士蓝膜的稳定性。随后在表面连接单股探针DNA分子，再与溶液中的目标DNA分子结合成双股DNA（dsDNA），通过对dsDNA的双螺旋结构中嵌入的道诺霉素的差分脉冲伏安响应来检测溶液中目标DNA的存在。该高选择性DNA传感器可以区分完全互补的目标序列、三碱基错配序列和非互补的DNA序列。

Cao[321]用MoS_2纳米片、石墨烯、Au NPs对玻碳电极进行修饰，然后将探针DNA连接在Au NPs上。探针DNA链进一步与生物素（Biotin）标记的目标DNA链杂交。这样，用链霉亲和素（Streptavidin）和HRP功能化的Au NPs作为信号标签，可以通过Biotin与Streptavidin之间的特异性结合，被连接在目标DNA的另一端，并有效地催化溶液中H_2O_2的还原，所给出的电化学信号起到了放大DNA信号的作用，其检测限可达2.20×10^{-15}mol/L。Li等[322]基于石墨烯制备了一种双DNA探针传感器，在硫堇（Thi）修饰过的GO上固定Au@SiO_2复合物，并将信号探针DNA（S2）和G四联体固定在Au@SiO_2表面，G四联体进一步与卟啉铁（Hemin）复合构成模拟酶体系，避免了天然酶的不稳定性，得到的GO-Thi-Au@SiO_2-hemin复合物可以作为信号标签。另一方面，用Au NPs-GO修饰的玻碳电极固定捕获探针DNA链S1作为检测平台。检测时，目标DNA链（S）与S1和S2杂交，将信号标签成功连接在电极上，模拟酶体系催化还原H_2O_2并产生电信号，从而有效地成为DNA检测的信号放大器。这种基于双DNA探针的传感器对病原体大肠杆菌O157：H7具有高度选择性，检测限为1×10^{-8}mol/L。

由于石墨烯具有大的比表面积，石墨烯及其衍生物经常被用作纳米载体来负载电化学活性物质、酶或用来识别分子。同理，石墨烯纳米材料可以与各种有机物与无机物结合成为多功能的纳米载体。因此，石墨烯纳米材料可以在其表面通过键合或物理吸附与信号分子和（或）识别元素作用。当利用这种石墨烯纳米材料作为载体时，信号分子的信号大大增强，因而其灵敏度显著提高。Bai等[323]利用血小板源生长因子（PDGF）和凝血酶与它们相应的适体之间的特异性相互作用，构建了一个三明治型适体传感器（见图4-21，彩插图4-21），其中rGO用来固定氧化还原探针，然后负载Pt NPs，制备Pt NPs-氧化还原探针-rGO纳米复合物；再利用双酶（GOx和HRP）修饰该复合物，作为第二适体的示踪标记，同时结合Au NPs功能化的单壁碳纳米管增强电极的比表面积来固定第一适体，达到放大检测信号的作用。最后以PDGF和凝血酶为夹心物，通过三明治型的连接方式将带有示踪标记的第二适体捕获到电极表面，通过氧化还原探针的电流响应检测到目标蛋白。结果表明，该传感器能够高灵敏检测蛋白质，对PDGF和凝血酶的线性检测范围分别为0.01～35nmol/L和0.02～45nmol/L，检测限分别为8pmol/L和11pmol/L。

（4）免疫传感器

癌症标记物是存在于血液或组织中与癌症相关的分子，这些生物标记蛋白的高灵敏度和高选择性检测对于许多疾病如癌症和HIV等的早期诊断具有非常重要的意义。Tang等[324]将壳聚糖、石墨烯和纳米金修饰的玻碳电极作为生物传感界面来固定HRP标记的甲胎蛋白（AFP）抗体，当抗原同电极表面的抗体结合后，会阻碍酶的活性中心与电极表面的电子转

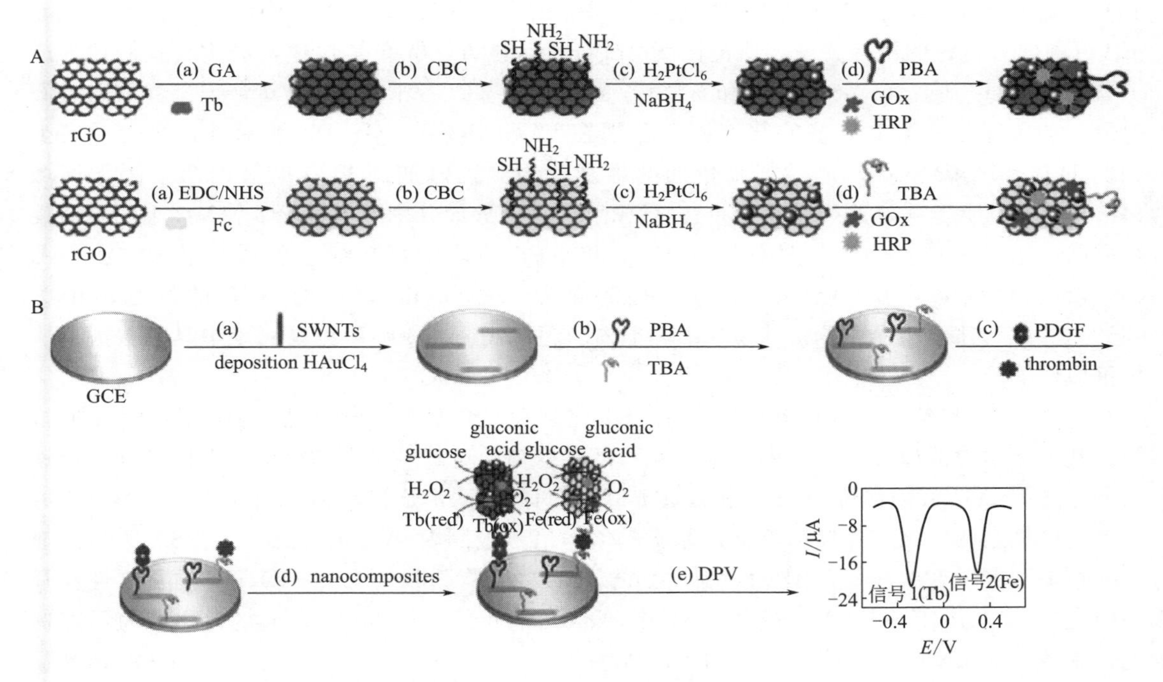

图 4-21　石墨烯作为电活性物质的载体构建凝血酶传感器的示意图[323]

rGO—还原态石墨烯；GA—戊二醛；Tb—甲苯胺蓝；H_2PtCl_6—氯铂酸；$NaBH_4$—硼氢化钠；PBA—血小板源生长因子适配体；GOx—葡萄糖氧化酶；HRP—辣根过氧化物酶；EDC—1-(3-二甲氨基丙基)-3-乙基碳二亚胺盐酸盐；NHS—N-羟基琥珀酰亚胺；Fc—二茂铁；TBA—凝血酶适配体；GCE—玻碳电极；SWNTs—单壁碳纳米管；deposition $HAuCl_4$—沉积氯金酸；PDGF—血小板源生长因子；thrombin—凝血酶；nanocomposites—纳米复合物；DPV—示差脉冲伏安法

移，进而减小了对 H_2O_2 的催化电流。随着抗原浓度的增加，抑制作用会进一步增强，催化电流也会随之减小，采用直接模式对 AFP 进行了检测。Du 等[325] 采用石墨烯、亚甲基蓝、壳聚糖为电极修饰材料，构建了高灵敏检测前列腺癌特异性抗原 PSA 的免疫传感器。实验表明，该纳米复合物对生物分子显示了高的亲和性，增加了抗体的固定量，在优化条件下，检测 PSA 的线性范围为 50.0pg/mL～5.00ng/mL，检测限为 13pg/mL。该免疫传感器可测定血清中的 PSA。Zhu 等[326] 利用二甲基功能化石墨烯和纳米金，用三明治模式制备以 HRP 为标记物的用于检测人 IgG 的免疫传感器，该免疫传感器的线性范围为 0.10～200ng/mL，检出限为 50pg/mL。Du 等[327] 用石墨烯和多种酶功能化的碳纳米球（CNSs）构建了一个敏感的 AFP 传感器，HRP 和 Ab_2 通过共价键连接到 CNSs 上，用石墨烯的壳聚糖分散液修饰丝网印刷碳电极（SPCE），再在修饰电极表面共价键连接 AFP 一抗（Ab_1），根据溶液中不同浓度的 AFP，通过三明治式的连接将不同量的 HRP-Ab_2-CNSs 捕获到电极表面，最后通过捕获到电极表面的 HRP 对 H_2O_2 的定量检测确定 AFP 浓度。

我们课题组制备了还原态石墨烯/硫堇/金（GR/THi/Au）纳米复合物，并利用该纳米复合物作为生物活性界面成功构建了一种无标记的癌胚抗原（CEA）免疫传感器[328]。首先，将具有生物相容性好、氧化还原活性高和表面积巨大的 GR/THi/Au 纳米复合物滴涂于玻碳电极表面，然后在该复合膜的表面固定 CEA 抗体（anti-CEA），制备出了性能良好的免疫传感器。循环伏安和差分脉冲伏安研究显示：抗体-抗原复合物的形成减少了 GR/

THi/Au 纳米复合物中 THi 的电化学信号，减少的电流信号和 CEA 的浓度在 10.0～500pg/mL 范围内有良好的线性关系，检测限为 4pg/mL，该方法简单，快速，灵敏。我们还合成了石墨烯/亚甲基蓝（CGS/MB）和石墨烯/普鲁士蓝（CGS/PB）纳米复合物，然后通过石墨烯上的羧基和抗体上氨基的共价结合分别在 CGS/MB 和 CGS/PB 纳米复合物上固定上 CEA 抗体和 AFP 抗体，最后把制备的纳米复合物分别修饰到 ITO 电极的两个工作区域（W1 和 W2）上。测定原理是基于抗体-抗原复合物的形成分别减少了 W1 和 W2 上的电活性物质的电信号，减少的电信号分别与 CEA 和 AFP 的浓度存在线性关系，用该方法检测 CEA 的线性范围为 0.50～80ng/mL，检测限为 0.05ng/mL，检测 AFP 的线性范围为 0.50～50ng/mL，检测限为 0.1ng/mL。本方法简单快速，在临床免疫测定中具有很大的应用价值[329]。

Li 等[330] 制备了一种超灵敏三明治型电化学免疫传感器，用于癌症标记物 PSA 的检测。其电化学检测原理是：借助于连接在石墨烯修饰的玻碳电极上的 Ab_1、多巴胺和二茂铁功能化的 Fe_3O_4 表面修饰的 Ab_2 和目标 PSA 之间的三明治连接，将二茂铁功能化的 Fe_3O_4 捕获到电极表面，以二茂铁的氧化还原峰电流作信号检测 PSA。该传感器对 PSA 的检测显示了高灵敏度、宽的线性范围（0.01～40ng/mL）、低检测限（2pg/mL）、好的重现性和长期稳定性。Zhuo 等[331] 用二茂铁和 GOD 双重功能化的 Au/TiO_2 纳米复合物作为示踪标记，制备了 Au NPs 和石墨烯修饰的免疫传感器。他们首先将 Au NPs 附着到 TiO_2 纳米粒子表面制备 Au/TiO_2 纳米复合物，然后 GOD 和二茂铁标记的二抗（Fc-Ab_2）被固定到具有高负载量和生物活性的 Au/TiO_2 纳米复合物上，Au/TiO_2 纳米复合物的大表面积和生物相容性有利于使电极产生增强的电流信号。同时，Au NPs 功能化的石墨烯作为传感器平台，用来增加表面积和促进电子转移速率。当有葡萄糖存在时，通过 GOD 对葡萄糖电化学还原的高效催化，这样一个三明治型的免疫传感器就能得到放大的信号，其对胃泌素释放肽前体检测的线性范围是 10.0～500pg/mL，检测限为 3.0pg/mL，该值低于常规临床诊断的最低值，且该传感器具有很好的选择性、重现性和长期稳定性。Liu 等[332] 采用双抗体夹心结构电化学免疫传感器检测降钙素原（PCT）。一方面，用 rGO-Au NPs 纳米复合膜对玻碳电极进行修饰，其较大的比表面积和优异的生物相容性有利于 Ab_1 的固定，同时，具有良好导电性的 Au NPs 可进一步放大传感器的电信号；另一方面，Ab_2 用单壁碳纳米管角（SWCNHs）、空心铂链（HPtCs）、HRP、Thi 形成的复合物 SWCNHs/HPtCs/HRP/Thi 进行标记作为信号标签。当溶液中存在目标物 PCT 时，通过形成双抗体结构 Ab_1-PCT-Ab_2，rGOAuNPs 电极与复合物 SWCNHs/HPtCs/HRP/Thi 连接在一起形成电子通路，同时，溶液中引入的 H_2O_2 被 HPtCs 和 HRP 的协同催化作用还原产生电子，电子再传输到电极，从而实现放大 PCT 信号的作用。

石墨烯由于具有大的比表面积，在免疫传感器中也经常作为标记物载体来负载大量的酶或者电活性物质，达到高灵敏检测分析物的目的。Lin 等[333] 以氧化石墨烯为纳米携带者，利用多酶放大策略超灵敏检测了 p53（见图 4-22），实验表明，把 HRP 和 p53 抗体连接到功能化的氧化石墨烯表面大大提高了检测的灵敏度，使检测限低至 10pM，比传统的三明治电化学测定 p53 灵敏 10 倍。

（5）重金属离子的测定

一些重金属离子如 Hg^{2+}、Pb^{2+}、Cd^{2+}、Ag^{+}、As^{5+} 等对环境污染的危害极大，因此对它们的检测非常重要。Li 等[334] 用 Nafion 和石墨烯的复合物来修饰电极，实现了对

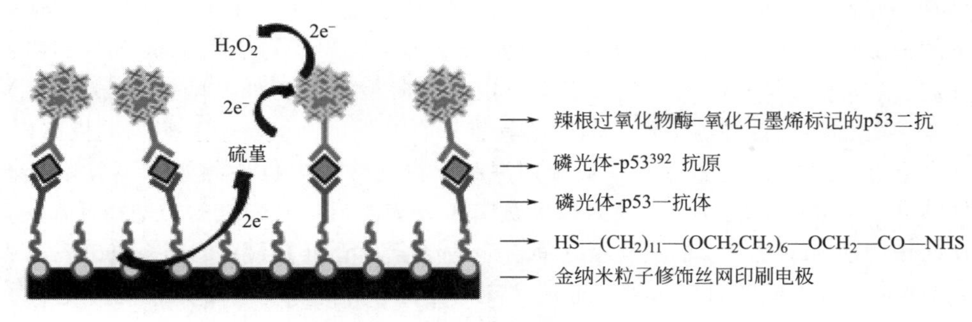

图 4-22　免疫传感器的制备示意图[333]

Pb^{2+} 和 Cd^{2+} 的检测。同裸玻碳电极和 Nafion 修饰的玻碳电极相比，Nafion/石墨烯修饰的玻碳电极增加了测定的灵敏度和选择性，对 Pb^{2+} 和 Cd^{2+} 的线性检测范围分别为 0.5～50μg/L，1.5～30μg/L，检测限为 0.02μg/L。Gong 等[335] 用壳聚糖分散聚乙烯吡咯烷酮功能化的石墨烯，得到分散均匀的壳聚糖-石墨烯溶液，然后用该溶液修饰玻碳电极，得到壳聚糖-石墨烯修饰电极，将壳聚糖-石墨烯修饰电极在 0.1mol/L KCl＋2mmol/L $HAuCl_4$ 的溶液中进行电沉积即可得到 Au/壳聚糖-石墨烯修饰电极，运用方波阳极溶出伏安法对 Hg^{2+} 进行定量测定，检测限达到了 6ppt。Sahoo[336] 使用石墨烯同位镀铋膜法制备石墨烯/Bi 复合纳米材料修饰玻碳电极，成功的测定了 Pb^{2+}、Cd^{2+}、Cu^{2+} 等重金属离子，并取得令人满意的实验检测效果。Zhao[337] 利用聚吡咯/石墨烯修饰玻碳电极，利用同位镀汞膜法测定了 Pb^{2+}，实验结果表明聚吡咯/石墨烯复合物大大提高了检测 Pb^{2+} 的灵敏度和检出限。

4.3.2.3　碳点

作为碳纳米材料之一，碳点也具有碳纳米材料特有的一些性质，比如导电性好、比表面积大等优点。相比于其他碳纳米材料，碳点具有合成方法简便、水溶性好、毒性低和生物相容性好等优点，因此，碳点是一种较为理想的纳米电极材料。

Huang 课题组在这方面进行了大量的研究工作。他们制备了碳点-壳聚糖复合材料修饰玻碳电极（CDs-CS/GCE），将该电极用于生物分子多巴胺（DA）的检测[338]，结果表明：DA 在 CDs-CS/GCE 上的电化学响应比在裸 GCE 和 CS/GCE 更强，说明 CDs-CS/GCE 能对 DA 高灵敏性地测定。由于碳点表面富含羧基官能团，表面带有负电荷，因此，其容易与带正电荷的 DA 作用，同时可以排斥带负电荷的抗坏血酸（AA）和尿酸（UA）的干扰，表明 CDs-CS/GCE 能对 DA 进行高选择性地测定。在最优的条件下，将该传感器对 DA 检测的线性范围为 0.1～30.0μmol/L，检出限为 11.2nmol/L，将该传感器应用于盐酸多巴胺注射液中 DA 含量的测定，结果令人满意。同时，该课题组通过碳点的还原性，制备出了核壳纳米材料 Au@CDs 并与壳聚糖形成复合物修饰到玻碳电极表面，利用金纳米粒子优秀的导电性及碳点的特性对 DA 进行了检测[339]。研究表明，该纳米复合材料可大大提高 DA 的电化学性能，检测 DA 的线性检测范围为 0.01～100.0μmol/L，检出限达到了 1.0nmol/L。同样基于碳点的还原性，他们合成 CDs-Cu_2O 纳米复合材料，并将其与 Nafion 结合制备 CDs-Cu_2O/NF 纳米膜，该纳米膜成功地实现了对人体血液中 DA 的测定[340]。另外，他们还基于碳点的还原性和良好的分散性，用 CDs 还原氧化石墨烯，一步合成了还原氧化石墨烯/碳量子点（rGO-CDs）复合材料，并对 DA 进行检测（见图 4-23）[341]。DA 分子内存在的苯环容易与 rGO 形成 π-π 作用，而 rGO 具有良好的导电性和氧化性，CDs 又含有大量的羧基和羟基具有较好的分散性和吸附相容性，所以 rGO-CDs 能够进一步增强对 DA 检测的选择性及体系的灵敏性。该课题组还利用碳点与多壁碳纳米管层层自组装形成 MWCNTs-CDs-MWCNTs 复合纳米材料并修饰于电极表面，用于同时检测邻、对、间苯二酚[342]。MWCNTs 具有非常好的导电性和导热性，同时还具有极高的强度和韧性，是修饰电极的好材料，但由于其在电极表面的吸附能力差并且排列混乱，往往修饰电极检测效果不佳。由于 CDs 具有较好的分散性和吸附相容性，使修饰了氨基的 MWCNTs 与 CDs 的羧基相互作用，CDs 的静电连接作用使 MWCNTs 的层与层之间有序的结合，增加了 MWCNTs 的比表面积和导电能力，MWCNTs 之间的有序排列并形成一定的空隙，使 MWCNTs-CDs 的导电性、选择性和氧化还原性能显著提高，能有效地实现对邻苯二酚、对苯二酚和间苯二酚的同时测定。

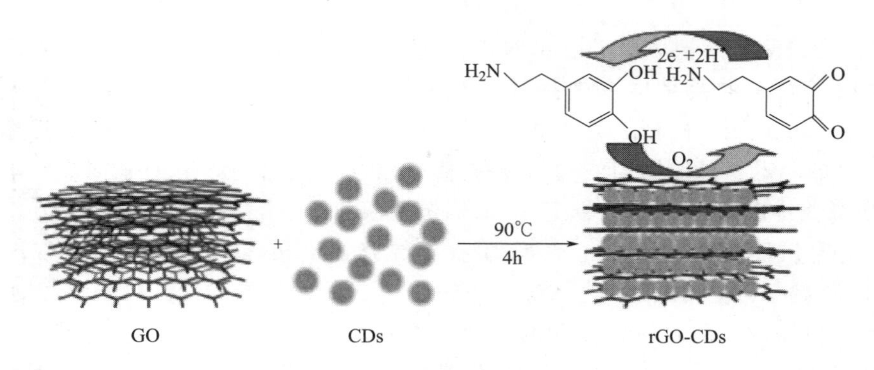

图 4-23　rGO-CDs 的合成及 DA 的电化学检测机理[341]

Dai 等[343] 使用 AA、水与乙醇按照一定比例放入高压反应釜中，在 180℃条件下，反应 4h，得到碳点，之后将该碳点与壳聚糖作用然后用于电极表面修饰，发现与裸电极对比其信号明显增强，同时，该修饰电极用于三氯生的检测具有高灵敏性，对于实际样品中牙膏和漱口水等的检测体现出良好的效果。同时，Sheng 等[344] 使用碳点-壳聚糖固定血红蛋白后，采用电化学方法检测 H_2O_2，该方法具有一定的灵敏性和良好的使用性。Zhang 等[345] 利用简便的方法合成了氮掺杂碳量子点（N-CDs），制备了环糊精包覆二茂铁氮掺杂碳量子点（Fc@β-CD/N-CDs）主客体复合材料修饰玻碳电极，该修饰电极显示了较好的导电性和氧化还原性能。在磷酸缓冲溶液中用循环伏安法和差分脉冲伏安法检测，对 UA 有非常好的选择性，据此建立了 Fc@β-CD/N-CDs 检测 UA 的新方法。Shao 等[346] 通过碳点与 *N*-(2-氨乙基)-*N*,*N*′,*N*′-三（吡啶基-2-亚甲基）乙烷基-1,2-二胺（TPEA）作用，得到（CDs-TPEA），并用于 Cu^{2+} 的检测。该法利用 CDs 良好的导电性以及 TPEA 对 Cu^{2+} 具有强的络合能力，从而实现对 Cu^{2+} 的特异性检测，同时将该方法用于检测老鼠大脑里 Cu^{2+} 的含量，在 1～60μmol/L 范围内电流强度和 Cu^{2+} 浓度呈线性关系，检出限约为 100nmol/L。

基于碳点及其复合材料的电化学传感器研究尚处于起步阶段，因此，进一步研究碳点在电化学传感器中的应用，对电化学传感器和碳点的发展都将起到一定的推动作用。

4.3.2.4　纳米金刚石

纳米金刚石（ND）是一类比较新的碳材料，具有纳米级的金刚石芯，其表面含有一定的功能基团。由爆轰法制得的纳米金刚石微粒表面通常具有含氧功能团，纳米金刚石具有极大的比表面积，且表面具有较多的结构缺陷，还同时具有这些表面功能团的化学特性。基于这些特性，将纳米金刚石引入电化学领域，作为电极材料，引起了广大研究者的兴趣。Dr

Holt 等[347] 采用纳米金刚石修饰的金电极，测定其在 $Ru(NH_3)_6^{3+/2+}$ 和 $Fe(CN)_6^{3-/4-}$ 溶液中的差分脉冲曲线，发现与裸金电极比较，纳米金刚石修饰电极都具有更高的氧化还原峰电流，证明纳米金刚石粒子确实具有较高的电化学活性。罗红霞等[348] 将纳米金刚石在浓 H_2SO_4/HNO_3 溶液中进行氧化处理，得到羧基化纳米金刚石，并将其修饰在玻碳电极表面，研究了纳米金刚石修饰电极对 DNA 的电催化作用。接着他们将 DNA 滴涂到纳米金刚石修饰电极的表面，然后将该电极用于 NADH 的检测，与其在纳米金刚石修饰电极上相比，DNA 的氧化还原峰电流都显著增大，说明该电极对 NADH 的氧化具有十分明显的传感作用。祝敬妥等[349] 将无掺杂的金刚石纳米粒子（UND）和壳聚糖共沉积到玻碳电极表面，形成壳聚糖-UND 复合膜，此复合膜可以通过吸附的方法，固定 HRP，并且能够实现 HRP 的直接电化学，保持 HRP 对过氧化氢的良好催化能力。马晓玲等[350] 制备了季铵盐化纳米金刚石（QAS-ND），将肌红蛋白（Mb）与 QAS-ND 混合液滴加在玻碳电极表面，制备 QAS-ND/Mb 修饰电极。在 0.1mol/L 磷酸盐缓冲溶液（pH 值 7.0）中，固定在膜内的 Mb 表现出良好的电化学性质，并显示了很好的稳定性。同时，探讨了此修饰电极表面固定的 Mb 对 H_2O_2 的催化还原，结果表明，此修饰电极可作为 H_2O_2 生物传感器，实现对 H_2O_2 的快速、准确检测，检出限为 3.5μmol/L。Zhao 等[351] 将纳米金刚石粒子包裹在金电极的表面，然后将葡萄糖氧化酶固定在纳米金刚石表面，纳米金刚石预先修饰电极的阳极，不仅能够提高电子在纳米金刚石芯片中的转移速率，而且能够显著改善溶解氧的减少，可以通过监测氧减少的电流变化来检测负电位的葡萄糖。该葡萄糖传感器在普通干扰物如抗坏血酸、对乙酰氨基酚和尿酸的存在下，能够选择性的对葡萄糖进行电化分析。Liu 等[352] 报道了将溶菌酶改性的纳米金刚石固定在硅模板上作为生物传感芯片的一种新的方法和技术，实验结果表明与纳米金刚石结合的溶菌酶仍然保持着抗大肠杆菌的活性。

近年来，硼掺杂金刚石（BDD）膜以其突出的电化学特性和各种潜在的应用前景引起了科学家们的密切关注。硼的掺杂使得金刚石膜具有良好的导电性，满足了电极材料的导电性能方面的要求。BDD 电极有望在电化学领域尤其是电化学传感器方面得到很广泛的应用。

Fujishima 等[353] 报道了在 BDD 电极上检测 NADH 的过程，得到较好的伏安特性曲线，在其后几天的实验中氧化峰没有变化，保持着很好的稳定性，而玻碳电极表现较不稳定，其氧化峰在一小时后便发生明显的变化。Swain 等[354] 报道了使用 BDD 电极检测几种多胺物质（乙二胺、腐胺、尸胺、精胺和亚精胺）时得到很好的氧化峰。Fujishima 等[355] 也报道了检测组胺和血清素过程，BDD 电极表现出较好的性质，检测限可达到 10nmol/L，而在玻碳电极上，由于其较小的析氧电位，析氧过程对检测波峰发生较大影响。Fujishima 等[356] 报道了利用 BDD 电极在抗坏血酸的干扰下成功检测尿酸，BDD 电极在不需要任何预先处理的情况下使用 3 个月仍能保持较高稳定性和重复性。Terashima 等[357] 用氧化处理的 BDD 电极得到谷胱甘肽和谷胱甘肽二硫化物检测限分别为 1.4nmol/L 和 1.9nmol/L。刘晓辰等[358] 提出了应用 L-丝氨酸修饰掺硼金刚石薄膜电极检测去甲肾上腺素，提高了去甲肾上腺素含量检测的精度。经 L-丝氨酸修饰的 BDD 电极的电催化氧化能力明显增强，在浓度为 $1.0\times10^{-4}\sim1.0\times10^{-8}$ mol/L 的范围内，浓度的对数与氧化峰电流基本呈线性关系，且检测限为 1.0×10^{-9} mol/L。此外，氨基酸、多巴胺、葡萄糖、巯基丙氨酸、色氨酸、1-硝基芘、1-氨基芘、草酸等在 BDD 电极上的检测均有相关的报道。

经修饰的 BDD 电极显示出较碳基电极更低的背景电流和更宽的电势窗口，是一种较理想的酶基安培检测器。Wang 等[359] 在纳米金刚石表面固定葡糖氧化酶，葡糖氧化酶保持了其生物催化活性，并用电极成功检测了过氧化氢，检测峰值电流与实际浓度成正比。只金芳等[360] 以BDD作为基底材料，通过光化学的方法将烯丙胺键合到BDD表面，采用共价键合进行酪氨酸酶（PPO）的固定，并将其应用到酚类物质的检测，检测过程中得到了较好的线性关系，电极重现性良好，两周后测试峰电流值仅降到原来的90％（见图4-24）。赵凤娟等[361] 用多孔碳球材料修饰BDD，将乙酰胆碱酯酶（AChE）固定在修饰电极表面制得酶传感器，用于甲基对硫磷的检测，比裸电极的峰电流提高了123.53％。

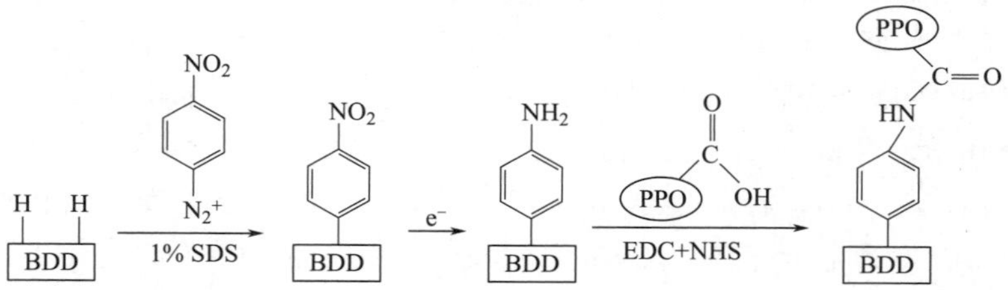

图4-24　酪氨酸酶在BDD表面的固定示意图[360]

BDD—硼掺杂金刚石；SDS—十二烷基硫酸钠；PPO—酪氨酸酶；EDC—1-(3-二甲氨基丙基)-3-乙基碳二亚胺盐酸盐；NHS—*N*-羟基琥珀酰亚胺

BDD具有的良好电化学特性使其成为痕量金属检测电极的选择之一。McGaw等[362] 发现尽管在溶出伏安检测过程中BDD电极灵敏度是汞电极的1/5～1/3，但由于BDD电极上更低的背景电流和噪声，使得BDD电极的检测限跟Hg修饰的玻碳电极一样低，检测限可达到ppb，电极的重复性误差低于5％，实验结果表明BDD电极是一种可替代Hg的新型电极。Yoon等[363] 用差分脉冲溶出伏安方法同时检测Cd（Ⅱ）、Pb（Ⅱ）、Cu（Ⅱ）和Hg（Ⅱ）离子，检测限分别达到3.5μg/L、2.0μg/L、0.1μg/L和0.7μg/L。Sabahudin等[364] 利用Pt纳米颗粒修饰BDD电极，检测As（Ⅲ）的检测限为0.5μg/L，修饰电极能对自来水和河流水中的As（Ⅲ）进行有效检测，并且发现氯离子和铜离子对检测结果干扰极小。Salimi等[365] 利用电沉积方法在BDD薄膜表面修饰氧化铱，在较宽的pH范围内发现对Hg（Ⅰ）有良好的电催化性能，检测限、反应时间以及检测范围分别为3.2nmol/L、100ms、5nmol/L～5μmol/L。多思等[366] 采用共价键合法制得壳聚糖修饰BDD薄膜电极。以此修饰电极为工作电极，在0.1mol/L、pH4.0的磷酸氢二钠缓冲液中对Cu^{2+}进行检测。实验表明，Cu^{2+}在4.0×10^{-7}～1.0×10^{-3}mol/L浓度范围内与峰电流成良好的线性关系，检测限达7.0×10^{-8}mol/L。

4.3.2.5　富勒烯

由于富勒烯独特的结构和电子性质，自从1990年常量制备和分离方法被报道以来，有关其基础理论和应用方面的研究广泛的开展起来。有研究者评论富勒烯科学是当前在化学、物理和材料科学领域研究发展最快、取得成果最多的方向之一，在电化学方面也不例外，这是因为电化学在富勒烯及其衍生物电性质的研究中占据非常重要的地位。近些年来，富勒烯被用作电催化剂和化学传感器的研究已有报道。

Kalanur等[367] 在裸玻碳电极表面修饰了一层富勒烯膜，该修饰电极对卡马西平（CBZ）的电化学响应显示了明显地增强效果。在C_{60}修饰电极上，峰电位随峰电流的增大有了明显地负移，使用差分脉冲伏安法对的CBZ进行了测定。该方法可应用于制药配方、人血清和尿液中的CBZ测定。Shetti等[368] 通过循环伏安法和差分脉冲伏安法探究了抗病

毒药物阿普洛韦在 C_{60} 修饰玻碳电极上的氧化情况。在 pH 值为 7.4 的 PBS 缓冲溶液中，阿普洛韦在峰电位为 0.96V 处出现了一个不可逆的氧化峰，该修饰电极能显著催化阿普洛韦的氧化过程。Goyal 等[369] 采用不同的修饰电极（C_{60}/Au 和纳米 Au/ITO）在同样的条件下检测药物强的松龙。结果显示，C_{60}/Au 修饰电极对目标物的氧化过程有明显的催化作用，最低检测限为 2.6×10^{-10} mol/L，而纳米 Au/ITO 修饰电极最低检测限为 9.0×10^{-10} mol/L。他们课题组还开展了 C_{60} 修饰热解的石墨电极进行电化学检测药物地塞米松的研究[370]。该传感器的灵敏度、重现性和稳定性均良好，最低检测限达到 5.5×10^{-8} mol/L。

Antonio 等[371] 分别通过富勒烯 C_{60}、C_{70}、多壁碳纳米管和单壁碳纳米管修饰石墨电极检测橙汁、蓝莓汁和猕猴桃汁中的抗坏血酸和多酚类物质的抗氧化性能。实验结果显示，C_{60} 修饰石墨电极在对抗坏血酸的检测中具有最低检测限。Zhang[372] 等经简单的电沉积法将纳米片状铂沉积于富勒烯修饰电极上，构建负载纳米片铂的富勒烯修饰电极，实现了多巴胺、抗坏血酸和尿酸的同时测定（见图 4-25）。利用纳米铂与富勒烯之间的协同作用，提高电极的电子传递能力和电催化性能，使构建的生物传感器具有灵敏度高、重现性好、稳定性高的优点。Li 等[373] 采用电化学方法合成了 C_{60}-二茂铁甲酸复合膜，并成功用于 H_2O_2 的电化学检测，最低检测限达到 2.5×10^{-7} mol/L。

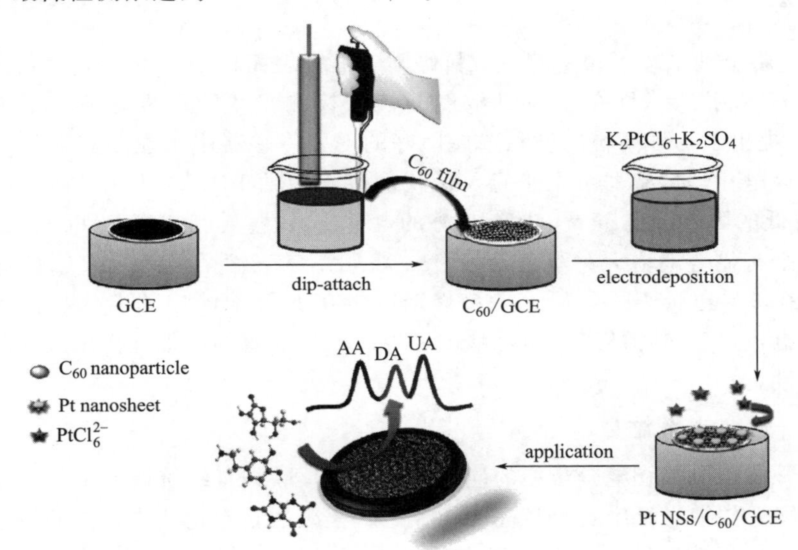

图 4-25 Pt NSs/C_{60} 修饰电极的制备过程示意图[372]

GCE—玻碳电极；dip-attach—滴涂；C_{60} film—C_{60} 膜；C_{60}/GCE—C_{60} 修饰玻碳电极；electrodeposition—电沉积；Pt NSs/C_{60}/GCE—铂纳米层/C_{60} 修饰玻碳电极；application—应用；AA—抗环血酸；DA—多巴胺；UA—尿酸；C_{60} nanoparticle—C_{60} 纳米粒子；Pt nanosheet—Pt 纳米层

史娟兰等[374] 在 C_{60} 分子中引入醛基功能基团，得到 2-(4-醛基苯基)-5-(1-羟乙基) 富勒烯吡咯烷衍生物（C_{60}-CHO）。将该材料修饰于玻碳电极表面，并利用醛基与氨基之间温和、高效的缩合反应，5’-氨基修饰的寡聚核苷酸共价固定到了 C_{60}-CHO 修饰的玻碳电极表面，构建了一种新型的电化学 DNA 传感器，该方法直接、简单，分析信号与目标序列在 $1.0\times10^{-13}\sim1.0\times10^{-19}$ mol/L 范围内呈良好的线性关系，检出限为 1.5×10^{-14} mol/L。该传感器的良好性能归因于富勒烯超强的电子传输功能和对目标 DNA 序列的特异性检测。Yuan 等[375] 合成了含有氨基和硫醇多个活性位点且水溶性良好的 C_{60} 纳米衍生物，并以此作为电化学追踪标记物的超灵敏检测适配体，实验结果表明该适配体具有较高的选择性和灵敏度，有望应用于生物分析和生物医学研究中。Zheng 等[376] 以 C_{60} 衍生物为生物传感平台，采用电化学免疫传感器灵敏高效地检测艾希式细菌（E. coliO157：H7），最低检测限达到 15CFU/mL，符合医学诊断要求，该技术有望应用于此类疾病的预防、诊断和治疗当中。Wei 等[377] 将富勒烯、二茂铁、壳聚糖、离子液体修饰于玻碳电极表面，最后滴加抗体溶液固定百草枯抗体，在修饰电极表面壳聚糖膜上制备高灵敏度的阻抗型免疫传感器。以 $Fe(CN)_6^{3-/4-}$ 磷酸缓冲溶液为测试底液，分别采用循环伏安法和交流阻抗法研究免疫传感器的电化学性质。由于富勒烯与二茂铁、壳聚糖与离子液体之间的协同效应，免疫传感器有良好的重现性、选择性和稳定性（6 个月）。百草枯浓度在 $3.89\times10^{-11}\sim4.0\times10^{-8}$mol/L 之间时，免疫传感器阻抗响应呈线性关系，已成功用于胎粪中百草枯的测定。他们还利用富勒烯与二茂铁、壳聚糖与离子液体之间的协同效应，制备了高灵敏度葡萄糖氧化酶生物传感器[378]。运用循环伏安法、交流阻抗和计时电流法研究修饰电极的电化学特性，由于电极与葡萄糖氧化酶能够实现电子的直接转移，该传感器具备高灵敏度［237.26nA/(nmol/L·cm^2)］、低检测限（3×10^{-9}mol/L）和较宽的线性范围（$1\times10^{-8}\sim1\times10^{-5}$mol/L）。复合膜修饰的葡萄糖氧化酶生物传感器的米氏常数为 0.03mmol/L，说明葡萄糖氧化酶保留了较高的生物催化活性。

Lu 等[379] 将金纳米粒子包覆 C_{60} 材料修饰于电极表面，采用电化学发光技术检测邻苯二酚、对苯二酚和甲酚，具有较高灵敏度、较低检测、宽的线性范围和良好的重现性。Rather 等[380] 提出了一种高精确度和选择性好的 C_{60} 传感器用于检测双酚-A（BPA）的绿色环保技术。该电化学传感器可用于超灵敏检测废水中的 BPA，且可以在痕量级别直接测定 BPA，在极低的阳极过电压下，具有良好的电催化活性，同时 BPA 在该电极上的阳极电流比在裸电极上有显著地增大。李美仙等[381] 将阳离子表面活性剂双十二烷基二甲基溴化铵和 C_{60} 固定在玻碳电极表面，研究了该修饰电极在 KCl 溶液中的电化学性质。实验数据显示，该修饰电极对三氯乙酸和一氯乙酸的还原表现出显著的电催化作用，同时具有良好的稳定性和重现性。

4.3.2.6 碳纳米纤维

与碳纳米管修饰电极在电分析中的应用研究相比，碳纳米纤维修饰电极在电分析中的应用研究不是很多。碳纳米纤维具有较高的长径比、完善的石墨化结构、高的热传导性及导电性、表面有一定的化学活性，形态为细小的一维纤维状。并且其价格低廉，容易制备。因此，与碳纳米管相比，碳纳米纤维拥有更多的棱面位点和活性基团，更加适合作为修饰电极的电极材料。

Wu 等[382] 将碳纳米纤维糊电极的电化学行为与传统碳糊电极（CPE）做了对比，并比较了一些具有生物活性的分子在两种电极上的电化学响应。结果表明在相同的几何面积时，碳纳米纤维糊电极对这些生物分子有更大的电流响应，氧化还原电位也有了明显的改善，显示了碳纳米纤维糊电极在电分析应用中的优势。在相同的实验条件下分别利用碳纳米纤维糊电极和 CPE 检测了 H_2O_2 和 NADH，结果表明碳纳米纤维糊电极相对于 CPE 在检出限、灵敏度、线性范围等方面都有了明显的提高，进一步证明了碳纳米纤维糊电极比 CPE 具有更好的电化学活性，更适宜电分析的应用。Bala 等[383] 报道了用碳纳米纤维修饰玻碳电极在低电位下检测 NADH，检出限达到了 11μmol/L。You 等[384] 报道了 Pd/CNF 复合材料修饰电极可以同时测定 DA、UA 和 AA，用此方法测定实际样品也得到了很好的结果。该修饰电极还表现出对 H_2O_2 良好的还原能力，对 NADH 具有良好的氧化能力[385]。

Li 等[386] 用制备的镍掺杂的碳纳米纤维网络电极成功的传感扑热息痛和葡萄糖，并且该电极分别表现宏观电极和微电极的电化学行为。传感实验表明镍掺杂碳纳米纤维网络电极比玻碳电极和镍电极有更高的灵敏度。Liu 等[387] 制备了 Ni-CNF 复合纤维修饰的碳糊电极，由于纳米 Ni 粒子具有良好的电子转移能力，可实现对无酶葡萄糖快速、灵敏的检测。

Baker 等[388] 研究了固定在直立碳纳米纤维上蛋白质的化学和电化学活性，证明固定在碳纳米纤维上细胞色素 c 的活性是其在玻碳或者金电极上的 10 倍。Wang 等[389] 合成了普鲁士蓝纳米片层修饰的羧基功能化的碳纳米纤维复合材料，将葡萄糖氧化酶固定在该复合材料修饰的电极上制成葡萄糖电化学生物传感器。该生物传感器表现出响应快、检出限低、线性范围宽、灵敏度高、稳定性好、重现性好和选择性好等特点，为制作其他基于氧化酶的生物传感器提供一个很好的平台。Zhang 等[390] 在离子液体和碳纳米纤维存在下，原位一步电化学聚合苯胺制备了聚苯胺-离子液体-碳纳米纤维复合物，通过戊二醛的交联作用，在修饰了该复合物的玻碳电极表面固定酪氨酸氧化酶，制备了酚类传感器，该生物传感器对儿茶酚检测具有宽的线性范围和较低的检测限。Ding 等[391] 利用羧基化的碳纳米纤维分散在壳聚糖溶液中，得到分散多孔的壳聚糖-CNF 纳米材料，血红蛋白吸附在修饰电极表面，Nafion 作为黏合剂涂敷在血红蛋白/壳聚糖-CNF 修饰电极表面，制备了一种检测水合肼的生物传感器。鞠熀先课题组制备了一系列基于碳纳米纤维的酶传感器[392,393]，碳纳米纤维加快了电子传递，构建的酶传感器具有较好的性能。Hao 等[394] 和 Ding 等[395] 以碳纳米纤维为基底，构建了细胞电化学传感器，碳纳米纤维有利于提高 K562 的电化学活性（见图 4-26）。

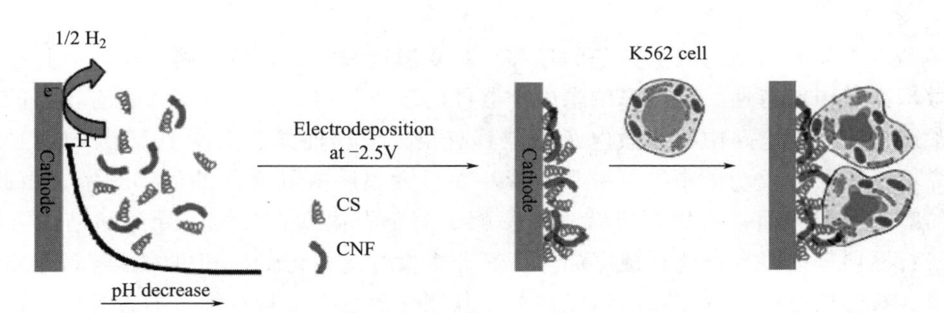

图 4-26 碳纳米纤维-壳聚糖膜的制备及 K562 细胞传感器的构建示意图[394]

Cathode—阴极；pH decrease—pH 降低；Electrodeposition—电沉积；

K562 cell—K562 细胞；CS—壳聚糖；CNF—碳纳米纤维

岳莹等[396] 制备了新型的介孔碳纳米纤维修饰热解石墨电极（MCNF/PGE），并将其用于芦丁含量的测定。由于 MCNFs 大量的石墨边缘缺陷、大比表面积以及介孔结构，与裸电极相比，该修饰电极对芦丁呈现出很高的电催化活性，芦丁阳极峰电流约为裸电极上的 18 倍。在最佳实验条件下，芦丁的氧化峰电流与其浓度在 $2.0\times10^{-8}\sim1.2\times10^{-6}$ mol/L 范围内呈良好的线性关系，检出限为 5.0×10^{-9} mol/L。该修饰电极易于制备、可再生，重复性及稳定性良好，可作为一种高灵敏度的电化学传感器应用于芦丁片剂中芦丁的含量测定。张海江等[397] 利用电纺丝技术制得钯/碳纳米纤维复合材料（Pd/CNFs），并将其用于修饰玻碳电极。Pd/CNFs 修饰电极对邻苯二酚和对苯二酚的氧化还原反应具有较高的电催化活性，显著提高了二者电化学反应的可逆性。另外，此修饰电极具有较好的重现性和较强的抗干扰能力。将此修饰电极用于模拟水样中邻苯二酚和对苯二酚的测定，结果令人满意。陈梦妮等[398] 制备了ZnO-CNF复合纳米纤维修饰玻碳电极。方波溶出伏安法结果表明，该修饰电极对重金属离子Pb^{2+}有灵敏的响应。在优化条件下，Pb^{2+}的溶出峰电流与其浓度在$4.8\times10^{-10}\sim4.8\times10^{-7}$mol/L范围内呈现良好的线性关系，检出限为$2.4\times10^{-10}$mol/L，电极抗干扰性强、稳定性好。利用该方法测定了实际水样中Pb^{2+}，并与电感耦合等离子体-质谱法进行对比，结果一致。

4.4 碳纳米材料的应用前景

4.4.1 碳纳米管

由于碳纳米管壁能被某些化学反应溶解掉，因而可以以其为模具将金属灌满碳纳米管，制成碳纳米管导线。碳纳米管还能做锂离子电池的电极，提高电池的寿命，改善电池的性能。碳纳米管还被视为新一代平面显示屏的好材料，不但可以使屏幕成像更清晰，而且更容易做成更薄的电视机。碳纳米管还具有储氢的能力，具有安全，高效的特点，是未来储氢很具有前景的材料。

4.4.2 石墨烯

石墨烯由于具有很高的载流离子的迁移率，受温度和掺杂效应影响较小，并且在室温表现出亚微米弹道传输特性，是未来纳米电子器件的理想材料。由于石墨烯具有很高的超导性能，非常适合在高频电路中，在微电子领域具有很大应用前景。美国IBM公司通过叠加两层石墨烯单原子层，成功试制出新型晶体管，并且大幅度降低元件的震动频率，由此可见，在未来的减小噪音方面，石墨烯可谓独树一帜。由于石墨烯在导电、导热和结构方面的优势，未来石墨烯势垒将有可能在隧穿晶体管、非挥发性磁性记忆体和可编程逻辑电路中率先得以应用。石墨烯由于具有很高的透光性，用其制作的点多半具有优良的透光性，在光子传感器方面也具有很好的应用前景。此外，在晶体管、触摸屏、新型航空航天材料等方面，石墨烯都具有自己独特的优势，成为未来材料发展的重点对象。

4.4.3 碳点

碳点作为一种新生的纳米材料，具有独特的发光性能、良好的化学稳定性、生物相容性以及表面功能可调节性等特点，已经在生物成像、环境监测及纳米材料等诸多领域被广泛研究并展现出巨大的潜力。然而，碳点在荧光检测方面的应用才刚刚起步，识别响应的灵敏度和抗干扰能力有待提高，应用范围有待拓展。碳点虽然实现了从离体成像到在体成像的跨越，但还仅停留在小动物实验阶段，需要进一步开展其在活体动物体内的毒性、成像深度等方面的研究。总之，制备能提供快速、灵敏、精确、更易于检测的荧光信号的碳点，借助先进的光学成像技术，能够对细胞内及生物体内分子事件实时动态监测，或对重大传染病源进行快速免疫荧光分析，已成为碳点研究的重要领域方向，揭示生命活动规律，为疾病的发生、诊断、治疗研究提供新技术、新方法。此外，碳点的研究逐渐从传统领域转变到更紧迫的领域比如绿色化学和清洁能源的生产，随着碳点的优势被不同领域的研究者认识和利用，有理由相信碳点未来应用的前景会更加广阔。

4.4.4 纳米金刚石

纳米金刚石作为一种具有优良特性的纳米碳材料，决定了其在理论研究与实际应用中的重要地位。目前，对纳米金刚石的表面修饰及应用研究正处在迅速发展阶段并已取得很多研究成果。由于纳米金刚石粒子的特殊物理及化学性质，需要用物理、化学、材料、电子等多学科交叉理论和技术来综合研究纳米金刚石的表面修饰及粒子分散，以进一步扩展纳米金刚石在机械、材料、电子、润滑、生物医学等领域的广泛应用。

4.4.5 富勒烯

C_{60} 分子为绝缘体，但在 C_{60} 分子之间放入碱性金属后，C_{60} 与碱金属的系列化合物将转变为超导体，并且这类超导体具有很高的超导温度，并且具有电流密度大、稳定性高等特点。在 C_{60} 的甲苯溶液中加入某些过量的强攻电子有机物，得到黑色的微晶沉淀，此种沉淀是一种不含有金属材料的有机软磁性物质。然而，有机软磁在磁性记忆材料中有重要的应用前景，因此研究和开发富勒烯的有机软磁材料具有重要的应用前景。C_{60} 还具有较大的非线性光学系数和高稳定性等特点，使其作为新型非线性光学材料具有重要的研究价值，在光计算、光记忆、光信号处理及控制等方面具有重要的应用前景。

4.4.6 碳纳米纤维

碳纳米纤维是一种新型碳纳米材料，可望用于结构增强材料、电子器件、锂离子电池负极材料、电容器电极材料、储氢材料、催化剂载体、隐形材料等诸多领域，具有很好的应用前景。

参 考 文 献

[1] A. Oberlin，M. Endo，T. Koyama. *J. Cryst. growth*，1976，**32**：335-349.

[2] H. W. Kroto，J. R. Heath，S. C. O' Brien，R. F. Curl，R. E. Smalley. *Nature*，1985，**318**：162.

[3] S. Iijima，T. Ichihasi. *Nature*，1993，**363**：603-605.

[4] K. S. Novoselov，A. K. Geim，S. V. Morozov，D. Jiang，Y. Zhang，S. V. Dubonos，I. V. Grigorieva，A. A. Firsov. *Science*，2004，**306**：666-669.

[5] C. G. Joaquim，E. D. Silva，H. M. Goncalves. *TrAc-Trend Anal. Chem.*，2011，**30**：1327-1336.

[6] S. Iijima. *Nature*，1991，**354**：56-58.

[7] D. S. Bethune，C. H. Kiang，M. S. Devries，G. Gorman，R. Savoy，J. Vazquez，R. Beyers. *Nature*，1993，**363**：605-607.

[8] P. M. Ajayan，P. Redlich，M. Ruhle. *J. Microsc.*，1997，**185**：275-282.

[9] O. Chauvet，L. Forro，L. Zuppiroli，W. A. De Heer. *Synthetic Met.*，1997，**86**：2311-2312.

[10] R. Tamura，M. Tsukada. *Solid State Commun.*，1997，**101**：601-605.

[11] S. Amelinckx，A. Lucas，P. Lambin. *Rep. Prog. Phys.*，1999，**62**：1471-1524.

[12] P. J. Britto, K. S. V. Santhanam, P. M. Ajayan. *Bioelectroch. Bioener.*, 1996, **41**: 121-125.
[13] 成会明，碳纳米管制备、结构、物性及应用 [M]. 北京：化学工业出版社，2002.
[14] 徐昊，氮掺杂碳纳米管的场发射性质研究 [D]. 吉林大学，2004.
[15] R. Saito, G. Dresselhaus, M. S. Dresselhaus. *I. C. P.*. 1998, **442**: 467-480.
[16] M. S. Dresselhaus, G. Dresselhaus, P. C. Eklund. *A. P.*. 1996, **5**: 627-628.
[17] 韦进全. 双壁碳纳米管的合成及其电学与光学性能的研究 [D]. 北京清华大学机械工程系，2004.
[18] K. Sattler. *Carbon*. 1995, **33**: 915-920.
[19] 孟秀霞，高芒来. 滨州师专学报，2002，**18**：69-72.
[20] P. M. Ajayan. *Chem. Rev.*, 1999, **99**: 1787-1800.
[21] P. J. Britto, K. S. V. Santhanam, A. Rubio, J. A. Alonso, P. M. Ajayan. *Adv. Mater.*, 1999, **11**: 154-157.
[22] H. Dai, E. W. Wong, Y. Z. Lu, S. Fan, C. M. Lieber. *Nature*, 1995, **375**: 769-772.
[23] Y. Zhang, S. Iijima. *Phys. Rev. Lett.*, 1999, **82**: 3472-3475.
[24] J. A. Misewich, R. Martel, P. Avouris, J. C. Tsang, S. Heinze, J. Tersoff. *Seience*, 2003, **300**: 783-786.
[25] M. Freitag, Y. Martin, J. A. Misewich, R. Martel, P. Avouris. *Nano Lett.*, 2003, **3**: 1067-1071.
[26] N. Izard, E. Doris, C. Mioskowski, C. Ménard-Moyon. *J. Am. Chem. Soc.*. 2006, **128**: 6552- 6553.
[27] 晋卫军，孙旭峰，王煜. 新型炭材料，2004，**19**：312-318.
[28] 王国建，屈泽华. 化学进展，2006，**18**：1305-1312.
[29] Y. Wang, Z. Iqbal, S. Mitra, M. Chhowalla, C. Li. *J. Am. Chem. Soc.*. 2006, **128**: 95-99.
[30] R. Czerw, Z. Guo, P. M. Ajayan, Y. P. Sun, D. L. Carroll. *Nano Lett.*, 2001, **1**: 423-427.
[31] J. E. Riggs, Z. Guo, D. L. Caridll, Y. P. Sun. *J. Am. Chem. Soc.*, 2000, **122**: 5879-5880.
[32] J. Zhang, H. L. Zou, Q. Qing, Y. Yang, Q. Li, Z. Liu, Z. Du. *J. Phys. Chem. B*, 2003, **107**: 3712-3718.
[33] P. J. Boul, J. Liu, E. T. Mickelson, C. B. Huffman, L. M. Ericson, I. W. Chiang, R. E. Smalley. *Chem. Phys. Lett.*, 1999, **310**: 367-372.
[34] V. N. Khabashesku, W. E. Billup, J. L. Margrave. *Accounts Chem. Res.*. 2002, **35**: 1087-1095.
[35] M. Liu, Y. Yang, T. Zhu, Z. Liu. *Carbon*, 2005, **43**: 1470-1478.
[36] 胡长员，廖晓宁，李文魁，张荣发，向军淮，李明升，多树旺，李凤仪. 过程工程学报，2010，**10**：190-194.
[37] 徐宇曦，功能化石墨烯的制备、组装及其应用 [D]. 清华大学，2011.
[38] H. Shioyama, T. Akita. *Carbon*, 2003, **41**: 179-181.
[39] L. M. Viculis, J. J. Mack, R. B. Kaner. *Science*, 2003, **299**: 1361-1361.
[40] A. K. Geim, K. S. Novoselov. *Nat. Mater.*, 2007, **6**: 183-191.
[41] X. Zhang, L. Wang, J. Xin, B. I. Yakobson, F. Ding. *J. Am. Chem. Soc.*, 2014, **136**: 3040-3047.
[42] J. Robinson, X. Weng, K. Trumbull, R. Cavalero, M. Wetherington, E. Frantz, D. Snyder. *ACS Nano*, 2009, **4**: 153-158.
[43] X. Feng, V. Marcon, W. Pisula, M. R. Hansen, J. Kirkpatrick, F. Grozema, K. Müllen. *Nat. Mater.*, 2009, **8**: 421-426.
[44] D. V. Kosynkin, A. L. Higginbotham, A. Sinitskii, J. R. Lomeda, A. Dimiev, B. K. Price, J. M. Tour. *Nature*, 2009, **458**: 872-876.
[45] S. Stankovich, D. A. Dikin, R. D. Piner, K. A. Kohlhaas, A. Kleinhammes, Y. Jia, R. S. Ruoff. *Carbon*, 2007, **45**: 1558-1565.
[46] C. Knieke, A. Berger, M. Voigt, R. N. K. Taylor, J. Rohrl, W. Peukert. *Carbon*, 2010, **48**: 3196-3204.
[47] D. Li, X. Zeng, Y. Yang, J. Yang, W. Yuan. *Mater. Lett.*, 2012, **74**: 19-21.
[48] W. S. Hummers Jr, R. E. Offeman. *J. Am. Chem. Soc.*, 1958, **80**: 1339-1339.
[49] B. C. Brodie. *Phil. Trans. R. Soc.*. 1859, **149**: 249-259.
[50] L. Staudenmaier. *Ber. Dtsch. Chem. Ges.*, 1898, **31**: 1481-1487.
[51] Y. Hernandez, S. Pang, X. Feng, K. Müllen. *Polymer Science: A Comprehensive Reference*, 2012, **21**: 415-438.
[52] D. V. Kosynkin, A. L. Higginbotham, A. Sinitskii, J. R. Lomeda, A. Dimiev, B. K. Price, J. M. Tour. *Nature*, 2009, **458**: 872-876.
[53] A. A. Balandin, S. Ghosh, W. Bao, I. Calizo, D. Teweldebrhan, F. Miao, C. N. Lau. *Nano Lett.*, 2008, **8**: 902-907.
[54] K. I. Bolotin, K. J. Sikes, Z. Jiang, M. Klima, G. Fudenberg, J. Hone, H. L. Stormer. *Solid State Commun.*,

2008, **146**: 351-355.
[55] H. K. Chae, D. Y. Siberio-Pérez, J. Kim, Y. Go, M. Eddaoudi, A. J. Matzger, O. M. Yaghi. *Nature*, 2004, **427**: 523-527.
[56] C. Lee, X. Wei, J. W. Kysar, J. Hone. *Science*, 2008, **321**: 385-388.
[57] R. T. Weitz, A. Yacoby. *Nat. Nanotechnol.*, 2010, **5**: 699-700.
[58] X. Xu, R. Ray, Y. Gu, H. J. Ploehn, L. Gearheart, K. Raker, W. A. Scrivens. *J. Am. Chem. Soc.*, 2004, **126**: 12736-12737.
[59] Y. P. Sun, B. Zhou, Y. Lin, W. Wang, K. S. Fernando, P. Pathak, P. G. Luo. *J. Am. Chem. Soc.*, 2006, **128**: 7756-7757.
[60] L. Cao, X. Wang, M. J. Meziani, F. Lu, H. Wang, P. G. Luo, S. Y. Xie. *J. Am. Chem. Soc.*, 2007, **129**: 11318-11319.
[61] C. Liu, P. Zhang, X. Zhai, F. Tian, W. Li, J. Yang, W. Liu. *Biomaterials*, 2012, **33**: 3604-3613.
[62] H. Tao, K. Yang, Z. Ma, J. Wan, Y. Zhang, Z. Kang, Z. Liu. *Small*, 2012, **8**: 281-290.
[63] Y. P. Sun, B. Zhou, Y. Lin, W. Wang, K. S. Fernando, P. Pathak, P. G. Luo. *J. Am. Chem. Soc.*, 2006, **128**: 7756-7757.
[64] Y. Fanyong, Z. Yu, W. Meng, D. Linfeng, Z. Xuguang, C. Li. *Prog. Chem.*, 2014, **26**: 61-74.
[65] H. Ming, Z. Ma, Y. Liu, K. Pan, H. Yu, F. Wang, Z. Kang. *Dalton. T.*, 2012, **41**: 9526-9531.
[66] L. Wang, S. J. Zhu, H. Y. Wang, S. N. Qu, Y. L. Zhang, J. H. Zhang, H. B. Sun. *ACS Nano*, 2014, **8**: 2541-2547.
[67] H. Liu, T. Ye, C. Mao. *Angew. Chem. Int. Edit.*, 2007, **46**: 6473-6475.
[68] S. Hu, J. Liu, J. Yang, Y. Wang, S. Cao. *J. Nanopart. Res.*, 2011, **13**: 7247-7252.
[69] Z. C. Yang, M. Wang, A. M. Yong, S. Y. Wong, X. H. Zhang, H. Tan, J. Wang. *Chem. Commun.*, 2011, **47**: 11615-11617.
[70] I. Costas-Mora, V. Romero, I. Lavilla, C. Bendicho. *Anal. Chem.*, 2014, **86**: 4536-4543.
[71] G. E. LeCroy, S. K. Sonkar, F. Yang, L. M. Veca, P. Wang, K. N. Tackett, P. Luo. *ACS Nano*, 2014, **8**: 4522-4529.
[72] C. Liu, P. Z. hang, X. Zhai, F. Tian, W. Li, J. Yang, W. Liu. *Biomaterials*, 2012, **33**: 3604-3613.
[73] A. B. Bourlinos, A. Stassinopoulos, D. Anglos, R. Zboril, M. Karakassides, E. P. Giannelis. *Small*, 2008, **4**: 455-458.
[74] J. Deng, Q. Lu, N. Mi, H. Li, M. Liu, M. Xu, S. Yao. *Chem. Eur. J.*, 2014, **20**: 4993-4999.
[75] Y. Song, S. Zhu, S. Xiang, X. Zhao, J. Zhang, H. Zhang, B. Yang. *Nanoscale*, 2014, **6**: 4676-4682.
[76] Y. Tang, Y. Su, N. Yang, L. Zhang, Y. Lv. *Anal. Chem.*, 2014, **86**: 4528-4535.
[77] S. Gómez-de Pedro, A. Salinas-Castillo, M. Ariza-Avidad, A. Lapresta-Fernández, C. Sánchez-González, C. S. Martínez-Cisneros, J. Alonso-Chamarro. *Nanoscale*, 2014, **6**: 6018-6024.
[78] S. Mitra, S. Chandra, S. H. Pathan, N. Sikdar, P. Pramanik, A. Goswami. *RSC Adv.*, 2013, **3**: 3189-3193.
[79] X. Jia, J. Li, E. Wang. *Nanoscale*, 2012, **4**: 5572-5575.
[80] S. N. Baker, G. A. Baker. *Angew. Chem. Int. Edit.*. 2010, **49**: 6726-6744.
[81] L. Wang, S. J. Zhu, H. Y. Wang, S. N. Qu, Y. L. Zhang, J. H. Zhang, H. B. Sun. *ACS Nano*, 2014, **8**: 2541-2547.
[82] H. T. Li, Z. H. Kang, Y. Liu, S. T. Lee. *J. Mater. Chem.*, 2012, **22**: 24230-24253.
[83] H. Jiang, H. X. Ju. *Anal. Chem.*, 2007, **79**: 6690-6696.
[84] H. P. Liu, T. Ye, C. D. Mao. *Angew. Chem. Int. Edit.*, 2007, **46**: 6473-6475.
[85] L. P. Lin, X. X. Wang, S. Q. Lin, L. H. Zhang, C. Q. Lin, Z. M. Li, J. M. Liu. *Spectrochim. Acta A*, 2012, **95**: 555-561.
[86] R. Shen, K. Song, H. R. Liu, Y. S. Li, H. W. Liu. *J. Phys. Chem. C*, 2012, **116**: 15826-15832.
[87] J. Xu, S. Sahu, L. Cao, C. E. Bunker, G. Peng, Y. Liu, H. Qian. *Langmuir*, 2012, **28**: 16141-16147.
[88] H. Zhu, X. L. Wang, Y. L. Li, Z. J. Wang, F. Yang, X. R. Yang. *Chem. Commun.*, 2009, **34**: 5118-5120.
[89] L. Y. Zheng, Y. W. Chi, Y. Q. Dong, J. P. Lin, B. B. Wang. *J. Am. Chem. Soc.*, 2009, **131**: 4564-4565.
[90] S. N. Baker, G. A. Baker. *Angew. Chem. Int. Edit.*, 2010, **49**: 6726-6744.
[91] J. C. G. Esteves da Silva, H. M. R. Gonçalves. *Trac-trend Anal. Chem.*, 2011, **30**: 1327-1336.
[92] L. Cao, X. Wang, M. J. Meziani, F. Lu, H. Wang, P. G. Luo, S. Y. Xie. *J. Am. Chem. Soc.*, 2007, **129**: 11318-11319.
[93] J. E. Riggs, Z. Guo, D. L. Carroll, Y. P. Sun. *J. Am. Chem. Soc.*, 2000, **122**: 5879-5880.
[94] W. L. Wilson, P. F. Szajowski, L. E. Brus. *Science*, 1993, **262**: 1242-1242.

[95] G. Eda, Y. Y. Lin, C. Mattevi, H. Yamaguchi, H. A. Chen, I. Chen, M. Chhowalla. *Adv. Mater.*, 2010, **22**: 505-509.
[96] M. J. Krysmann, A. Kelarakis, P. Dallas, E. P. Giannelis. *J. Am. Chem. Soc.*, 2011, **134**: 747-750.
[97] H. Li, X. He, Z. Kang, H. Huang, Y. Liu, J. Liu, S. T. Lee. *Angew. Chem. Int. Edit.*, 2010, **49**: 4430-4434.
[98] J. Yang, J. Zhang, X. Wu, Y. Fu, H. Wu, S. Guo. *Mater. Chem. A*, 2014, **2**: 8660-8660.
[99] J. Zhou, C. Booker, R. Li, X. Zhou, T. K. Sham, X. Sun, Z. Ding. *J. Am. Chem. Soc.*, 2007, **129**: 744-745.
[100] H. Zheng, Q. Wang, Y. Long, H. Zhang, X. Huang, R. Zhu. *Chem. Commun.*, 2011, **47**: 10650-10652.
[101] T. Jiang, K. Xu. *Carbon*, 1995, **33**: 1663-1671.
[102] Y. Li, Y. Qian, H. Liao, Y. Ding, L. Yang, C. Xu, G. Zhou. *Science*, 1998, **281**: 246-247.
[103] Y. Gogotsi, S. Welz, D. A. Ersoy, M. J. McNallan. *Nature*, 2001, **411**: 283-287.
[104] 安仲善，常明，袁健. 天津理工大学学报，2009，**25**：74-77.
[105] J. Iniesta, P. A. Michaud, M. Panizza, G. Cerisola, A. Aldaz, C. Comninellis. *Electrochim. Acta*, 2001, **46**: 3573-3578.
[106] 安云玲，常明. 功能材料，2010，**41**：73-75.
[107] Y. Liu, Z. Gu, J. L. Margrave, V. N. Khabashesku. *Chem. Mater*, 2004, **16**: 3924-3930.
[108] Y. Zhang, S. Asahina, S. Yoshihara, T. Shirakashi. *Electrochim. Acta*, 2003, **48**: 741-747.
[109] E. Nicolau, I. González-González, M. Flynn, K. Griebenow, C. R. Cabrera. *Adv. Space Res.*, 2009, **44**: 965-970.
[110] J. B. Miller, D. W. Brown. *Langmuir*, 1996, **12**: 5809-5817.
[111] H. W. Kroto, J. R. Heath, S. C. O'Brien, R. F. Curl, R. E. Smalley. *Nature*, 1985, **318**: 162-163.
[112] W. Kratschmer, L. D. Lamb, K. Fostiropoulos, D. R. Huffman. *Nature*, 1990, **347**: 354-358.
[113] 于涛，李金钗，范湘军. 武汉大学学报，1993，**1**：20-22.
[114] 曹保鹏. 河北师范大学学报，1998，**22**：75-77.
[115] N. Sano, H. Wang, I. Alexandrou, M. Chhowalla, K. B. K. Teo, G. A. J. Amaratunga, K. Iimura. *J. Appl. Phys.*, 2002, **92**: 2783-2788.
[116] 张艳，赵兴国，陆路等. 太原理工大学学报，2003，**34**：383-386.
[117] 葛爱英，赵兴国，韩培德，王晓敏，李天保，刘旭光. 电子显微学报，2005，**24**：267-267.
[118] 李红晋，李德永. 山西化工，2005，**25**：12-14.
[119] 沈海军，刘根林，新型碳纳米材料-碳富勒烯［M］. 国防工业出版社，2008.
[120] E. Anglaret, N. Bendiab, T. Guillard, C. Journet, G. Flamant, D. Laplaze, J. L. Sauvajol. *Carbon*, 1998, **36**: 1815-1820.
[121] Y. Wang, J. J. Santiago-Aviles, R. Furlan, I. Ramos. *Ieee T. Nanotechnol.*, 2003, **2**: 39-43.
[122] J. Kameoka, R. Orth, Y. Yang, D. Czaplewski, R. Mathers, G. W. Coates, H. G. Craighead. *Nanotechnology*, 2003, **14**: 1124-1124.
[123] J. M. Deitzel, J. Kleinmeyer, D. E. A. Harris, N. B. Tan. *Polymer*, 2001, **42**: 261-272.
[124] M. Endo, Y. A. Kim, T. Hayashi, K. Nishimura, T. Matusita, K. Miyashita, M. S. Dresselhaus. *Carbon*, 2001, **39**: 1287-1297.
[125] T. Ozkan, M. Naraghi, I. Chasiotis. *Carbon*, 2010, **48**: 239-244.
[126] N. M. Rodriguez. *J. Mater. Res.*, 1993, **8**: 3233-3250.
[127] P. W. Barone, S. Baik, D. A. Heller, M. S. Strano. *Nat. Mater.*, 2005, **4**: 86-92.
[128] L. Xie, S. G. Chou, A. Pande, J. Pande, J. Zhang, M. S. Dresselhaus, Z. Liu. *J. Phys. Chem. C*, 2010, **114**: 7717-7720.
[129] 马娟. 碳基纳米材料在光分析化学中的应用［D］. 安徽师范大学，2007.
[130] X. Gao, G. Xing, Y. Yang, X. Shi, R. Liu, W. Chu, X. Fang. *J. Am. Chem. Soc.*, 2008, **130**: 9190-9191.
[131] L. Zhang, C. Z. Huang, Y. F. Li, S. J. Xiao, J. P. Xie. *J. Phys. Chem. B*, 2008, **112**: 7120-7122.
[132] 毛平道. 碳纳米管/SYBR Green I 荧光探针在沙门氏菌检测中的应用［D］. 湖南师范大学，2012.
[133] P. Cherukuri, C. J. Gannon, T. K. Leeuw, H. K. Schmidt, R. E. Smalley, S. A. Curley, R. B. Weisman. *P. Nati. Acad Sci.*, 2006, **103**: 18882-18886.
[134] J. H. Choi, F. T. Nguyen, P. W. Barone, D. A. Heller, A. E. Moll, D. Patel, M. S. Strano. *Nano Lett.*, 2007,

7：861-867.
[135] E. S. Jeng，A. E. Moll，A. C. Roy，J. B. Gastala，M. S. Strano. *Nano Lett.*，2007，**6**：371-375.
[136] J. G. Duque，L. Cognet，A. N. Parravasquez，N. Nicholas，H. K. Schmidt，M. Pasquali. *J. Am. Chem. Soc.*，2008，**130**：2626-2633.
[137] T. K. Leeuw，R. M. Reith，R. A. Simonette，M. E. Harden，P. Cherukuri，D. A. Tsyboulski，R. B. Weisman. *Nano Lett.*，2007，**7**：2650-2654.
[138] K. Welsher，Z. Liu，D. Daranciang，H. Dai. *Nano Lett.*，2008，**8**：586-590.
[139] Z. Chen，S. Berciaud，C. Nuckolls，T. F. Heinz，L. E. Brus. *ACS Nano*，2010，**4**：2964-2968.
[140] E. Treossi，M. Melucci，A. Liscio，M. Gazzano，P. Samori ，V. Palermo. *J. Am. Chem. Soc.*，2009，**131**：15576-15577.
[141] R. Cheng，Y. Liu，S. Ou，Y. Pan，S. Zhang，H. Chen，J. Qu. *Anal. Chem.*，2012，**84**：5641-5644.
[142] A. Kundu，R. K. Layek，A. Kuila，A. K. Nandi. *ACS Appl. Mater. Inter.*，2012，**4**：5576-5582.
[143] H. Dong，W. Gao，F. Yan，H. Ji，H. Ju. *Anal. Chem.*，2010，**82**：5511-5517.
[144] C. H. Lu，H. H. Yang，C. L. Zhu，X. Chen，G. N. Chen. *Angew. Chem. Int. Edit.*，2009，**121**：4879-4881.
[145] C. H. Lu，J. Li，M. H. Lin，Y. W. Wang，H. H. Yang，X. Chen，G. N. Chen. *Angew. Chem. Int. Edit.*，2010，**122**：8632-8635.
[146] Z. Lu，L. Zhang，Y. Deng，S. Li，N. He. *Nanoscale*，2012，**4**：5840-5842.
[147] H. Chang，L. Tang，Y. Wang，J. Jiang，J. Li. *Anal. Chem.*，2010，**82**：2341-2346.
[148] H. Wang，Q. Zhang，X. Chu，T. Chen，J. Ge，R. Yu. *Angew. Chem. Int. Edit.*，2011，**50**：7065-7069.
[149] Q. Mei，Z. Zhang. *Angew. Chem. Int. Edit.*. 2012，**51**：5602-5606.
[150] M. Li，H. Gou，I. Al-Ogaidi，N. Wu. *ACS Sustain. Chem. Eng.*，2013，**1**：713-723.
[151] W. Sun，Y. Du，Y. Wang. *J. Lumin.*，2010，**130**：1463-1469.
[152] Q. Xu，P. Pu，J. Zhao，C. Dong，C. Gao，Y. Chen，H. Zhou. *J. Mater. Chem. A*，2015，**3**：542-546.
[153] P. Karfa，E. Roy，S. Patra，S. Kumar，A. Tarafdar，R. Madhuri，P. K. Sharma. *RSC Adv.*，2015，**5**：58141-58153.
[154] S. Liu，J. Tian，L. Wang，Y. Zhang，X. Qin，Y. Luo，X. Sun. *Adv. Mater.*，2012，**24**：2037-2041.
[155] A. Salinas-Castillo，M. Ariza-Avidad，C. Pritz，M. Camprubí-Robles，B. Fernández，M. J. Ruedas-Rama，L. F. Capitan-Vallvey. *Chem. Commun.*，2013，**49**：1103-1105.
[156] C. Hu，C. Yu，M. Li，X. Wang，J. Yang，Z. Zhao，J. Qiu. *Small*，2014，**10**：4926-4933.
[157] Z. Ye，R. Tang，H. Wu，B. Wang，M. Tan，J. Yuan. *New J. Chem.*，2014，**38**：5721-5726.
[158] L. Zhou，Y. Lin，Z. Huang，J. Ren，X. Qu. *Chem. Commun.*，2012，**48**：1147-1149.
[159] S. Mohapatra，S. Sahu，N. Sinha，S. K. Bhutia. *Analyst*，2015，**140**：1221-1228.
[160] C. L. Li，C. C. Huang，A. P. Periasamy，P. Roy，W. C. Wu，C. L. Hsu，H. T. Chang. *RSC Adv.*，2015，**5**：2285-2291.
[161] W. Wei，C. Xu，J. Ren，B. Xu，X. Qu. *Chem. Commun.*，2012，**48**：1284-1286.
[162] Z. Lin，W. Xue，H. Chen，J. M. Lin. *Anal. Chem.*，2011，**83**：8245-8251.
[163] H. X. Zhao，L. Q. Liu，Z. De Liu，Y. Wang，X. J. Zhao，C. Z. Huang. *Chem. Commun.*，2011，**47**：2604-2606.
[164] A. Basu，A. Suryawanshi，B. Kumawat，A. Dandia，D. Guin，S. B. Ogale. *Analyst*，2015，**140**：1837-1841.
[165] S. Mohapatra，S. Sahu，S. Nayak，S. K. Ghosh. *Langmuir*，2015，**31**：8111- 8120.
[166] J. M. Liu，L. P. Lin，X. X. Wang，L. Jiao，M. L. Cui，S. L. Jiang，Z. Y. Zheng. *Analyst*，2013，**138**：278-283.
[167] X. Gao，C. Ding，A. Zhu，Y. Tian. *Anal. Chem.*，2014，**86**：7071-7078.
[168] Z. X. Wang，C. L. Zheng，Q. L. Li，S. N. Ding. *Analyst*，2014，**139**：1751-1755.
[169] J. Hou，F. Zhang，X. Yan，L. Wang，J. Yan，H. Ding，L. Ding. *Anal. Chim. Acta*，2015，**859**：72-78.
[170] S. Mandani，B. Sharma，D. Dey，T. K. Sarma. *Nanoscale*，2015，**7**：1802-1808.
[171] Y. Zou，F. Yan，T. Zheng，D. Shi，F. Sun，N. Yang，L. Chen. *Talanta*，2015，**135**：145-148.
[172] S. Kiran，R. D. K. Misra. *J. Biomed. Mater. Res. A*，2015，**103**：2888-2897.
[173] D. He，C. Zheng，Q. Wang，C. He，Y. I. Lee，L. Wu，X. Hou. *Talanta*，2015，**142**：51-56.
[174] Z. S. Qian，L. J. Chai，Y. Y. Huang，C. Tang，J. J. Shen，J. R. Chen，H. Feng. *Biosens. Bioelectron.*，2015，**68**：675-680.
[175] A. Barati，M. Shamsipur，H. Abdollahi. *Biosens. Bioelectron.*，2015，**71**：470-475.

[176] S. Huang, L. Wang, F. Zhu, W. Su, J. Sheng, C. Huang, Q. Xiao. *RSC Adv.*, 2015, **5**: 44587-44597.
[177] Y. Wu, P. Wei, S. Pengpumkiat, E. A. Schumacher, V. T. Remcho. *Anal. Chem.*, 2015, **87**: 8510-8516.
[178] L. Cao, X. Wang, M. J. Meziani, F. Lu, H. Wang, P. G. Luo, S. Y. Xie. *J. Am. Chem. Soc.*, 2007, **129**: 11318-11319.
[179] C. Liu, P. Zhang, F. Tian, W. Li, F. Li, W. Liu. *J. Mater. Chem.*, 2011, **21**: 13163-13167.
[180] C. Liu, P. Zhang, X. Zhai, F. Tian, W. Li, J. Yang, W. Liu. *Biomaterials*, 2012, **33**: 3604-3613.
[181] Q. Li, T. Y. Ohulchanskyy, R. Liu, K. Koynov, D. Wu, A. Best, P. N. Prasad. *J. Phys. Chem. C*, 2010, **114**: 12062-12068.
[182] B. Han, W. Wang, H. Wu, F. Fang, N. Wang, X. Zhang, S. Xu. *Colloid. Surface. B*, 2012, **100**: 209-214.
[183] C. I. Weng, H. T. Chang, C. H. Lin, Y. W. Shen, B. Unnikrishnan, Y. J. Li, C. C. Huang. *Biosens. Bioelectron.*, 2015, **68**: 1-6.
[184] S. T. Yang, L. Cao, P. G. Luo, F. Lu, X. Wang, H. Wang, Y. P. Sun. *J. Am. Chem. Soc.*, 2009, **131**: 11308-11309.
[185] H. He, X. Wang, Z. Feng, T. Cheng, X. Sun, Y. Sun, X. Zhang. *J. Mater. Chem. B*, 2015, **3**: 4786-4789.
[186] P. Huang, J. Lin, X. Wang, Z. Wang, C. Zhang, M. He, D. Cui. *Adv. Mater.*, 2012, **24**: 5104-5110.
[187] J. Ge, M. Lan, B. Zhou, W. Liu, L. Guo, H. Wang, X. Meng. *Nat. Commun.*, 2014, **5**: 4596-4596.
[188] J. Ge, Q. Jia, W. Liu, L. Guo, Q. Liu, M. Lan, P. Wang. *Adv. Mater.*, 2015, **27**: 4169-4177.
[189] I. Kratochvílová, J. Šebera, P. Ashcheulov, M. Golan, M. Ledvina, J. Míčová, S. Orlinskii. *J. Phys. Chem. C*, 2014, **118**: 25245-25252.
[190] X. Zhang, C. Fu, L. Feng, Y. Ji, L. Tao, Q. Huang, Y. Wei. *Polymer*, 2012, **53**: 3178-3184.
[191] A. Krueger, J. Stegk, Y. Liang, L. Lu, G. Jarre. *Langmuir*, 2008, **24**: 4200-4204.
[192] J. P. Boudou, M. O. David, V. Joshi, H. Eidi, P. A. Curmi. *Diam. Relat. Mater.*, 2013, **38**: 131-138.
[193] K. K. Liu, C. C. Wang, C. L. Cheng, J. I. Chao. *Biomaterials*, 2009, **30**: 4249-4259.
[194] M. Mkandawire, A. Pohl, T. Gubarevich, V. Lapina, D. Appelhans, G. Rödel, J. Opitz. *J. Biophotonics*, 2009, **2**: 596-606.
[195] J. I. Chao, E. Perevedentseva, P. H. Chung, K. K. Liu, C. Y. Cheng, C. C. Chang, C. L. Cheng. *Biophys. J.*, 2007, **93**: 2199-2208.
[196] K. K. Liu, M. F. Chen, P. Y. Chen, T. J. Lee, C. L. Cheng, C. C. Chang, J. I. Chao. *Nanotechnology*, 2008, **19**: 7767-7772.
[197] M. F. Weng, S. Y. Chiang, N. S. Wang, H. Niu. *Diam. Relat. Mater.*, 2009, **18**: 587-591.
[198] I. P. Chang, K. C. Hwang, C. S. Chiang. *J. Am. Chem. Soc.*, 2008, **130**: 15476-15481.
[199] N. Mohan, C. S. Chen, H. H. Hsieh, Y. C. Wu, H. C. Chang. *Nano Lett.*, 2010, **10**: 3692-3699.
[200] G. C. Zhao, Z. Z. Yin, L. Zhang, X. W. Wei. *Electrochem. Commun.*, 2005, **7**: 256-260.
[201] 刘芬. 基于富勒烯（C）构建新型荧光探针用于生物活性物质的检测［D］. 山东师范大学，2009.
[202] J. N. Barisc, G. G. Wallace, R. H. Baughman. *J. Am. Chem. Soc.*, 2000, **147**: 4580-4583.
[203] 傅慧娟，黄慧萍. 科技资讯，2007，**22**：7-8.
[204] J. K. Campbell, L. Sun, R. M. Crooks. *J. Am. Chem. Soc.*, 1999, **121**: 3779-3780.
[205] P. Liu, J. Hu. *Sensor. Actuat. B-Chem.*, 2002, **84**: 194-199.
[206] P. J. Britto, K. S. V. Santhanam, P. M. Ajayan. *Bioelectroch. Bioener.*, 1996, **41**: 121-125.
[207] J. J. Davis, R. J. Coles, H. Allen, O. Hill. *J. Electroanal. Chem.*, 1997, **440**: 279-282.
[208] M. D. Rubianes, G. A. Rivas. *Electrochem. Commun.*, 2003, **5**: 689-694.
[209] L. Pedano, G. A. Rivas. *Electrochem. Commun.*, 2004, **6**: 10-16.
[210] Z. Wang, J. Liu, Q. Liang, Y. Wang, G. Luo. *Anaylst*, 2002, **127**: 653-658.
[211] Z. Wang, Y. Wang, G. Luo. *Anaylst*, 2002, **127**: 1353-1358.
[212] H. Luo, Z. Shi, N. Li, Z. Gu, Q. Zhuang. *Anal. Chem.*, 2001, **73**: 915-920.
[213] F. H. Wu, G. C. Zhao, X. W. Wei. *Electrochem. Commun.*, 2002, **4**: 690-694.
[214] M. Musameh, J. Wang, A. Merkoci, Y. Lin. *Electrochem. Commun.*, 2002, **4**: 743-746.
[215] K. Wu, S. Hu. *Microchim. Acta*, 2004, **144**: 131-137.
[216] K. Wu, S. Hu, J. Fei, W. Bai. *Anal. Chim. Acta*, 2003, **489**: 215-221.

[217] K. Wu, J. Fei, S. Hu. *Anal. Biochem.*, 2003, **318**: 100-106.
[218] K. Wu, J. Fei, W. Bai, S. Hu. *Anal. Bioanal. Chem.*, 2003, **376**: 205-209.
[219] 孙延一，吴康兵，胡胜水. 高等学校化学学报，2002，**23**：2067-2069.
[220] M. F. Islam, E. Rojas, D. M. Bergey, A. T. Johnson, A. G. Yodh. *Nano Lett.*, 2003, **3**: 269-273.
[221] 蔡称心，陈静. 电化学，2004，**10**：159-167.
[222] 张旭志，焦奎，赵常志，孙伟，杨涛. 应用化学，2007，**24**：899-904.
[223] 罗济文，张志凌，李家洲. 应用化学，2005，**22**：1239-1243.
[224] 翁雪香，郑孝华，浙江师范大学学报（自然科学版），2007，**30**：314-318.
[225] 张京京，王斌，贾文丽，王怀生. 化学传感器，2007，**27**：58-64.
[226] Y. Zhao, Y. Gao, D. Zhan, H. Liu, Q. Zhao, Y. Kou, Z. Zhu. *Talanta*, 2005, **66**: 51-57.
[227] S. Shahrokhian, H. R. Zare-Mehrjardi. *Electrochim. Acta*. 2007, **52**: 6310-6317.
[228] A. Liu, I. Honma, H. Zhou. *Biosens. Bioelectron.*, 2007, **23**: 74-80.
[229] S. Jo, H. Jeong, S. R. Bae, S. Jeon. *Microchem. J.*, 2008, **88**: 1-6.
[230] H. Han, X. Wu, S. Wu, Q. Zhang, W. Lu, H. Zhang, D. Pan. *J. Mater. Sci.*, 2013, **48**: 3422-3427.
[231] J. Wang, M. Li, Z. Shi, N. Li, Z. Gu. *Anal. Chem.*, 2002, **74**: 1993-1997.
[232] G. C. Zhao, Z. Z. Yin, L. Zhang, X. W. Wei. *Electrochem. Commun.*, 2005, **7**: 256-260.
[233] A. R. Liu, D. J. Qian, T. Wakayama, C. Nakamura, J. Miyake. *Colloids Surf. A: Physicochem. Eng. Aspects*, 2006, **284**: 485-489.
[234] C. Xiang, Y. Zou, L. Sun, F. Xu. *Talanta*, 2007, **74**: 206-211.
[235] C. Xiang, Y. Zou, L. Sun, F. Xu. *Electrochem. Commun.*, 2008, **10**: 38-41.
[236] J. J. Gooding, R. Wibowo, J. Liu, W. Yang, D. Losic, S. Orbons, F. J. Mearns, J. G. Shapter, D. B. Hibbert. *J. Am. Chem. Soc.*, 2003, **125**: 9006-9007.
[237] K. Wang, Y. Shen, Y. Liu, T. Wang, F. Zhao, B. F. Liu, S. J. Dong. *J. Electroanal. Chem.*, 2005, **578**: 121-127.
[238] C. X. Cai, J. Chen. *Anal. Biochem.*, 2004, **325**: 285-292.
[239] R. Zhang, X. Wang, K. K. Shiu. *J. Colloid Interf. Sci.*, 2007, **316**: 517-522.
[240] Y. F. Lu, Y. J. Yin, P. Wu, C. X. Cai. *Acta Phys.-Chim. Sinica*, 2007, **23**: 5-11.
[241] L. Zhao, H. Liu, N. Hu. *J. Colloid Interf. Sci.*, 2006, **296**: 204-211.
[242] Y. F. Lv, Ch. X. Cai. *Acta Chim. Sinica*, 2006, **64**: 2396-2402.
[243] M. Ch. Weigel, E. Tritscher, F. Lisdat. *Electrochem. Commun.*, 2007, **9**: 689-693.
[244] D. Wen, Y. Liu, G. C. Yang, S. J. Dong. *Electrochim. Acta*, 2007, **52**: 5312-5317.
[245] J. J. Gooding, R. Wibowo, J. Liu, W. Yang, D. Losic, S. Orbons, D. B. Hibbert. *J. Am. Chem. Soc.*, 2003, **125**: 9006-9007.
[246] 张凌燕，袁若，柴雅琴，曹淑瑞，黎雪莲，王娜. 化学学报，2006，**64**：1711-1715.
[247] 赵越，洪波，范楼珍. 化学学报，2013，**71**：239-245.
[248] R. Malhotra, V. Patel, J. P. Vaqué, J. S. Gutkind, J. F. Rusling. *Anal. Chem.*, 2010, **82**: 3118-3123.
[249] J. Lin, C. He, Y. Zhao, S. Zhang. *Anal. Biochem.*, 2009, **384**: 130-135.
[250] J. Wang, R. Yuan, Y. Chai, S. Cao, S. Guan, P. Fu, L. Min. *Biochem. Eng. J.*, 2010, **51**: 95-101.
[251] C. Li, M. Curreli, H. Lin, B. Lei, F. N. Ishikawa, R. Datar, C. Zhou. *J. Am. Chem. Soc.*, 2005, **127**: 12484-12485.
[252] B. V. Chikkaveeraiah, A. Bhirde, R. Malhotra, V. Patel, J. S. Gutkind, J. F. Rusling. *Anal. Chem.*, 2009, **81**: 9129-9134.
[253] K. J. Huang, D. J. Niu, W. Z. Xie, W. Wang. *Anal. Chim. Acta*, 2010, **659**: 102-108.
[254] X. Che, R. Yuan, Y. Chai, J. Li, Z. Song, J. Wang. *J. Colloid. Interf. Sci.*, 2010, **345**: 174-180.
[255] 李建龙，潘道东，朱浩嘉，刘鹭. 现代食品科技，2013，**9**：2294-2299.
[256] Y. Wan, W. Deng, Y. Su, X. Zhu, C. Peng, H. Hu, C. Fan. *Biosens. Bioelectron*. 2011, **30**: 93-99.
[257] S. Liu, Q. Lin, X. Zhang, X. He, X. Xing, W. Lian, J. Huang. *Sensor Actuat. B-Chem.*, 2011, **156**: 71-78.
[258] H. Yang, R. Yuan, Y. Chai, H. Su, Y. Zhuo, W. Jiang, Z. Song. *Electrochim. Acta*, 2011, **56**: 1973-1980.
[259] B. Jeong, R. Akter, O. H. Han, C. K. Rhee, M. A. Rahman. *Anal. Chem.*, 2013, **85**: 1784-1791.

［260］ R. Malhotra，V. Patel，J. P. Vaqué，J. S. Gutkind，J. F. Rusling. *Anal. Chem.*，2010，**82**：3118-3123.
［261］ T. Tang，T. Z. Peng，Q. C. Shi. *Acta Chim. Sinica*，2005，**63**：2042-2046.
［262］ M. L. Guo，J. H. Chen，L. H. Nie，S. Z. Yao. *Electrochim. Acta*，2004，**49**：2637-2643.
［263］ H. Cai，Y. Xu，P. G. He，Y. Z. Fang. *Electroanal.*，2003，**15**：1864-1870.
［264］ Y. Yang，Z. Wang，M. Yang，J. Li，F. Zheng，G. Shen，R. Yu. *Anal. Chim. Acta*，2007，**584**：268-274.
［265］ Z. Chang，H. Fan，K. Zhao，M. Chen，P. He，Y. Fang. *Electroanal.*，2008，**20**：131-136.
［266］ J. Galandova，L. Trnkova，R. Mikelova，J. Labuda. *Electroanal.*，2009，**21**：563-572.
［267］ 周娜，杨涛，焦奎，宋彩霞. 分析化学，2010，**38**：301-306.
［268］ H. Liu，G. Wang，D. Chen，W. Zhang，C. Li，B. Fang. *Sensor. Actruat. B-chem.*，2008，**128**：414-421.
［269］ M. L. Pedano，G. A. Rivas. *Electrochem. Commun.*，2004，**6**：10-16.
［270］ Z. H. Wang，Z. J. Zhao. *Chinese J. Anal. Chem.*，2006，**34**：87-90.
［271］ S. Bollo，N. F. Ferreyra，G. A. Rivas. *Electroanal.*，2007，**19**：833-840.
［272］ Y. K. Ye，H. X. Ju. *Biosens. Bioelectron.*，2005，**21**：735-741.
［273］ 郑艳洁，陈敬华，张亚锋，万红艳，游勇基，林新华. 药物分析杂志，2007，**2**：204-207.
［274］ 杨春海，张升晖，刘应煊，黄文胜. 应用化学，2007，**24**：540-545.
［275］ 徐茂田，孔粉英，张银堂. 商丘师范学院学报，2009，**25**：46-53.
［276］ 孔粉英，吕遥，李金燕，陆燕，王伟. 盐城工学院学报，2015，**28**：1-5.
［277］ 孔粉英，曾冬铭，徐茂田. 分析实验室，2009，**28**：38-41.
［278］ 徐茂田，孔粉英，张银堂. 理化检验，2009，**45**：134-137.
［279］ K. Wang，Q. Liu，Q. M. Guan，J. Wu，H. N. Li，J. J. Yan. *Biosens. Bioelectron.*，2011，**26**：2252-2257.
［280］ X. Kang，J. Wang，H. Wu，I. A. Aksay，J. Liu，Y. Lin. *Biosens. Bioelectron.*，2009，**25**：901-905.
［281］ H. Wu，J. Wang，X. Kang，C. Wang，D. Wang，J. Liu，I. A. Aksay，Y. Lin. *Talanta*，2009，**80**：403-406.
［282］ C. Shan，H. Yang，D. Han，Q. Zhang，A. Ivaska，L. Niu. *Biosens. Bioelectron.*，2010，**25**：1070-1074.
［283］ Y. Y. Jiang，Q. X. Zhang，F. H. Li，L. Niu. *Sensor. Actuat. B-chem.*，2012，**161**：728-733.
［284］ F. Y. Kong，S. X. Gu，W. W. Li，T. T. Chen，Q. Xu，W. Wang. *Biosens. Bioelectron.*，2014，**56**：77-82.
［285］ J. F. Wu，M. Q. Xu，G. C. Zhao. *Electrochem. Commun.*，2010，**12**：175-177.
［286］ R. Antonio，C. Dario. *Bioelectrochemistry*，2009，**76**：126-134.
［287］ L. Tang，Y. Wang，Y. Li，H. Feng，J. Lu，J. Li. *Adv. Funct. Mater.*，2009，**19**：2782-2789.
［288］ H. Liu，J. Gao，M. Xue，N. Zhu，M. Zhang，T. Cao. *Langmuir*，2009，**22**：12006-12010.
［289］ C. Shan，H. Yang，D. Han，Q. Zhang，A. Ivaska，L. Niu. *Biosens. Bioelectron.*，2010，**25**：1504-1508.
［290］ H. F. Xu，H. Dai，G. N. Chen. *Talanta*，2010，**81**：334-338.
［291］ Y. He，Q. Sheng，J. Zheng，M. Wang，B. Liu. *Electrochim. Acta*，2011，**56**：2471-2476.
［292］ K. P. Liu，J. J. Zhang，G. H. Yang，C. M. Wang，J. J. Zhu. *Electrochem. Commun.*，2010，**3**：402-405.
［293］ Q. Zeng，J. S. Cheng，L. H. Tang，X. F. Liu，Y. Z. Liu，J. H. Li，J. H. Jiang. *Adv. Func. Mater.*，2010，**20**：3366-3372.
［294］ K. Zhou，Y. Zhu，X. Yang，J. Luo，C. Li，S. Luan. *Electrochim. Acta*，2010，**55**：3055-3060.
［295］ R. S. Dey，C. R. Raj. *J. Phys. Chem. C*，2010，**114**：21427-21433.
［296］ M. Zhou，Y. M. Zhai，S. J. Dong. *Anal. Chem.*，2009，**81**：5603-5613.
［297］ W. B. Lu，Y. L. Luo，G. H. Chang，X. P. Sun. *Biosens. Bioelectron.*，2011，**26**：4791- 4797.
［298］ L. M. Li，Z. F. Du，S. Liu，Q. Y. Hao，Y. G. Wang，Q. H. Li，T. H. Wang. *Talanta*，2010，**82**：1637-1641.
［299］ Y. X. Fang，S. J. Guo，C. Z. Zhu，Y. M. Zhai，E. K. Wang. *Langmuir*，2010，**26**：11277-11282.
［300］ F. Y. Kong，W. W. Li，J. Y. Wang，H. L. Fang，D. H. Fan，W. Wang. *Anal. Chim. Acta*. 2015，**884**：37-43.
［301］ Ch. J. Gu，F. Y. Kong，Zh. D. Chen，D. H. Fan，H. L. Fang，W. Wang. *Biosens. Bioelectron.*，2016，**78**：300-307.
［302］ L. M. Lu，H. B. Li，F. Qu，X. B. Zhang，G. L. Shen，R. Q. Yu. *Biosens. Bioelectron.*，2011，**26**：3500-3504.
［303］ Q. Wang，X. Cui，J. Chen，X. Zheng，C. Liu，T. Xue，H. Wang，Z. Jin，L. Qiao，W. Zheng. *RSC Adv.*，2012，**2**：6245-6249.
［304］ J. Luo，S. S. Jiang，H. Y. Zhang，J. Q. Jiang，X. Y. Liu. *Anal. Chim. Acta*，2012，**709**：47-53.

[305] T. T. Baby, S. S. J. Aravind, T. Arockiadoss, R. B. Rakhi, S. Ramaprabhu. *Sensor. Actuat. B-chem.*. 2010, **145**: 71-77.

[306] F. Y. Kong, X. R. Li, W. W. Zhao, J. J. Xu, H. Y. Chen. *Electrochem. Commun.*, 2012, **14**: 59-62.

[307] Y. Luo, F. Y. Kong, Ch. Li, J. J. Shi, W. X. Lv, W. Wang. *Sensor. Actuat. B-chem.*. 2016, **234**: 625-632.

[308] H. L. Guo, X. F. Wang, Q. Y. Qian, F. B. Wang, X. H. Xia. *ACS Nano*, 2009, **3**: 2653-2659.

[309] Z. H. Sheng, X. Q. Zheng, J. Y. Xu, W. J. Bao, F. B. Wang, X. H. Xia. *Biosens. Bioelectron.*, 2012, **34**: 125-131.

[310] Y. Wang, Y. Li, L. Tang, J. Lu, J. Li. *Electrochem. Commun.*, 2009, **11**: 889-892.

[311] D. Han, T. Han, C. Shan, A. Ivaska, L. Niu. *Electroanal.*, 2010, **22**: 2001-2008.

[312] X. Niu, W. Yang, H. Guo, J. Ren, J. Gao. *Biosens. Bioelectron.*, 2013, **41**: 225-231.

[313] H. F. Ma, T. T. Chen, Y. Luo, F. Y. Kong, D. H. Fan, H. L. Fang, W. Wang. *Microchim. Acta*, 2015, **182**: 11-12.

[314] X. L. Niu, W. Yang, J. Ren, H. Guo, S. J. Long, J. J. Chen, J. Z. Gao. *Electrochim. Acta*, 2012, **80**: 346-353.

[315] K. J. Huang, D. J. Niu, J. Y. Sun, C. H. Han, Z. W. Wu, Y. L. Li, X. Q. Xiong. *Colloid. Surface. B*, 2011, **82**: 543-549.

[316] M. Du, T. Yang, X. Li, K. Jiao. *Talanta*, 2012, **88**: 439-444.

[317] J. Zhao, G. F. Chen, L. Zhu, G. X. Li. *Electrochem. Commun.*, 2011, **13**: 31-33.

[318] A. Singh, G. Sinsinbar, M. Choudhary, V. Kumar, R. Pasricha, H. N. Verma, K. Arora. *Sensor. Actuat. B-Chem.*, 2013, **185**: 675-684.

[319] L. Lin, Y. Liu, L. H. Tang, J. H. Li. *Analyst*, 2011, **136**: 4732-4737.

[320] Y. Bo, W. Q. Wang, J. F. Qi, S. S. Huang. *Analyst*, 2011, **136**: 1946-1951.

[321] X. Cao. *Microchim. Acta*, 2014, **181**: 1133-1141.

[322] Y. Li, J. Deng, L. Fang, K. Yu, H. Huang, L. Jiang, J. Zheng. *Biosens. Bioelectron.*, 2015, **63**: 1-6.

[323] L. J. Bai, R. Yuan, Y. Q. Chai, Y. Zhuo, Y. L. Yuan, Y. Wang. *Biomaterials*, 2012, **33**: 1090-1096.

[324] B. Su, J. Tang, J. Huang, H. Yang, B. Qiu, G. Chen, D. Tang. *Electroanal.*, 2010, **22**: 2720-2728.

[325] K. Mao, D. Wu, Y. Li, H. Ma, Z. Ni, H. Yu, B. Du. *Anal. Biochem.*, 2012, **422**: 22-27.

[326] K. Liu, J. J. Zhang, C. Wang, J. J. Zhu. *Biosens. Bioelectron.*, 2011, **26**: 3627-3632.

[327] D. Du, Z. X. Zou, Y. S. Shin, J. Wang, H. Wu, M. H. Engelhard, J. Liu, I. A. Aksay, Y. H. Lin. *Anal. Chem.*, 2010, **82**: 2989-2995.

[328] F. Y. Kong, M. T. Xu, J. J. Xu, H. Y. Chen. *Talanta*, 2011, **85**: 2620-2625.

[329] F. Y. Kong, B. Y. Xu, Y. Du, J. J. Xu, H. Y. Chen. *Chem. Commun.*, 2013, **49**: 1052-1054.

[330] H. Li, Q. Wei, J. He, T. Li, Y. F. Zhao, Y. Y. Cai, B. Du, Z. Y. Qian, M. H. Yang. *Biosens. Bioelectron.*, 2011, **26**: 3590-3595.

[331] Y. Zhuo, Y. Q. Chai, R. Yuan, L. Mao, Y. L. Yuan, J. Han. *Biosens. Bioelectron.*, 2011, **26**: 3838-3844.

[332] F. Liu, G. Xiang, R. Yuan, X. Chen, F. Luo, D. Jiang, X. Pu. *Biosens. Bioelectron.*, 2014, **60**: 210-217.

[333] D. Du, L. Wang, Y. Shao, J. Wang, M. H. Engelhard, Y. Lin. *Anal. Chem.*, 2011, **83**: 746-752.

[334] J. Li, S. J. Guo, Y. M. Zhai, E. K. Wang. *Anal. Chim. Acta*, 2009, **649**: 196-201.

[335] J. M. Gong, T. Zhou, D. D. Song, L. Z. Zhang. *Sensor. Actuat. B-Chem.*. 2010, **150**: 491-497.

[336] P. K. Sahoo, B. Panigrahy, S. Sahoo, A. K. Satpati, D. Li, D. Bahadur. *Biosens. Bioelectron.*, 2012, **43**: 293-296.

[337] Z. Q. Zhao, X. Chen, Q. Yang, J. H. Liu, X. J. Huang. *Electrochem. Commun.*, 2012, **23**: 21-24.

[338] Q. Huang, S. Hu, H. Zhang, J. Chen, Y. He, F. Li, Y. Lin. *Analyst*, 2013, **138**: 5417-5423.

[339] Q. Huang, H. Zhang, S. Hu, F. Li, W. Weng, J. Chen, X. Bao. *Biosens. Bioelectron.*, 2014, **52**: 277-280.

[340] Q. Huang, X. Lin, C. Lin, Y. Zhang, S. Hu, C. Wei. *RSC Adv.*, 2015, **5**: 54102-54108.

[341] S. Hu, Q. Huang, Y. Lin, C. Wei, H. Zhang, W. Zhang, A. Hao. *Electrochim. Acta*, 2014, **130**: 805-809.

[342] C. Wei, Q. Huang, S. Hu, H. Zhang, W. Zhang, Z. Wang, L. Huang. *Electrochim. Acta*, 2014, **149**: 237-244.

[343] H. Dai, G. Xu, L. Gong, C. Yang, Y. Lin, Y. Tong, G. Chen. *Electrochim. Acta*, 2012, **80**: 362-367.

[344] M. L. Sheng, Y. Gao, J. Y. Sun, F. Gao. *Biosens. Bioelectron.*, 2014, **58**: 351-358.

[345] H. Q. Zhang, Q. T. Huang, S. R. Hu. *Anal. Methods-UK*, 2014, **6**: 2687-2691.

[346] X. Shao, H. Gu, Z. Wang, X. Chai, Y. Tian, G. Shi. *Anal. Chem.*, 2013, **85**: 418-425.

[347] K. B. Holt, C. Ziegler, D. J. Caruana, J. Zang, E. J. Millán-Barrios, J. Hu, J. S. Foord. *Phys. Chem. Chem. Phys.*, 2007, **10**: 303-310.
[348] 罗红霞，黎燕霜，DNA/纳米金刚石修饰电极对 NADH 的传感作用 [C]，第十一届全国电分析化学会议论文摘要，2011.
[349] 祝敬妥，张卉，徐静娟，陈洪渊. 分析科学学报，2009，**25**：1-5.
[350] 马晓玲，丁承君，张璞，郭玮，罗红霞. 分析化学，2014，**42**：1332-1337.
[351] W. Zhao, J. J. Xu, Q. Q. Qiu, H. Y. Chen. *Biosens. Bioelectron.*, 2006, **22**: 649-655.
[352] Y. L. Liu, K. W. Sun. *Nanoscale Res. Lett.*, 2010, **5**: 1045-1050.
[353] A. Fujishima, T. N. Rao, E. Popa, B. V. Sarada, I. Yagi, D. A. Tryk. *J. Electroanal. Chem.*, 1999, **473**: 179-185.
[354] M. D. Koppang, M. Witek, J. Blau, G. M. Swain. *Anal. Chem.*, 1999, **71**: 1188-1195.
[355] B. V. Sarada, T. N. Rao, D. A. Tryk, A. Fujishima. *Anal. Chem.*. 2000, **72**: 1632-1638.
[356] E. Popa, Y. Kubota, D. A. Tryk, A. Fujishima. *Anal. Chem.*, 2000, **72**: 1724-1727.
[357] C. Terashima, T. N. Rao, B. V. Sarada, Y. Kubota, A. Fujishima. *Anal. Chem.*, 2003, **75**: 1564-1572.
[358] 刘晓辰，陈希明，李晓伟，曹阳，人工晶体学报，2014，**43**：2281-2285.
[359] J. Wang, J. A. Carlisle. *Diam. Relat. Mater.*, 2006, **15**: 279-284.
[360] Y. L. Zhou, J. F. Zhi. *Electrochem. Commun.*, 2006, **8**: 1811-1816.
[361] 赵凤娟，罗耀，聂冬锐，沈金灿，熊贝贝，韩瑞阳，岳振峰. 食品安全质量检测学报，2014，**5**：3419-3424.
[362] E. A. McGaw, G. M. Swain. *Anal. Chim. Acta*, 2006, **575**: 180-189.
[363] J. H. Yoon, J. E. Yang, J. P. Kim, J. S. Bae, Y. B. Shim, M. S. Won. *B. Kor. Chem. Soc.*, 2010, **31**: 140-145.
[364] S. Hrapovic, Y. Liu, J. H. T. Luong. *Anal. Chem.*, 2007, **79**: 500-507.
[365] A. Salimi, V. Alizadeh, R. Hallaj. *Talanta*, 2006, **68**: 1610-1616.
[366] 多思，朱宁，功能材料，2011，**42**：624-627.
[367] S. S. Kalanur, S. Jaldappagari, S. Balakrishnan. *Electrochim. Acta*, 2011, **56**: 5295-5301.
[368] N. P. Shetti, S. J. Malode, S. T. Nandibewoor. *Bioelectrochemistry*, 2012, **88**: 76-83.
[369] R. N. Goyal, M. Oyama, N. Bachheti, S. P. Singh. *Bioelectrochemistry*, 2009, **74**: 272-277.
[370] R. N. Goyal, V. K. Gupta, S. Chatterjee. *Biosens. Bioelectron.*, 2009, **24**: 1649-1654.
[371] A. Barberis, Y. Spissu, A. Fadda, E. Azara, G. Bazzu, S. Marceddu, P. A. Serra. *Biosens. Bioelectron.*, 2015, **67**: 214-223.
[372] X. Zhang, L. X. Ma, Y. C. Zhang. *Electrochim. Acta*, 2015, **177**: 118-127.
[373] X. Miao, L. Liu, S. Wang, H. Lin, B. Sun, J. Hu, M. Li. *Electrochem. Commun.*, 2010, **12**: 90-93.
[374] 史娟兰，汪庆祥，陈建平，郑梅霞，高飞. 化学学报，2011，**69**：2015-2020.
[375] J. Han, Y. Zhuo, Y. Chai, R. Yuan, Y. Xiang, Q. Zhu, N. Liao. *Biosens. Bioelectron.*, 2013, **46**: 74-79.
[376] Y. Li, L. Fang, P. Cheng, J. Deng, L. Jiang, H. Huang, J. Zheng. *Biosens. Bioelectron.*, 2013, **49**: 485-491.
[377] Z. L. Wei, X. L. Sun, L. Z. J. Li, Y. J. Fang, G. X. Ren, Y. R. Huang, J. K. Liu. *Microchim. Acta*, 2011, **172**: 365-371.
[378] Z. L. Wei, Z. J. Li, X. L. Sun, Y. J. Fang, J. K. Liu. *Biosens. Bioelectron.*, 2010, **25**: 1434-1438.
[379] Q. Lu, H. Hu, Y. Wu, S. Chen, D. Yuan, R. Yuan. *Biosens. Bioelectron.*, 2014, **60**: 325-331.
[380] J. A. Rather, K. De Wael. *Sensor. Actuat. B-Chem.*, 2013, **176**: 110-117.
[381] 李美仙，李铮，王放放，朱志伟，李南强，顾镇南，周锡煌. 分析化学，2005，**33**：1211-1214.
[382] Y. Wu, X. Mao, X. Cui, L. Zhu. *Sensor. Actuat. B-Chem.*, 2010, **145**: 749-755.
[383] A. Arvinte, F. Valentini, A. Radoi, F. Arduini, E. Tamburri, L. Rotariu, C. Bala. *Electroanal.*, 2007, **19**: 1455-1459.
[384] J. Huang, Y. Liu, H. Hou, T. You. *Biosens. Bioelectron.*, 2008, **24**: 632-637.
[385] J. Huang, D. Wang, H. Hou, T. You. *Adv. Funct. Mater.*, 2008, **18**: 441-448.
[386] L. Li, T. Zhou, G. Sun, Z. Li, W. Yang, J. Jia, G. Yang. *Electrochim. Acta*, 2015, **152**: 31-37.
[387] Y. Liu, H. Teng, H. Hou, T. You. *Biosens. Bioelectron.*, 2009, **24**: 3329-3334.
[388] S. E. Baker, P. E. Colavita, K. Y. Tse, R. J. Hamers. *Chem. Mater.*, 2006, **18**: 4415-4422.
[389] L. Wang, Y. Ye, H. Zhu, Y. Song, S. He, F. Xu, H. Hou. *Nanotechnology*, 2012, **23**: 455502-455502.

[390] J. Zhang, J. Lei, Y. Liu, J. Zhao, H. Ju. *Biosens. Bioelectron.*, 2009, **24**: 1858-1863.
[391] W. Ding, M. Wu, M. Liang, H. Ni, Y. Li. *Anal. Lett.*, 2015, **48**: 1551-1569.
[392] L. Wu, X. Zhang, H. Ju. *Biosens. Bioelctron.*, 2007, **23**: 479-484.
[393] L. N. Wu, X. J. Zhang, H. X. Ju. *Anal. Chem.*, 2007, **79**: 453-456.
[394] C. Hao, L. Ding, X. Zhang, H. Ju. *Anal. Chem.*, 2007, **79**: 4442-4447.
[395] L. Ding, C. Hao, X. Zhang, H. Ju. *Electrochem. Commun.*, 2009, **11**: 760-763.
[396] 岳莹，梁卿，郭勇，邵士俊. 分析测试学报，2012，**31**：915-921.
[397] 张海江，王春燕，黄建设，由天艳. 分析化学研究报告，2009，**37**：1622-1626.
[398] 陈梦妮，周鑫，卢圆圆，杨健茂，马小玉，刘建允. 分析科学学报，2015，**31**：751-756.

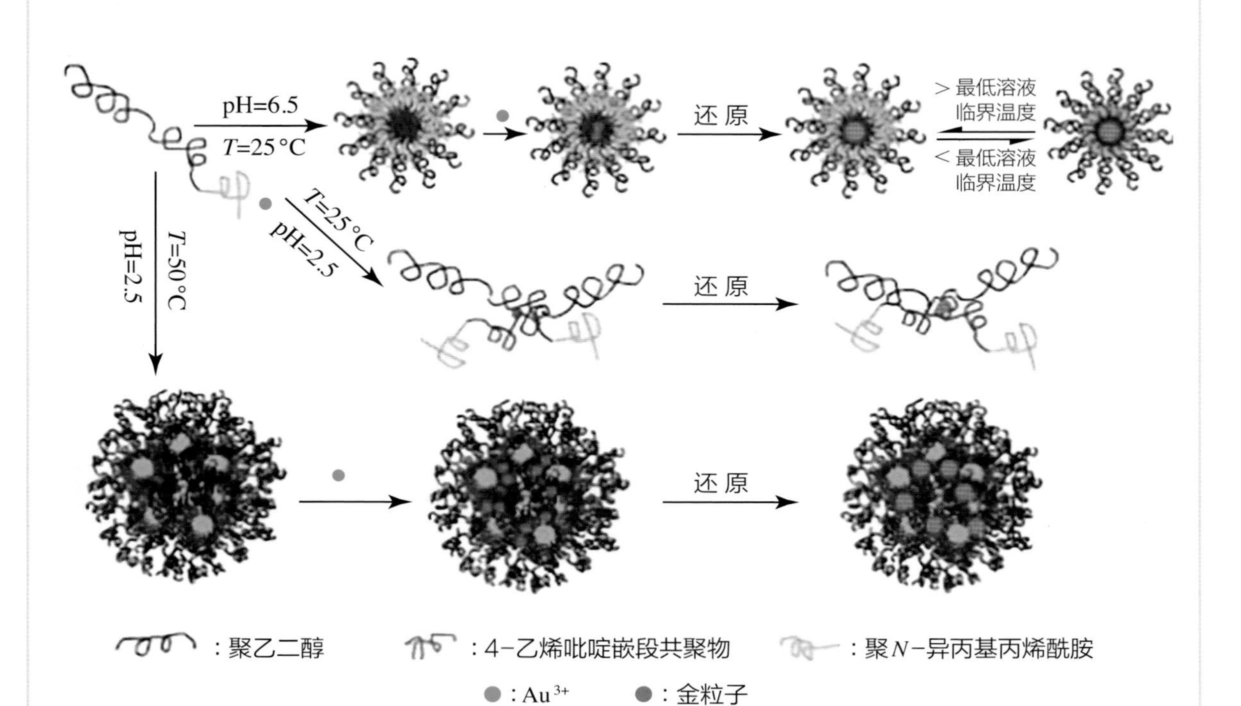

彩图 2-7 模板法合成金纳米颗粒@聚合物核壳结构及金纳米颗粒团簇的机理图[22]

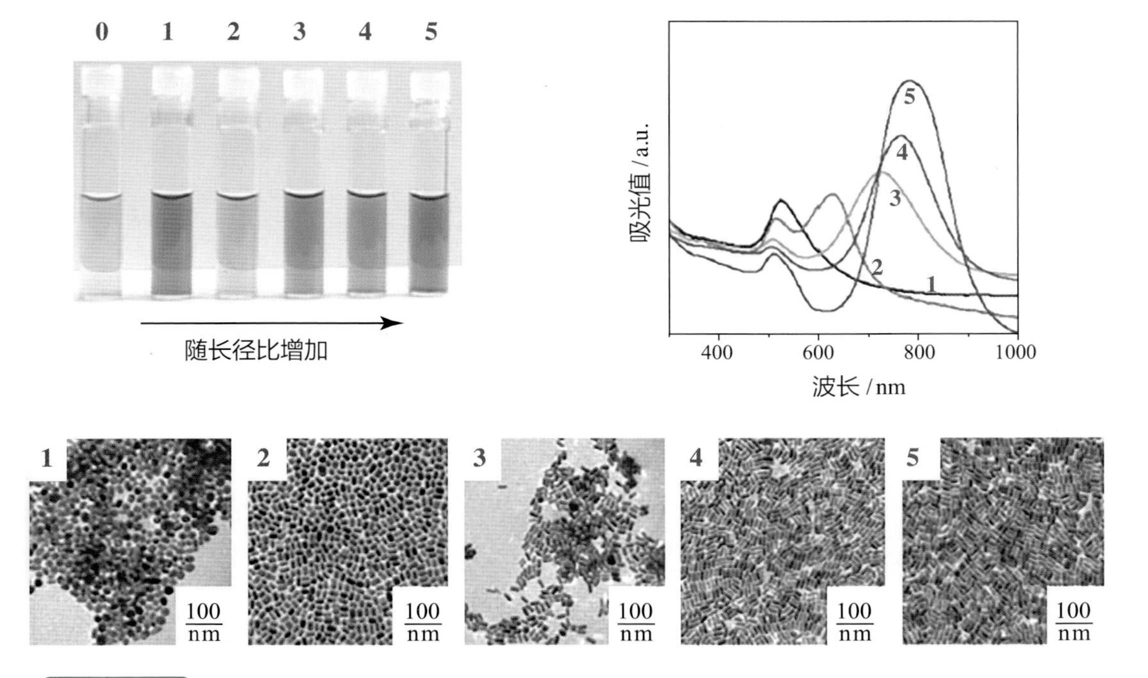

彩图 2-11 不同径向比的 Au NRs 溶液照片、紫外-可见吸收光谱以及对应的透射电镜图

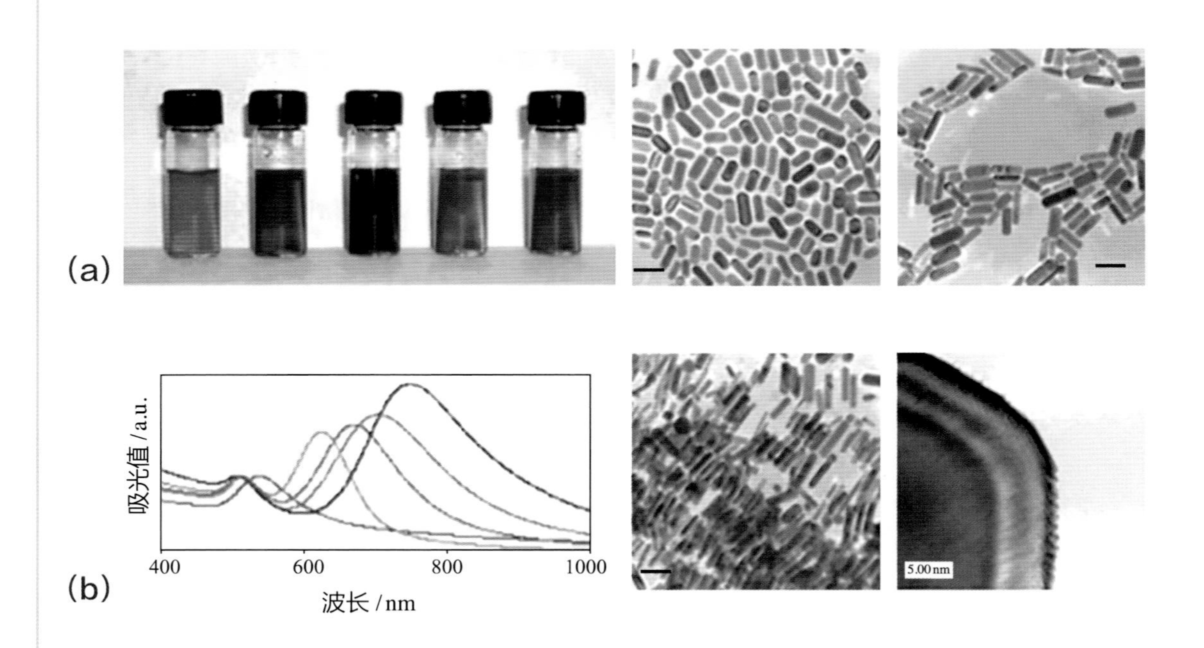

彩图 2-14 采用光化学合成法制备不同径向比的 Au NRs 及透射电镜图[37]

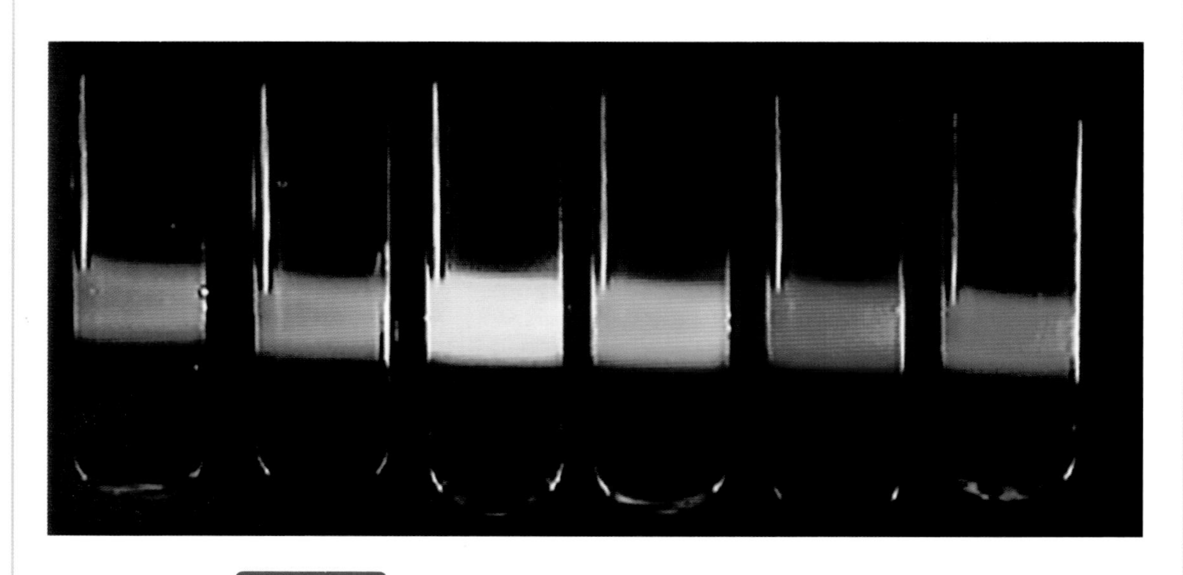

彩图 2-17 不同组分、不同尺寸球形 NMNCs 的荧光图谱

从左至右分别是 40 nm 银胶；40 nm、78 nm、118 nm、140 nm 金胶以及荧光素[52]

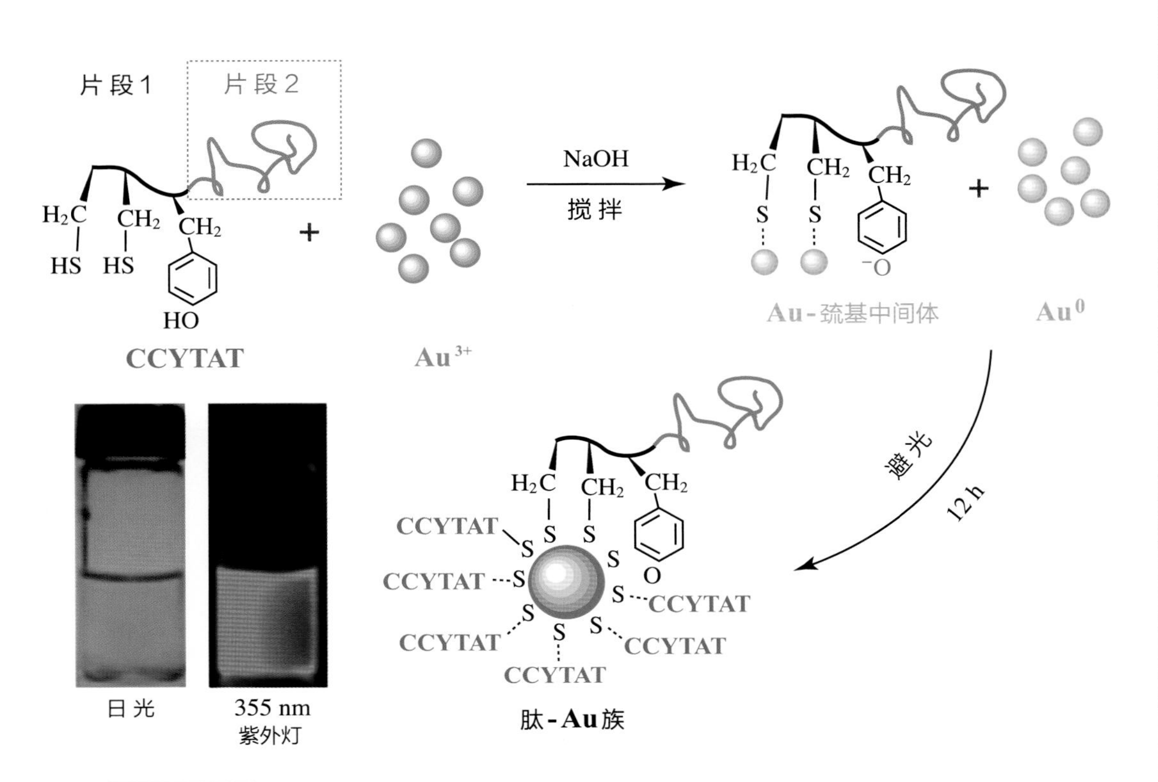

彩图 2-20 双功能多肽 CCYTAT 为模板分子制备合成 Au NCs 的原理示意图[70]

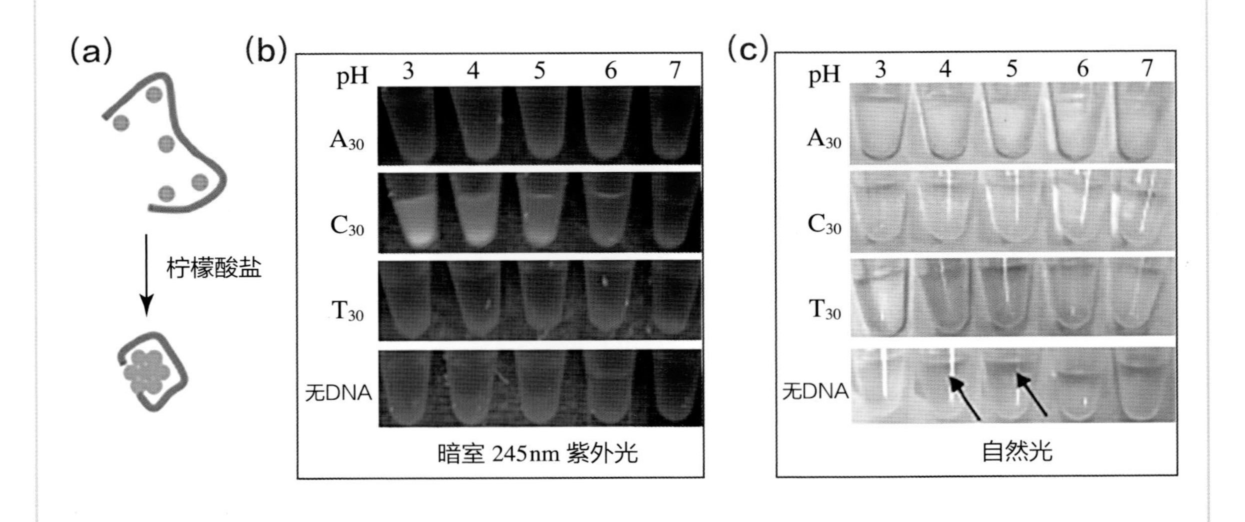

彩图 2-21 不同结构的DNA为模板合成的 Au NCs

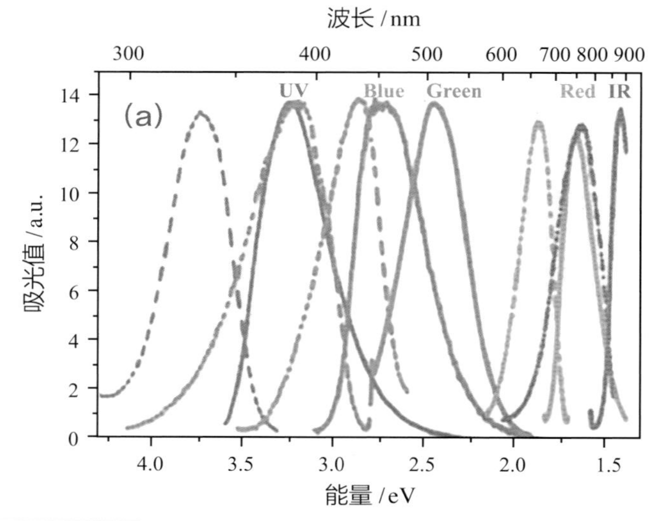

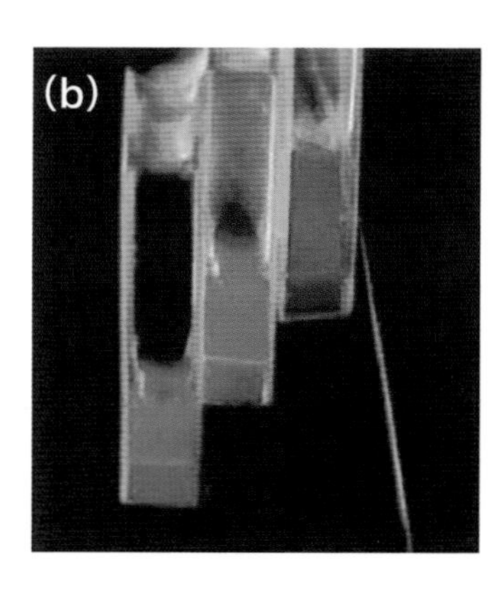

彩图 2-23 不同粒径尺寸 Au NCs 的激发波长 [(a) 图中虚线] 和发射波长 [(b) 图中实线] 荧光图谱；Au_5 NCs、Au_8 NCs、Au_{13} NCs 的荧光照片图 [(b) 图，365 nm 激发][76]

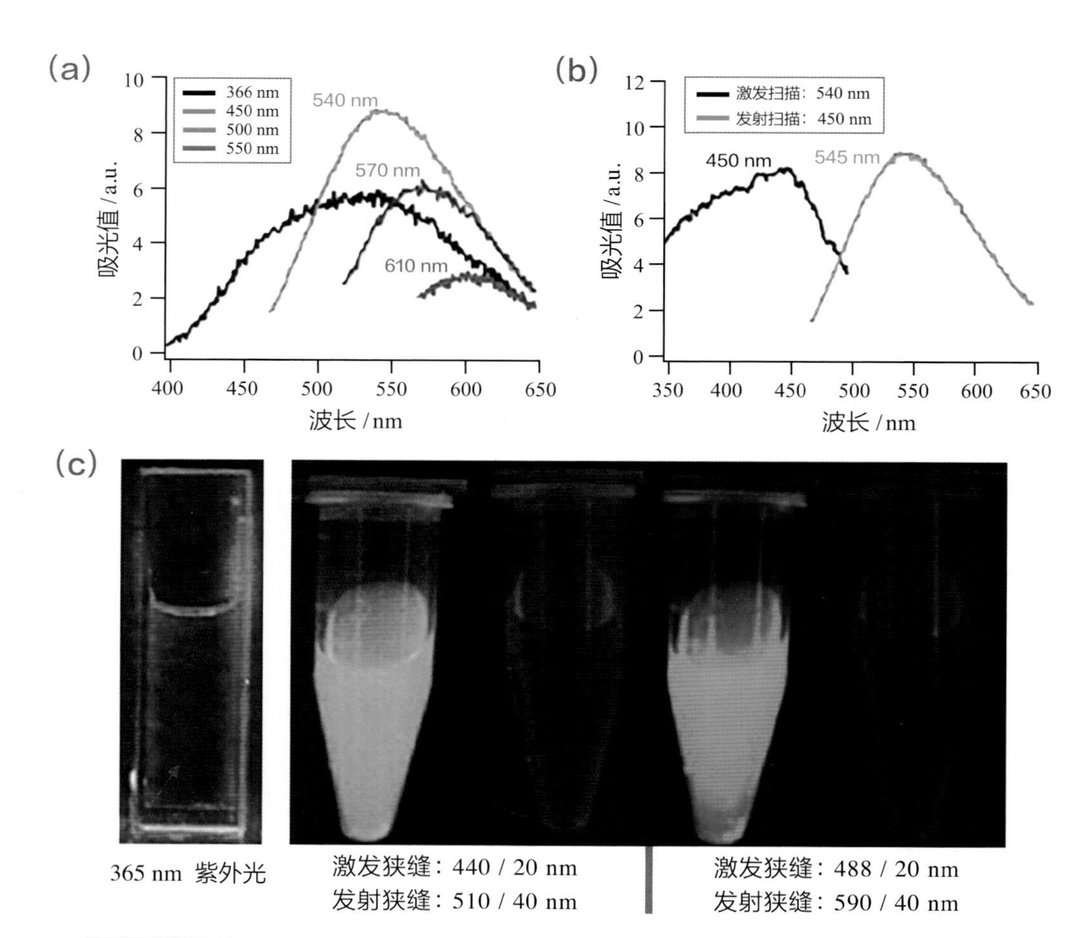

彩图 2-24 以 PAMAM 为模板以抗坏血酸为还原剂还原 Au^{3+} 合成不同粒径的多颜色的 Au NCs [77]

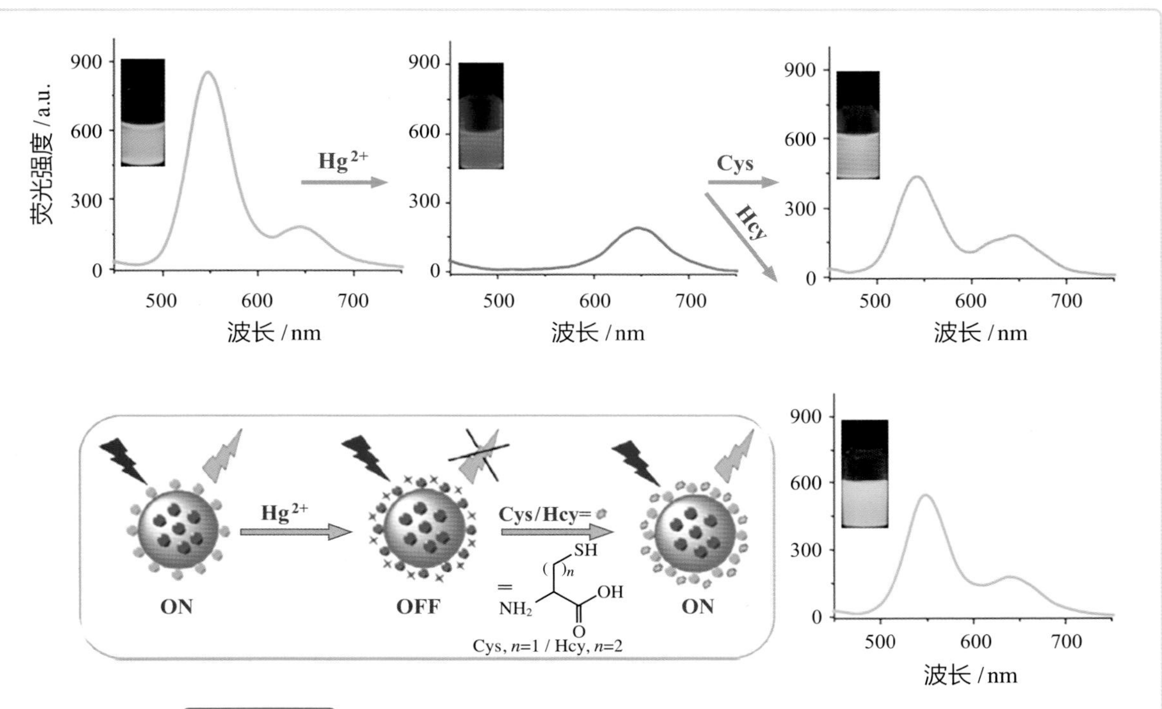

彩图 2-31 基于 Au NCs-Hg^{2+} 复合物检测生物硫醇的原理示意图

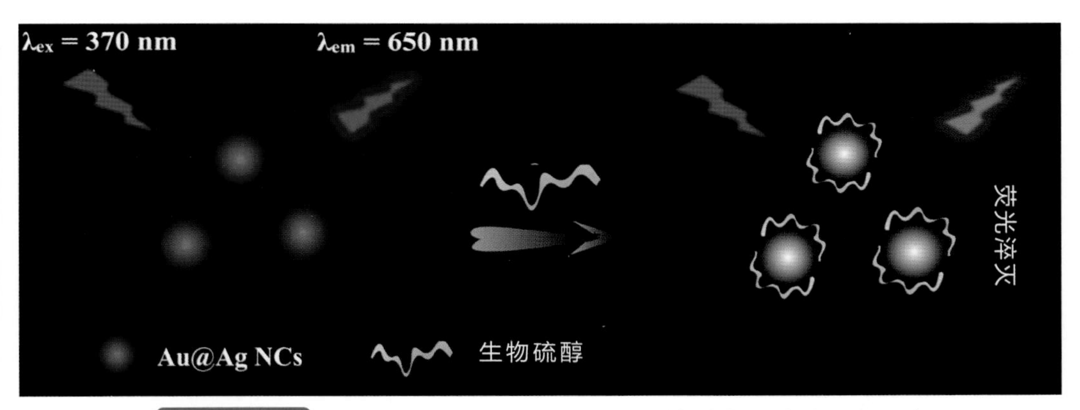

彩图 2-32 基于核-壳 Au@Ag NCs 分析检测生物硫醇原理示意图

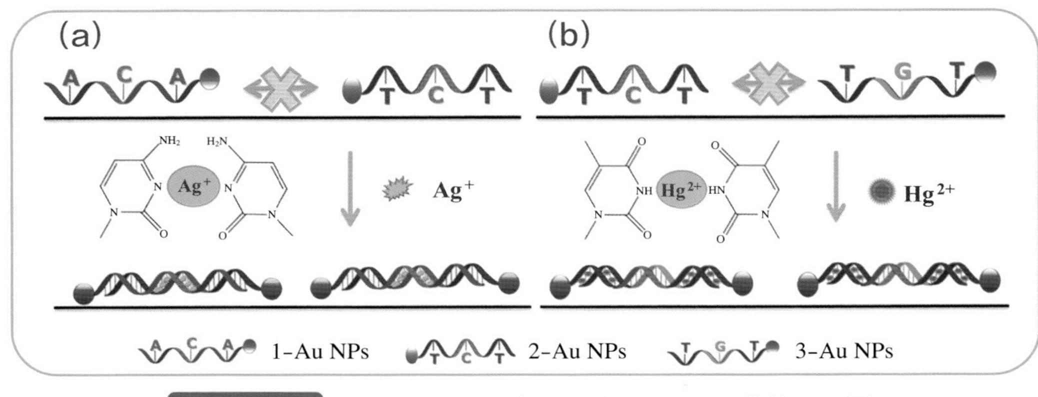

彩图 2-35 DNA@Au NPs 在 Ag^{+} 和 Hg^{2+} 下聚集的原理图

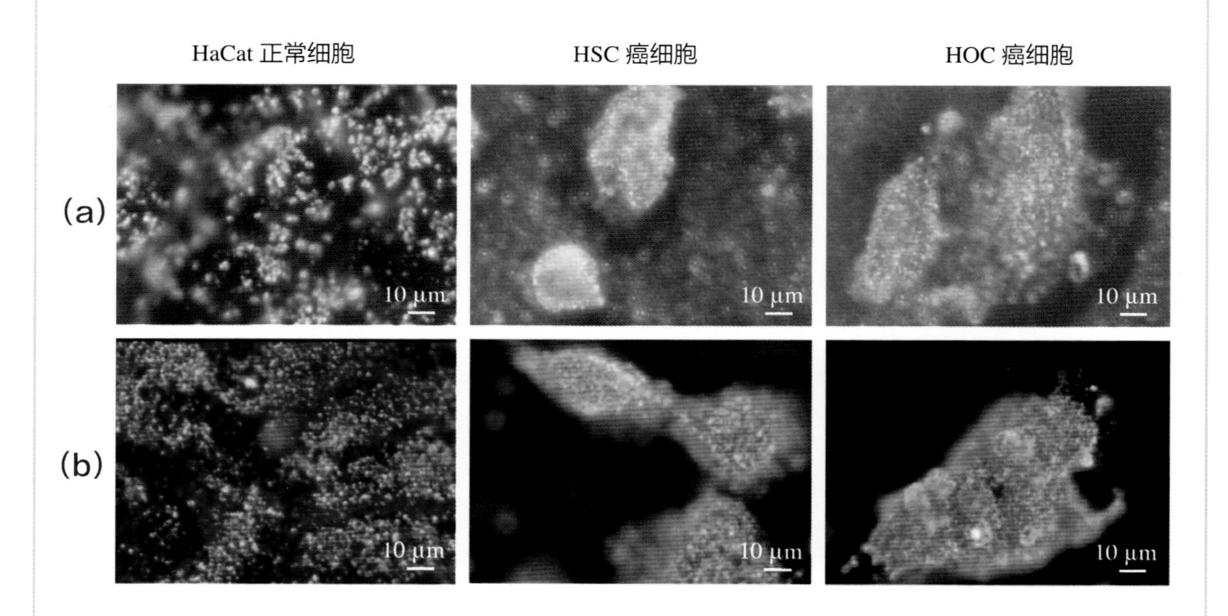

彩图 2-47 anti-EGFR标记的金纳米球（a）和金纳米棒（b）与癌细胞和正常细胞相互作用的暗场散射成像 [162]

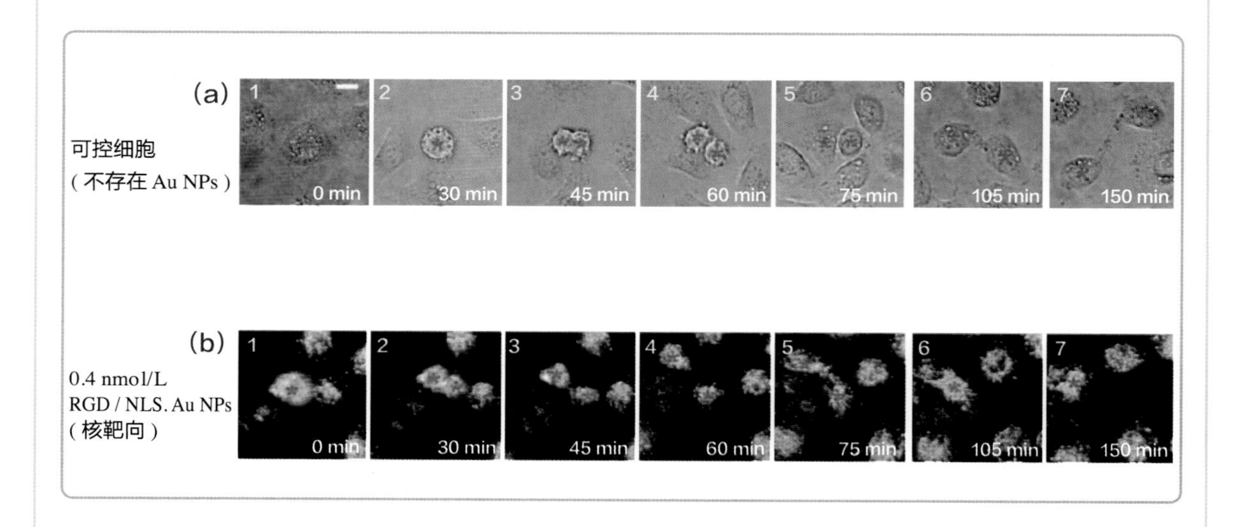

彩图 2-48 暗场散射成像观察金纳米颗粒进入细胞核后抑制胞浆移动，阻止细胞分裂 [164]

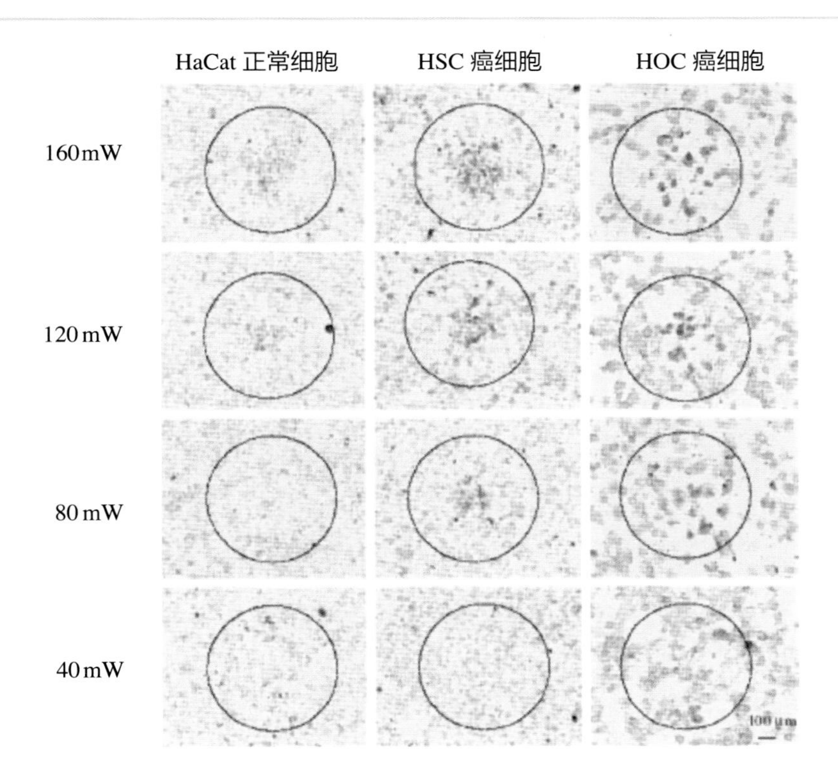

彩图 2-49 anti-EGFR 标记的金纳米棒与癌细胞结合后的光热治疗结果 [162]

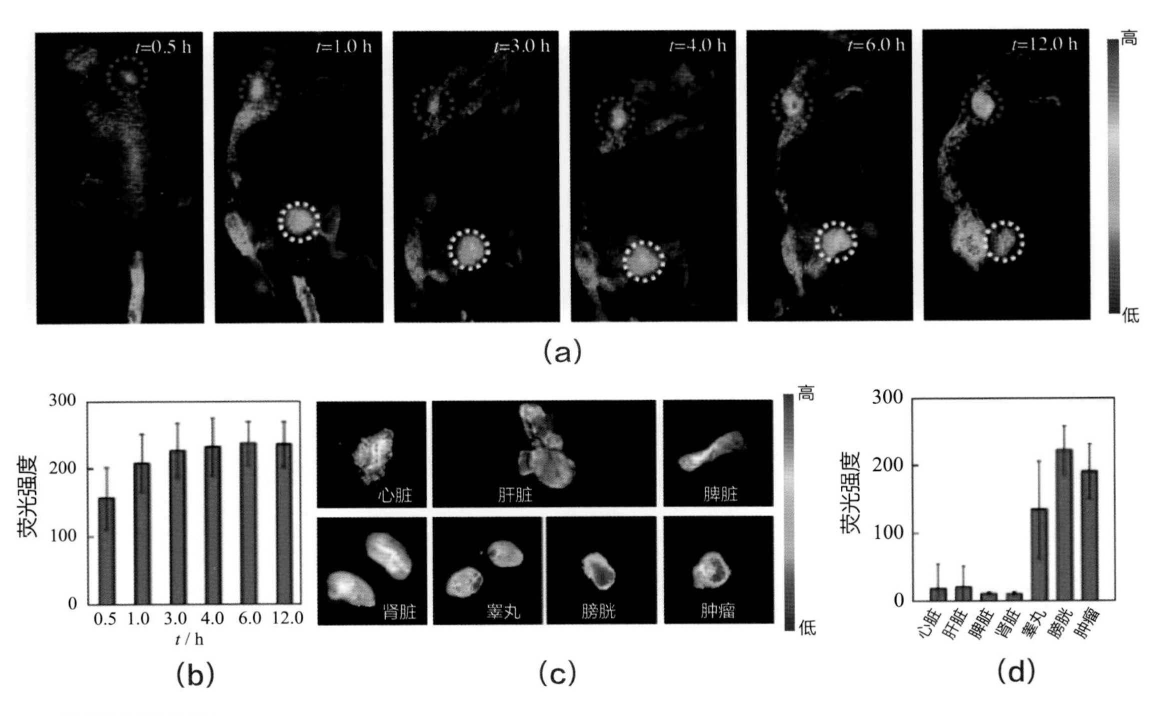

彩图 4-18 (a) HeLa 荷瘤小鼠静脉注射 CDs 后的体内荧光成像（上方和下方圆圈分别表示肿瘤和膀胱位置）；(b) 肿瘤位点的荧光强度数值；(c), (d) 心脏、肝脏、脾脏、肾脏、睾丸、膀胱和肿瘤的体外荧光成像和各组织的荧光强度 [185]

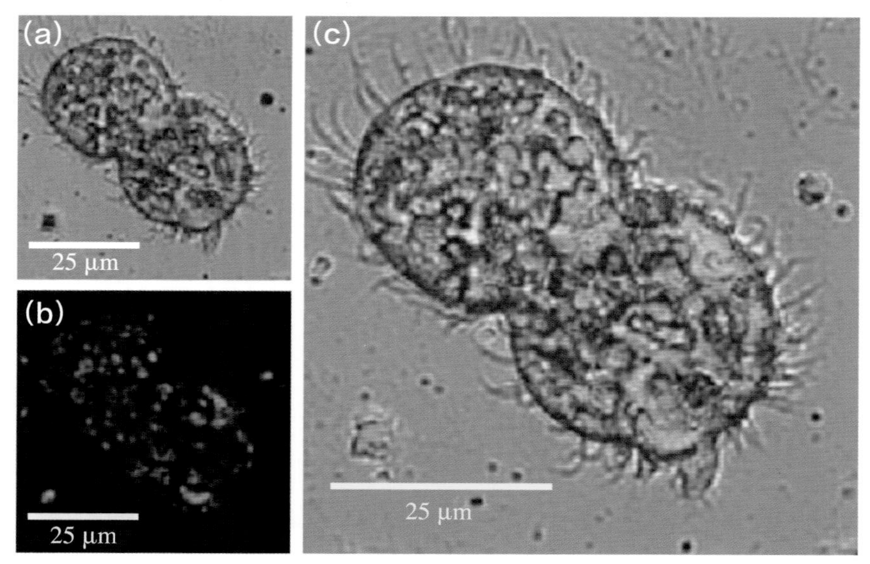

彩图 4-19 完美的纳米金刚石发光探针

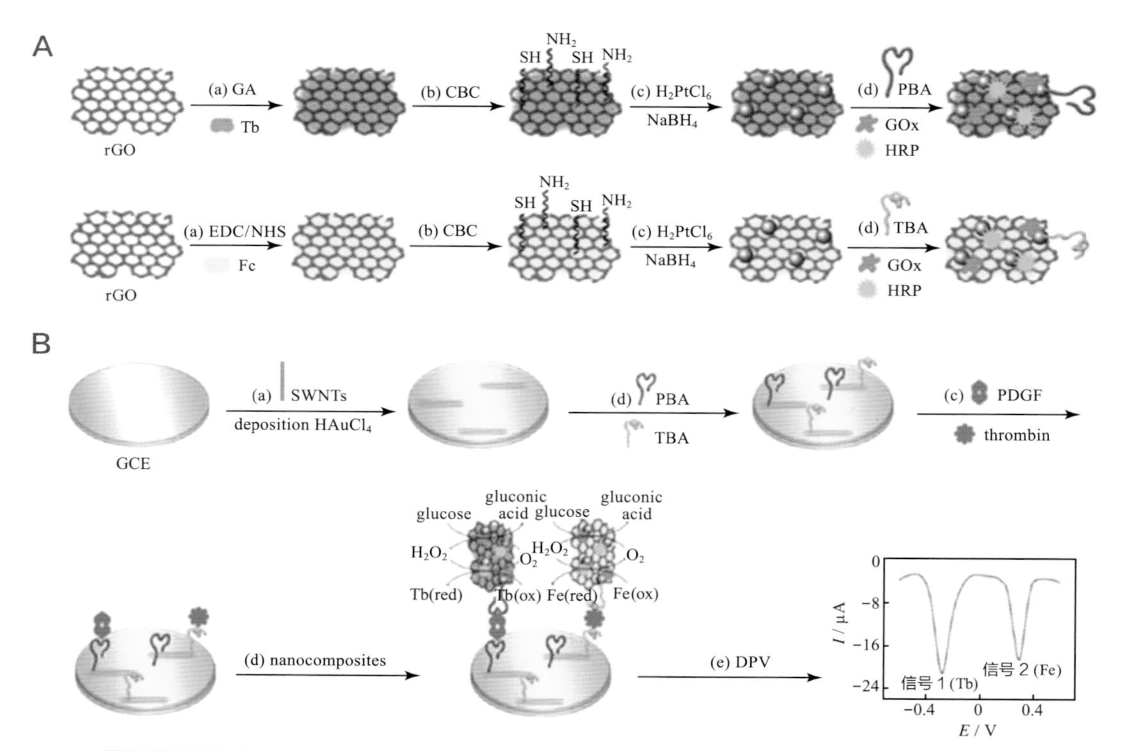

彩图 4-21 石墨烯作为电活性物质的载体构建凝血酶传感器的示意图[323]

rGO — 还原态石墨烯； GA — 戊二醛； Tb — 甲苯胺蓝； H_2PtCl_6— 氯铂酸； $NaBH_4$— 硼氢化钠；
PBA — 血小板源生长因子适配体； GOx — 葡萄糖氧化酶； HRP — 辣根过氧化物酶；
EDC — 1-(3-二甲氨基丙基)-3-乙基碳二亚胺盐酸盐； NHS — *N*-羟基琥珀酰亚胺； Fc — 二茂铁；
TBA — 凝血酶适配体； GCE — 玻碳电极； SWNTs — 单壁碳纳米管； deposition $HAuCl_4$— 沉积氯金酸；
PDGF — 血小板源生长因子； thrombin — 凝血酶； nanocomposites — 纳米复合物； DPV — 示差脉冲伏安法